智囊图书·建筑书系

全国土木工程类实用创新型规划教材

主 审　曹　智

主 编　卢育英　李　斌

建筑工程施工组织设计

JIANZHU GONGCHENG SHIGONG ZUZHI SHEJI

U0211824

哈尔滨工业大学出版社

内 容 简 介

　　本书分为六个项目,包括课程导入、工程引入、施工准备、单位工程施工组织编制、施工组织总设计编制和建筑施工组织设计实施与调整。

　　本书按照技能型人才培养的特点,结合土建类职业标准评价体系,以岗位核心职业能力构建教材体系,打破了传统的教材编写模式,采用项目驱动进行内容编写。每个项目有具体的学习目标,配套相关的教学准备、教学建议和建议学时,并设置拓展训练环节,配以大量的习题等,同时,本书附录部分配套实际工程技术资料和整套施工组织设计实例。学生通过本课程的学习,可掌握现场施工组织与管理知识,具备基本的施工组织与管理技能。

　　本书可作为高等院校及高职高专建筑工程技术、工程造价、建筑工程管理、工程监理及建筑装饰工程技术等专业的教学用书,也可作为有关工程技术人员的参考用书。

图书在版编目(CIP)数据

　　建筑工程施工组织设计/卢育英,李斌主编. —哈尔滨:哈尔滨工业大学出版社,2015.3
　　ISBN 978-7-5603-5252-7

　　Ⅰ.①建…　Ⅱ.①卢…　②李…　Ⅲ.①建筑工程—施工组织—设计—教材　Ⅳ.①TU721

　　中国版本图书馆 CIP 数据核字(2015)第 055137 号

责任编辑　苗金英
出版发行　哈尔滨工业大学出版社
社　　址　哈尔滨市南岗区复华四道街 10 号　邮编 150006
传　　真　0451－86414749
网　　址　http://hitpress.hit.edu.cn
印　　刷　三河市越阳印务有限公司
开　　本　850mm×1168mm　1/16　印张 19　字数 545 千字
版　　次　2015 年 3 月第 1 版　2015 年 3 月第 1 次印刷
书　　号　ISBN 978-7-5603-5252-7
定　　价　45.00 元

　　"建筑工程施工组织设计"是工程造价、建筑施工及施工管理类专业的主要课程之一，其研究的主要内容有两个方面，一是根据国家有关政策、法规对工程项目的各项要求，编制施工组织设计文件，即从拟建工程施工全局出发，结合工程具体条件，确定经济、合理、有效的施工方案，制定切实可行的施工进度，拟定合理有效的技术组织措施及科学的组织施工现场空间布置；二是从工程招投标开始，解决施工企业如何进行施工项目管理的问题。这两部分内容相辅相成，既解决施工项目的计划问题，又解决施工项目的实施问题；可以确保在工程项目进展期间，采用科学的管理方法，合理安排各种资源和时间、空间，达到耗工少、工期短、质量高和造价低的最优效果，并实现安全、文明施工。

　　本书基于实际工程项目，整合精炼建筑施工组织设计的内容，切合工作过程，采用案例引领型课程结构，在对理论知识进行讲述的基础上，辅以实例。本书的主要内容包括课程导入、工程引入、施工准备、单位工程施工组织编制、施工组织总设计编制和建筑施工组织设计实施与调整，同时，附完整的单位工程施工组织设计实例，使学生通过学习、训练，具备编制单位工程施工组织设计的能力，因此，具有较强的适用性、实用性和可操作性。

　　本书共有七部分内容。其中，课程导入、单位工程施工组织编制、建筑施工组织设计实施与调整三部分内容由天津国土资源和房屋职业学院卢育英编写；工程引入、施工准备、施工组织总设计编制、附录四部分内容由天津国土资源和房屋职业学院李斌编写；全书由卢育英、李斌担任主编，由天津国土资源和房屋职业学院曹智担任主审。

Preface

前　言

本书在编写过程中查阅和参考了相关文献资料，在此谨向原著作者致以诚挚的谢意。

由于编写时间仓促和编者水平有限，书中难免有不足之处，恳请读者批评指正。与本书内容相关的问题可以发送至 lyy_7610@163.com，我们会及时在今后的工作中改进和完善。

编　者

目录 Contents

项目4　施工组织总设计编制

项目5　建筑施工组织设计实施与调整

项目 0
课程导入

【学习目标】

知识目标	能力目标	权重
能正确表述建设项目的组成、建筑产品的含义及特点	能正确区分建设项目的组成	0.20
能正确表述建设程序及施工程序	能正确遵循基本建设程序和建筑施工程序	0.20
能正确表述建筑施工组织设计的作用、分类、组成以及组织施工的原则	能较正确地区分建筑工程施工组织设计类别，正确拟定建筑工程施工组织设计的组成内容	0.60
合计		1.00

【教学准备】

建设项目资料、建筑工程施工组织实例、企业案例等。

【教学建议】

在校内外实训基地或施工现场，采用资料展示、实物对照、分组学习、案例分析、课堂讨论、多媒体教学、讲授等方法教学。

【建议学时】

2学时

任务 0.1　基本建设程序及施工程序

建筑施工是基本建设的一个重要环节，是基本建设工作中的一个重要阶段。建设项目从开始到建成，必须遵循一定的建设程序和建筑施工程序，进行精心的组织与科学的管理，否则项目很难取得成功。

基本建设在国民经济中具有十分重要的作用。它是发展社会生产力、推动国民经济现代化、满足人民日益增长的物质文化需求以及增强综合国力的重要手段。同时，通过基本建设还可以调整社会的产业结构，合理地配置社会生产力，保证国民经济有计划、按比例地健康发展。

基本建设是指国民经济各部门为了扩大再生产而进行的增加固定资产的建设工作，也就是指建造、购置和安装固定资产的活动以及与此有关的其他工作。

0.1.1　基本建设项目及组成

基本建设按其内容构成来说，包括固定资产的建造和安装，即建筑物、构筑物的建造和机械设备的安装两部分工作。固定资产的购置，即设备、工具和器具等的购置。

基本建设的范围包括新建、扩建、改建、恢复和迁建各种固定资产的建设工作。新建项目是指新建造的、从无到有的建设项目；扩建和改建项目是指在原有基础上扩大产品的生产能力或增加新的产品生产能力以及对原有设备和工程进行全面技术改造的项目；恢复项目是指对由于自然、战争或其他人为灾害等原因而遭到毁坏的固定资产进行重建的项目；迁建项目是指原有企业、事业单位，由于各种原因，经有关部门批准搬迁到另地建设的项目。

基本建设项目简称建设项目，一般是指在一个总体设计范围内，由一个或几个工程项目组成，经济上实行独立核算，行政上实行独立管理，并且具有法人资格的建设单位。如工业建筑的钢厂、纺织厂等；民用建筑的学校、医院等。大型分期建设的工程，分为几个总设计，就有几个建设项目。建设项目是促进一个国家和地区经济和社会发展的关键因素，建设项目的大规模建设为经济和社会的发展奠定了坚实的物质基础。

基本建设项目可以从不同的角度进行划分。按建设项目的性质可分为新建、扩建、改建和重建项目；按建设项目的用途可分为生产性和非生产性项目；按建设项目的规模大小可分为大型、中型和小型项目；按建设项目的投资主体可分为国家投资、地方投资、企业投资、合资和独资项目。

一个建设项目，按其复杂程度从高到低，由以下工程内容组成。

1. 单项工程

凡是具有独立的设计文件，竣工后可以独立发挥生产能力或效益的工程，称为单项工程（也称工程项目）。建设项目，可以由一个单项工程组成，也可由若干个单项工程组成。如工业建设项目中，各独立的生产车间、实验楼、各种仓库等；民用建设项目中，学校的教学楼、实验楼、图书馆、学生宿舍等，这些都可以称为单项工程。

2. 单位工程

凡是具有单独设计，可以独立施工，但完工后不能独立发挥生产能力或效益的工程，称为单位工程。单项工程一般都由若干个单位工程组成。如一个复杂的生产车间，一般由土建工程、管道安装工程、设备安装工程、电气安装工程和给排水工程等单位工程组成。

3. 分部工程

一个单位工程可以由若干个分部工程组成。如一幢房屋的土建工程，按结构或构造部位划分，可以分为基础、主体结构、屋面、装饰装修等分部工程；按工种工程划分，可以分为土（石）方工程、桩基工程、脚手架工程、钢筋混凝土工程、金属结构工程、木结构工程、砌筑工程、防水工程、抹灰工程等分部工程。

4. 分项工程

一个分部工程可以划分为若干个分项工程。可以按不同的施工内容或施工方法来划分，以便于专业施工班组的施工。如房屋的基础工程，可以划分为基槽（坑）挖土、混凝土垫层、砖砌基础、回填土等分项工程；现浇混凝土框架结构的主体，可以划分为安装模板、绑扎钢筋、浇筑混凝土等分项工程。

0.1.2 基本建设程序

基本建设程序是指建设项目在整个建设过程中各项工作必须遵循的先后顺序，是拟建建设项目在整个建设过程中必须遵循的客观规律。

基本建设程序可按 3 个阶段、8 个步骤来概括。

1. 基本建设程序的 3 个阶段

（1）投资决策阶段。

投资决策阶段是根据国民经济和中长期发展规划进行建设项目的可行性研究，编制建设项目的计划任务书（又叫设计任务书），其内容包括调查研究、经济论证、选择与确定建设项目的地址、规模和时间要求等。

（2）投资准备阶段。

投资准备阶段是根据批准的计划任务书，进行勘察设计，做好建设准备，安排建设计划。其内容包括工程地质勘察，进行初步设计、技术设计和施工图设计，编制设计概算，设备订货，征地拆迁，编制分年度的投资及项目建设计划等。

（3）投资实施阶段。

投资实施阶段是根据设计图纸，进行建筑安装施工，做好生产或使用资金的积累，进行竣工验收，交付生产或使用。

2. 基本建设程序的 8 个步骤

（1）建设项目可行性研究。

（2）编制建设项目计划任务书（或设计任务书）。

（3）勘察设计工作。

（4）项目建设的准备工作。

（5）拟定建设项目的建设计划安排。

（6）建筑、安装施工。

（7）生产前的各项准备工作。

（8）竣工验收、交付使用。

以上程序不能违反，也不能颠倒，但在具体工作中有互相平行交叉的情况。其相互关系和具体内容如图 0.1 所示。

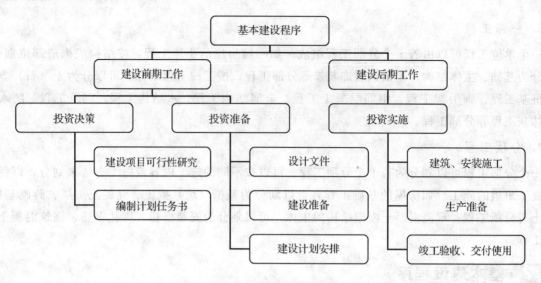

图 0.1　基本建设程序

0.1.3　建筑施工程序

建筑施工程序是拟建工程项目在整个施工阶段中必须遵循的客观规律，它是多年来施工实践经验的总结，反映了整个施工阶段必须遵循的先后次序。不论是一个建设项目还是一个单位工程的施工，通常分为三个阶段进行，即施工准备阶段、施工过程阶段和竣工验收阶段，这也就是施工程序。一般建筑施工程序按以下步骤进行。

1. 承接施工任务，签订施工合同

施工单位承接任务的方式一般有三种：国家或上级主管部门直接下达；受建设单位（业主）委托而承接；通过投标而中标承接。不论是哪种方式承接任务，施工单位都要核查其施工项目是否有批准的正式文件，是否列入基本建设年度计划，是否落实投资等。

承接施工任务后，建设单位与施工单位应根据《中华人民共和国合同法》和《建筑安装工程承包合同条例》的有关规定及要求签订施工承包合同。施工合同应规定承包的内容、要求、工期、质量、造价及材料供应等，明确合同双方应承担的义务和职责以及应完成的施工准备工作（如土地征购、申请施工用地、施工许可证、拆除障碍物及接通场外水源、电源、道路等内容）。施工合同应采用书面形式，经双方负责人签字盖章后具有法律效力，必须共同遵守。

2. 全面统筹安排，编制施工组织设计

签订施工合同后，施工单位应全面了解工程性质、规模、特点及工期要求等，进行场址勘察、技术经济和社会调查，收集有关资料，编制施工组织总设计。

当施工组织总设计经批准后，施工单位应组织先遣人员进入施工现场，与建设单位密切配合，共同做好各项开工前的准备工作，为顺利开工创造条件。

3. 落实施工准备，提交开工报告

根据施工组织总设计的规划，对首批施工的各单位工程，应抓紧落实各项施工准备工作。如会审图纸，编制单位工程施工组织设计，落实劳动力、材料、构件、施工机具及现场"三通一平"等。具备开工条件后，提交开工报告，并经审查批准，即可正式开工。

4. 精心组织施工，加强各项科学管理

施工过程是施工程序中的主要阶段，应从整个施工现场的全局出发，按照施工组织设计精心组织施工，加强各单位、各部门的配合与协作，协调解决各方面的问题，使施工活动顺利开展。

在施工过程中，应加强技术、材料、质量、安全、进度等各项管理工作，按工程项目管理方法，落实施工单位内部承包的经济责任制，全面做好各项经济核算与管理工作，严格执行各项技术、质量检验制度，抓紧工程收尾竣工。

施工阶段是直接生产建筑产品的过程，所以也是施工组织与管理工作的重点所在。这个阶段需要进行质量管理，以保证工程符合设计与使用的要求，并做好成本控制以增加经济效益。

5. 进行工程验收，交付使用

进行工程验收，交付使用是施工的最后阶段。在交工验收前，施工单位内部应先进行预验收，检查各分部分项工程的施工质量，整理各项交工验收的技术经济资料。在此基础上，由建设单位组织竣工验收，经上级主管部门验收合格后，办理验收签证书，并交付使用。

竣工验收也是施工组织与管理工作的结束阶段，这一阶段主要做好竣工文件的准备工作和组织好工程的竣工收尾，同时也必须搞好施工组织与管理工作的总结，以积累经验，不断提高管理的水平。

从上面所讲的基本建设程序与施工程序来看，各环节之间的关系是极为密切的，其先后顺序是严格的，没有前一步的工作，后一步就不可能进行，但它们之间又是交叉搭接、平行进行的。顺序反映了客观规律的要求，交叉则体现了争取建设时间的主观努力。工作顺序不能违反，交叉则应适当，不适当的交叉不是违反了规律而造成损失，就是丧失时间而延误了建设的进程，都是对建设事业不利的。所以，掌握各个建设与施工环节交叉搭接的界限是一个极为重要的问题。在这里，我们必须反对两种不正确的做法：一种是盲目冒进，不顾客观规律而违反基本建设与施工的程序，把各个环节的工作交叉搭接得超过了客观允许的界限；另一种是等待各种条件自然成熟，不发挥人的主观能动性，不争取可以争取到的时间，这也是在施工组织与管理工作中应特别注意的问题。

任务 0.2 了解建筑产品及施工特点

建筑业生产的各种建筑物或构筑物等称为建筑产品。建筑产品的生产（施工）与一般工业生产相比，有其相同之处，更有较多的不同之处。它们都是把一系列有限的资源投入到产品的生产过程中，其生产上的阶段性和连续性，组织上的专门化和协作化，是与其他工业产品的生产一致的。它与其他工业生产的产品相比，具有特有的一系列技术经济特点，这也是建筑产品与其他工业产品的本质区别。

0.2.1 建筑产品的特点

由于建筑产品的生产都是根据每个建设单位各自的需要，按设计规定的图样，在指定地点建造的，加之建筑产品所用材料、结构与构造，以及平面与空间组合的变化多样，就构成了建筑产品的特殊性。

1. 固定性

任何建筑产品（建筑物或构筑物）都是在建设单位所选定的地点建造和使用的，建筑及其所承受的荷重通过基础全部传给地基，直到拆除，它与所选定地点的土地是不可分割的。因此，建筑产品的建造和使用地点在空间上是固定的。这是建筑产品最显著的特点，建筑生产（施工）的特点都是由此引出的。

2. 多样性

建筑产品种类繁多，用途各异。建筑产品不但需要满足用户对其使用功能和质量的要求，而且还要按照当地特定的社会环境、自然条件来设计和建造不同用途的建筑物。因此，使其建筑产品在规模、体型、结构、构造、材料选用、基础和装饰类型等诸方面组合出多种多样的变化，从而，构成了类型多样的建筑产品。

3. 庞大性

建筑产品比起一般的工业产品会消耗大量的物质资源，为了满足特定的使用功能，必然占据较大的地面与空间，因而建筑产品的体形庞大，质量也大。

4. 复杂性

建筑产品不仅要满足其使用要求，且应美观、坚固。通过建筑、装饰设计及装饰施工，可使建筑物表现出极强的艺术风格及感染力，而这种建筑功能、艺术处理及装饰做法等都是一种复杂的产品，同时工艺设备、采暖通风、供水供电、卫生设备、办公自动化系统、通信自动化系统的施工过程也大多错综复杂。

0.2.2 建筑产品施工的特点

建筑产品生产（施工）的特点是由建筑产品的特点决定的。建筑产品（建筑物或构筑物）的特点是空间上的固定性、多样性、体形庞大及复杂性。这些产品特点决定了建筑产品施工的特点。

1. 长期性（工期长）

由于建筑产品体积庞大，需要消耗巨大的人力、物力和财力。在完成建筑产品的过程中需要吸收多方面人员，组织成千上万吨物资及施工机具，按照合理的施工顺序，科学地进行生产活动。因而施工工期较长，少则几个月，多则几年。这就要求在施工组织管理中对施工过程中各分部、分项工程及工序之间的施工活动进行科学分析，合理组织人财物的投入顺序、数量和比例，科学地进行工程排队，组织流水施工，提高对时间和空间的利用。

2. 流动性

由于建筑产品的固定性，用于施工的劳动力、生产资料及相应的设施设备不仅要随着建筑物建造地点的变更而流动，而且要随着建筑物施工部位的改变而在不同的空间流动。这就要求每变换一个新的施工地点，施工单位都要对当地的环境和施工现场进行重新调查，根据工程对象的不同特点重新布置施工力量和进行有关设施的建设。为了适应施工地点经常变动及施工队伍流动性大的特点，在施工组织管理中，队伍建设要"精干、高效"，后勤供应要及时、有保障。

3. 单件性

由于建筑产品的多样性，不同的甚至相同的建筑物，在不同的地区、季节及现场条件下，施工准备工作、施工工艺和施工方法等也不尽相同，一般没有固定的模式。因此，建筑施工是按建设单位对建筑产品的用途、功能、外形等的不同要求，个别、单件地进行。这就要求事先有一个可行的施工组织设计，因地制宜、因时制宜、因条件制宜地搞好建筑施工。

4. 复杂性

由于建筑产品的复杂性、施工的流动性和单件性，各建筑物和构筑物的工程量、劳动量差异较大，还由于露天作业、高空作业、地下作业和手工操作较多，造成建筑施工条件难以固定，稳定性较差。这就要求在施工组织管理中针对各种变化的可能性进行预测，制定措施，加强控制，保质保量地完成建筑施工任务。结合企业组织的一般原则，最大限度地节约人力、物力和财力，确保工程质量，合理缩短施工周期，全面完成施工任务。

任务 0.3　建筑施工组织设计简介

建筑产品生产由诸多施工过程构成，每一施工过程又可以由多种不同的施工方案、方法和机械设备来完成；即使同一种工程，由于施工速度、气候条件及其他许多因素的影响，所采用的方法也不尽相同。建筑施工组织就是针对建筑产品生产过程的复杂性，用系统的思想并遵循技术经济规律，对拟建工程的各阶段、各环节以及所需的各种资源进行统筹安排的计划管理行为。

建筑施工组织的研究对象是建筑产品。它是研究建筑产品在生产过程中生产诸要素的合理组织的学科。

建筑施工是生产建筑产品的活动。要进行这种生产，就需要有建筑材料、施工机具和具有一定生产经验和劳动技能的劳动者，并且需要把所有这些生产要素按照建筑施工的技术规律与组织规律，以及设计文件的要求，在空间上按照一定的位置、在时间上按照先后的顺序、在数量上按照不同的比例，将它们合理地组织起来，让劳动者在统一的指挥下行动，即有不同的劳动者运用不同的方式对不同的建筑材料进行加工。只有通过施工活动，才能建造出各种工厂、住宅、公用设施、道路、桥梁等建筑产品，以满足人们生产和生活的需要。只有通过施工组织，才能满足建设项目对工期、成本、质量等方面的要求，力求取得优质、高效、低消耗、文明安全施工的全面效益，使生产过程能够连续、均衡、协调地进行。

0.3.1　建筑施工组织设计及作用

建筑施工组织设计是规划和指导拟建项目从施工准备到竣工验收全过程各项活动的技术、经济和组织的综合性文件。它是对拟建项目在人力和物力、时间和空间、技术和组织等方面所做的科学合理的统筹安排，具有重要的规划、组织和指导作用，具体表现在如下几个方面。

1. 指导工程投标与合同签订

施工组织设计是投标文件和合同文件的重要组成内容，可用于指导工程投标与工程承包合同的签订。

2. 指导施工准备

施工组织设计既是施工准备工作的重要内容，又是指导各项施工准备工作的依据。

3. 联系工程设计与施工

施工组织设计在工程设计与施工之间起纽带作用，既要体现建设项目的设计和使用要求，又要符合建筑施工的客观规律，衡量设计方案施工的可能性和经济合理性。

4. 指导工程施工

施工组织设计所确定的施工方案、施工顺序、施工进度等，是指导施工活动的重要技术依据；所提出的各项资源需要量计划，是物资供应工作的基础；对现场所做的规划和布置，为现场平面管理、文明施工提供了重要依据。

5. 检查并调整工程施工

通过施工组织设计的编制，分析影响工程进度的关键施工过程，充分考虑施工中可能遇到的问题，及时调整施工中的薄弱环节，提高施工的预见性，减少盲目性，检查工程施工进度、质量、成本三大目标，实现各项生产要素管理的目标及技术组织保证措施，提高建筑企业的综合效益。

6. 协调各单位的合理关系

施工组织设计是统筹安排施工企业生产的投入与产出过程的关键和依据，可以协调各施工单位、各工程、各种资源、资金、时间等在施工流程、施工现场布置和施工工艺等方面的合理管理。

0.3.2 建筑施工组织设计的分类

1. 根据施工组织的设计阶段划分

根据阶段的不同，施工组织设计可分为两类：一类是投标前编制的施工组织设计（简称标前设计），另一类是签订工程承包合同后编制的施工组织设计（简称标后设计）。

（1）标前设计。

标前设计是在工程项目投标前，由施工单位经营管理层编制的用于指导工程投标和合同签订的规划性、控制性的技术经济文件，达到确保中标和实现经济效益的目的。

（2）标后设计。

标后设计是在工程项目签订施工合同后，由项目管理层编制的用于指导施工全过程的实施性的指导性文件，达到实现质量、工期、成本三大目标，追求施工效率和效益、使企业经济效益达到最大化的目的。

2. 根据编制对象划分

根据编制对象的不同，施工组织设计可分为三类：施工组织总设计、单位工程施工组织设计和分部分项工程施工组织设计。

（1）施工组织总设计。

施工组织总设计以一个建设项目或建筑群为编制对象，是整个建设项目或建筑群施工准备和施工的全局性、指导性文件。一般是在初步设计或技术设计批准后，由总承包单位会同建设、设计和各分包单位共同编制的，是施工单位编制年度施工计划和单位工程施工组织设计、进行施工准备的依据。

（2）单位工程施工组织设计。

单位工程施工组织设计以一个单位工程为编制对象，是用以指导其施工全过程的综合性技术经济文件。它是施工单位施工组织总设计和年度施工计划的具体化。一般在施工图设计完成后，拟建工程开工前，由工程部的技术负责人主持编制，是单位工程编制季度计划、月计划和分部分项工程施工组织设计的依据。

（3）分部分项工程施工组织设计。

分部分项工程施工组织设计又称为分部分项工程作业设计。对于一些技术复杂或施工难度大的大型厂房或公共建筑物，在编制单位工程施工组织设计之后，常常需要编制某些分部分项工程施工组织设计，如：土建中比较复杂的基础工程、钢筋混凝土框架工程等。它一般由项目专业技术负责人编制，是用来指导分部分项工程施工过程中各项活动和编制月、旬作业计划的依据。

0.3.3 建筑施工组织设计的编制与实施

1. 建筑施工组织设计的编制

（1）当拟建工程中标后，施工单位必须编制建设工程施工组织设计。建设工程实行总包和分包的，由总包单位负责编制施工组织设计或者分阶段施工组织设计。分包单位在总包单位的总体部署下，负责编制分包工程的施工组织设计。施工组织设计应根据合同工期及有关的规定进行编制，并且要广泛征求各协作单位的意见。

（2）对机构复杂、施工难度大及采用新工艺和新技术的工程项目，要进行专业性研究，必要时组织专门会议，邀请有经验的专业工程技术人员参加，集思广益，为施工组织设计的编制和实施打下坚实的基础。

（3）在施工组织设计的编制过程中，充分发挥各职能部门的作用，吸收它们参加编制和审定；充分利用施工企业的技术素质和管理素质，统筹安排，扬长避短，发挥施工企业的优势，合理地进行工序交叉配合的程序设计。

（4）提出比较完整的施工组织设计方案之后，要组织参加编制的人员及单位进行讨论，逐项逐条地研究，修改后确定，最终形成正式文件，送主管部门审批。

2. 建筑施工组织设计的实施

施工组织设计的编制，只是为实施拟建工程项目的生产过程提供一个可行的方案，这个方案的经济效果如何，必须通过实践去验证。施工组织设计的实施实际上是把一个静态平衡方案放到不断变化的施工过程中，考核其效果，检验其优劣，以达到预定目标的过程。所以施工组织设计实施的情况如何，其意义是深远的。为了保证施工组织设计的顺利实施，应做好以下几个方面的工作。

（1）传达施工组织设计的内容和要求，做好施工组织设计的交底工作。

（2）制定有关贯彻施工组织设计的规章制度。

（3）推行项目经理责任制和项目成本核算制。

（4）统筹安排，切实做好施工准备工作。

3. 组织项目施工的基本原则

在我国，施工组织与管理应遵循社会化生产条件下管理的根本原则和企业组织的一般原则，最大限度地节约人力、物力和财力，确保工程质量，合理缩短工期，全面完成施工任务。在编制施工组织设计和组织项目施工时，应遵守以下原则。

（1）认真贯彻执行党和国家对工程建设的各项方针政策和法律、法规，严格执行现行的建设程序。

（2）遵循施工工艺及其技术规律，按照合理的施工程序和施工顺序，在保证工程质量的前提下，加快建设速度，缩短工程工期。

（3）采用流水施工方法和网络计划的先进技术，组织有节奏、连续和均衡的施工，科学地安排施工进度计划，保证人力、物力充分发挥作用。

（4）统筹安排，保证重点，合理地安排冬期、雨期施工项目，提高施工的连续性和均衡性。

（5）认真贯彻建筑工艺化方针，不断提高施工机械化水平，按照工厂预制和现场预制相结合的原则，扩大预制范围，提高预制装配程度，改善劳动条件，减轻劳动强度，提高劳动生产率。

（6）采用国内外先进的施工技术，科学地确定施工方案，贯彻执行施工技术规范和操作规程，提高工程质量，确保安全施工，缩短施工工期，降低工程成本。

（7）精心规划施工平面图，节约用地，尽量减少临时设施，合理储存物资，充分利用当地资源，减少物资运输量。

（8）做好现场文明施工和环境保护工作。

拓展与实训

一、单项选择题

1. 施工组织设计根据编制对象范围不同，大致可分为（　　）。

A. 四类　　　　　B. 五类　　　　　C. 三类　　　　　D. 两类

2. 具有独立的施工条件，并能形成独立使用功能的建筑物及构筑物称为（　　）。

A. 单项工程　　　B. 单位工程　　　C. 分部工程　　　D. 分项工程

3. 建筑装饰装修工程属于（　　）。

A. 单项工程　　　B. 单位工程　　　C. 分部工程　　　D. 分项工程

4. 建筑产品的（　　）决定了施工生产的流动性。

A. 庞大性　　　　B. 固定性　　　　C. 复杂性　　　　D. 多样性

二、多项选择题

1. 一个建设项目，按其复杂程度，由（　　）组成。

A. 工程项目　　　B. 单位工程　　　C. 分部工程　　　D. 分项工程

E. 检验批

2. 建筑产品的特点是（　　）。

A. 固定性　　　　B. 流动性　　　　C. 多样性　　　　D. 综合性

E. 单件性

3. 施工组织设计内容的三要素是（　　）。

A. 工程概况　　　B. 施工方案　　　C. 进度计划　　　D. 施工平面图

E. 资源配置计划

4. 单位工程施工组织设计编制依据有（　　）。

A. 施工图纸　　　B. 设计合同　　　C. 施工规范　　　D. 现场条件

E. 预算文件

三、简答题

1. 建筑施工组织设计的原则是什么？

2. 简述基本建设程序和建筑施工程序。

3. 简述建筑产品和建筑施工的特点。

4. 试述建筑施工组织设计的概念和作用。

5. 建筑施工组织设计可以分为哪几类？它们的定义各是什么？

四、案例分析题

背景：

某市拟建一超五星级写字楼，设计采用钢管混凝土组合结构，共28层，层高4 m，建筑总高度112 m，总建筑面积42 740 m²。建成后将成为该地段又一标志性建筑。某施工单位对本工程特别重视，尤其是对单位施工组织设计的编制特别重视，投入了大量技术人员参与单位施工组织设计的编制工作。

问题：

1. 单位工程施工组织设计的编制依据有哪些？

2. 一般单位工程施工组织设计的编制内容有施工平面图、施工进度计划，除此之外还包括其他哪些主要内容？

3. 简述单位工程施工组织设计的编制原则。

项目 1

工程引入

【学习目标】

知识目标	能力目标	权重
通过真实项目的引入，以图纸为依据，正确识图，了解工程概况及主要施工内容	根据图纸，完成识图，编写工程概况	1.00
合计		1.00

【教学准备】

建筑工程项目施工图纸、建设项目资料、合同资料、企业案例等。

【教学建议】

在校内外实训基地或施工现场，采用资料展示、实物对照、分组学习、案例分析、课堂讨论、多媒体教学、讲授等方法教学。

【建议学时】

2学时

任务 1.1　工程图纸的识读

　　学生宿舍楼工程，由×××学院承建，×××设计院设计，××××监理公司监理，×××质量监督站监督，××××建筑工程有限公司施工。

　　该工程坐落在××市××区××路、×××学院院内。功能为学生宿舍，总建筑面积约 17 007 m²，框架剪力墙结构，主体 11 层，局部 12 层。

 任务 1.2　工程概况的编写

　　工程概况是对拟建工程的特点、建设地点特征、施工环境和施工条件等所做的简明扼要的说明。在描述时也可以加入拟建工程的平面图、剖面图以及表格等进行补充说明。通过对建筑结构特点、施工条件的描述，找到施工中的关键问题，以便为选择施工方案、组织物资供应和配备技术力量提供依据。

　　此部分内容将在后续内容中进行详细讲解。

拓 展 与 实 训

> **简答题**
> 1. 认真阅读工程说明并结合图纸，简述拟建工程结构特点。
> 2. 认真阅读图纸，结合建筑施工技术相关知识简要说明施工顺序。

项目 2

施工准备

【学习目标】

知识目标	能力目标	权重
能正确表述信息收集、技术资料准备、施工现场准备、劳动组织及物资准备等施工准备工作内容	能根据施工准备工作的具体内容，正确编制施工准备工作计划	0.80
能正确表述施工准备工作的实施要点	能正确组织施工准备工作计划的实施	0.20
合计		1.00

【教学准备】

建设项目资料、建筑工程施工组织实例、企业案例等。

【教学建议】

在校内外实训基地或施工现场，采用资料展示、实物对照、分组学习、案例分析、课堂讨论、多媒体教学、讲授等方法教学。

【建议学时】

4 学时

任务 2.1 施工准备工作概述

2.1.1 施工准备工作的重要性

施工准备工作，是为保证施工正常进行而必须做好的工作。在建筑施工中，它作为一个重要阶段，应当自始至终坚持"不打无准备之仗"的原则。它之所以重要，是因为现代的建筑施工是一项十分复杂的生产活动，它需要耗用大量的人工、材料和机具，不仅数量巨大，而且组织安排的工种众多，使用的材料、机具设备繁多，另外还要处理各种复杂的技术问题、协调各种协作配合关系，所遇到的条件也是多种多样的，涉及的范围上至国家机关，下至各协作单位，十分广泛。可谓涉及面广、情况繁杂、千头万绪。如果事先缺乏统筹安排和准备，势必会形成某种混乱，使施工无法正常进行。而事先全面细致地做好施工准备工作，则对调动各方面的积极因素，合理组织、使用各种资源，加快施工进度，提高工程质量，降低工程成本，都会起到重要的作用。

大量实践经验证明，凡是重视和做好施工准备工作，能事先细致周到地为工程施工创造一切必要条件的，则该工程的施工任务就能顺利完成。反之，如果违背施工程序，忽视施工准备工作，工程仓促开工，又不及时做好施工中的各项准备工作，则虽有加快工程施工进度的主观愿望，却往往造成事与愿违的结果。所以施工准备实际上起着"开路"的作用。没有施工准备就会丧失主动权，处处被动，甚至使施工无法开展。因此，严格遵守施工规律，按照客观规律组织施工，做好各项施工准备工作，是施工顺利进行和工程圆满完成的重要保证。

2.1.2 施工准备工作的特点和要求

施工准备工作不是工程施工独立的一个阶段，而是贯穿于工程施工过程中；在施工的不同阶段，我们要做不同类型的施工准备工作。

在工程开工前，施工准备就是在拟建工程正式开工前所进行的一切施工准备，目的是为工程开工创造必要的施工条件。

在工程施工中，施工准备就是在拟建工程开工后各个施工阶段正式开始之前所进行的施工准备。

针对不同对象要进行不同的施工准备，主要有全场性施工准备、单项工程施工准备、单位工程施工准备和分部分项工程施工准备。

对于以一个建设项目为对象而进行的各项施工准备就是全场性施工准备，目的是为了全局性的准备，对于规模较小的建设项目，全场性施工准备就是单项工程施工准备，全场性施工准备要做大量的工作，它要兼顾单项工程施工准备、单位工程施工准备和分部分项工程施工准备。同时这些准备工作又要服从全场性的施工安排，是对全场性施工准备的补充和细化。

做好施工准备，要求我们注意以下工作。

1. 施工总承包单位要积极协调各单位，共同做好施工准备工作

建设项目的实施是一个系统工程，整个过程是在业主的主持下完成的，在施工阶段，施工总承包单位是主要参与者。需要施工总承包单位积极地协调业主、设计单位、勘察单位、监理单位、各专业分包单位、各咨询公司等各方面的关系，共同参与和支持施工准备工作，为工程施工争取最有利的条件。

建设单位在施工任务书及初步设计（或扩大初步设计）批准后，着手建设征地、障碍物拆迁、申请施工许可证、接通场外的道路、水源、电源及通信等项准备工作，及时确定各种主要设备的订货（各种大型专用机械设备和特殊材料要早做订购安排），以便土建单项工程的设计、施工。

勘察、设计单位在初步设计和总概算批准以后，应抓紧进行现场地质勘测，单项（单位）工程

施工图及相应的设计、概算等工作。

施工总承包单位应着手研究分析整个建设项目的施工部署，做好调查研究、收集资料等工作。在此基础上，编制施工组织设计，按其要求做好施工准备工作。

监理单位、各咨询公司一般是代表业主对各承包方进行管理，要理顺各种监督关系，明确监督程序。

各专业分包单位则要在施工总承包单位的指导和监督下完成各自专业的施工准备工作，同时也是对全场性施工准备工作的完善。

2. 施工准备要持续进行，持续改进

施工准备工作不仅要在开工前集中进行，而且要贯穿在整个施工过程中。随着工程施工不同阶段工作的开展，在各分部分项工程施工开始之前，都要做好准备工作，为各分部分项工程施工的顺利进行创造必要的条件。

为了保证施工准备工作按时完成，应编制施工准备工作计划，并纳入施工单位的施工组织设计和年度、季度及月度施工计划中去，认真贯彻执行。同时，计划和调整相结合，根据施工要求，及时进行调整和改进，保证施工顺利进行。

3. 施工准备工作要做好落实工作

为了确保施工准备工作的有效实施，应做到以下几点：

(1) 编制施工准备工作计划。

作业条件的施工准备工作，要编制详细的计划，列出施工准备工作内容、要求完成的时间、负责人（单位）等，计划表格可参照表 2.1。

表 2.1 施工准备工作计划表

序号	项目	施工准备工作内容	要求	负责单位及负责人	配合单位	要求完成日期	备注
1							
⋮							
⋮							

由于各项准备工作之间有相互依存关系，单纯的计划表格难以表达清楚，提倡编制施工准备工作网络计划，明确搭接关系并找出关键工作，在网络图上进行施工准备期的调整，尽量缩短时间。

作业条件的施工准备工作计划，应当在施工组织设计中予以安排，作为施工组织设计的基本内容之一，同时注重施工过程中的安排。

(2) 建立施工准备工作责任制。

由于施工准备工作项目多、范围广，因此必须要有严格的责任制，按施工准备工作计划将责任落实到有关部门和个人，同时明确各级技术负责人在施工准备工作中应负的责任。各级技术负责人应是各阶段施工准备工作的负责人，负责审查施工准备工作计划和施工组织计划，督促检查各项施工准备工作的实施，及时总结经验教训。在施工准备阶段，也要实行单位工程技术负责制，将建设、设计、施工三方组织在一起，并组织土建、专业协作配合单位，共同完成施工准备工作。

(3) 建立施工准备工作检查制度。

施工准备工作不但要有计划、有分工，而且要有布置、有检查，以利于经常督促、发现薄弱环节，不断改进工作。一是要做好日常检查；二是在检查施工计划完成情况时，应同时检查施工准备工作完成情况。

(4) 坚持按基本建设程序办事，严格执行开工报告制度。

只有在做好开工前的各项施工准备工作后才能提出开工报告，经申报上级批准方能开工。单位工程应具备的开工条件如下：

①施工图设计已经审核批准。

②施工合同已经签订。

③工程有关各项费用已交纳，已经获得施工许可。

④已办理工程质量、安全、环保、环卫监督手续，接受政府的各项监督。

⑤施工图纸已经会审并有会审记录；施工图预算和施工预算已经编制并审定；施工组织设计已经编制并审定。

⑥现场已具备条件：障碍物已清除，场地已平整，施工道路、水源、电源等已接通，排水沟渠畅通，能满足施工需要；各种临时设施已经搭设，能满足施工和生活的需要。

⑦各种资源已落实：劳动力安排已经落实，可以按时进场，现场安全守则、安全宣传牌已经建立，安全、防火的必要设施已具备。已做好安全、防火教育；材料、构件、半成品和生产设备等已经落实并能陆续进场，保证连续施工的需要；施工机具、设备的安排已经落实，先期使用的已运入现场，已经试运转并能正常使用。

实行建设监理的工程，企业还应将开工报告报送监理工程师审批，由监理工程师签发开工通知书，在限定时间内开工，不得拖延。

单位（子单位）工程开工报告见表2.2。

表2.2 单位（子单位）工程开工报告

××建竣

工程名称		工程地址		
建设单位		施工单位		
监理单位		结构类型		
预算造价/万元		计划总投资		
建筑面积/m²		开工日期		合同工期	
资料与文件	准备（落实）情况			
批准的建设立项文件或年度计划				
征用土地批准文件及红线图				
规划许可证				
设计文件及施工图审查报告				
投标、中标文件				
施工许可证				
施工合同协议书				
资金落实情况的文件资料				
"三通一平"的文件资料				
施工方案及现场平面布置图				
主要材料、设备落实情况				
申请开工意见：	施工单位（公章） 项目经理： 年　　月　　日			
监理单位审批意见：	监理单位（公章） 总监理工程师： 年　　月　　日			
建设单位审批意见：	建设单位（公章） 项目负责人： 年　　月　　日			

4. 施工准备工作应做好几个结合

（1）施工与勘测、设计的结合。

施工任务一旦确定，施工单位应尽早与勘测、设计单位结合，着重在总体规划、平面布局、基础选型、结构选型、构件选择、新材料、新技术的采用和出图顺序等方面与勘测、设计单位取得一致的意见，以利于日后施工。大型工程尽可能在初步设计阶段插入，一般工程可在施工图阶段插入。

（2）内业与现场准备工作的结合。

内业，指室内的准备工作，主要是指各种技术经济资料的编制和汇集（如熟悉图纸、编制施工组织设计等）、合同签订（劳务分包、材料采购、机械租赁等）；现场准备工作主要是指施工现场的临时设施及物资进场。内业对现场准备起着指导作用，现场准备则是内业的具体落实。

（3）施工总承包单位与专业工程施工队伍的结合。

在施工准备工作中，施工总承包单位与专业工程施工队伍应互相配合。施工总承包单位（一般为土建施工单位）在明确施工任务、拟定出施工准备工作的初步计划时要考虑各专业工程的需要，并将计划和任务及时告知各协作专业单位，使各单位都能心中有数，各自及早做好必要的准备工作，同时协助和配合施工总承包单位。

（4）开工前准备与施工中准备的结合。

由于施工准备工作周期长，有一些是开工前做的，有一些是在开工后交叉进行的。因此，既要立足于前期的准备工作，又要着眼于后期的准备工作。要统筹安排好前、后期的准备工作，把握时机，及时做好近期的施工准备工作。

2.1.3 施工准备工作的内容

施工准备工作的内容主要包括：管理体系和管理人员确定、信息收集、技术准备、各种资源准备、施工现场准备以及其他相关准备工作，如图 2.1 所示。每项工程施工准备工作的内容，视该工程本身及其具备的条件而异，有的比较简单，有的却十分复杂。

项目管理是一个系统工作，要保证项目的顺利进行，必须有良好的管理体系，在这个管理体系中各岗位分工明确，又要相互协助，共同完成项目的各项工作。项目管理体系的确定、各岗位的设置、管理人员的选择是施工总承包单位首先面临的问题，是项目成败的关键。只有管理人员确定后，才可以开展各项施工准备工作。

2.1.4 施工准备工作的分类

1. 按规模和范围分

施工准备工作按其规模和范围可分为：基础性工作准备、施工总准备、单位工程施工条件准备和分部（分项）工程作业条件准备。

（1）基础性工作准备。

基础性工作准备是在施工单位与业主签订承包合同，承接工程任务后，需要做好的一系列基础工作，比如：研究项目组织管理模式、筹建项目经理部；落实分包单位，签订分包合同；分析工程主要矛盾、关键问题，制定相应对策、措施；调查分析施工地区的自然、技术经济和社会生活条件，为施工服务；办理相关申请手续，取得有关部门批准的法律依据；建立健全质量保证体系和各项管理制度，完善技术检测设施；合理规划施工力量与任务安排，组织材料、设备的加工订货；办理施工许可证，提交开工申请报告等。

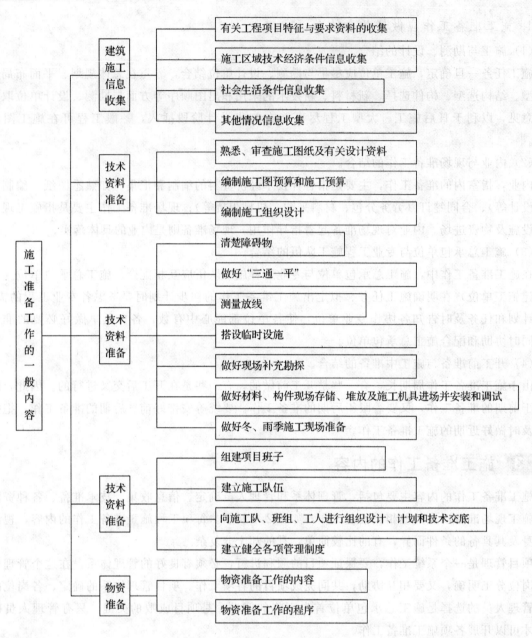

图 2.1　施工准备工作的内容

（2）施工总准备。

施工总准备即全场性施工准备，是以一个建筑工地为对象而进行的各项施工准备，目的是为全场性施工服务，也是兼顾单位工程施工条件的准备。比如：编制施工组织总设计；进行场区的施工测量，设置永久性经纬坐标桩、水准基桩和工程测量控制网；搞好"三通一平"；建设施工使用的生产基地和生活基地；组织物资、材料、机械、设备的采购、储备及进场；对所采用的新工艺、新材料、新技术进行试验、检验和技术鉴定；强化安全管理和安全教育；对施工的防火安全、环境保护、冬季和雨季施工等制定相应的对策措施等。

（3）单位工程施工条件准备。

单位工程施工条件准备是以一个建筑物为对象而进行的施工准备，目的是为该单位工程施工服务，也是兼顾分部分项工程施工作业条件的准备。比如：编制单位工程施工组织设计；编制单位工程施工预算和主要物资供需计划；熟悉和会审图纸并交底；论证施工方案，进行技术安全交底；修建必要的暂设工程；组织机械、设备、材料进场和检验；建筑物定位、放线、引入水准控制点等。

（4）分部（分项）工程作业条件准备。

分部（分项）工程作业条件准备是以分部分项工程或冬、雨季施工工程内容为对象而进行的作业条件准备。

2．按所处施工阶段分

施工准备工作按工程所处施工阶段可分为：开工前施工准备、工程作业条件的施工准备。

（1）开工前施工准备。

开工前施工准备是指工程正式开工前的各项准备工作，它带有全局性和总体性。

（2）工程作业条件的施工准备。

工程作业条件的施工准备是为某一单位工程、某个施工阶段或环节、某个分部（分项）工程所做的施工准备工作，它带有局部性和经常性。

 # 任务 2.2　建筑施工信息收集

当今世界是一个信息的世界，成功的关键取决于信息的占有量。建筑工程施工涉及的单位多、内容广、情况多变、问题复杂。编制施工组织设计的人员对建设地区的情况往往不太熟悉，因此，为了编制出一个符合实际情况、切实可行、质量较高的施工组织设计，就必须掌握足够的信息。信息收集工作是开工前施工准备工作的主要内容之一。

2.2.1　信息收集的途径

为了获得符合实际情况、切实可行、最佳的施工组织设计方案，在进行建设项目施工准备过程中必须进行自然条件和技术经济调查，以获得必要的自然条件和技术经济条件的信息，这些信息资料称为原始资料。对这些信息资料的分析就称为对原始资料的调查分析。原始资料的调查工作应有计划、有目的地进行。根据工程的复杂程度事先要拟订明确详细的调查提纲。

调查时，可以向相关单位收集有关资料，如向建设单位、勘察设计单位索取工程设计任务书、工程地质报告、地形图；向当地的气象部门收集气象资料；向公司总部或有关单位收集类似工程的资料等。到实地勘测与调查是重要的、有效的收集途径，这种方法比较准确，但费用较高；可以通过网络收集各种信息，如材料价格，机械、工具租赁价格，地方法规，这种方法快捷、经济。

对调查收集的原始资料进行细致的分析与研究，分类、汇总后形成文件，供各单位、各岗位使用。

2.2.2　原始资料调查的目的

自然条件的调查是为了查明建设地区的自然条件，并提供有关资料；技术经济的调查是为了查明建设地区工业、资源、交通运输和生活福利设施等地区经济因素，以获得建设地区的技术经济条件资料。

施工单位进行原始资料调查收集的目的如下。

1．为工程投标提供依据

1984 年我国实行招标承包制，改变了过去用行政手段分配施工任务的办法。施工单位在投标前，除了认真研究投标文件及其附件以外，还要仔细地调查研究现场及社会经济技术条件，在综合分析的基础上进行投标。

2．为签订承包合同提供依据

中标单位与招标单位签订工程承包合同，其中许多内容都直接与当地的技术经济情况有关。

3. 为编制施工组织设计提供依据

施工组织设计中的有关材料供应、交通运输、构件订货、机械设备选择、劳动力筹集、季节性施工方案等内容的确定，都要以技术经济调查资料为依据。

2.2.3 收集信息的主要内容

一般工程调查收集原始资料的主要内容如下。

1. 法律法规

（1）政府的法律、法规与有关部门规章信息。

（2）环境保护与防治公害的标准。

2. 市场信息

（1）地方建材生产企业情况，主要是钢筋混凝土构件、钢结构、门窗、水泥制品的加工条件。

（2）钢材、水泥、木材、砖、砂、石、装饰材料、特殊材料的价格与供应调查。

（3）机械设备供应情况，包括某些大型运输车辆、起重设备及其他机械施工设备的供应条件。

（4）社会劳动力和生活设施情况，包括可提供的劳动力和其他服务项目、房屋设施情况、生活情况。

3. 工程建设信息收集

可以向建设单位和勘察设计单位调查工程建设及有关设计资料。工程建设及有关设计资料的调查内容和目的见表2.3。

表 2.3 工程建设信息调查表

序号	调查单位	调查内容	调查目的
1	建设单位	a. 建设项目设计任务书及有关文件 b. 建设项目的性质、规模、生产能力 c. 生产工艺流程、主要工艺设备名称及来源、供应时间、分批和全部到货时间 d. 建设期限、开工时间、交工先后顺序、竣工投产时间 e. 总概算投资、年度建设计划 f. 施工准备工作内容、安排和工作进度	a. 作为施工依据 b. 项目建设部署 c. 主要工程施工方案 d. 规划施工总进度 e. 安排年度施工计划 f. 规划施工总平面 g. 确定占地范围
2	设计单位	a. 建设项目总平面规划 b. 工程地形、地质勘察资料 c. 水文地质勘察资料 d. 项目建筑规模，建筑、结构、装修概况，总建筑面积、占地面积 e. 单项（单位）工程个数 f. 设计进度安排 g. 生产工艺设计及特点 h. 地形测量图	a. 施工总平面图规划 b. 生产施工区、生活区规划 c. 大型暂设工程安排 d. 概算劳动力、主要材料用量，选择主要施工机械 e. 规划施工总进度 f. 计算平整场地土石方量 g. 确定地基、基础施工方案

4. 自然条件信息

工程所在地自然条件信息收集就是对工程所在地的自然条件进行的调查工作，如对当地的气象、河流、地下水等条件的调查。工程所在地自然条件信息收集的主要内容如下。

（1）气象调查。

气象调查包括气温调查、雨情调查、风情调查等。气温调查包括年平均最高与最低气温，最冷、最热月的逐月平均温度，冬、夏季室外计量温度低于 -3 ℃、0 ℃、5 ℃的天数及起止日期等；雨情调查包括全年降雨量、一日最大降雨量、雨期起止日期、年雷暴日数等；风情调查包括全年主导风向及频率（风玫瑰图），大于八级风的天数、日期等。

（2）河流、地下水调查。

河流、地下水调查包括河流位置与现场的距离，洪水、平水、枯水时期及其水位，水的流速、流向、流量、航道深度、水质，最大、最小冻深及结冻时间，地下水的最高与最低水位及其时期，水量、水质等。

5．工程概况信息

（1）工程实体情况。

工程实体情况主要来源于建设项目的计划任务书，包括：建设的目的和依据、规模、水文地质情况，原材料、燃料、动力、用水等供应情况及运输条件，资料综合利用和治理"三废"的要求，建设进度，投资控制数、资金来源，劳动定额控制数，要求达到的经济效益和技术水平，设计进度、设计概算、投资计划和工期计划。若为引进项目，应查清进口设备、零件、配件、材料的供货合同、有关条款、到货情况、质量标准以及相应的配合要求。

（2）场地和环境概况。

场地和环境概况包括施工现场情况：施工用地范围、有否周转用地、现场地形、可利用的建筑物及设施、交通道路情况、附近建筑物的情况、水与电源情况等；地区交通运输条件，包括铁路、公路、水路、空运等运输条件；市政、公共服务设施，包括供水管网、污水排放点、供电条件、电话线路、热力、燃料供应、供气等。

（3）参与建设的各单位概况。

参与建设的各单位概况包括工人、管理人员、施工机械情况及施工经验、经济指标。

（4）工程合同。

6．工程所在地技术经济条件信息收集

工程所在地技术经济信息收集，就是对工程所在地的有关资源、经济、运输、供应、生活等方面的技术经济条件进行全面的了解，以便在施工组织中，尽可能利用这些技术经济条件为工程建设服务。其主要内容有以下几个方面。

（1）主要材料信息收集。

主要材料信息收集包括"三材"信息、特殊材料和主要设备。"三材"即钢材、木材和水泥。

一般情况下，应摸清"三材"的市场行情，如供应能力、质量、价格、运费情况，当地构件制作、木材加工、金属结构、钢木门窗、商品混凝土、建筑机械供应与维修、运输等情况；了解特殊材料的品种、规格、数量以及加工和供应情况等；了解主要设备的名称、规格、数量和供货单位以及分批和全部到货时间等信息。

（2）建设地区的能源信息收集。

能源一般指水源、电源、供热、供气以及地方材料资源等，主要用于选择施工的临时供水、供电、供热、供气方式，了解地方材料资源是否满足建筑施工的要求，为经济分析比较提供依据。

①给水排水条件调查。工地用水与当地现有水源连接的可能性、供水能力、接管距离、地点、管径、材料、埋深、水压、水质及水费等资料。若当地现有水源不能满足施工用水要求，则要调查附近可作施工生产、生活、消防用水的地面或地下水源的水质、水量、取水方式、至工地距离、沿

途地形、地物状况等条件；还要调查利用当地排水设施排水的可能性、排水距离、去向和坡度等资料。这些资料是确定施工及生活给水方案、工地排水方案和防洪设施，拟定给排水设施的施工进度计划的重要依据。

②供电条件调查。收集当地的电源位置、引入的可能性、引入方向、接线地点及其至工地距离、沿途地形和地物状况以及可以满足的容量、电源、导线截面和电费等资料；还要了解建设单位、施工单位自有的发变电设备、供电能力等情况。这些资料可以用来确定施工供电方案、拟定供电设施的施工进度计划等。

③供热、供气情况调查。收集冬季施工时附近蒸汽来源，可供蒸汽量，接管地点、管径、埋深、至工地距离、沿途地形和地物状况及价格；建设单位、施工单位自有的供热能力以及当地或建设单位可以提供煤气、压缩空气、氧气的能力和它至工地的距离等资料。这是确定施工供热、供气的依据。

④地方资源情况。了解当地石灰石、块石、河沙、矿渣、粉煤灰等地方材料资源的可利用情况，能否满足建筑施工的要求以及开采、运输和利用的可能性及经济合理性等。

（3）建设地区的交通运输条件信息收集。

交通运输一般包括铁路、公路、水路、航空等多种运输方式。收集交通运输资料是指调查主要材料及构件运输通道情况，主要用作组织施工运输业务、选择运输方式、提供经济分析比较的依据等。

（4）社会生活条件信息收集。

社会生活条件信息收集主要是了解当地能提供的劳动力人数、年龄、文化程度、技术水平、居住条件及生活习惯；可供施工人员作为食堂、办公、住宿、生产等用途的房屋情况；当地主副食品供应、日用品供应、文化教育、消防治安、医疗单位的基本情况以及能为施工提供的支援能力和便利条件。这些资料是制订劳动力安排计划、建立职工生活基地、确定临时设施的依据。

（5）施工企业信息收集。

施工企业信息收集是指了解施工企业的资质等级、技术装备、管理水平、施工经验、社会信誉等有关情况。对同一工程是多个施工单位共同参与施工的，应了解参加施工的各单位的能力，以便做到心中有数。

任务2.3　技术资料准备

技术资料的准备工作，即通常所说的"内业"工作。它是现场施工准备工作的基础，其内容包括：熟悉施工图纸及图纸会审、编制施工组织设计、编制施工图预算和施工预算。

2.3.1　熟悉、审查施工图纸和有关设计资料

一个建筑物或构筑物的施工依据就是施工图纸，施工技术人员必须在施工前熟悉施工图中各项设计的技术要求，在熟悉施工图纸的基础上，由建设、施工、设计单位共同对施工图纸组织会审。

会审后要有图纸会审纪要，各参加会审的单位盖章，它可作为与设计图纸同时使用的技术文件。

1. 熟悉施工图纸的重点

基础及地下室部分：核对建筑、结构、设备施工图中关于基础留口、留洞的位置及标高，地下室排水的去向，变形缝及人防出口的做法，防水体系的交圈及收头要求等。

主体结构部分：各层所用砂浆、混凝土的强度等级，墙、柱与轴线的关系，梁、柱（包括圈

梁、构造柱）的配筋及节点做法，悬挑结构的锚固要求，楼梯间构造，设备图和土建图上洞口尺寸及位置的关系。

屋面及装修部分：结构施工应为装修施工提供预埋件或预留洞，内、外墙和地面的材料做法，屋面防水节点等。

在熟悉图纸过程中，对发现的问题应做出标记，做好记录，以便在图纸会审时提出。

2. 图纸会审的主要内容

图纸会审一般先由设计人员对设计图纸中的技术要求和有关问题做介绍和交底，对于各方提出的问题，经充分协商将意见形成图纸会审纪要，由建设单位正式行文，参加会议各单位加盖公章，作为与设计图纸同时使用的技术文件。

图纸会审主要有以下几方面内容：

（1）施工图的设计是否符合国家有关技术规范。

（2）图纸及设计说明是否完整、齐全、清楚；图纸中的尺寸、坐标、轴线、标高、各种管线和道路的交叉连接点是否准确；同一套图纸的前、后各图及建筑与结构施工图是否吻合一致，是否矛盾；地下与地上的设计是否矛盾。

（3）施工单位技术装备条件能否满足工程设计的有关技术要求；采用新结构、新工艺、新技术在施工时是否存在困难，土建施工、设备安装、管道、动力、电器安装要求采取特殊技术措施时，施工单位技术上有无困难；是否能确保施工质量和施工安全。

（4）设计中所选用的各种材料、配件、构件（包括特殊的、新型的），在组织采购供应时，其品种、规格、性能、质量、数量等方面能否满足设计规定的要求。

（5）对设计中不明确或有疑问处，请设计人员解释清楚。

（6）发现图纸中的其他问题，并提出合理化建议。

对施工过程中提出的一般问题，经设计单位同意，即可办理手续进行修改。涉及较大的技术和经济问题时，则必须经建设单位、监理单位、设计单位和施工单位共同协商，由设计单位修改，向施工单位签发设计变更单，方才有效。会审纪要与施工图纸具有同等效力，是组织施工、编制施工图预算的重要依据。

图纸会审和设计交底记录见表2.4。

3. 学习和熟悉技术规范、规程及有关技术规定

技术规范、规程是由国家有关部门制定的实践经验的总结，具有法令性、政策性和严肃性。施工各部门必须按规范与规程施工。建筑施工中常用的技术规范、规程主要有以下几种。

（1）建筑施工及验收规范。

（2）建筑安装工程质量检验评定标准。

（3）施工操作规程。

（4）设备维护及检修规程。

（5）安全技术规程。

（6）上级部门颁发的其他技术规范与规定。

各级工程技术人员在接受任务后，要结合工程实际，认真学习和熟悉有关技术规范、规程，为保证优质、安全、按时完成工程任务打下坚实的技术基础。

表 2.4　图纸会审和设计交底记录

××建竣

工程名称		设计单位		
测量依据		依据提供单位		
施工单位		监理单位		
交底会审图号			交底会审日期	
交底及会审内容： 注：具体内容记录和处理意见作附件				
参加交底会审人员：				
建设单位		设计单位		施工单位
项目负责人签字： （盖章）		项目负责人签字： （盖章）		项目负责人签字： （盖章）
建设单位		（　　）单位		（　　）单位
项目负责人签字： （盖章）		项目负责人签字： （盖章）		项目负责人签字： （盖章）
会审主持单位：		会审主持人： 　　年　　月　　日		
设计交底单位：		设计交底人： 　　年　　月　　日		

2.3.2　编制施工组织设计

编制施工组织设计是施工准备工作的重要组成部分。施工组织设计是全面安排施工生产的技术经济文件，是指导施工的主要依据。编制施工组织设计本身就是一项重要的施工准备工作，所有施工准备的主要工作均集中反映在施工组织设计中。

施工组织设计文件要经过公司技术部门批准，并报业主、监理单位审批，经批准后方可使用，对于深基坑、脚手架、特殊工艺等关键分项要编制专项方案，必要时，请有关专家会审方案，确保安全施工。

对于"四新"技术应用、技术复杂或本单位不熟悉的分部工程，还需要编制分部工程施工作业设计。

施工组织设计已被批准，即可着手编制单位工程施工图预算和施工预算，以确定人工、材料和机械费用的支出，并确定人工数量、材料消耗数量及机械台班使用量，以便于签订劳务合同和采购合同。

2.3.3 编制施工图预算和施工预算

在签订施工合同并进行了图纸会审的基础上，施工单位就应结合建筑施工组织设计和施工合同编制施工图预算，经建设单位和建设银行审核后作为确定工程造价、进行拨款和结算的依据。为了加强施工项目的工料成本管理、控制与核算，应另外编制施工预算。此外还应编制施工项目的成本计划，作为项目经理部进行工程施工和成本控制的依据。

任务 2.4 劳动组织及物资准备

2.4.1 劳动力准备

1. 劳动组织准备

工程施工人员的劳动组织情况，直接关系着工程质量、工期和成本，关系着工程建设完成的质量。因此，劳动组织准备是工程开工之前施工准备的一项重要内容。劳动组织准备一般包括建立拟建项目领导机构，建立精干的施工队伍，向施工班、组、工人进行组织设计、计划和技术交底以及建立健全各项管理制度。

（1）建立拟建项目的管理机构。

拟建项目管理机构组建得是否合理，对工程建设目标的实现起着至关重要的作用。工程建设项目开工前，施工企业须根据工程特点建立项目部管理机构。一般由企业法定代表人委托和授权项目部经理，由项目经理根据工程规模、结构特点和复杂程度，确定项目部机构设置，坚持合理分工与密切协作相结合，认真执行因事设职、因职选人的原则。对于规模较小的工程，可设一名工地负责人，再配备施工员、质检员、安全员及材料员等；对大型的工程项目或群体项目，则需配备一套班子，包括技术、材料、计划等管理人员。

（2）建立精干的施工队伍。

施工队伍是工程项目建设的具体操作者，对工程质量、进度及成本影响非常大。精干的施工队伍必须是一支作风过硬、技术水平高、纪律性强、具有较强战斗力的队伍。施工队伍的建立，应根据工程的特点、现有劳动力组织情况及建筑施工组织劳动力需要量计划来确定；要坚持合理、精干的原则，认真考虑专业、工种的合理配合，技工、普工的比例要满足合理的劳动组织，符合流水施工组织方式的要求。

（3）向施工队组、工人进行技术交底。

技术交底是施工过程中基础性管理工作的一项重要工作内容。一般在单位工程或分部分项工程开工前及时进行，目的是把拟建工程的设计意图、施工计划和施工技术要求等详尽地向施工队组和工人进行讲解和交代，以保证工程严格地按照设计图纸、施工组织设计、安全操作规程和施工验收规范等要求进行施工，落实计划和技术责任制。在施工过程中，应本着谁施工谁负责的原则。各工种负责人在安排施工任务时，必须对施工班组进行书面技术质量安全交底，做到交底不明确不上岗，不签证不上岗。技术交底通常有书面交底和口头交底两种形式。

（4）建立健全各项管理制度。

工程项目施工准备过程中，要建立健全各项管理制度，做到有章可循、制度管人。制度是各项施工活动顺利开展的保证，因此，必须建立健全工地的各项管理制度。施工中的管理制度有很多，如劳动制度、安全管理制度、文明施工制度、仓库管理制度、物资发放制度、工程质量奖惩制度等。

2. 施工队伍准备

施工队伍的准备包括：根据施工图预算和施工预算指定的劳动力需求计划集结施工力量，调整、健全和充实施工组织机构；进行特殊工种、稀缺工种的技术培训；招收临时工和合同工；签订劳务合同，进行入场安全教育。

3. 分包管理

现代施工技术发展迅速，各种新技术层出不穷，施工分工越来越细，专业分包、劳务分包的管理也就非常重要，落实好专业施工队伍和劳务分包队伍也是全面质量管理的重要内容。首先，要建立分包队伍档案，尽量选择信誉好、实力强的施工队伍，从准入上把关，其次签订平等的、互惠互利的合同，明确约定双方的权利和义务，这样有利于合同的履行，实现"双赢"。

2.4.2 施工物资的准备

各种技术物资只有运到现场并有必要的储备后，才具备必要的开工条件，主要包括设备、施工机械、周转工具机具和各种材料、构配件等的准备。

（1）据施工方案确定的施工机械和周转工具需用量进行准备，自有的施工机械和周转工具要加强维护，按计划进场安装、检修和试运转。需租赁的机具要在考察市场的基础上，选定单位，签订租赁合同。

（2）根据施工组织设计确定的材料、半成品、预制构件的数量、质量、品种、规格，编制好物资供应计划，落实资金，按计划签订合同和组织进货，按照施工平面图要求在指定地点堆存或入库。

任务 2.5 施工现场准备

一项工程开工之前，除了做好以上各项准备工作外，还必须做好现场的各项施工准备工作，即通常所说的室外准备（外业准备），其主要内容包括"三通一平"、控制网建立和搭设临时设施三大部分。

2.5.1 "三通一平"

"三通一平"是指在建设工程的用地范围修通道路，接通水源、电源和平整场地的工作。这项工作应根据施工组织设计的规划来进行。它分为全场性"三通一平"和单位工程"三通一平"。前者必须有计划、分阶段地进行，后者必须在施工前完成。如工程规模较大，这段工作可以分阶段进行，保证在第一期开工的工程用地范围内完成，再依次进行其他的，为第一期工程项目的尽早开工创造条件。

1. 拆除障碍物

施工现场内的地上或地下一切障碍物应在开工前拆除。这项工作一般是由建设单位来完成，有时也委托施工单位来完成。如果委托施工单位来完成这项工作，一定要先摸清情况，尤其是原有障碍物情况复杂，而且资料不全的，应采取相应措施，防止发生事故。架空电线及埋地电缆、自来水、污水、煤气、热力等管线拆除，都应与有关部门取得联系并办妥手续后，方可进行，一般最好由专业公司来进行。场内的树木，需报请园林部门批准后方可砍伐。一般平房只要把水源、电源截断后即可进行拆除，若房屋较大较坚固，则有可能采用爆破方法，这需要专业施工队来承担，并且必须经过主管部门的批准。

2. 平整施工场地

拆除障碍物后，全场性平整，要根据设计总平面图确定的标高，通过测量方格网的高程（水平）基准点及经纬方格网，计算出挖方与填方的数量，按土方调配计划，进行挖、填、运土方施工。

3. 修通道路

首先修通铁路专用线与公路主干道，使物资直接运到现场，尽量减少二次或多次转运；其次修通单位工程施工的临时道路（也尽可能结合永久性道路位置）。

4. 通水与通电

用水包括生产、消防、生活用水三部分。一般尽可能先建成永久给水系统，尽量利用永久性供排水管线。临时管线的铺设也要考虑节约的原则；整个现场排水沟渠也应修通。

供电包括施工用电及生活用电两部分。电源首先考虑从国家供电网路中获得（需要有批准手续）。如果供电量不足，可考虑自行发电。

施工中如需要蒸汽、压缩空气等能源时，也应按施工组织设计要求，事先做好铺设管道等工作。

2.5.2 施工现场测量控制网建立

为了使建筑物或构筑物的平面位置和高程符合设计要求，施工前应按总平面图，设置永久性的经纬坐标桩及水平坐标桩，建立工程测量控制网，以便于建筑物在施工前的定位、放线。

建筑物定位、放线，一般通过设计定位图中平面控制轴线来确定建筑物四周的轮廓位置。按建筑总平面及给定的永久性的平面控制网和高程控制基桩进行现场定位和测量放线工作。重要建筑物必须由规划测绘部门定位和测量放线。这项工作是确定建筑物平面位置和高程的关键环节，测定经自检合格后，提交有关部门（规划、设计、建设、监理单位）验线，以保证定位、放线的准确性。并做好定位测量、放线、验线记录。沿红线（规划部门给定的建筑红线，在法律上起着建筑四周边界用地的作用）建的建筑物放线后，必须由城市规划部门验线，以防止建筑物压红线或超红线。

工程定位、放线测量记录见表 2.5。

表 2.5 工程定位、放线测量记录

××建竣

工程名称				施工单位		
测量依据				依据提供单位		
使用仪器及编号		水准点标高/m	相对		场地标高/m	相对
			绝对			绝对
定位（放线）记录及示意图： 测量人： 年 月 日						
复测情况及结论： 监理工程师： 年 月 日						
施工单位	项目技术负责人： 年 月 日			建设单位	建设单位技术代表： 年 月 日	

2.5.3 临时设施

各种生产、生活需要的临时设施，包括各种仓库、搅拌站、预制构件厂（站、场）、各种生产作业棚、办公用房、宿舍、食堂、文化设施等均应按施工组织设计规定的数量、标准、面积位置等要求组织搭设。现场所需的临时设施应报请规划、市政、消防、交通、环保等有关部门审查批准。为了施工方便和行人安全，指定的施工用地四周应用围墙围护起来。围墙的形式和材料应符合市容管理的有关规定和要求。在主要出入口应设置标牌，标明工程概况、建设、监理、设计、施工等单位工程负责人及施工平面图。

临时设施的搭设，应尽量利用原有的建筑物，或先修建一部分永久性建筑加以利用，不足部分修建临时建筑。尽量减少临时设施的搭设数量，以节约费用。

2.5.4 冬、雨季施工准备以及设置消防、安保设施

1. 冬、雨季施工准备

建筑工程施工的大部分工作是露天作业，季节变化对施工影响较大。因此，为保证按期保质地完成施工任务，必须针对建筑工程特点和气温变化，制定科学合理的施工技术保障措施，做好冬、雨季施工准备工作。

（1）冬季施工准备。

①科学合理地安排冬季施工项目。由于冬季温度低、施工条件差、技术要求高，费用可能增加。因此，应尽量安排受自然条件影响小、增加费用少的项目在冬期施工，如吊装工程、打桩工程、室内装饰等项目。而费用增加较多且不易保证质量的项目应避开冬季施工，如土石方工程、基础工程、外粉刷、屋面防水等。因此，从建筑施工组织安排上要综合研究，明确冬季施工的项目。

②落实各种热源供应工作。做好各种热源设备和保温材料的储存、供应，对相关工种的人员（如司炉工）应进行必要的培训，以保证冬季施工的顺利进行。

③做好测温工作。冬季施工昼夜温差大，为保证施工质量，防止砂浆、混凝土在凝结硬化前遭受冻结而破坏，应做好测温工作。

④做好室内外保温防冻工作。在冬季到来之前，应完成供热系统、门窗安装等工作，以保证室内其他项目能顺利施工。室外各种临时设施要做好保温防冻，如防止给排水管冻裂，防止道路积水结冰，及时清扫道路上的积雪，以保证运输顺利。

⑤做好混凝土防冻剂的购置。做好冬季施工混凝土、砂浆及掺外加剂的试配实验工作，算出施工配合比。

⑥加强安全教育，防止火灾发生在冬季。应教育职工树立安全意识，要有相应的防火、防滑措施，严防火灾发生，避免事故发生；还要做好职工培训、冬季施工的技术操作及安全施工的教育，确保施工质量，避免事故发生。

（2）雨季施工准备。

①合理安排雨季施工项目。为了避免雨季出现窝工浪费，应将一些受雨季影响大的施工项目（如土方工程、基础工程、室外及屋面工程）尽量抢在雨季到来之前完成，安排受雨季影响小的项目在雨季施工。

②做好防洪排涝和现场排水工作。应根据施工现场的实际情况，做好防洪排涝的有关准备工作；施工现场应修建各种排水沟渠。准备好抽水设备，及时处理低注、基坑中的积水。

③做好物资的储存、道路维护工作。为了节约施工费用，在雨季到来之前，应储备足够数量的材料。雨季到来之前，应检查道路边坡的排水，适当提高路面排水能力，防止路面凹陷，保证运输道路的畅通。

④做好机具设备的保护。对施工现场的各种机具、设备应加强检查，防止脚手架、垂直运输设备在雨季倒塌、漏电、遭受雷击等事故发生。

⑤加强安全教育，树立安全意识。在雨季要教育职工树立安全意识，防止各种事故的发生。

2. 设置消防、安保设施

施工现场的安全是现代化施工重点考虑的问题之一。因此，应注重施工现场的安全防范，积极设置消防和安保设施。在施工现场布置消火栓、灭火器，在施工现场出入口设置安保用品，有安保人员轮流值班，防止闲杂人员进入，确保现场安全施工。

拓展与实训

一、单项选择题

1. 施工准备工作范围包括两个方面：一是阶段性的施工准备，二是（　　）的施工准备。

A. 施工条件　　　　B. 局部性　　　　C. 作业条件　　　　D. 全局性

2. 施工准备工作的内容一般可归纳为（　　）方面。

A. 三个　　　　B. 四个　　　　C. 五个　　　　D. 六个

3. 施工现场准备工作的主要内容包括（　　）、测量放线和搭设临时设施。

A. 安全设施　　　　B. "三通一平"　　　　C. 消防设施　　　　D. 生活设施

4. 施工图纸的会审一般由（　　）组织并主持会议。

A. 建设单位　　　　B. 施工单位　　　　C. 设计单位　　　　D. 监理单位

5. 施工准备工作基本完成后，具备了开工条件，应由（　　）向有关部门报送开工报告。

A. 建设单位　　　　B. 施工单位　　　　C. 设计单位　　　　D. 监理单位

二、多项选择题

1. 施工准备工作的内容包含（　　）等内容。

A. 技术资料的准备　　　　　　　　B. 组织有节奏、均衡和连续施工

C. 施工物资和施工队伍的准备　　　D. 冬雨季的施工准备

E. 施工现场准备

2. 技术资料准备的具体内容是（　　）。

A. 熟悉和会审图纸　　　　　　　　B. 签订承包合同

C. 平整施工场地　　　　　　　　　D. 编制施工图预算和施工预算

E. 编制施工组织设计

3. 施工现场准备的具体内容是（　　）。

A. 现场"三通一平"　　　　　　　B. 测量放线

C. 临时设施搭设　　　　　　　　　D. 编制施工组织设计

E. 拆除障碍物

4. 审查设计图纸的程序通常分为（　　）三个阶段。

A. 自审　　　　　　　　　　　　　B. 熟悉图纸

C. 会审　　　　　　　　　　　　　D. 现场签证

E. 技术交底

5. 项目组织机构的设置应遵循（　　）原则。

A. 满意　　　　　　　　　　　　B. 全能配套

C. 独立自主　　　　　　　　　　D. 精干高效

E. 优化配置

三、简答题

1. 施工准备工作的内容和要求是什么？

2. 原始材料调查的目的是什么？还需收集哪些相关信息与资料？

3. 技术准备包括哪些内容？

4. 熟悉图纸的要求是什么？图纸会审包括哪些内容？

5. 施工现场准备包括哪些内容？

四、案例分析题

背景：

某25层写字楼工程建设项目，其初步设计已经完成，建设用地和筹资也已落实。某500人的建筑工程公司，凭借300名工程技术人员、15名一级资质的项目经理的雄厚实力，以及近10年来的优秀业绩，通过竞标取得了该项目的总承包任务，并签订了工程承包合同。开工前，承包单位进行了充分的准备工作。施工单位向监理单位报送工程开工报告后，项目经理下令开工。

问题：

1. 项目经理下令开工是否正确？为什么？

2. 单位工程开工前应具备什么条件？

3. 单位工程施工准备工作内容有哪些？

4. 施工准备计划应确定哪些内容？

项目 3

单位工程施工组织编制

【学习目标】

知识目标	能力目标	权重
能正确表述工程概况的组成内容	能正确描述建设项目工程概况	0.05
能正确表述工程项目结构分解及项目组织机构设置	能正确设置项目组织机构	0.10
能正确表述施工程序、施工顺序、主要施工方案的确定、施工机械设备的选择	能正确制定主要分部分项工程施工方案及选用主要施工机械设备	0.15
能正确表述流水施工的参数及组织方式	能正确绘制流水进度计划（横道图）	0.10
能正确表述网络图的基本要素及绘制、时间参数的计算、网络计划的优化	能正确绘制网络计划并进行优化	0.20
能正确表述施工进度计划的编制、表示方法	能熟练编制单位工程施工进度计划	0.10
能正确表述施工准备工作及各项资源需要量计划的内容	能正确确定施工准备工作的各项内容及编制各项资源需要量计划	0.05
能正确表述施工现场平面布置以及保证施工质量、安全、文明、降低成本、环境保护等的主要措施	能正确进行施工现场平面布置以及组织现场管理	0.10
能正确表述建筑施工组织技术经济分析的内容和方法	能正确制定主要技术组织措施并正确进行技术经济分析	0.05
能正确表述单位工程施工组织设计编制的内容	能正确编制单位工程施工组织设计	0.10
合计		1.00

【教学准备】

建筑工程施工图、工程施工合同、预算书、建筑施工组织设计实例等。

【教学建议】

在校内外实训基地或施工现场，采用资料展示、现场实物对照、分组学习、案例分析、课堂讨论、多媒体教学、讲授等方法教学。

【建议学时】

32学时

任务3.1 综合说明

单位工程施工组织设计是用来规划和指导单位工程从施工准备到竣工验收全部施工活动的技术经济文件，对施工单位实现科学的生产管理，保证工程质量、进度和成本目标的实现起着十分重要的作用。同时，单位工程施工组织设计也是施工单位编制季、月、旬施工计划和编制劳动力、材料和机械设备计划的主要依据。

单位工程施工组织设计是一个工程的战略部署，是宏观定性的，体现指导性和原则性，是一个将建筑物的蓝图转化为实物的总文件，包含了施工全过程的部署、选定技术方案、进度计划及相关资源计划安排、各种组织保障措施，是对项目施工全过程的管理性文件。

单位工程施工组织设计一般是在施工图完成并进行会审后，由施工单位项目部的技术人员编制，报建设单位和上级主管部门批准后实施。

3.1.1 设计内容

单位工程施工组织设计应根据拟建工程的性质、特点及规模不同，同时考虑到施工要求及条件进行编制。设计必须真正起到指导现场施工的作用。一般包括下列内容。

1. 工程概况

工程概况主要包括工程特点、建筑地段特征、施工条件等。

2. 施工方案

施工方案包括确定总的施工顺序及确定施工流向，主要分部分项工程的划分及其施工方法的选择、施工段的划分、施工机械的选择、技术组织措施的拟定等。

3. 施工进度计划

施工进度计划主要包括划分施工过程和计算工程量、劳动量、机械台班量、施工班组人数、每天工作班次、工作持续时间，以及确定分部分项工程（施工过程）施工顺序及搭接关系、绘制进度计划表等。

4. 施工准备工作计划

施工准备工作计划主要包括施工前的技术准备、现场准备、机械设备、工具、材料、构件和半成品构件的准备，并编制准备工作计划表。

5. 资源需用量计划

资源需用量计划包括材料需用量计划、劳动力需用量计划、构件及半成品构件需用量计划、机械需用量计划、运输量计划等。

6. 施工平面图

施工平面图主要包括施工所需机械、临时加工场地、材料、构件仓库与堆场的布置及临时水网电网、临时道路、临时设施用房的布置等。

7. 技术经济指标分析

技术经济指标分析主要包括工期指标、质量指标、安全指标、降低成本等指标的分析。

根据工程的性质、规模、结构特点、技术复杂程度，采用新技术的内容、工期要求、建筑地点的自然经济条件，施工单位的技术力量及对该类工程施工的熟悉程度，单位工程施工组织设计的编制内容和深度可以有所不同。

3.1.2 编制说明及依据

编制单位工程施工进度计划，主要依据下列资料。

（1）经过审批的建筑总平面图及全套单位工程施工图，以及相关的地质、地形图，工艺设计图与设备基础图，采用的各种相关标准图集及技术资料。

（2）施工组织总设计对拟建单位工程的有关规定和要求。

（3）施工合同中的施工工期要求及开、竣工日期。

（4）施工条件、劳动力、材料、构件及机械的供应条件、分包单位的情况等。

（5）已确定的各分部分项工程的施工方案，包括施工程序、施工段划分、施工流程、施工顺序、施工方法、施工质量标准、组织措施等。

（6）相关定额。

（7）其他的有关要求和资料，如施工图预算等。

单位工程施工组织设计编制程序如图3.1所示。

3.1.3 编制原则

单位工程施工组织设计的编写应遵循以下原则。

1. 符合施工组织总设计的要求

如果单位工程属于群体工程的一部分，则此单位工程施工组织设计时应满足施工组织总设计进度、工期、质量及成本目标等要求。

2. 合理划分施工段和安排施工顺序

流水施工是最科学的施工组织方式。为合理组织施工，满足流水施工要求，应将施工对象划分成若干个施工段，同时按照施工客观规律和建筑产品的工艺要求安排施工顺序，这是编制单位工程施工组织设计的重要原则。在施工组织设计中，应将施工对象按施工工艺特征进行分解，借此组织流水施工。在保证安全的前提下，使不同的施工工艺（施工过程）之间尽量平行搭接，同一施工工艺连续施工作业，从而缩短工期。

3. 采用先进的施工技术和施工组织措施

先进的科学技术是提高劳动生产率、提高工程质量、加快施工进度、降低成本、减轻劳动强度的重要途径。但选用新技术必须在调查研究的基础上，从企业实际出发，结合工程实际情况，经过科学分析和技术经济论证，既要考虑其先进性，又要考虑其适用性。

4. 专业工种之间密切配合

由于建筑施工对象趋于复杂化和高技术化，促使完成施工任务的工种将越来越多，相互之间的影响及对施工进度的影响也越来越大。施工组织设计应有预见性和计划性，既要使各施工过程、专业工种顺利进行施工，又要使它们之间尽可能实现搭接和交叉，以缩短工期。在有些工程的施工中，一些专业工种是既互相制约又互相依存的，这就需要各工种之间密切配合。高质量的施工组织设计应对此做出周密合理的安排。

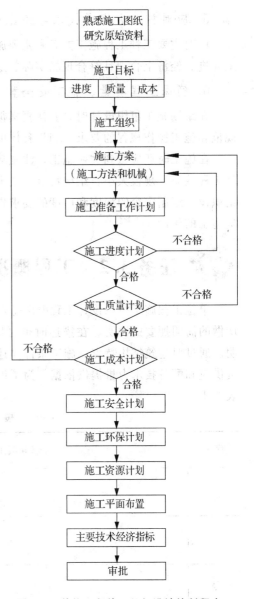

图3.1 单位工程施工组织设计编制程序

5. 应对施工方案做技术经济比较

应对主要工种工程施工方案和主要施工机械的选择方案进行论证和经济技术分析，以选择技术上先进、经济上合理且符合现场实际、适应本项目的施工方案。

6. 确保工程质量、施工安全和文明施工

在编制施工组织设计时，要认真贯彻"质量第一"和"安全生产"的方针，严格按照施工验收规范和施工操作规程的要求，制订具体的保证质量和施工安全的措施，以确保工程顺利进行。

在施工时还应做到文明施工，注意环境保护。在编制施工组织设计时，应提出相应的措施。根据工程性质、规模大小、结构特点、技术复杂难易程度和施工条件等因素的不同，对单位工程施工组织设计编制内容的深度和广度的要求也不尽相同，但内容必须简明扼要，使其能真正起到指导现场施工的作用。

 任务 3.2　工程概况描述

单位工程施工组织设计工程概况是对拟建工程的特点、建设地点特征、施工环境和施工条件等所做的简明扼要的说明。在描述时也可以加入拟建工程的平面图、剖面图以及表格等进行补充说明。通过对建筑结构特点、施工条件描述，找到施工中的关键问题，以便为选择施工方案、组织物资供应和配备技术力量提供依据。为了说明主要工程的任务量，一般还应附主要工程量一览表，见表 3.1。

表 3.1　主要工程量一览表

序号	分部分项工程名称	工程量
1		
2		
3		
4		
⋮		

3.2.1 工程特点

工程特点包括工程建设概况和工程施工概况两大部分。

1. 工程建设概况

工程建设概况包括拟建工程的建设单位，工程名称，工程规模、性质、用途、资金来源及工程投资额，开竣工的日期，设计单位，施工单位（包括施工总承包单位和分包单位），施工图纸情况，施工合同，主管部门的有关文件或要求，组织施工的指导思想等。这部分内容可以依据实际情况列表说明，参见表 3.2。

表 3.2　工程概况表

		建筑结构			装饰要求	
建设单位						
设计单位		层数		屋架	内粉	
施工单位		基础		起重机械	外粉	
建筑面积/m²		墙体			门窗	
工程造价/万元		柱			楼面	
计划	开工日期	梁			地面	
	竣工日期	楼板			顶棚	
编制说明	上级文件和要求				地质情况	
	施工图纸情况			地下水位	最高	
					最低	
					常年	
	合同签订情况			气温	最高	
					最低	
					平均	
	土地征购情况			雨量	日最大量	
					一次最大	
	"三通一平"情况				全年	
	主要材料落实情况					
	临时设施解决情况			其他		
	其他					

2. 工程施工概况

对工程全貌进行综合说明，主要介绍以下几方面情况。

（1）建筑设计特点。

一般需说明：拟建工程的建筑面积、层数、高度、平面形状、平面组合情况及室内外的装修情况，并附平面、立面剖面简图。可根据实际情况列表说明，参见表 3.3。

表 3.3 建筑设计概况一览表

占地面积			首层建筑面积			总建筑面积	
层数	地上		层高	首层		地上面积	
	地下			标准层		地下面积	
				地下			
装饰	外檐						
	楼地面						
	墙面	室内			室外		
	顶棚						
	楼梯						
	电梯厅	地面		墙面		顶棚	
防水	地下						
	屋面						
	厕浴间						
	阳台						
	雨篷						
保温节能							
绿化							
其他需要说明的事项							

（2）结构设计特点。

一般需说明：基础的类型、埋置的深度、主体结构的类型、预制构件的类型和安装及抗震设防的烈度。可根据实际情况列表说明，参见表 3.4。

表 3.4 结构设计概况一览表

地基基础	埋深		持力层		承载力标准值		
	桩基	类型：	桩长：		桩径：		间距：
	箱、筏	地板厚：			顶板厚：		
	独立基础						
主体	结构形式						
	主要结构尺寸	梁：		板：	桩：		墙：
抗震设防等级					人防等级		
混凝土强度等级及抗渗要求	基础		墙		垫层		
	梁		板		地下室		
	桩		楼梯		屋面		
钢筋							
特殊结构							
其他需要说明的事项							

（3）设备安装设计特点。

建筑给水、排水、采暖、通风、电气、空调、电梯、消防系统等安装工程的设计要求，可根据实际情况列表说明，参见表3.5。

表 3.5 设备安装概况一览表

给水	冷水		排水	雨水	
	热水			污水	
	消防			中水	
强电	高压		弱电	电视	
	低压			电话	
	接地			安全监控	
	防雷			楼宇自控	
				综合布线	
空调系统					
采暖系统					
通风系统					
消防系统					
电梯					

3.2.2 建设地点特征

建设地点特征包括拟建工程的位置、地形、工程地质条件，不同深度土壤的分析，冻结时间与冻结厚度，地下水位、水质，气温，主导风向，风力。

3.2.3 施工条件

施工条件包括"三通一平"情况（建设单位提供水、电源及管径、容量及电压等），现场周边的环境，施工场地的大小，地上、地下各种管线的位置，当地交通运输的条件，预制构件的生产及供应情况，预拌混凝土供应情况，施工企业、机械、设备和劳动力的落实情况，劳动力的组织形式和内部承包方式等。

不同类型的建筑，不同条件下的工程施工，均有其不同的施工特点。如现浇钢筋混凝土高层建筑的施工特点主要有：结构和施工机具设备的稳定性要求高，钢筋加工量大，混凝土浇筑难度大，脚手架搭设要进行设计计算，安全问题突出等。

任务 3.3   施工部署和施工方案确定

3.3.1 施工部署

施工部署即对整个建设项目的施工做战略性的部署并对主要工程项目做出分期分批施工的战略性安排。它是在充分了解工程情况、施工条件和建设要求的基础上，对整个工程进行全面安排和解决工程施工中重大问题的方案。

1. 施工任务划分与组织安排

(1) 施工任务划分。

由于建设项目是一个庞大的体系，由不同功能的部分组成，每部分又在构造、性质上存在差异，而且，不同项目的组成内容又不相同，因此，在实施过程中不可能简单化、统一化，必须有针对性地分别对待每一项具体内容，由部分至整体地实现生产，这就产生了如何对工程项目中的施工任务进行具体划分的问题。

① 工程项目结构分解。

工程项目结构分解，即按照系统分析方法将由总目标和总任务所定义的项目分解开来，得到不同层次的项目单元。实施这些项目单元的工作任务与活动就是工程活动。这些活动需要从各方面（质量、技术要求、实施活动的责任人、费用限制、持续时间、前提条件等）做详细的说明和定义，从而形成项目计划、实施、控制、信息等管理工作的最重要的基础。

② 工程项目结构分解的目的。

a. 将整个项目划分为相对独立的、易于管理的较小的项目单元，这些较小的项目单元有时也称为活动。

b. 将这些活动与组织机构相联系，将完成每一活动的责任赋予具体的组织或个人。

c. 对每一活动做出较为详细的时间、成本估计，并进行资源分配。

d. 可以将项目的每一活动与公司的财务相联系，及时进行财务分析。

e. 确定项目需要完成的工作内容和项目各项活动的顺序。

f. 估计项目全过程的费用。

g. 可与网络计划技术共同使用，以规划网络图的形态。

③ 工程项目结构分解的作用。

a. 工程项目结构分解是项目管理的基础工作。

b. 工程项目结构分解是制订工程计划的依据。

c. 工程项目结构分解是实行目标管理落实责任的需要。

d. 工程项目结构分解是加强成本核算的需要。

e. 工程项目结构分解是实施控制是否有效的重要影响素。

④ 工程项目结构分解的步骤。

a. 将项目分解成单个定义的且任务范围明确的子部分（子项目）。

b. 研究并确定每个子部分的特点、结构规则及其实施结果、完成它所需的活动，以做进一步的分解。

c. 将各层次的结构单元（直到最底层的工作包）收集于检查表上，评价各层次的分解结果。

d. 用系统规则将项目单元分组，构成系统结构图（包括子结构图）。

e. 分析并讨论分解的完整性。

f. 由决策者决定结构图，并形成相应的文件。

g. 建立项目的编码规则，对分解结果进行编码。

⑤ 工程项目结构分解的方法。

a. 按功能区间分解，如一个宾馆工程可划分为客房部、娱乐部、餐饮部等。

b. 按照专业要素分解，如土建工程可分为基础、主体、墙体、楼地面、屋面等；水电工程可分为水、电、卫生设施；设备可分为电梯、控制系统、通信系统、生产设备等。

c. 按实施过程分解，一般可将工程项目分解为实施准备（现场准备、技术准备、采购订货、制造、供应等）、施工、试生产/验收等。

在上述分解的基础上可以进行专业工程活动的进一步分解。但应注意，不同规模、性质或工程范围的项目结构分解结果差异较大，没有统一的分解方法，应灵活选用分解方法。

工程项目结构分解原则如下：

a. 确保各项目单元内容的完整性，不能遗漏任何必要的组成部分。

b. 项目结构分解是线性的，一个项目单元只能从属于上层项目单元，不能有交叉。

c. 同一项目单元所分解出的各子单元应具备相同的性质。

d. 每一个项目单元应能区分不同的责任人和不同的工作内容，应有较高的整体性和独立性。

e. 项目结构分解是工程项目计划和控制的主要对象，应为项目计划的编制和工程实施控制服务。

f. 项目结构分解应有一定的弹性，当项目实施中做设计变更与计划修改时，能方便地扩展项目的范围、内容和变更项目的结构。

g. 项目结构分解应详细、得当。

（2）工程项目组织机构设置。

在明确施工项目目标的条件下，合理安排工程项目管理组织，其目的是安排、划分各参与方的工作任务，建立施工现场统一的组织领导机构及职能部门，明确各单位之间分工与协作的关系，按任务或职位制定一套合适的职位结构，以使项目人员能为实现项目目标而有效地工作。作为组织，要建立起适当的职位体系，就应定出切实的目标，明确权责范围，对各职位的主要任务、职责应有清楚的规定，而且应明确与其他部门人员的工作关系，以便相互协调。

①施工项目经理部的结构和人员安排。施工项目经理部的组织结构可采用职能式、项目式、矩阵式等组织形式。组织结构形式和部门的设置与如下因素有关：承包人的规模，同时承接施工项目的数量；承包人的项目管理总的指导方针；本施工工程的规模，例如具有相对独立体系的子项目的数量；施工合同所规定的承包人的工程范围与管理责任。项目经理部的人员安排主要由施工项目的规模决定。

②施工项目管理总体工作流程和制度设置。

③施工项目经理部各部门的责任矩阵。列责任矩阵表，横向栏目为施工项目经理部的各个职能部门，竖向栏目为施工项目管理的工作分解。施工项目管理的工作可以按照施工项目的阶段分解或按照施工管理的职能工作分解。在责任矩阵中应标明该工作的完成人、决策（批准）人、协调人等。

④施工项目过程中的控制、协调、总体分析与考核工作过程的规定。

2. 熟悉图纸，确定施工程序

施工程序是指单位工程中各分部工程或施工阶段的先后顺序及其制约关系，主要是解决时间上搭接的问题。一般应注意以下几点。

（1）遵守"先地下后地上、先土建后设备、先主体后围护、先结构后装修"的原则。

①"先地下后地上"是指地上工程开始之前，尽量先把管线、线路等地下设施、土方工程和基础工程完成或基本完成，以免对地上部分施工产生干扰；否则，既会给施工带来不便，又会造成浪费，影响工程质量和进度。

②"先土建后设备"是指土建施工一般应先于水、电、暖、通信等建筑设备的安装。它们之间更多的是穿插配合的关系，一般在土建施工的同时要配合进行有关建筑设备安装的预埋工作。尤其是在装修阶段，要从保质量、讲成本的角度，处理好它们相互之间的关系。

③"先主体后围护"是指框架结构房屋的主体结构与围护结构要有合理的搭接。一般来说，多层建筑以少搭接为宜，而高层建筑则应尽量搭接施工，以有效缩短工期。

④"先结构后装修"是指先完成主体结构的施工，再进行装饰工程的施工。有时为了压缩工期，也可以部分搭接施工。

上述程序是就一般情况而言的，在特殊情况下，应视具体情况具体分析，不能一成不变。如在冬季施工之前，应尽可能完成主体结构和围护结构，以利于施工中的防寒和室内作业的开展。

（2）做好土建施工与设备安装施工的程序安排。

工业性建设项目除了土建施工及水、电、暖、通信等建筑设备外，还有工业管道和工艺设备及生产设备的安装，此时应十分重视合理安排土建施工与设备安装之间的施工程序。一般有封闭式施工、敞开式施工和同时施工等程序。

①封闭式施工即土建主体结构完成之后，再进行设备安装。它适用于一般轻型工业厂房（如精密仪器厂房）。

②敞开式施工即先施工设备基础、安装工艺设备，然后建造厂房，它适用于重型工业厂房（如冶金工业厂房中的高炉间）。

③同时施工即安装设备与土建施工同时进行。这样，土建施工可以为设备安装创造必要的条件，同时又可采取防止设备被砂浆、垃圾等污染的保护措施。当厂房土质不佳，而设备基础与柱基础又连成一片时，在设备基础基坑开挖过程中易造成柱基础地基不稳定的情况下，可采取该方法。

3. 划分施工阶段

在组织流水施工时，通常把施工对象在平面上划分为劳动量大致相等的若干个段，这些段就叫施工段，又称为流水段。每一个施工段在某一段时间内只供一个施工过程的工作队使用。

划分施工段是为了使不同的专业队在不同的工作面上进行作业，以充分利用空间，使其按流水施工的原理，集中人力、物力，迅速、依次、连续地完成各段任务，为相邻专业工作队尽早地提供工作面，达到缩短工期的目的。

施工段划分的数目要适当，过多势必减少工人数而延长工期，过少又会造成资源供应过分集中，不利于组织流水施工。划分施工段数应考虑以下因素。

①以主导施工过程为依据。

②有利于结构的整体性。

③各施工段的劳动量应尽可能相等，其相差幅度不宜超过15%。

④各专业班组有足够的工作面及布置施工机械的可能性。

⑤施工段不宜过多，以适当为度。

⑥当房屋有层高关系，组织分段、分层施工时，应使各施工过程能够连续施工。即各施工过程的工作队做完第一段后，能立即转入第二段；做完第一层的最后一段后，能立即转入第二层的第一段开始施工。因此，每层的最小施工段数 m_{min} 与施工过程数 n 应满足 $m_{min} \geqslant n$，以保证各专业队连续施工。当 $m_{min} < n$ 时，施工过程不连续，施工段无空闲，出现窝工现象；当 $m_{min} = n$ 时，施工过程可连续，施工段无空闲，是最理想的组织形式；当 $m_{min} > n$ 时，施工过程可连续，施工段有空闲。

4. 确定施工起点和流程

施工起点和流程是指单位工程在平面上或空间上开始施工的部位及其流动方向。一般来说，对单层建筑物，只要按其施工段确定平面上的施工起点和流程即可；对多层建筑物，除了确定每层平面上的施工起点和流程外，还要确定其层间或单元空间上的施工流程。

（1）单位工程施工起点和流程。

确定单位工程施工起点和流程，一般应考虑以下因素。

①施工方法是确定施工起点和流程的关键因素。如一幢高层建筑的地下两层结构采用"逆作法"施工，其施工起点和流程可表述为：定位放线→地下连续墙施工→中间支承桩施工→地下室顶板挖土、顶板钢筋混凝土结构施工→地下室一层挖土、地下一层板钢筋混凝土结构施工，同时进行地上结构施工→地下室二层挖土、底板钢筋混凝土结构施工，同时进行地上结构施工。若采用"顺

作法"施工，其施工流程为：定位放线→边坡支护→开挖基坑→地下结构施工→回填土→上部结构施工。

②生产工艺或使用要求。从生产工艺上考虑，影响其他工程投产的工段应该先施工；从业主对生产和使用的需要考虑，一般对生产或使用要求急的工段或部位应先施工。

③单位工程各部分的施工繁简程度。一般对技术复杂、施工进度慢、工期较长的工段或部位应先施工。

④当有高低层或高低跨并列时，应从高低层或高低跨并列处开始施工。例如，在高低跨并列的单层工业厂房结构安装工程中，应先从高低跨并列处开始吊装柱。屋面防水层应按先高后低的方向施工，同一屋面则由檐口到屋脊背方向施工；基础有深浅时，应按先深后浅的顺序施工。

⑤工程现场条件和施工机械。例如，土方工程施工中，边开挖边将余土外运时，施工起点应确定在远离道路的部位，由远及近地展开施工；同样，土方开挖采用反铲挖土机时，应后退挖土；采用正铲挖土机时，则应前进挖土。

⑥施工组织的分层分段。划分施工层、施工段的部位，如伸缩缝、沉降缝、施工缝等，也是决定其施工流程应考虑的因素。

⑦分部工程或施工阶段的特点及其相互关系。基础工程由施工机械和施工方法决定其平面的施工流程。主体工程从平面上看，任意一边先开始都可以；从竖向看，一般应自上而下施工（逆作法地下室施工除外）。

（2）装饰装修工程竖向施工流程。

室外装饰装修可以采用"自上而下"的流程；室内装饰装修则可以采用"自上而下""自下而上"和"自中而下再自上而中"三种流程。

①"自上而下"是指主体结构封顶、屋面防水层完成后，装饰装修工程由开始逐层向下的施工流程，一般有水平向下和垂直向下两种形式，如图 3.2 所示。其优点是：等主体结构完成沉降后进行，能保证装饰装修工程的质量；做好屋面防水层后，可防止在雨季施工时因雨水渗漏而影响装饰装修工程质量；由于主体施工和装饰装修施工分别进行，使各施工过程之间交叉作业较少，便于组织施工。该流程的缺点是不能与主体结构施工搭接，工期较长。

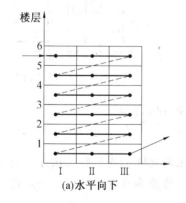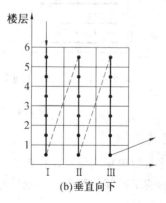

图 3.2 自上而下的施工方向

②"自下而上"是指主体结构施工到三层以上时，装饰装修工程从底层（上有两层楼板，确保底层施工安全）开始逐层向上的施工流程，一般有水平向上和垂直向上两种形式，如图 3.3 所示。为了防止雨水或施工用水从上层板缝内渗漏而影响装饰装修质量，应先做好上层楼板面层抹灰，再进行本层墙面、天棚、地面的抹灰施工。这种流程的优点是可以与主体结构平行搭接施工，能相应缩短工期，当工期紧迫时，可以考虑采用这种流程。其缺点是：交叉施工多，现场施工组织管理比较复杂。

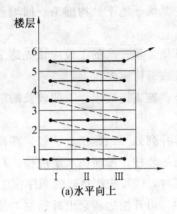

(a)水平向上

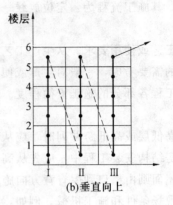

(b)垂直向上

图 3.3   自下而上的施工方向

③"自中而下再自上而中"的施工流程,综合了前两种流程的优缺点,一般适用于高层建筑的装饰装修施工,即当裙房主体工程完工后,便可自中而下进行装修。当主楼的主体工程结束后,再自上而中进行装修,如图 3.4 所示。

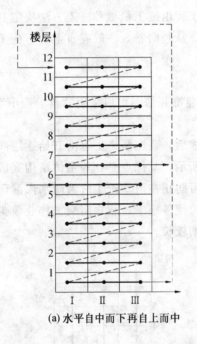

(a)水平自中而下再自上而中

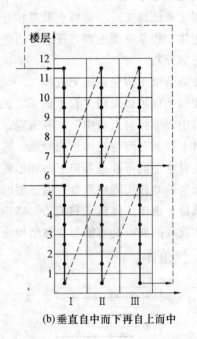

(b)垂直自中而下再自上而中

图 3.4   自中而下再自上而中的施工方向

5. 确定施工顺序

施工顺序是指单项(位)工程内部各个分部(项)工程之间的先后施工次序。施工顺序合理与否,将直接影响工种间的配合、工程质量、施工安全、工程成本和施工速度,必须科学合理地确定单项工程的施工顺序。

(1)确定原则。

①遵守施工程序。施工程序确定了大的施工阶段之间的先后次序。在组织具体施工时,必须遵循施工程序,如先地下后地上的程序。

②符合施工工艺的要求。这种要求反映出施工工艺上存在的客观规律和相互间的制约关系,如现浇钢筋混凝土柱的施工顺序为:绑钢筋→支模板→浇筑混凝土→养护→拆模。

③施工方法协调一致。同一施工方案,采用不同的施工方法,则施工顺序不同。如单层工业厂房结构吊装工程的施工顺序,当采用分件吊装法时,则施工顺序为:吊柱→吊梁→吊屋盖系统;当

采用综合吊装法时，则施工顺序为第一节间吊柱、梁和屋盖系统→第二节间吊柱、梁和屋盖系统。

④考虑施工组织的要求。例如，安排室内外装饰工程施工顺序时，一般情况下，可按施工组织设计规定的顺序。

⑤必须考虑施工质量的要求。例如，多层结构房屋的内墙面及天棚抹灰，应在上一层楼地面完成后进行，否则，抹灰面易受上层施工用水或雨水渗漏的影响。楼梯抹面应在全部墙面、地面和天棚抹灰完成之后，自上而下一次完成。

⑥应考虑当地气候条件。例如，冬、雨季来临之前，应先完成室外各项施工内容，在冬、雨季时进行室内各项施工内容。

⑦应考虑施工安全的要求。例如，多层房屋结构施工与装饰搭接施工时，只有完成两个楼板的铺放后，才允许在底层进行装饰施工。

（2）装配式单层工业厂房的施工顺序。

装配式单层工业厂房的施工，一般可分为基础工程、构件预制工程、结构吊装工程、围护工程、屋面及装饰工程、设备安装工程等施工阶段。各阶段的施工顺序如图3.5所示。

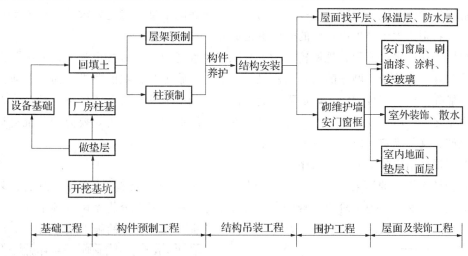

图 3.5 装配式钢筋混凝土单层工业厂房施工顺序示意图

中、小型工业厂房的施工内容及施工顺序如下。

①基础工程的施工顺序为：挖土→垫层→基础→回填土。如采用桩基础，则应在挖土之前施工。

工业厂房内的基础有厂房柱基础和设备基础两类，根据两种基础埋深的相对关系，可采用封闭式或敞开式施工。当厂房柱基础的埋置深度大于设备基础的埋置深度时，采用"封闭式"施工，厂房柱基础先施工，设备基础后施工。当设备基础的埋置深度大于厂房柱基础的埋置深度，且两类基础之间距离过近时，为防止设备基础基坑开挖影响已施工完毕的厂房柱基础的持力层，应采取敞开式施工，即设备基础与厂房柱基础同时施工。

②构件预制工程的施工顺序。单层厂房结构构件的制作方式，通常采用现场预制和加工厂预制相结合的方法。对于尺寸大、自重大的构件（如屋架、排架柱、抗风柱等），因运输困难而带来较多问题，所以多采用在拟建厂房内部现场预制；对于数量较多的中小型构件（如吊车梁、连系梁、屋面板），可以在加工厂预制，随着厂房结构安装工程的进度陆续运往现场堆放或安装。

单层工业厂房钢筋混凝土预制构件现场预制的施工顺序为：场地平整夯实→支模板→钢筋绑扎→浇筑混凝土（对于后张法预应力构件应同时预留孔道）→混凝土养护→支模板→张拉预应力钢筋并锚固→孔道灌浆。

③结构吊装工程的施工顺序。安装阶段的施工顺序取决于施工方案。采用分件吊装法时，其施

工顺序一般为：第一次开行吊装柱，并进行校正和固定；第二次开行吊装吊车梁、连系梁、基础梁等，使柱和梁形成空间结构，共同工作；第三次开行吊装屋架、屋面板和屋盖支撑系统。采用综合吊装法时，其施工顺序一般为：先吊装第一、二节间的 4～6 根柱，再吊装该节间内的吊车梁、连系梁、基础梁，最后吊装该节间内的屋架、屋面板、屋盖支撑系统，如此逐间依次进行，直至全部厂房吊装完毕。

厂房两端抗风柱的吊装顺序也有两种：一种是在安装排架柱的同时，先安装该跨一端抗风柱，待厂房屋盖系统全部吊装完毕后，再吊装另一端的抗风柱；另一种是待厂房屋盖系统全部吊装完后，最后吊装抗风柱。

④围护工程、屋面及装饰工程的施工顺序。一般来说，这一阶段的施工顺序为：围护工程→屋面工程→装饰工程。围护工程和屋面工程的施工顺序基本相同。装饰工程包括室内装饰（楼地面、门窗扇、玻璃安装、油漆、刷白等）和室外装饰（勾缝、抹灰、勒脚、散水等），两者可平行施工，也可依次施工。室内抹灰一般自上而下进行，刷白应在墙面干燥和大型屋面板灌缝完毕、雨水不再渗漏后进行。

⑤设备安装阶段的施工顺序。这一阶段的施工顺序除满足自身工艺要求外，还要重视与土建施工相互配合，特别是大中型生产设备的安装更是如此。

有的单层工业厂房，面积、规模较大，生产工艺要求复杂，厂房按生产工艺分区分工段划分为多跨。这种工业厂房的施工顺序的确定，不仅要考虑土建施工及组织的要求，而且要研究生产工艺的要求，一般先生产的工段先施工，从而先交付使用，能尽早发挥投资的经济效益，这是施工要遵循的基本原则之一。所以规模大、生产工艺复杂的工业厂房建筑的施工，要分期分批进行，分期分批交付试生产，这是确定其施工顺序的总要求。

（3）多层混合结构住宅的施工顺序。

多层混合结构住宅的施工，一般可划分为基础（包括地下室结构）、主体、屋面、装饰、水电暖卫气及房屋设备安装等施工阶段。若按施工阶段划分，一般可以分为基础（地下室）、主体结构、屋面及装修与房屋设备安装三个阶段。各施工阶段及其主要施工过程的施工顺序如图 3.6 所示。

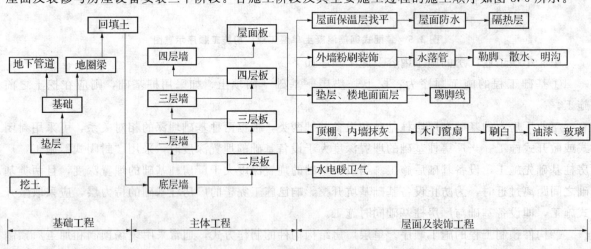

图 3.6 多层混合结构住宅施工顺序示意图

①基础工程的施工顺序。这个阶段的施工顺序一般为：挖土→垫层→基础→防潮层→回填土。这一阶段挖土和垫层在施工安排上要紧凑，时间间隔不能太长，也可将挖土与垫层作为一个施工过程，避免槽（坑）灌水或受冻，影响地基土承载力，造成质量事故或人工材料浪费。

基础工程若有桩基，则应另列桩基工程施工；若有地下室，则在垫层完成后进行地下室底板、墙身施工，再做防水层，安装地下室顶板，最后回填土。各种管沟挖土、管道铺设等应尽可能与基础施工配合，平行搭接进行。

回填土一般在基础完工后一次分层夯填完毕，以便为后道工序施工创造条件。室内房间地面回填土，如果施工工期较紧，可安排在内装修前进行回填。

②主体结构工程的施工顺序。目前，多层砖混结构房屋大多数设构造柱、圈梁、现浇楼梯、预应力空心楼板（卫生间、厨房处为现浇板）。其施工顺序为：绑扎构造柱钢筋→砌墙→安装构造柱模板→浇筑构造柱混凝土→安装圈梁、楼板、楼梯模板→绑扎圈梁、楼板、楼梯钢筋→浇筑圈梁、楼板、楼梯混凝土→安装预应力空心楼板。注意脚手架搭设应与墙体砌筑密切结合，保证墙体砌筑连续施工。

③屋面工程的施工顺序。屋面工程一般按设计构造层次依次施工，施工顺序为：找平层（用于隔气层）→隔气层→保温层→找平层（用于结合层）→结合层→防水层→隔热层。防水层在保温层和找平层干燥后才能施工。结合层施工完毕后应尽快施工防水层，防止结合层表面积灰，以保证防水层与结合层之间的黏结度；防水层应在主体结构完成后尽快开始，以便为室内装饰创造条件。一般情况下，屋面工程可以与室外装饰工程平行施工。

④装饰工程的施工顺序。装饰工程可分为室内装饰工程和室外装饰工程两类。装饰工程的施工顺序通常有先内后外、先外后内、内外同时进行三种顺序，具体确定为哪种顺序应视施工条件和气候条件而定。通常室外装饰应避开冬季或雨季；当室内为水磨石地面时，为防止水磨石施工时施工用水渗漏对外墙面装饰质量产生影响，应先完成水磨石的施工，再进行外墙装饰；如果为了加速脚手架周转或要赶在冬、雨季到来之前完成室外装饰，则应采取先外后内的顺序施工。

室内抹灰在同一层内的顺序有两种：楼地面→天棚→墙面；天棚→墙面→楼地面。前一种顺序便于清理楼地面基层，楼地面质量易于保证，但楼地面施工完毕后需要留养护时间及采取保护措施。后一种顺序需要在楼地面施工前，将天棚和墙面施工时的落地灰和渣滓扫清洗涤后再做面层，否则会影响楼地面层同结构层间的黏结，引起地面空鼓。室内抹灰时，应注意对于同一层楼板，要先完成楼面施工，再进行楼板下天棚、墙面抹灰，以避免楼面施工用水的渗漏影响墙面、天棚的抹灰质量。

底层地坪一般是在各层装饰完成后进行施工，应注意与管沟的施工相配合。为进行成品保护，楼梯间和踏步抹灰常安排在各层装饰基本完成后进行。门窗扇的安装应在抹灰之后进行，但是，如果考虑室内装饰工程的冬季施工，为防止抹灰层冻结，可采取室内升温加速干燥，则门窗扇和玻璃可在抹灰前安装完毕。门窗玻璃安装一般在门窗油漆之后进行。

室外装饰工程一般采取自上而下的施工顺序。在自上而下每层装饰、水落管安装等工程全部完成后，即可拆除该层的脚手架。当脚手架拆除完毕后，进行散水及台阶的施工。

⑤房屋设备安装的施工顺序。房屋设备安装应与土建工程交叉施工，紧密配合。基础施工阶段，应该先将相应的管沟埋设好，再进行回填土；主体结构施工阶段，应在砌墙或浇筑混凝土时，预留设备安装所需的孔洞和预埋件；装修阶段，应先安装好各种管线和接线盒后再进行装修施工。水暖电卫安装一般在室内抹灰前或后穿插进行。总之，房屋设备安装的施工顺序除了符合自身安装的工艺顺序之外，还应注意与土建施工相互配合，保证安装工程与土建工程的施工方便和成品保护效果。

（4）高层现浇钢筋混凝土结构房屋的施工顺序。

钢筋混凝土框架结构多用于多层民用房屋和工业厂房，也常用于高层建筑。这类房屋的施工，一般可划分为地基及基础工程、主体结构工程、围护工程和装饰工程4个阶段。如图3.7所示为某现浇钢筋混凝土框架结构房屋的施工顺序示意图。

①地基及基础工程（±0.000以下）的施工顺序。多层全现浇钢筋混凝土框架结构房屋的（±0.000以下）施工阶段，一般可分为无地下室和有地下室两种形式。若无地下室且基础形式为浅基础，其施工顺序一般为：挖土→垫层→回填土；若有地下室且基础形式为桩基础，其施工顺序一

般为：边坡支护→土方开挖→桩基→垫层→地下室底板（防水处理）→地下室柱、墙（防水处理）→地下室顶板→回填土。

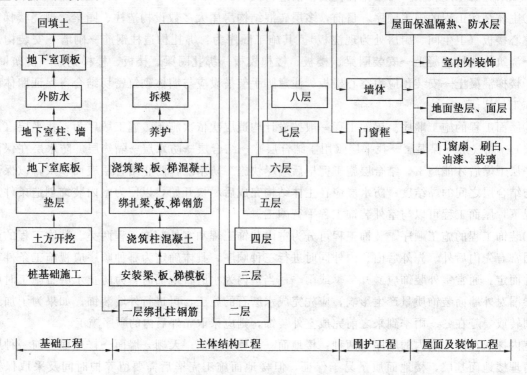

图 3.7　某现浇钢筋混凝土框架结构房屋的施工顺序示意图

②主体结构工程的施工顺序。主体结构工程的施工顺序为：绑扎柱钢筋→安装柱、梁、板模板→浇筑柱混凝土→绑扎梁、板钢筋→浇筑梁、板混凝土。为了组织流水施工，需将多层框架在竖向上分层施工，在平面上分段施工。

③围护工程的施工顺序。围护工程包括墙体工程、安装门窗框和屋面工程。墙体工程包括砌筑用脚手架的搭拆、内外墙及女儿墙的砌筑等分项工程，是围护工程的主导施工，应与主体结构工程、屋面工程和装饰工程密切配合，交叉施工，以加快施工进度。主体结构拆模后便可以进行墙体砌筑，即墙体砌筑可与主体结构搭接施工；墙体砌筑完毕后便可进行室内装饰工程；主体结构和女儿墙施工完毕后，便可进行屋面工程。屋面工程的施工顺序与混合结构的屋面工程施工顺序相同。

④装饰工程的施工顺序。装饰工程的施工分为室内装饰工程和室外装饰工程。室内装饰工程既可以在主体工程和围护工程结束后开始，也可以与围护工程搭接施工。室外装饰应在主体工程和围护工程结束后，自上而下逐层进行。装饰工程的施工顺序与混合结构房屋的施工顺序基本相同。

建筑施工是一个复杂的过程，上述三种类型建筑的施工过程和施工顺序仅是一般情况。在具体施工过程中，应针对建筑结构、现场条件、施工环境的具体特点，合理确定其施工顺序，达到工程建设质量、进度、成本三大目标的统一。

3.3.2　施工方案的确定

施工方案是根据设计图纸和说明书，决定采用什么施工方法和机械设备，以何种施工顺序和作业组织形式来组织项目施工活动的计划。制定施工方案的目的，是在合同规定的期限内，使用尽可能少的费用，采用合理的程序和方法来完成项目的施工任务，达到技术上可行，经济上合理。施工方案一旦确定，就基本上确定了整个工程的进度、人工和机械设备的需要、人力组织、机械的布置与运用、工程质量与安全、工程成本等。可以说，施工方案编制的好坏，是施工成败的关键。施工方案包括施工方法、施工机械的选择和施工顺序的合理安排以及各种技术组织措施等。

单位工程各主要施工过程的施工，一般都有几种不同的施工方法、几种不同的施工机械可供选择，应根据建筑结构的特点、工程量大小、劳动力及资源的供应、气候与现场环境、施工企业的具体情况进行综合考虑，选择合理的、切实可行的施工方法与施工机械。

（1）选择施工方法时应遵循的原则。

①着重考虑主导施工过程。选择施工方法时应从单位工程施工全局出发，着重考虑影响工程的几个主导施工过程的施工方法。对一般的、常见的或者是工程量不大的对全局施工和工期无多大影响的施工过程不必很详细地考虑，只要提出注意的事项和要求即可。所谓主导施工过程，是指工程量相对较大，施工工期较长，在施工中占有重要地位的施工过程，或施工技术复杂、对工程质量和工期起关键作用的施工过程，以及对施工企业来说某些结构特殊或者是不熟悉的施工过程。

②所选择的施工方法应先进，技术上可行，经济上合理，满足施工工艺要求及施工安全要求。

③应符合国家颁布的施工验收规范和质量评定标准的有关规定。

④要与所选择的施工机械及所划分的流水工作阶段相协调。

⑤尽量采用标准化、机械化施工。有的构件，比如混凝土、钢结构、木结构、钢筋加工等应尽量实现工厂化预制，减少现场作业，提高机械化施工水平，充分发挥机械效率，减轻工人劳动强度。

⑥满足工期、质量、成本、安全的要求。

（2）选择施工机械时应遵循的原则。

①应根据工程的特点，选择适宜主导工程的施工机械，所选择的机械设备应在技术上可行，经济上合理。

②在同一个建筑工地上所选的机械的类型、规格、型号应该统一以便于操作、管理与维护。

③尽可能使所选择的机械设备一机多用，以提高其生产效率。

④选择机械时，应考虑到本企业工人的技术操作水平，尽可能选择施工企业现有的施工机械。

⑤各种辅助机械或运输工具应与主导机械的生产能力协调配置，以充分发挥主导机械的效率。

（3）主要分部分项工程的施工方法和施工机械。

主要分部分项工程施工方法的选择：

①土石方工程施工方法选择要点。

a. 土石方工程量、土石方开挖方法或土石方爆破方法，挖土机械或爆破机具、材料。

b. 土方边坡、土壁支撑形式及施工方法。

c. 地面水、地下水排除方法，所需要的机械和数量。

d. 土石方开挖与回填的平衡。

②基础工程施工方法选择要点。

a. 浅基础开挖及局部地基的处理，钢筋混凝土工程，基础墙砌筑技术要点。

b. 地下室工程施工技术要点。

c. 桩基础的施工方法。

③砌筑工程施工方法选择要点。

a. 脚手架的搭设与要求。

b. 垂直与水平运输设备的选择。

c. 砖墙的砌筑方法与质量要求。

④钢筋混凝土工程施工方法选择要点。

a. 模板类型与支撑方法。

b. 钢筋的加工、绑扎、焊接的方法。

c. 混凝土的搅拌、运输、浇筑、养护，施工缝的留设以及振捣设备的选择。

d. 确定预应力混凝土的施工方法及控制应力、使用的设备。

⑤结构工程施工方法选择要点。

a. 确定结构安装方法、机械的类型和数量。

b. 构件的预制、运输、堆放及使用的机械。

⑥屋面工程施工方法选择要点。

a. 屋面的施工材料与运输。

b. 屋面工程的施工方法和要求。

⑦装饰工程施工方法选择要点。

a. 选择装饰工程的施工方法和要求。

b. 确定装饰工程的施工工艺流程及施工组织。

⑧现场垂直、水平运输及脚手架搭设要点。

a. 选择垂直、水平运输方式，验算起重参数，确定起重机位置或开行路线。

b. 确定脚手架搭设方法及安全网的挂设方式。

主要施工机械的选择：

目前，建筑工地常用的机械有土方机械、打桩机械、钢筋混凝土的制作与运输机械等。这里以塔式起重机和泵送混凝土设备为例说明运输机械的选择。

选择施工方法必定涉及施工机械的选择。机械化施工是改变建筑行业生产落后、实现建筑工业化的基础，因此，施工机械的选择是施工方法选择的中心环节，在选择时应注意以下几点。

①首先选择主导工程的施工机械，如地下工程的土方机械，主体结构工程的垂直、水平运输机械，结构吊装工程的起重机械等。

②各种辅助机械中，运输工具应与主导机械的生产能力协调配套，以充分发挥主导机械的效率。如土方机械在采用汽车运土时，汽车的载重量应为挖土机斗容量的整倍数，汽车的数量应保证挖土机能连续工作。

③在同一工地上，应力求建筑机械的种类和型号尽可能少，以利于机械管理；尽量使机械少，一机多能，提高机械使用率。

④选择机械时应考虑充分发挥施工单位现有机械的能力，当本单位的机械能力不能满足工程需要时，则应购置或租赁所需新型的或多用途的机械。

 # 任务3.4 施工进度计划编制

单位工程施工进度计划是施工组织设计的重要内容之一，其主要作用如下：

一是控制分部分项工程施工进度的主要依据，也是拟建工程在规定工期内保质保量地完成施工任务的重要保证。

二是确定各分部分项工程施工的起止时间、施工顺序、相互搭接配合关系的主要依据。

三是编制施工准备工作计划和劳动力、施工机具、材料、构配件等各项资源需要量及分阶段供应计划的依据。

四是编制季度、月度施工作业计划的依据。

五是反映土建与其他专业工程的配合关系。

单位工程施工进度计划根据分部分项工程划分的粗细程度不同，可分为控制性施工进度计划和指导性施工进度计划两类。

第一类是控制性施工进度计划。

控制性施工进度计划按分部工程来划分施工过程，以便控制各分部工程施工的起止时间及其相互搭接、配合关系。它主要适用于工程结构比较复杂、规模较大、工期较长而且需要跨年度施工的工程（如体育场、火车站等大型公共建筑以及大型工业厂房等工程）；它也适用于工程规模不大或结构不复杂，但各种资源（劳动力、施工机械设备、材料、构配件等）供应尚且不能落实，或由于某些建筑结构设计、建筑规模可能还要进行较大的修改、具体方案尚未落实等情况的工程。编制控制性施工进度计划的单位工程，在各分部工程施工之前，还要分阶段地编制各分部工程的指导性施工进度计划。

第二类是指导性（或实施性）施工进度计划。

指导性施工进度计划按分项工程或工序来划分施工过程，以便具体确定每个分项工程或工序的施工起止时间及其相互搭接、配合关系。它适用于工程任务具体而明确、施工条件基本落实、各项资源供应比较充足、施工工期不太长的工程。

单位工程施工进度计划编制的程序如图3.8所示。

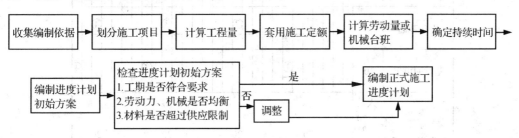

图3.8 单位工程施工进度计划编制程序

3.4.1 流水施工进度计划编制

建筑工程的"流水施工"来源于工业生产中的"流水作业"，实践证明它是组织流水施工的一种好方法。建筑工程的流水施工与工业企业中采用的流水线生产虽然相似，但不同的是，工业生产中各个工件在流水线上，从前一个工序向后一个工序流动，生产者是固定的，而在建筑施工中各个施工对象都是固定不动的，专业施工班组则由前一施工段向后一施工段流动，生产者是移动的。

1. 流水施工简介

流水施工方法是组织建设项目施工的一种科学方法。建筑工程的"流水施工"来源于工业生产中的"流水作业"，实践证明，它是项目施工中最有效的科学组织方法，它能够使建筑施工连续和均衡生产，降低工程项目成本和提高经济效益。建筑工程的流水施工与工业企业中采用的流水线生产虽然相似，但不同的是，工业生产中各个工件在流水线上，从前一个工序向后一个工序流动，生产者是固定的，产品是流动的，而在建筑施工中各个施工对象都是固定的，专业施工班组则由前一个施工段向后一个施工段流动，生产者是移动的。

（1）施工组织的基本方式。

任何一个建筑工程都是由许多施工过程组成的，而每一个施工过程可以组织一个或多个施工班组来进行施工。如何组织各施工班组的先后顺序或平行搭接施工，是组织施工中的一个最基本的问题。

通常组织施工时有依次施工、平行施工和流水施工3种方式。现以4幢相同的砖混结构房屋的基础工程为例，将这3种组织方式的特点和效果进行如下分析。本例题中的施工过程为：基槽挖土→混凝土垫层→砌砖基础→回填土，每个施工过程安排一个施工队伍，一班制施工。其中，每幢楼挖土方工作队由15人组成，2天完成；垫层工作队由10人组成，1天完成；砌砖基础工作队由20人组成，3天完成；回填土工作队由10人组成，1天完成。

①依次施工。

依次施工也称顺序施工，是将施工项目分解成若干个施工过程，按照一定的施工顺序，前一个施工过程完成后，后一个施工过程才开始施工；或前一个施工段完成后，后一个施工段才开始施工。它是一种最基本的、最原始的施工方式。

按照依次施工组织方式施工（采用按幢进行），这种方式是在一幢房屋（或施工段）完成后，再依次完成其他各幢房屋（或施工段）的流水施工组织方式，进度计划安排和劳动力分布曲线如图3.9所示。

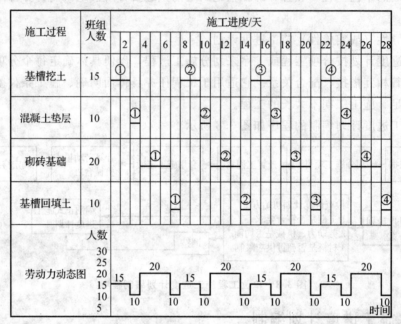

图3.9 依次施工（按施工段）

按照施工过程组织依次施工，这种方式是在依次完成每幢房屋的第一个施工过程后，再开始第二个施工过程的施工，直至完成最后一个施工过程的组织方式，其施工进度计划安排和劳动力分布曲线如图3.10所示。

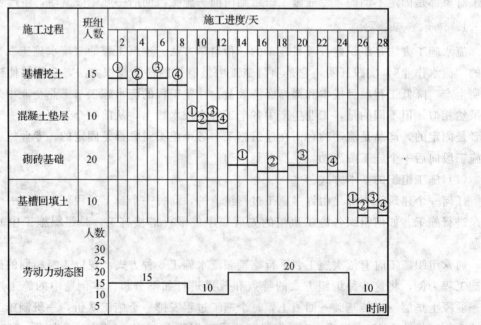

图3.10 依次施工（按施工过程）

由图3.9和图3.10可以看出，依次施工组织方式的优点是每天投入的劳动力较少，机具使用不集中，材料供应较单一，因此，施工现场管理简单，便于组织安排。当工程规模较小，施工工作面又有限时，依次施工是适用的，也是常见的。但采用依次施工不但工期拖得很长，而且专业施工班组的工作有间歇，工地物资的消耗也有间歇性，这是其最大的缺点。

②平行施工。

平行施工是全部工程任务的各施工段同时开工、同时完成的一种施工组织方式。

将上述 4 幢房屋的基础工程组织平行施工，其施工进度计划安排和劳动力分布曲线如图 3.11 所示。

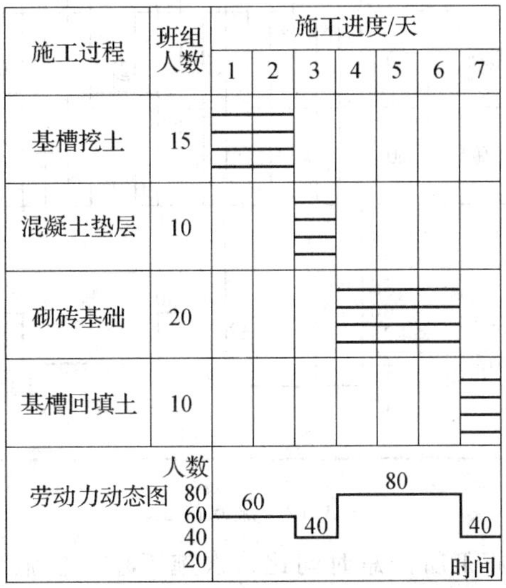

图 3.11 平行施工

由图 3.11 可以看出，完成 3 幢房屋基础所需时间等于完成后一幢房屋基础的时间。平行施工组织方式的优点是能充分利用工作面，完成工程任务的时间最短，即施工工期最短。但由于施工班组数成倍增加（即投入施工的人数增多），机具设备相应增加，材料供应集中，临时设施、仓库和堆场面积也要增加，从而造成组织安排和施工管理困难，增加施工管理费用。如果工期要求不紧，工程结束后又没有更多的工程任务，各施工班组在短期内完成施工任务后，就可能出现工人窝工现象。因此，平行施工一般适用于工期要求紧、大规模的建筑群及分期分批组织施工的工程任务。这种方式只有在各方面的资源有保障的前提下，才是合理的。

③流水施工。

流水施工组织方式是指所有的施工过程按一定的时间间隔依次投入施工，各个施工过程陆续开工、陆续竣工，使同一施工过程的施工队伍保持连续、均衡施工，不同的施工过程尽可能平行搭接施工的组织方式。

流水施工的实质是分工协作与成批生产。在社会化大生产的条件下，分工已经形成，所以组织流水施工的关键是将单件产品变成多件产品，以便成批生产。由于建筑产品体型庞大，通过划分施工段就可将单件产品变成假想的多件产品。

组织流水施工的主要条件是：划分工程量大致相等的若干个施工段；每个施工过程组织独立的施工班组进行施工；安排主要施工过程的施工班组进行连续、均衡的施工；不同施工过程按施工工艺要求，尽可能组织平行搭接施工。

流水施工是搭接施工的一种特定形式，它最主要的组织特点是施工过程（工序或项目）的作业连续性。在一个工程对象上，有时由于受到工程性质，特别是工作面形成方式的制约，难以组织施工过程的流水作业。在这种情况下，只能组织搭接施工，施工过程的连续问题，应通过生产调度或在几个工程间组织流水作业来解决。

在本例中，采用流水施工组织方式，其施工进度计划安排和劳动力分布曲线如图 3.12 所示。

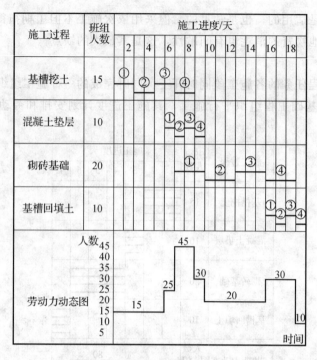

图 3.12　流水施工

由图 3.12 可以看出，流水施工所需总时间比依次施工短，各施工过程投入的劳动力比平行施工少；各施工班组施工和物资的消耗具有连续性和均衡性，前后施工过程尽可能平行搭接施工，比较充分利用了施工工作面；机具、设备、临时设施等比平行施工少，节约施工费用支出；材料等组织供应均匀。

（2）流水施工的特点。

①科学地利用工作面，争取了时间，总工期趋于合理。

②工作队及其工人实现了专业化生产，有利于改进操作技术，可以保证工程质量和提高劳动生产率。

③工作队及其工人能够连续作业，相邻两个专业工作队之间可实现合理搭接。

④每天投入的资源量较为均衡，有利于资源供应的组织工作。

⑤为现场文明施工和科学管理创造了有利条件。

（3）流水施工的技术经济效益。

流水施工是在依次施工和平行施工的基础上产生的，它既克服了依次施工和平行施工的缺点，又具有它们两者的优点，为企业带来了较好的技术经济效益，具体归纳如下。

①按专业工种建立劳动组织，实行生产专业化，有利于劳动生产率的不断提高。

②科学地安排施工进度，使各施工过程在保证连续施工的条件下，最大限度地实现搭接施工，从而减少了因组织不善而造成的停工、窝工损失，合理地利用了施工的时间和空间，有效地缩短了施工工期。

③由于施工的连续性、均衡性，使劳动消耗、物资供应、机械设备利用等处于相对平稳的状态，充分发挥管理水平，降低工程成本。

（4）流水施工的分类。

根据流水施工组织的范围不同，流水施工可分为分项工程流水施工、分部工程流水施工、单位工程流水施工和群体工程流水施工等几种方式。

①分项工程流水施工。

分项工程流水施工也称细部流水施工。它是在一个专业工种内部组织起来的流水施工。在项目施工进度计划表上，它由一组标有施工段或工作队编号的水平进度指示线段表示，如浇筑混凝土的工作队依次连续在各施工区域完成浇筑混凝土的工作。

②分部工程流水施工。

分部工程流水施工也称专业流水施工。它是在一个分部工程内部、各分项工程之间组织起来的流水施工。在项目施工进度计划表上，它由一组标有施工段或工作队编号的水平进度指示线段来表示。例如某办公楼的基础工程是由基槽开挖、混凝土垫层、砌砖基础和回填土4个在工艺上有密切联系的分项工程组成的分部工程。施工时将该办公楼的基础在平面上划分为几个区域，组织4个专业工作队，依次连续在各施工区域中各自完成同一施工过程的工作，即为分部工程流水施工。

③单位工程流水施工。

单位工程流水施工也称综合流水施工。它是在一个单位工程内部、各分部工程之间组织起来的流水施工，在项目施工进度计划表上，它是由若干组成分部工程的进度指示线段表示的，并由此构成单位工程施工进度计划。

④群体工程流水施工。

群体工程流水施工也称大流水施工。它是在若干单位工程之间组织起来的流水施工。反映在项目施工进度计划上，是项目施工总进度计划表。

分项工程流水施工与分部工程流水施工是流水施工组织的基本形式。在实际施工中，分项工程流水施工的效果不大，只有把若干个分项工程流水施工组织成分部工程流水施工，才能取得良好的效果。单位工程流水施工与群体工程流水施工实际上是分部工程流水施工的扩大应用。

（5）流水施工的表达形式。

流水施工的表达形式有3种：水平图表、垂直图表和网络图。

①水平图表（横道图）。

流水施工的横道图表达形式如图3.12所示，其左边垂直方向列出各施工过程的名称，右边用水平线段表示施工的进度；各个水平线段的左边端点表示工作开始施工的瞬间，水平线段的右边端点表示工作在该施工段上结束的瞬间，水平线段的长度代表该工作在该施工段上的持续时间。横道图表示法的优点是：绘图简单、形象直观、使用方便等，因而被广泛用来表达施工进度计划。

②垂直图表（斜线图）。

垂直图表是以水平方向表示施工的进度，垂直方向表示各个施工段，各条斜线分别表示各个施工过程的施工情况，斜线的左下方表示该施工过程开始施工的时间，斜线的右上方表示该施工过程结束的时间，斜线间的水平距离表示相邻施工过程开工的时间间隔，如图3.13所示。斜线图表示法的优点是：施工过程及其先后顺序表达清楚，时间和空间状况形象直观，斜向进度线的斜率可以直观地表示出各施工过程的进展速度，但编制实际工程进度计划不如横道图方便。

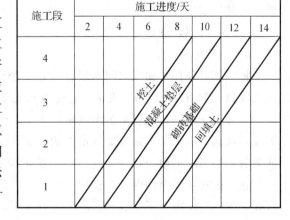

图3.13 流水施工（垂直图表）

③网络图。

网络图的表达形式，详见3.4.2及3.4.3。

（6）流水施工参数。

在组织流水施工时，用以表达流水施工在工艺流程、空间布置和时间排列等方面开展状态的数据，称为流水施工参数。按其性质的不同，流水施工参数可分为工艺参数、空间参数和时间参数3种。

①工艺参数。

工艺参数是指参与流水施工的施工过程数目，以符号"n"表示。

施工过程划分的数目多少、粗细程度一般与下列因素有关：

a. 施工计划的性质和作用。

对长期计划及建筑群体、规模大、结构复杂、工期长的工程施工控制性进度计划，其施工过程划分可粗些、综合性大些。对中、小型单位工程及工期不长的工程编制施工实施性计划，其施工过程划分可细些、具体些，一般划分至分项工程。

b. 施工方案及工程结构。

厂房的柱基础与设备基础挖土，如同时施工，可合并为一个施工过程；如先后施工，可分为两个施工过程。承重墙与非承重墙的砌筑，也是如此。砖混结构、大墙板结构、装配式框架与现浇钢筋混凝土框架等不同结构体系，其施工过程划分及内容也各不相同。

c. 劳动组织及劳动量大小。

施工过程的划分与施工习惯有关。例如，安装玻璃、油漆施工可合也可分，因为有的是混合班组，有的是单一工种的班组。施工过程的划分还与劳动量大小有关。劳动量小的施工过程，当组织流水施工有困难时，可与其他施工过程合并。例如，垫层劳动量较小时可与挖土合并为一个施工过程，这样可以使各个施工过程的劳动量大致相等，便于组织流水施工。

d. 劳动内容和范围。

施工过程的划分与其劳动内容和范围有关。如直接在工程对象上进行的劳动过程，可以划入流水施工过程，而场外劳动内容（如预制加工、运输等）可以不划入流水施工过程。

②空间参数。

空间参数是在组织流水施工时，用以表达流水施工在空间布置上开展状态的参数，通常包括工作面、施工段和施工层。

a. 工作面。

工作面是指供某专业工种的工人或某种施工机械进行施工的活动空间。工作面的大小，表明能安排施工人数或机械台数的多少。每个作业的工人或每台施工机械所需工作面的大小，取决于单位时间内其完成的工程量和安全施工的要求。工作面确定合理与否，直接影响专业工作队的生产效率。因此，必须合理确定工作面。

b. 施工段。

将施工对象在平面或空间上划分成若干个劳动量大致相等的施工段落，称为施工段或流水段。施工段数一般用符号"m"表示，它是流水施工的主要参数之一。

划分施工段的目的就是组织流水施工。由于建筑工程的形体庞大性，可以将其划分成若干个施工段，从而为组织流水施工提供足够的空间。在组织流水施工时，专业工作队完成一个施工段上的任务后，遵循施工组织顺序又到另一个施工段上作业，产生连续流动施工的效果。在一般情况下，一个施工段在同一时间内，只安排一个专业工作队施工，各专业工作队遵循施工工艺顺序依次投入作业，同一时间内在不同的施工段上平行施工，使流水施工均衡地进行。组织流水施工时，可以划分足够数量的施工段，充分利用工作面，避免窝工，尽可能缩短工期。

划分施工段的要求如下：

主要专业工种在各个施工段所消耗的劳动量要大致相等，其相差幅度不宜超过 15%。

在保证专业工作队劳动组合优化的前提下，施工段大小要满足专业工种对工作面的要求。

施工段分界线应尽可能与结构自然界线相吻合，如温度缝、沉降缝或单元界线等处；必须将其设在墙体中间时，可将其设在门窗洞口处，以减少施工留槎。

多层施工项目既要在平面上划分施工段，又要在竖向上划分施工层，以组织有节奏、连续、均衡的流水施工。

当组织流水施工对象有层间关系时，为使各专业工作队能够连续工作，每层施工段数目应满足 $m \geq n$。

当 $m = n$ 时，各专业工作队能连续施工，工作面能充分利用，无停歇现象，也不会产生工人窝工现象，这是最理想化的流水施工方案。

当 $m > n$ 时，各专业工作队仍是连续施工，虽然有停歇的工作面，但不一定是不利的，有时还是必要的，如利用停歇的时间做养护、备料、放线等工作。

当 $m < n$ 时，各个专业工作队不能连续施工，这种流水施工是不适宜的。

c. 施工层。

在组织流水施工时，为了满足专业工种对操作高度和施工工艺的要求，通常将拟建工程项目在竖向上划分为若干个操作层，这些操作层称为施工层。施工层常用符号"r"表示。施工层的划分，要按工程项目的具体情况，根据建筑物的高度、楼层确定。如砌砖墙施工层高 1.2 m，装饰工程施工层多以楼层为主。

③时间参数。

时间参数是指在组织流水施工时，用以表达流水施工在时间排列上所处状态的参数，主要包括流水节拍、流水步距、平行搭接时间、技术间歇时间和组织间歇时间。

a. 流水节拍。

流水节拍是指在组织流水施工时，每个专业工作队在各个施工段上完成相应的施工任务所需要的工作持续时间。通常用符号"t_i"表示，它是流水施工的基本参数之一。

流水节拍的大小，可以反映出流水施工速度的快慢、节奏感的强弱和资源消耗量的多少。

影响流水节拍数值大小的因素主要有：项目施工时所采取的施工方案，各施工段投入的劳动力人数或施工机械台数、工作班次，以及该施工段工程量的多少。为避免工作队转移时浪费工时，流水节拍在数值上最好是半个班的整数倍。其数值的确定，可按以下方法进行。

一是定额计算法。该方法是根据各施工段的工程量、能够投入的资源量（工人数、机械台数和材料量等），按公式（3.1）计算：

$$t_i^j = \frac{Q_i^j}{S_j R_j N_j} = \frac{P_i^j}{R_j N_j} \tag{3.1}$$

式中 t_i^j——专业工作队 j 在某施工段 i 上的流水节拍；

Q_i^j——专业工作队 j 在某施工段 i 上的工程量；

S_j——专业工作队 j 的计划产量定额；

R_j——专业工作队 j 的工人数或机械台数；

N_j——专业工作队 j 的工作班次；

P_i^j——专业工作队 j 在某施工段 i 上的劳动量。

二是经验估算法。对于采用新结构、新工艺、新方法和新材料等没有定额可循的工程项目，可以根据以往的施工经验估算流水节拍。

三是工期计算法。对某些施工任务在规定日期内必须完成的工程项目，往往采用倒排进度法。其具体步骤为：首先确定某施工过程划分的施工段数；其次确定某施工过程的工作持续时间；最后用工作持续时间除以施工段数即可确定某施工过程在某施工段上的流水节拍。

b. 流水步距。

流水步距是指组织流水施工时，相邻两个施工过程（或专业工作队）相继开始施工的最小间隔时间。流水步距一般用符号"$K_{j,j+1}$"来表示，其中符号"$j（j = 1，2，\cdots，n-1）$"为专业工作队或施工过程的编号。流水步距是流水施工的主要参数之一。

流水步距的数目取决于参加流水的施工过程数。如果施工过程数为 n 个，则流水步距的总数为 $(n-1)$ 个。

流水步距的大小取决于相邻两个施工班组在各个施工段上的流水节拍及流水施工的组织方式。确定流水步距时，一般应满足以下基本要求：

各施工过程按各自流水速度施工，始终保持工艺先后顺序。

各施工班组投入施工后尽可能保持连续作业。

相邻两个施工班组在满足连续施工的条件下，能最大限度地实现合理搭接。

根据以上要求，在不同的流水施工组织方式中，可以采用不同的方法确定流水步距。

c. 平行搭接时间。

在组织流水施工时，有时为了缩短工期，在工作面允许的条件下，如果前一个施工班组完成部分施工任务后，能够提前为后一个施工班组提供工作面，使后者提前进入前一个施工段，两者在同一施工段上平行搭接施工，这个搭接时间称为平行搭接时间或插入时间，通常用符号"$C_{j,j+1}$"表示。

d. 技术间歇时间。

在组织流水施工时，除要考虑相邻施工班组之间的流水步距外，有时根据建筑材料或现浇构件等的工艺性质，还要考虑合理的工艺等待间歇时间，这个等待时间称为技术间歇时间。如混凝土浇筑后的养护时间、砂浆抹面和油漆面的干燥时间等。技术间歇时间通常以符号"$Z_{j,j+1}$"表示。

e. 组织间歇时间。

组织间歇时间是指在流水施工中，由于施工技术或施工组织的原因，造成在流水步距以外增加的间歇时间。如墙体砌筑前的墙身位置弹线，施工人员、机械转移，回填土前的地下管道检查验收等。组织间歇时间通常用符号"$G_{j,j+1}$"表示。

（7）流水施工的组织方式。

流水施工的组织方式如图 3.14 所示。

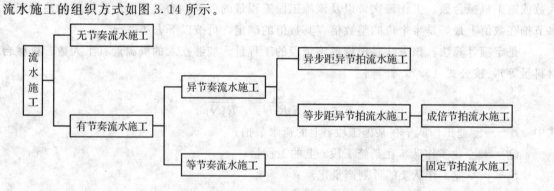

图 3.14　流水施工组织方式

①无节奏流水施工。

无节奏流水施工是指在组织流水施工时，全部或部分施工过程在各个施工段上的流水节拍不相等的流水施工。这种施工方式是流水施工中最常见的一种。

②异步距异节拍流水施工。

异步距异节拍流水施工是指在组织异节奏流水施工时，每个施工过程成立一个施工班组，由其完成各施工段任务的流水施工。

③等步距异节拍流水施工。

等步距异节拍流水施工是指在组织异节奏流水施工时，按每个施工过程流水节拍之间的比例关系，成立相应数量的施工班组而进行的流水施工，也称为成倍节拍流水施工。

④等节奏流水施工。

等节奏流水施工是指在有节奏流水施工中，各施工过程的流水节拍都相等的流水施工，也称为固定节拍流水施工或全等节拍流水施工。

2. 等节奏流水施工

等节奏流水施工是指在组织流水施工时，所有的施工过程在各个施工段上的流水节拍彼此相等的流水施工方式。

（1）等节奏流水施工的特点。

①所有施工过程在各个施工段上的流水节拍均相等。

②相邻施工过程的流水步距相等，且等于流水节拍。

③施工班组数等于施工过程数，即每一个施工过程成立一个班组，由该班组完成相应施工过程所有施工段上的任务。

④各个专业工作队在各施工段上能够连续作业，施工段之间没有空闲时间。

（2）等节奏流水施工组织。

①确定施工起点及流向，分解施工过程。

②确定施工顺序，划分施工段。划分施工段时，其数目 m 的确定如下：

a. 无层间关系或无施工层时，取 $m=n$。

b. 有层间关系或有施工层时，施工段数目 m 分下面两种情况确定：

（a）无技术和组织间歇时，取 $m=n$。

（b）有技术和组织间歇时，为了保证各施工班组能连续施工，应取 $m \geqslant n$。此时，每层施工段空闲数为 $m-n$，一个空闲施工段的时间为 t，则每层的空闲时间为

$$(m-n) \cdot t = (m-n) \cdot K$$

若一个楼层内各施工过程间的技术、组织间歇时间之和为 $\sum Z_1$，楼层间技术、组织间歇时间为 Z_2，如果每层的 $\sum Z_1$ 均相等，Z_2 也相等，而且为了保证连续施工，施工段上除 $\sum Z_1$ 和 Z_2 外无空闲，则

$$(m-n) \cdot K = \sum Z_1 + Z_2$$

所以，每层的施工段数 m 可按公式（3.2）确定：

$$m = n + \frac{\sum Z_1}{K} + \frac{Z_2}{K} \tag{3.2}$$

式中　m——施工段数；

　　　n——施工过程数；

　　　$\sum Z_1$——一个楼层内各施工过程间技术、组织间歇时间之和；

　　　Z_2——楼层间技术、组织间歇时间；

　　　K——流水步距。

如果每层的 $\sum Z_1$ 不完全相等，Z_2 也不完全相等，应取各层中最大的 $\sum Z_1$ 和 Z_2，并按公式（3.3）确定施工段数：

$$m = n + \frac{\max \sum Z_1}{K} + \frac{\max Z_2}{K} \tag{3.3}$$

式中符号意义同前。

③确定流水节拍，此时 $t_i{}^j = t$。

④确定流水步距，此时 $K_{j,j+1} = K = t$。

⑤计算流水施工工期：

$$T = (n-1)t + \sum G + \sum Z - \sum C + m \cdot t =$$
$$(m+n-1)t + \sum G + \sum Z - \sum C$$

式中　T——施工工期；

　　　t——流水节拍；

　　　$\sum G$——组织间歇时间；

　　　$\sum Z$——技术间歇时间；

　　　$\sum C$——平行搭接时间。

其他符号意义同前。

⑥绘制流水施工横道图。

（3）等节奏流水施工应用实例

【例3.1】某工程由 A、B、C、D 4 个分项工程组成，它在平面上划分为 4 个施工段，各分项工程在各个施工段上的流水节拍均为 3 天，试编制流水施工方案。

解：根据条件和要求，该题可组织等节奏流水施工。

（1）确定流水步距：

$$K = t = 3 \text{ 天}$$

（2）计算总工期：

$$T = [(4+4-1) \times 3] \text{ 天} = 21 \text{ 天}$$

（3）绘制流水施工指示图，如图 3.15 所示。

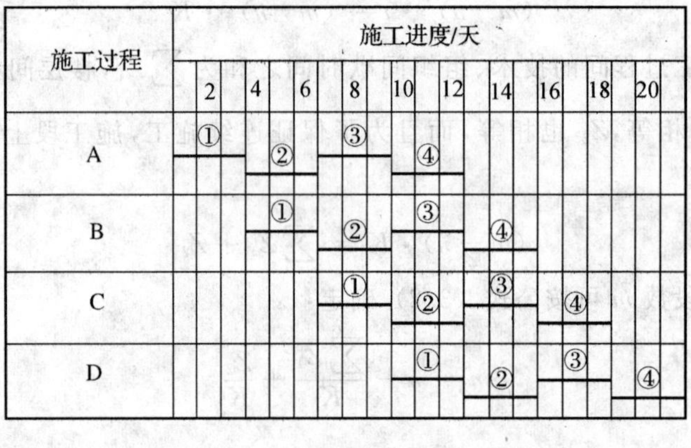

施工过程	施工进度/天									
	2	4	6	8	10	12	14	16	18	20
A	①	②		③		④				
B		①		②		③	④			
C			①		②		③	④		
D				①		②	③		④	

图 3.15　等节奏流水施工进度图

3. 异节奏流水施工

异节奏流水施工是指在同一施工过程在各施工段上的流水节拍都相等，不同施工过程之间的流水节拍不一定相等的流水施工方式。异节奏流水施工又可分为等步距异节拍（也称成倍节拍）流水施工和异步距异节拍流水施工两种方式。

（1）等步距异节拍流水施工。

在组织流水施工时，如果同一施工过程在各施工段上的流水节拍彼此相等，而不同施工过程在同一施工段上的流水节拍之间存在一个最大公约数，为加快流水施工速度，可按最大公约数的倍数确定每个施工过程的施工班组，这样便构成了一个工期最短的等步距异节拍流水施工方案。

①等步距异节拍流水施工的特点。

a. 同一施工过程在其各个施工段上的流水节拍均相等；不同施工过程的流水节拍不等，但其值为倍数关系。

b. 相邻施工过程的流水步距相等，且等于流水节拍的最大公约数。

c. 施工班组数 n_1 大于施工过程数 n，即有的施工过程只成立一个专业工作队，而对于流水节拍大的施工过程，可按其倍数增加相应的专业工作队数目。

d. 各个施工班组在施工段上能够连续作业，施工段之间没有空闲时间。

②等步距异节拍流水施工组织。

a. 确定施工起点及流向，分解施工过程。

b. 确定施工顺序，划分施工段。

c. 按上述要求确定每个施工过程的流水节拍。

d. 确定流水步距：

$$K_b = 最大公约数 \{各过程流水节拍\}$$

式中 K_b——等步距异节拍流水施工的流水步距。

e. 确定专业工作队数目可按照公式（3.4）计算：

$$\left. \begin{array}{l} b_j = \dfrac{t_i^j}{K_b} \\ n_1 = \sum_{j=1}^{n} b_j \end{array} \right\} \tag{3.4}$$

式中 b_j——施工过程 j 的专业班组数目，$n \geqslant j \geqslant 1$；

t_i^j——施工过程 j 在各施工段之上的流水节拍；

n_1——成倍节拍流水的专业班组总和。

f. 确定计算总工期，按照公式（3.5）计算：

$$T = (m + n_1 - 1)K_b + \sum G_{j,j+1} + \sum Z_{j,j+1} - \sum C_{j,j+1} \tag{3.5}$$

式中 T——工期；

$G_{j,j+1}$——相邻两个施工过程间的组织间歇时间；

$Z_{j,j+1}$——相邻两个施工过程间的技术间歇时间；

$C_{j,j+1}$——相邻两个施工过程间的平行搭接时间。

其他符号意义同前。

g. 绘制流水施工横道图。

③等步距异节拍流水施工应用实例。

【例 3.2】某项目由 A、B、C 3 个施工过程组成，流水节拍分别为 $t_A = 2$ 天，$t_B = 6$ 天，$t_C = 4$ 天，试组织等步距异节拍流水施工，并绘制流水施工进度图。

解：（1）确定流水步距：

$$K_b = 最大公约数 \{2, 6, 4\} = 2 天$$

（2）确定施工班组数：

$$b_A = \frac{t_A}{K_b} = \left(\frac{2}{2}\right)个 = 1 个$$

$$b_B = \frac{t_B}{K_b} = \left(\frac{6}{2}\right)个 = 3 个$$

$$b_C = \frac{t_C}{K_b} = \left(\frac{4}{2}\right)个 = 2 个$$

$$n_1 = \sum_{j=1}^{3} b_j = (1 + 3 + 2)个 = 6 个$$

（3）确定施工段数：

为了使各施工班组都能连续工作，取

$$M = n_1 = 6 \text{ 段}$$

（4）计算总工期：

$$T = [(6+6-1) \times 2] \text{ 天} = 22 \text{ 天}$$

（5）绘制流水施工进度图，如图3.16所示。

分项工程编号	工作队	施工进度/天										
		2	4	6	8	10	12	14	16	18	20	22
A	A	①	②	③	④	⑤	⑥					
B	B₁			①			④					
	B₂					②			⑤			
	B₃						③			⑥		
C	C₁							①		③		⑤
	C₂								②		④	⑥

图3.16　等步距异节拍流水施工进度图

（2）异步距异节拍流水施工。

异步距异节拍流水施工是指同一施工过程在各个施工段上的流水节拍相等，不同施工过程之间的流水节拍不完全相等的流水施工方式。

①异步距异节拍流水施工的特点。

a. 同一施工过程流水节拍相等，不同施工过程的流水节拍不一定相等。

b. 各个施工过程之间的流水节拍不一定相等。

c. 各施工班组能够在施工段上连续作业，但有的施工段之间可能有空闲。

d. 施工班组数 n_1 等于施工过程数 n。

②异步距异节拍流水施工组织。

a. 确定施工起点及流向，分解施工过程。

b. 确定施工顺序，划分施工段。

c. 确定流水步距，按照公式（3.6）计算：

$$K_{i,i+1} = \begin{cases} t_i & (t_i \leqslant t_{i+1}) \\ mt_i - (m-1)t_{i+1} & (t_i > t_{i+1}) \end{cases} \tag{3.6}$$

式中　$K_{i,i+1}$——相邻两个施工过程间的流水步距；

　　　t_i——第 i 个施工过程的流水节拍；

　　　t_{i+1}——第 $(i+1)$ 个施工过程的流水节拍；

d. 计算流水施工工期，按照公式（3.7）计算：

$$T = \sum K_{i,i+1} + mt_n + \sum G_{j,j+1} + \sum Z_{j,j+1} - \sum C_{j,j+1} \tag{3.7}$$

式中　T——工期；

　　　t_n——最后一个施工过程的流水节拍。

其他符号意义同前。

e. 绘制流水施工横道图。

③异步距异节拍流水施工应用实例。

【例3.3】 某工程划分为 A、B、C、D 4 个分项工程，分 3 个施工段组织施工，各分项工程的流水节拍分别为 $t_A = 3$ 天，$t_B = 4$ 天，$t_C = 5$ 天，$t_D = 3$ 天；分项工程 B 完成后有 2 天的技术间歇时间，分项工程 D 与 C 搭接 1 天。试求各分项工程之间的流水步距及该工程的工期，并绘制流水施工进度图。

解: (1) 确定流水步距:

因为 $t_A < t_B$ 所以 $K_{A,B} = t_A = 3$ 天

因为 $t_B < t_C$ 所以 $K_{B,C} = t_B = 4$ 天

因为 $t_C > t_D$ 所以 $K_{C,D} = m t_C - (m-1) t_D = [3 \times 5 - (3-1) \times 3]$ 天 $= 9$ 天

(2) 计算流水工期:

$$T = \sum K_{i,i+1} + m t_n + \sum Z_{j,j+1} - \sum C_{j,j+1} =$$
$$[(3+4+9) + 3 \times 3 + 2 - 1]\ \text{天} = 26\ \text{天}$$

(3) 绘制施工进度图,如图 3.17 所示。

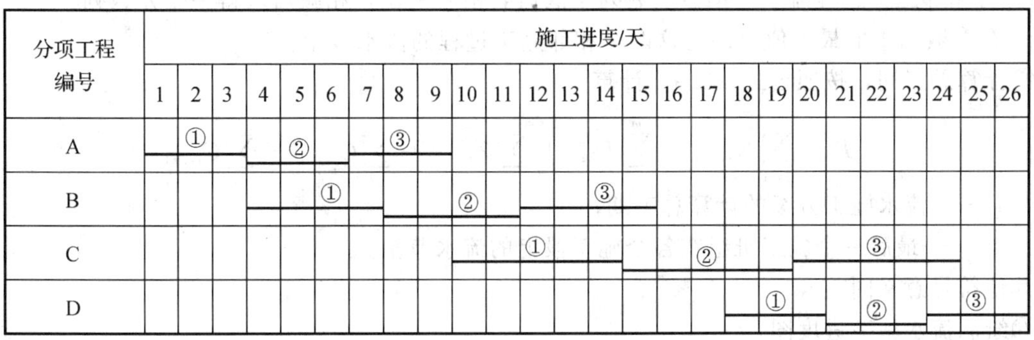

分项工程编号	施工进度/天																									
	1	2	3	4	5	6	7	8	9	10	11	12	13	14	15	16	17	18	19	20	21	22	23	24	25	26
A		①			②			③																		
B					①				②				③													
C												①					②					③				
D																		①				②			③	

图 3.17　异步距异节拍流水施工进度图

4. 无节奏流水施工

在组织流水施工时,经常由于工程结构形式、施工条件不同等原因,使得各施工过程在各施工段上的工程量有较大差异,或因施工班组的生产效率相差较大,导致各施工过程的流水节拍随施工段的不同而不同,且不同施工过程之间的流水节拍又有很大差异。这时,流水节拍虽无任何规律,但仍可利用流水施工原理组织流水施工,使各施工班组在满足连续施工的条件下,实现最大搭接。

(1) 无节奏流水施工的特点。

①每个施工过程在各个施工段上的流水节拍都不尽相等。

②在多数情况下,流水步距彼此不相等,而且流水步距与流水节拍之间存在着某种函数关系。

③各施工班组都能连续施工,个别施工段可能有空闲。

④施工班组数与施工过程数相等。

(2) 无节奏流水施工组织。

①确定施工起点及流向,分解施工过程。

②确定施工顺序,划分施工段。

③确定流水节拍。

④确定流水步距,按照公式 (3.8) 计算:

$$K_{j,j+1} = \max\{k_i^{j,j+1} = \sum_{i=1}^{i} \Delta t_i^{j,j+1} + t_i^{j+1}\} \quad (1 \leqslant i \leqslant m; 1 \leqslant j \leqslant n_1 - 1) \tag{3.8}$$

式中　$K_{j,j+1}$——施工班组 j 与 $(j+1)$ 之间的流水步距;

      $k_i^{j,j+1}$——施工班组 j 与 $(j+1)$ 在各个施工段上的"假定段步距";

      $\sum\limits_{i=1}^{i}$——由施工段 1 至 i 依此累加,逢段求和;

      $\Delta t_i^{j,j+1}$——施工班组 j 与 $(j+1)$ 在各个施工段上的"段时差",即 $\Delta t_i^{j,j+1} = t_i^j - t_i^{j+1}$;

      t_i^j——施工班组 j 在施工段 i 的流水节拍;

      t_i^{j+1}——施工班组 $(j+1)$ 在施工段 i 的流水节拍;

      i——施工段编号,$1 \leqslant i \leqslant m$;

j ——施工班组编号，$1 \leqslant j \leqslant n_1 - 1$；

m ——施工段数；

n_1 ——施工班组数目，此时 $n_1 = n$。

在无节奏流水施工中，通常也采用"累加数列错位相减取大差法"计算流水步距。这种方法也称潘特考夫斯基法。这种方法简捷、准确，便于掌握。

"累加数列错位相减取大差法"的基本步骤如下：

a. 对每一个施工过程在各施工段上的流水节拍依此累加，求得各施工过程流水节拍的累加数列。

b. 将相邻施工过程流水节拍累加数列中的后者错后一位，相减后求得一个差数列。

c. 在差数列中取最大值，即为这两个相邻施工过程的流水步距。

⑤计算总工期，按照公式（3.9）计算：

$$T = \sum_{j=1}^{n_1} K_{j,j+1} + \sum_{i=1}^{m} Dt_i^{n_1} + \sum Z_{j,j+1} + \sum G_{j,j+1} - \sum C_{j,j+1} \tag{3.9}$$

式中 T ——流水施工方案的计算总工期；

$t_i^{n_1}$ ——最后一个施工班组在各个施工段上的流水节拍。

其他符号意义同前。

⑥绘制流水施工进度图。

（3）无节奏流水施工应用举例。

【例 3.4】工厂需要修建 4 台设备的基础工程，施工过程包括基础开挖、基础处理、浇筑混凝土。因设备型号及基础条件等不同，使得 4 台设备（施工段）的施工过程有着不同的流水节拍，见表 3.6。试绘制该设备基础工程的流水施工图。

表 3.6 基础工程流水节拍表

施工过程	施工段（单位：周）			
	设备 A	设备 B	设备 C	设备 D
基础开挖	2	3	2	2
基础处理	4	4	2	3
浇筑混凝土	2	3	2	3

解：从流水节拍的特点可以看出，本工程应按无节奏流水施工方式组织施工。

（1）确定施工流向由设备 A→B→C→D，施工段数 $m = 4$。

（2）确定施工过程数 $n = 3$，包括基础开挖、基础处理和浇筑混凝土。

（3）采用"累加数列错位相减取大差法"求流水步距：

$$\begin{array}{cccc} 2, & 5, & 7, & 9 \\ -) & 4, & 8, & 10, & 13 \\ \hline \end{array}$$

$K_{1,2} = \max \{2, \quad 1, \quad -1, \quad -1, \quad -13\} = 2$

$$\begin{array}{cccc} 4, & 8, & 10, & 13 \\ -) & 2, & 5, & 7, & 10 \\ \hline \end{array}$$

$K_{2,3} = \max \{4, \quad 6, \quad 5, \quad 6, \quad -10\} = 6$

（4）计算流水施工工期：

$$T = [(2+6) + (2+3+2+3)] \text{周} = 18 \text{周}$$

（5）绘制无节奏流水施工进度图，如图 3.18 所示。

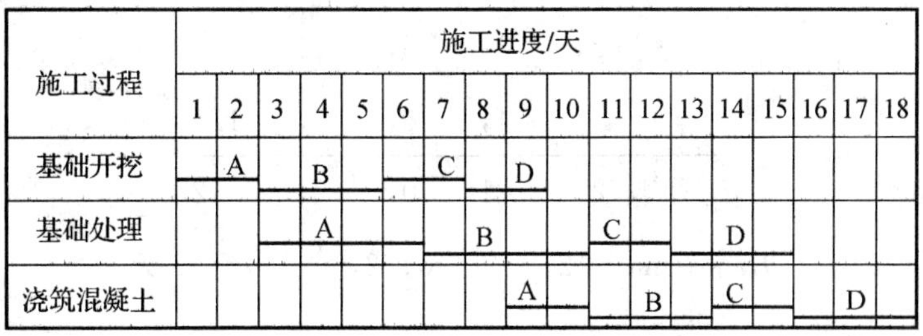

施工过程	施工进度/天																	
	1	2	3	4	5	6	7	8	9	10	11	12	13	14	15	16	17	18
基础开挖	A		B			C		D										
基础处理			A				B			C			D					
浇筑混凝土								A			B		C			D		

图 3.18　设备基础工程流水施工进度图

【例 3.5】 某工程有 A、B、C、D、E 5 个施工过程。施工时在平面上划分为 4 个施工段，每个施工过程在各个施工段上的流水节拍见表 3.7。规定施工过程 B 完成后，其相应施工段至少要养护 2 天；施工过程 D 完成后，其相应施工段要留有 1 天的准备时间。为了尽早完工，允许施工过程 A 与 B 之间搭接施工 1 天，试编制流水施工方案。

表 3.7　某工程流水节拍

分项工程编号	施工段			
	①	②	③	④
A	3	2	2	4
B	1	3	5	3
C	2	1	3	5
D	4	2	3	3
E	3	4	2	1

解： 根据题设条件，该工程只能组织无节奏流水施工。

（1）求流水节拍的累加数列：

A：3，5，7，11

B：1，4，9，12

C：2，3，6，11

D：4，6，9，12

E：3，7，9，10

（2）确定流水步距：

① $K_{A,B}$

$$
\begin{array}{rrrr}
3, & 5, & 7, & 11 \\
-)\quad 1, & 4, & 9, & 12 \\
\hline
3, & 4, & 3, & 2, \quad -12
\end{array}
$$

所以　　　　　　　　　$K_{A,B} = \max\{3, 4, 3, 2, -12\} = 4$ 天

② $K_{B,C}$

$$
\begin{array}{rrrr}
1, & 4, & 9, & 12 \\
-)\quad 2, & 3, & 6, & 11 \\
\hline
1, & 2, & 6, & 6, \quad -11
\end{array}
$$

所以　　　　　　　　　$K_{B,C} = \max\{1, 2, 6, 6, -11\} = 6$ 天

③$K_{C,D}$

$$
\begin{array}{r}
2,\quad 3,\quad 6,\quad 11 \\
-)\quad 4,\quad 6,\quad 9,\quad 12 \\
\hline
2,\ -1,\ 0,\ 2,\ -12
\end{array}
$$

所以　　　　　$K_{C,D}=\max\{2,-1,0,2,-12\}=2$ 天

④$K_{D,E}$

$$
\begin{array}{r}
4,\quad 6,\quad 9,\quad 12 \\
-)\quad 3,\quad 7,\quad 9,\quad 10 \\
\hline
4,\ 3,\ 2,\ 3,\ -10
\end{array}
$$

所以　　　　　$K_{D,E}=\max\{4,3,2,3,-10\}=4$ 天

（3）计算流水施工工期。

由题设条件可知：

$$Z_{B,C}=2\ \text{天}，G_{D,E}=1\ \text{天}，C_{A,B}=1\ \text{天}$$

代入公式得：

$$T=[(4+6+2+4)+(3+4+2+1)+2+1-1]\ \text{天}=28\ \text{天}$$

（4）绘制流水施工进度图，如图 3.19 所示。

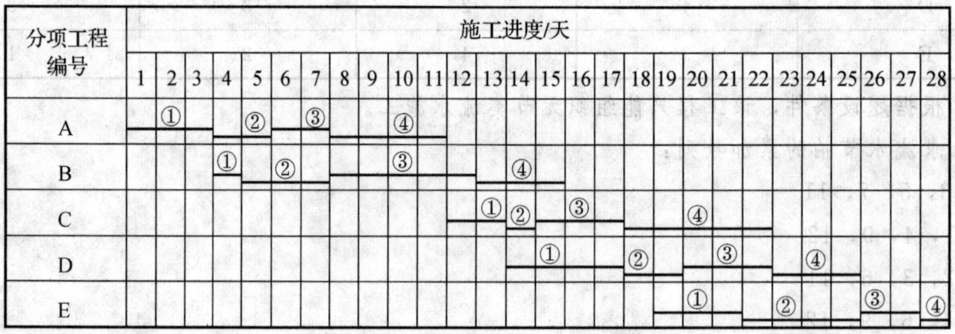

分项工程编号	施工进度/天																											
	1	2	3	4	5	6	7	8	9	10	11	12	13	14	15	16	17	18	19	20	21	22	23	24	25	26	27	28
A	①			②		③			④																			
B			①		②			③			④																	
C							①	②		③				④														
D										①		②			③			④										
E														①			②			③			④					

图 3.19　本例流水施工进度图

【例 3.6】某工程由 A、B、C、D 4 个施工过程组成；它在平面上划分为 6 个施工段；每个施工过程在各个施工段上的流水节拍见表 3.8。为缩短计划总工期，允许施工过程 A 与 B 有平行搭接时间 1 天；在施工过程 B 完成后，其相应施工段至少应有技术间歇时间 2 天；在施工过程 C 完成后，其相应施工段至少应有作业准备时间 1 天。试编制流水施工方案。

表 3.8　施工持续时间表

分项工程编号	施工段					
	①	②	③	④	⑤	⑥
A	4	5	4	4	5	4
B	3	2	2	3	2	3
C	2	4	3	2	4	2
D	3	3	2	2	3	3

解：根据题意，该工程只能组织无节奏流水施工。

(1) 确定流水步距：

①$K_{I,II}$

$$
\begin{array}{ccccccl}
 & 4, & 5, & 4, & 4, & 5, & 4 & \cdots\cdots & t_i^{I} \\
-) & 3, & 2, & 2, & 3, & 2, & 3 & \cdots\cdots & t_i^{II} \\
\hline
 & 1, & 3, & 2, & 1, & 3, & 1 & \cdots\cdots & \Delta t_i^{I,II}
\end{array}
$$

$$
\begin{array}{ccccccl}
 & 1, & 4, & 6, & 7, & 10, & 11 & \cdots\cdots & \sum \Delta t_i^{I,II} \\
+) & 3, & 2, & 2, & 3, & 2, & 3 & \cdots\cdots & t_i^{II} \\
\hline
 & 4, & 6, & 8, & 10, & 12, & 14 & \cdots\cdots & k_i^{I,II}
\end{array}
$$

所以 $\qquad K_{I,II} = \max \{k_i^{I,II}\} = \max \{4, 6, 8, 10, 12, 14\} = 14$ 天

②$K_{II,III}$

$$
\begin{array}{cccccc}
 & 3, & 2, & 2, & 3, & 2, & 3 \\
-) & 2, & 4, & 3, & 2, & 4, & 2 \\
\hline
 & 1, & -2, & -1, & 1, & -2, & 1
\end{array}
$$

$$
\begin{array}{cccccc}
 & 1, & -1, & -2, & -1, & -3, & -2 \\
+) & 2, & 4, & 3, & 2, & 4, & 2 \\
\hline
 & 3, & 3, & 1, & 1, & 1, & 0
\end{array}
$$

所以 $\qquad K_{II,III} = \max \{3, 3, 1, 1, 1, 0\} = 3$ 天

③$K_{III,IV}$

$$
\begin{array}{cccccc}
 & 2, & 4, & 3, & 2, & 4, & 2 \\
-) & 3, & 3, & 2, & 2, & 3, & 3 \\
\hline
 & -1, & 1, & 1, & 0, & 1, & -1
\end{array}
$$

$$
\begin{array}{cccccc}
 & -1, & 0, & 1, & 1, & 2, & 1 \\
+) & 3, & 3, & 2, & 2, & 3, & 3 \\
\hline
 & 2, & 3, & 3, & 3, & 5, & 4
\end{array}
$$

所以 $\qquad K_{III,IV} = \max \{2, 3, 3, 3, 5, 4\} = 5$ 天

(2) 计算总工期。

由题意可知： $\qquad C_{I,II} = 1$ 天，$Z_{II,III} = 2$ 天，$G_{III,IV} = 1$ 天

可得：

$T = [(14+3+5) + (3+3+2+2+3+3) +2+1-1]$ 天 $= (22+16+2)$ 天 $=40$ 天

(3) 绘制流水施工进度图，如图 3.20 所示。

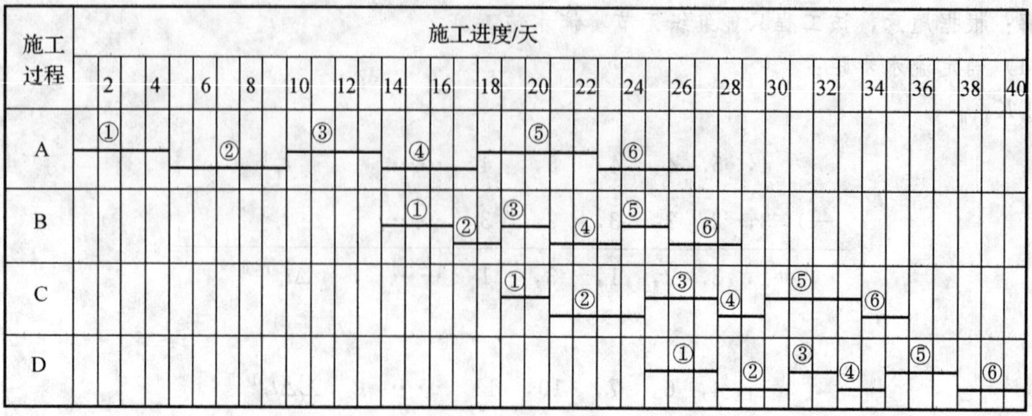

施工过程	施工进度/天																			
	2	4	6	8	10	12	14	16	18	20	22	24	26	28	30	32	34	36	38	40
A	①			②		③		④		⑤		⑥								
B							①	②	③		④ ⑤		⑥							
C										①		②	③	④		⑤	⑥			
D													①	②		③	④	⑤		⑥

图 3.20 本例中该工程流水施工进度图

3.4.2 单代号网络进度计划编制

1. 网络计划简介

（1）网络计划技术的起源与发展。

网络计划技术是一种科学的计划管理方法，它是随着现代科学技术和工业生产的发展而产生的。20 世纪 50 年代，为了适应科学研究和新的生产组织管理的需要，国外陆续出现了一些计划管理的新方法。1956 年，美国杜邦公司研究创立了网络计划技术的关键线路方法（缩写为 CPM），并试用于一个化学工程，取得了良好的经济效果。1958 年，美国海军武器计划处在研制"北极星"导弹计划时，应用了计划评审方法（缩写为 PERT）进行项目的计划安排、评价、审查和控制，使北极星导弹工程的工期由原计划的 10 年缩短为 8 年。20 世纪 60 年代初期，网络计划技术在美国得到了推广，并被引入日本和欧洲其他国家。随着现代科学技术的迅猛发展、管理水平的不断提高，网络计划技术也在不断发展和完善。目前，它广泛地应用于世界各国的工业、国防、建筑、运输和科研等领域，已成为发达国家盛行的一种现代生产管理的科学方法。

我国对网络计划技术的研究与应用起步较早，20 世纪 60 年代中期，著名数学家华罗庚教授首先在我国的生产管理中推广和应用这些新的计划管理方法，并根据网络计划统筹兼顾、全面规划的特点，将其概括为统筹法。经过多年的实践和应用，网络计划技术在我国的工程建设领域得到了迅猛发展，尤其是在大中型工程项目的建设中，其对资源的合理安排，进度计划的编制、优化和控制等应用效果显著。目前，网络计划技术已成为我国工程建设领域必不可少的现代化管理方法。

近年来，国家技术监督局和原建设部先后更新了中华人民共和国国家标准《网络计划技术》（GB/T 13400.1—2012、GB/T 13400.2—2009、GB/T 13400.3—2009）3 个标准和中华人民共和国行业标准《工程网络计划技术规程》（JGJ/T 121—1999），使工程网络计划技术在计划的编制与控制管理的实际应用中有了一个可遵循的、统一的技术标准，保证了计划的科学性，对提高工程项目的管理水平发挥了重大作用。

（2）网络计划相关知识。

①网络计划的概念。

网络计划技术的基本模型是网络图。网络图是由箭线和节点组成的，用来表示工作流程的有向、有序的网状图形。在网络图上加注工作的时间参数而编成的进度计划称为网络计划。

网络计划技术主要有关键线路法（Critical Path Method，CPM）和计划评审法（Program Evaluation and Review Technique，PERT）。两者分别适用于工作间的逻辑关系及工作需用时间肯定的情况和不能肯定的情况。还有不少其他方法，基本上由上述两种方法发展而来，其基本原理类似。

网络计划技术的基本原理是：首先应用网络图形来表示一项计划（或工程）中各项工作的开展顺序及其相互之间的关系，然后通过对网络图进行时间参数的计算，找出计划中的关键工作和关键路线。通过不断改进网络计划，寻求最佳方案，以求在计划执行过程中对计划进行有效的控制和监督。

②网络计划的特点。

与横道计划相比，网络计划具有以下优点。

a. 网络图把施工过程中的各有关工作组成了一个有机的整体，能全面而明确地表达出各项工作开展的先后顺序，反映出各项工作之间相互制约和相互依赖的关系。

b. 能进行各种时间参数的计算。

c. 在名目繁多、错综复杂的计划中找出决定工程进度的关键工作，便于计划管理者集中力量抓主要矛盾，确保工期，避免盲目施工。

d. 能够从许多可行方案中，选出最优方案。

e. 在计划的执行过程中，某一工作由于某种原因推迟或者提前完成时，可以预见到它对整个计划的影响程度，而且能根据变化的情况，迅速进行调整，保证自始至终对计划进行有效的控制与监督。

f. 利用网络计划中反映出的各项工作的时间储备，可以更好地调配人力、物力，以达到降低成本的目的。

g. 网络计划技术的出现与发展使现代化的计算工具——计算机在建筑施工计划管理中得以应用。

网络计划的缺点是它不像横道图那么直观明了，但是带有时间坐标的网络计划图可以弥补其不足。

（3）网络计划的分类。

①按绘图符号不同分类。

a. 双代号网络计划，即用双代号网络图表示的网络计划。双代号网络图是以箭线及其两端节点的编号表示工作的网络图。

b. 单代号网络计划，即用单代号网络图表示的网络计划。单代号网络图是以节点及其编号表示工作、以箭线表示工作之间逻辑关系的网络图。

②按网络计划目标分类。

a. 单目标网络计划。它是指只有一个终点节点的网络计划，即网络图只具有一个最终目标。如一个建筑物的施工进度计划只具有一个工期目标的网络计划。

b. 多目标网络计划。它是指终点节点不止一个的网络计划。此种网络计划具有若干个独立的最终目标。

③按网络计划时间表达方式分类。

a. 时标网络计划。它是指以时间坐标为尺度绘制的网络计划。在网络图中，每项工作箭线的水平投影长度，与其持续时间成正比。如编制资源优化的网络计划即为时标网络计划。

b. 非时标网络计划。它是指不按时间坐标绘制的网络计划。在网络图中，工作箭线长度与持续时间无关，可按需要绘制。通常绘制的网络计划都是非时标网络计划。

④按网络计划层次分类。

a. 局部网络计划。以一个分部工程或施工段为对象编制的网络计划称为局部网络计划。

b. 单位工程网络计划。以一个单位工程为对象编制的网络计划称为单位工程网络计划。

c. 综合网络计划。以一个建筑项目或建筑群为对象编制的网络计划称为综合网络计划。

⑤按工作衔接特点分类。

a. 普通网络计划。工作间关系均按首尾衔接关系绘制的网络计划称为普通网络计划，如单代号、双代号和概率网络计划。

b. 搭接网络计划。按照各种规定的搭接时距绘制的网络计划称为搭接网络计划，网络图中既能反映各种搭接关系，又能反映相互衔接关系，如前导网络计划。

c. 流水网络计划。充分反映流水施工特点的网络计划称为流水网络计划，包括横道流水网络计划、搭接流水网络计划和双代号流水网络计划。

2. 单代号网络进度计划编制

单代号网络计划是在工作流程图的基础上演绎而成的网络计划形式。由于它具有绘图简便、逻辑关系明确、易于修改等优点，因此，在国内外日益受到重视。其应用范围和表达功能也在不断发展和壮大。单代号网络图与双代号网络图一样，均由节点和箭线两种基本符号组成。不同的是，单代号网络图用节点表示工序，用箭线表达工序之间的逻辑关系。在单代号网络图中，每一个节点表示一道工序，且有唯一的编号，因此可用一个节点编号表示唯一的工序。

(1) 单代号网络图的组成。

单代号网络图由节点、箭线、节点编号3个基本要素组成。

①节点。

在单代号网络图中，通常将节点画成一个圆圈或方框，一个节点代表一项工作。节点所表示的工作名称、持续时间和节点编号都标注在圆圈和方框内，如图 3.21 所示。

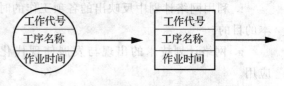

图 3.21 单代号网络图中节点表示方法

②箭线。

在单代号网络图中，箭线既不占用时间，也不消耗资源，只表示紧邻工作之间的逻辑关系，箭线应画成水平直线、折线或斜线，箭线的箭头指向为工作进行方向，箭尾节点表示的工作为箭头节点工作的紧前工作。单代号网络图中无虚箭线。

③节点编号。

单代号网络图的节点编号用一个单独编号表示一项工作，编号原则和双代号相同，也应从小到大，从左往右，箭头编号大于箭尾编号；一项工作只能有一个代号，不得重号，如图 3.22 所示。

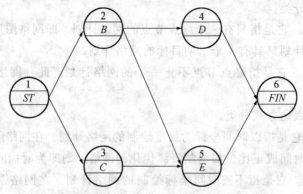

图 3.22 单代号网络图节点编号

ST—开始节点；FIN—完成节点

(2) 单代号网络图绘制。

①绘图的基本原则。

a. 正确表达已定的逻辑关系。在单代号网络图中，工作之间逻辑关系的表示方法比较简单，表3.9是用单代号表示的几种常见的逻辑关系。

表 3.9 单代号网络图逻辑关系表示方法

序号	工作间的逻辑关系	单代号网络图的表示方法
1.	A、B、C 3 项工作依次完成	A → B → C
2	A、B 完成后进行 D	A、B → D
3	A 完成后，B、C 同时开始	A → B、C
4	A 完成后进行 C，A、B 完成后进行 D	A → C，B → D

b. 单代号网络图中，严禁出现循环回路。

c. 单代号网络图中，严禁出现双向箭头或无箭头的连线。

d. 单代号网络图中，严禁出现没有箭尾节点的箭线和没有箭头节点的箭线。

e. 绘制网络图时，箭线不宜交叉。当交叉不可避免时，可采用过桥法和指向法绘制。

f. 单代号网络图应只有一个起点节点和一个终点节点；当网络图中有多个起点节点或多个终点节点时，应在网络图的两端分别设置一项虚工作，作为该网络图的起点节点和终点节点，如图 3.23 所示。其他再无任何虚工作。

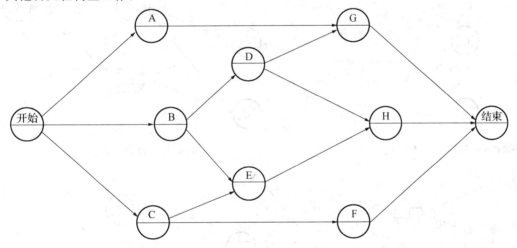

图 3.23 带虚拟起点节点和终点节点的单代号网络图

②绘图的基本方法。

a. 在保证网络逻辑关系正确的前提下，图面布局要合理，层次要清晰，重点要突出。

b. 尽量避免交叉箭线。交叉箭线容易造成线路逻辑关系混乱，绘图时应尽量避免。无法避免时，对于较简单的相交箭线，可采用过桥法处理。如图 3.24（a）所示，C、D 是 A、B 的紧后工作，不可避免地出现了交叉，用过桥法处理后网络图如图 3.24（b）所示。对于较复杂的相交线路，可采用增加中间虚拟节点的办法进行处理，以简化图面。如图 3.25（a）所示，D、F、G 是 A、B、C 的紧后工作，出现了较复杂的交叉箭线，这时可增加一个中间虚拟节点（一个空圈），化解交叉箭线，如图 3.25（b）所示。

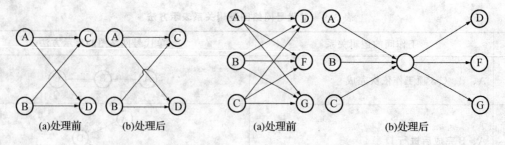

| (a)处理前 | (b)处理后 | (a)处理前 | (b)处理后 |

图3.24 用过桥法处理交叉箭线   **图3.25 用虚拟中间节点处理交叉箭线**

c. 单代号网络图的分解方法和排列方法，与双代号网络图相应部分类似。

③绘图示例。

【例3.7】已知各工作之间的逻辑关系见表3.10，试绘制单代号网络图。

表3.10 工作逻辑关系表

工作	A	B	C	D	E	G	H	I
紧前工作	—	—	—	—	A、B	B、C、D	C、D	E、G、H

解：绘制单代号网络图的过程如图3.26所示。

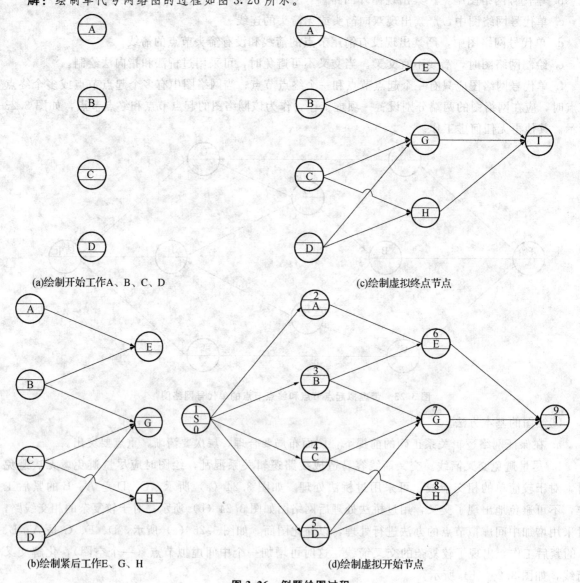

(a)绘制开始工作A、B、C、D   (c)绘制虚拟终点节点

(b)绘制紧后工作E、G、H   (d)绘制虚拟开始节点

图3.26 例题绘图过程

（3）单代号网络图时间参数的计算。

因为单代号网络图的节点代表工作，所以单代号网络计划没有节点时间参数而只有工作时间参数和工作时差，即工作 i 的最早开始时间（ES_i）、最早完成时间（EF_i）、最迟开始时间（LS_i）、最迟完成时间（LF_i）、总时差（TF_i）和自由时差（FF_i）。单代号网络计划时间参数的计算方法和顺序与双代号网络计划的工作时间参数计算相同，同样，单代号网络计划的时间参数计算应在确定工作持续时间之后进行。

①分析计算法。

a. 工作最早开始时间和最早结束时间的计算：

（a）工作 i 的最早开始时间 ES_i 应从网络计划的起点节点开始，顺着箭线方向依次逐项计算。

（b）起点节点 i 的最早开始时间 ES_i 如无规定时，其值应等于零，即

$$ES_i = 0 \qquad (i=1)$$

（c）各项工作最早开始和结束时间的计算见公式（3.10）

$$\left.\begin{aligned} ES_j &= \max\{ES_i+D_i\} = \max\{EF_i\} \\ EF_j &= ES_j+D_j \end{aligned}\right\} \qquad (3.10)$$

式中　ES_j——工作 j 最早可能开始时间；

　　　EF_j——工作 j 最早可能结束时间；

　　　D_j——工作 j 的持续时间；

　　　ES_i——工作 j 的紧前工作 i 最早可能开始时间；

　　　EF_i——工作 j 的紧前工作 i 最早可能结束时间；

　　　D_i——工作 j 的紧前工作 i 的持续时间。

b. 相邻两项工作之间时间间隔的计算。

相邻两项工作之间存在着时间间隔，工作 i 与工作 j 的时间间隔记为 $LAG_{i,j}$。时间间隔指相邻两项工作之间，后项工作的最早开始时间与前项工作的最早完成时间之差，其计算见公式（3.11）

$$LAG_{i,j} = ES_j - EF_i \qquad (3.11)$$

式中　$LAG_{i,j}$——工作 i 与其紧后工作 j 之间的时间间隔；

　　　ES_j——工作 j 的紧前工作 i 最早开始时间；

　　　EF_i——工作 i 最早结束时间；

c. 工作总时差的计算。

工作总时差的计算应从网络计划的终点节点开始，逆着箭线方向按节点编号从大到小的顺序依次进行。

（a）网络计划终点节点 n 所表示的工作的总时差（TF_n）应等于计划工期 T_p 与计算工期 T_c 之差，见公式（3.12）

$$TF_n = T_p - T_c \qquad (3.12)$$

当计划工期等于计算工期时，该工作的总时差为零。

（b）其他工作的总时差应等于本工作与其各紧后工作之间的时间间隔加该紧后工作的总时差所得之和的最小值，见公式（3.13）

$$TF_i = \min\{LAG_{i,j} + TF_j\} \qquad (3.13)$$

式中　TF_i——工作 i 的总时差；

　　　$LAG_{i,j}$——工作 i 与其紧后工作 j 之间的时间间隔；

　　　TF_j——工作 i 的紧后工作 j 的总时差。

d. 自由时差的计算。

工作 i 的自由时差 FF_i 的计算应符合下列规定：

（a）终点节点所代表的工作 n 的自由时差 FF_n 见公式（3.14）

$$FF_n = T_p - EF_n \tag{3.14}$$

式中　FF_n——终点节点 n 所代表的工作的自由时差；

　　　　T_p——网络计划的计划工期；

　　　　EF_n——终点节点 n 所代表的工作的最早完成时间（即计算工期）。

（b）其他工作 i 的自由时差 FF_i 见公式（3.15）

$$FF_i = \min \{LAG_{i,j}\} \tag{3.15}$$

e. 工作最迟完成时间的计算：

（a）工作 i 的最迟完成时间 LF_i 应从网络计划的终点节点开始，逆着箭线方向依次逐项计算。当部分工作分期完成时，有关工作的最迟完成时间应从分期完成的节点开始，逆向逐项计算。

（b）终点节点所代表的工作 n 的最迟完成时间 LF_n，应按网络计划的计划工期 T_p 确定，见公式（3.16）

$$LF_n = T_p \tag{3.16}$$

（c）其他工作 i 的最迟完成时间 LF_i，见公式（3.17）

$$LF_i = \min \{LS_j\} \tag{3.17}$$

或

$$LF_i = EF_i + TF_i$$

式中　LF_i——工作 j 的紧前工作 i 的最迟完成时间；

　　　　LS_j——工作 i 的紧后工作 j 的最迟开始时间；

　　　　EF_i——工作 i 的最早完成时间；

　　　　TF_i——工作 i 的总时差。

f. 工作最迟开始时间的计算。

工作 i 的最迟开始时间的计算见公式（3.18）

$$LS_i = LF_i - D_i \tag{3.18}$$

式中　LS_i——工作 i 的最迟开始时间；

　　　　LF_i——工作 i 的最迟完成时间；

　　　　D_i——工作 i 的持续时间。

g. 关键工作和关键线路的确定：

（a）单代号网络图关键工作的确定同双代号网络图。

（b）利用关键工作确定关键线路。如前所述，总时差最小的工作为关键工作。将这些关键工作相连，并保证相邻两项关键工作之间的时间间隔为零而构成的线路就是关键线路。

（c）利用相邻两项工作之间的时间间隔确定关键线路。从网络计划的终点节点开始，逆着箭线方向依次找出相邻两项工作之间时间间隔为零的线路就是关键线路。

h. 分析计算法示例。

【例 3.8】试用分析计算法计算如图 3.27 所示单代号网络图的时间参数。

解：（1）工作最早开始与结束时间的计算。

①起始节点：它等价于一个作业时间为 0 的工作，所以

$$ES_1 = 0, \quad EF_1 = 0$$

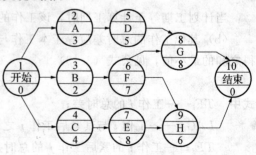

图 3.27　单代号网路图

②中间节点：

$ES_2 = EF_1 = 0, \quad EF_2 = 0 + 3 = 3$

$ES_3 = EF_1 = 0, \quad EF_3 = 0 + 2 = 2$

$ES_4 = EF_1 = 0, \quad EF_4 = 0 + 4 = 4$

$ES_5 = EF_2 = 3, \quad EF_5 = 3 + 5 = 8$

$ES_6 = EF_3 = 2, \quad EF_6 = 2 + 7 = 9$

$ES_7 = EF_4 = 4, \quad EF_7 = 4 + 8 = 12$

$ES_8 = \max \{ EF_5, EF_3 \} = \max \{8, 2\} = 8, \quad EF_8 = 8 + 8 = 16$

$ES_9 = \max \{ EF_6, EF_7 \} = \max \{9, 12\} = 12, \quad EF_9 = 12 + 6 = 18$

③终止节点：它等价于一个作业时间为 0 的工作，所以

$$ES_{10} = EF_{10} = \max \{ EF_8, EF_9 \} = \max \{16, 18\} = 18$$

（2）工作最迟开始与结束时间的计算。

①终止节点：如无要求工期，则令 LF_n 为计划工期，即

$$LF_{10} = EF_{10} = 18, \quad LS_{10} = LF_{10} - D_{10} = 18$$

②中间节点：

$LF_9 = LS_{10} = 18, \quad LS_9 = 18 - 6 = 12$ $LF_8 = LS_{10} = 18, \quad LS_8 = 18 - 8 = 10$

$LF_7 = LS_9 = 12, \quad LS_7 = 12 - 8 = 4$ $LF_6 = LS_9 = 12, \quad LS_6 = 12 - 7 = 5$

$LF_5 = LS_8 = 10, \quad LS_5 = 10 - 5 = 5$ $LF_4 = LS_7 = 4, \quad LS_4 = 4 - 4 = 0$

$LF_3 = \min \{ LS_6, LS_8 \} = \min \{5, 10\} = 5, \quad LS_3 = 5 - 2 = 3$

$LF_2 = LS_5 = 5, \quad LS_2 = 5 - 3 = 2$

③起始节点：$LF_1 = LS_1 = \min \{ 2, 3, 0 \} = 0$

（3）工作时差的计算。

工作总时差计算如下：

$TF_2 = LF_2 - EF_2 = LS_2 - ES_2 = 2$ $TF_3 = LF_3 - EF_3 = LS_3 - ES_3 = 3$

$TF_4 = LF_4 - EF_4 = LS_4 - ES_4 = 0$ $TF_5 = LF_5 - EF_5 = LS_5 - ES_5 = 2$

$TF_6 = LF_6 - EF_6 = LS_6 - ES_6 = 3$ $TF_7 = LF_7 - EF_7 = LS_7 - ES_7 = 0$

$TF_8 = LF_8 - EF_8 = LS_8 - ES_8 = 2$ $TF_9 = LF_9 - EF_9 = LS_9 - ES_9 = 0$

工作自由时差计算如下：

$FF_2 = LS_5 - EF_2 = 3 - 3 = 0$ $FF_3 = \min \{ES_8, ES_6\} - EF_3 = \min \{8, 2\} - 2 = 0$

$FF_4 = 4 - 4 = 0$ $FF_5 = 8 - 8 = 0$

$FF_6 = 12 - 9 = 3$ $FF_7 = 12 - 12 = 0$

$FF_8 = 18 - 16 = 2$ $FF_9 = 18 - 18 = 0$

②图上计算法。

单代号网络计划时间参数在网络图上的标注方法如图 3.28 所示。

图 3.28 单代号网络图节点标注方法

现以图 3.29 所示网络计划图为例来说明用图上计算法计算单代号网络计划时间参数的步骤。

a. 计算 ES_i 和 EF_i。由起点节点开始，首先假定整个网络计划的开始时间为 0，此处 $ES_1 = 0$，

然后从左至右按工作（节点）编号递增的顺序，逐个进行计算，直到终点节点为止，并随时将计算结果填入图中的相应位置。

　　b. 计算 LF_i 和 LS_i。由终点节点开始，假定终点节点的最迟完成时间 $LF_{10} = EF_{10} = 15$，从右至左按工作编号递减顺序逐个计算，直到起点节点止，并随时将计算结果填入图中的相应位置。

　　c. 计算 TF_i、FF_i。从起点节点开始，逐个工作进行计算，并随时将计算结果填入图中的相应位置。

　　d. 判断关键工作和关键线路。根据 $TF_i = 0$ 进行判断，用双箭线标出关键线路。

　　e. 确定计划总工期。本例计划总工期为 15 天，计算结果如图 3.30 所示。

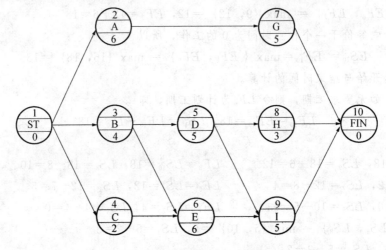

图 3.29　单代号网络计划图

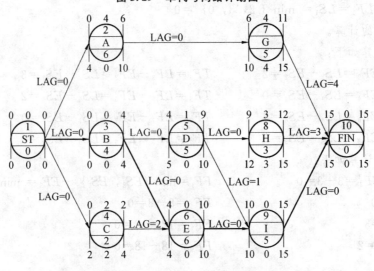

图 3.30　单代号网络计划的时间参数计算结果

3.4.3　双代号网络进度计划编制

　　双代号网络图是目前应用较为普遍的一种网络计划形式，它用圆圈、箭线表达计划内所要完成的各项工作的先后顺序和相互关系。其中箭线表示一个施工过程，施工过程名称写在箭线上方，施工持续时间写在箭线下方，箭尾表示施工过程开始，箭头表示施工过程结束。箭线两端的圆圈称为节点，在节点内进行编号，用箭尾节点号码 i 和箭头节点号码 j 作为这个施工过程的代号，如图 3.31

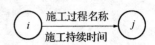
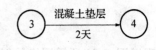

图 3.31　双代号网络图的表达方式

所示，由于各施工过程均用两个代号表示，所以叫双代号法，用此办法绘制的网络图叫双代号网络图。

1. 双代号网络图的组成

双代号网络图由箭线、节点、线路 3 个基本要素组成。

（1）箭线。

网络图中一端带箭头的实线即为箭线，一般可分为内向箭线和外向箭线两种。在双代号网络图中，箭线表达的内容有以下几点：

①在双代号网络图中，一根箭线表示一项工作，如图 3.32 所示。

②每一项工作都要消耗一定的时间和资源。凡是消耗一定时间的施工过程都可作为一项工作。各施工过程用实箭线表示。

③箭线的箭尾节点表示一项工作的开始，而箭头节点表示工作的结束。工作的名称（或字母代号）标注在箭线上方，该工作的持续时间标注于箭线下方。如果箭线以垂直线的形式出现，工作的名称通常标注于箭线左方，而工作的持续时间则填写于箭线的右方，如图 3.33 所示。

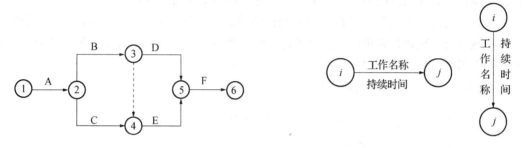

图 3.32　双代号网络图　　　　　　图 3.33　双代号网络图工作表示法

④在非时标网络图中，箭线的长度不直接反映工作所占用的时间长短。箭线宜画成水平直线，也可画成折线或斜线。水平直线投影的方向应自左向右，表示工作的进行方向。

⑤在双代号网络图中，为了正确表达施工过程的逻辑关系，有时必须使用一种虚箭线。这种虚箭线没有工作名称，不占用时间，不消耗资源，只解决工作之间的连接问题，称之为虚工作。虚工作在双代号网络计划中起施工过程之间的逻辑连接或逻辑间断的作用。

（2）节点。

在网络图中箭线的出发和交汇处通常画上圆圈，用以标志该圆圈前面一项或若干项工作的结束和允许后面一项或若干项工作的开始的时间点称为节点（也称为结点、事件）。

①在网络图中，节点不同于工作，它只标志着工作的结束和开始的瞬间，具有承上启下的衔接作用，而不需要消耗时间或资源。

②节点分起点节点、终点节点、中间节点。网络图的第一个节点为起点节点，表示一项计划的开始；网络图的最后一个节点称为终点节点，它表示一项计划的结束；其余节点都称为中间节点，任何一个中间节点既是其紧前各施工过程的结束节点，又是其紧后各施工过程的开始节点。

③网络图中的每一个节点都要编号。编号的顺序是：每一个箭线的箭尾节点代号 i 必须小于箭头节点代号 j，且所有节点代号都是唯一的，如图 3.34 所示。

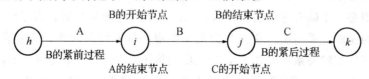

图 3.34　开始节点与结束节点

（3）线路。

网络图中从起点节点开始，沿箭头方向顺序通过一系列箭线与节点，最后到达终点节点的通路，称为线路。每一条线路都有自己确定的完成时间，它等于该线路上各项工作持续时间的总和，称为线路时间。

根据每条线路的线路时间长短，可将网络图的线路分为关键线路和非关键线路两种。

关键线路是指网络图中线路时间最长的线路，其线路时间代表整个网络图的计算总工期。关键线路至少有一条，并以粗箭线或双箭线表示。关键线路上的工作，都是关键工作，关键工作都没有时间储备。

在网络图中关键线路有时不止一条，可能同时存在几条关键线路，即这几条线路上的持续时间相同且是线路持续时间的最大值。但从管理的角度出发，为了实行重点管理，一般不希望出现太多的关键线路。

关键线路并不是一成不变的。在一定的条件下，关键线路和非关键线路可以相互转化。例如当采用了一定的技术组织措施，缩短了关键线路上各工作的持续时间就有可能使关键线路发生转移，使原来的关键线路变成非关键线路，而原来的非关键线路却变成关键线路。

位于非关键线路的工作除关键工作外，其余称为非关键工作，它具有机动时间（即时差）。非关键工作也不是一成不变的，它可以转化为关键工作；利用非关键工作的机动时间可以科学、合理地调配资源和对网络计划进行优化。

以图 3.35 为例，列表计算线路时间见表 3.11。

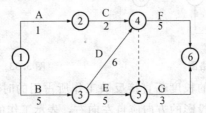

图 3.35 双代号网络示意图

表 3.11 线路时间

序号	线路	线长	序号	线路	线长
1	①—1→②—2→④—5→⑥	8	4	①—5→③—6→④—0→⑤—3→⑥	14
2	①—1→②—2→④—0→⑤—5→⑥	6	5	①—5→③—5→⑤—3→⑥	13
3	①—5→③—6→④—5→⑥	16			

由表 3.11 可知，图 3.35 中共有 5 条线路，其中第三条线路即①—③—④—⑥的时间最长，为 16 天，这条线路即为关键线路，该线路上的工作即为关键工作。

2. 双代号网络图的绘制

（1）绘制的基本原则。

在绘制双代号网络图时，一般应遵循以下基本规则：

①双代号网络图必须正确表达已定的逻辑关系。由于网络图是有向、有序网状图形，所以必须严格按照工作之间的逻辑关系绘制，这也是为保证工程质量和资源优化配置及合理使用所必需的。例如，已知工作之间的逻辑关系见表 3.12，若绘出网络图 3.36（a）则是错误的，因为工作 A 不是工作 D 的紧前工作。此时，可用虚箭线将工作 A 和工作 D 的联系断开，如图 3.36（b）所示。

表 3.12　逻辑关系表

工作	紧前工作
A	—
B	—
C	A，B
D	B

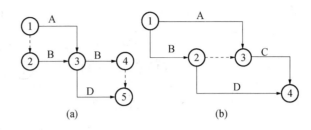

图 3.36　双代号网络图

②在双代号网络图中严禁出现循环回路。在网络图中，从一个节点出发沿着某一条线路移动，又回到原出发节点，即在网络图中出现了闭合的循环路线，称为循环回路。如图 3.37 中的②—③—⑤—②，就是循环回路。它表示的网络图在逻辑关系上是错误的，在工艺关系上是矛盾的。

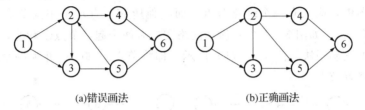

(a)错误画法　　　　　　　　　(b)正确画法

图 3.37　双代号网络

③双代号网络图中，在节点之间严禁出现双向箭头和无箭头的连线。如图 3.38 所示即为错误的工作箭线画法，因为工作进行的方向不明确，因而不能达到网络图有向的要求。

(a)双向箭头　　　　　　(b)无箭头

图 3.38　错误的工作箭线画法

④双代号网络图中严禁出现没有箭头节点的箭线或没有箭尾节点的箭线。如图 3.39 所示即为错误的画法。

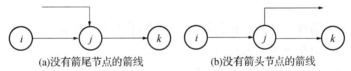

(a)没有箭尾节点的箭线　　　　　(b)没有箭头节点的箭线

图 3.39　错误的工作箭线画法

⑤当双代号网络图的某些节点有多条外向箭线或多条内向箭线时，在保证一项工作有唯一的一条箭线和对应的一对节点编号的前提下，可使用母线法绘图。当箭线线型不同时，可在从母线上引出的支线上标出，如图 3.40 所示。

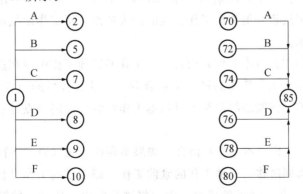

(a)有多条外向箭线的母线法绘图　　　　　(b)有多条内向箭线的母线法绘图

图 3.40　母线法绘图

⑥绘制网络图时，箭线不宜交叉，当交叉不可避免时，可用过桥法或指向圈法，如图3.41所示。

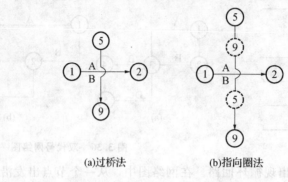

(a)过桥法　　　　　　　(b)指向圈法

图3.41　箭线交叉的表示方法

⑦双代号网络图是由许多条线路组成的、环环相套的封闭图形，应只有一个起点节点；在不分期完成任务的网络图中，应只有一个终点节点，而其他所有节点均是中间节点（既有指向它的箭线，又有背离它的箭线）。如图3.42（a）所示网络图中有两个起点节点①和②，以及两个终点节点⑦和⑧。该网络图的正确画法如图3.42（b）所示，即将节点①和②合并为一个起点节点，将节点⑦和⑧合并为一个终点节点。

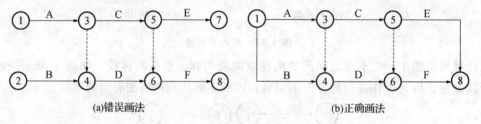

(a)错误画法　　　　　　　　　　　(b)正确画法

图3.42　存在多个起点节点和多个终点节点的网络计划

（2）双代号网络图绘制方法。

当已知每一项工作的紧前工作时，可按下述步骤绘制双代号网络图。

①绘制没有紧前工作的工作箭线，使它们具有相同的开始节点，以保证网络图只有一个起点节点。

②依次绘制其他工作箭线。这些工作箭线的绘制条件是其所有紧前工作箭线都已经绘制出来。在绘制这些工作箭线时，应按下列原则进行。

a. 当所要绘制的工作只有一项紧前工作时，则将该工作箭线直接画在其紧前工作箭线之后即可。

b. 当所要绘制的工作有多项紧前工作时，应按以下4种情况分别予以考虑。

（a）对于所要绘制的工作（本工作）而言，如果在其紧前工作中存在一项只作为本工作紧前工作的工作（即在紧前工作栏目中，该紧前工作只出现一次），则应将本工作箭线直接画在该紧前工作箭线之后，然后用虚箭线将其他紧前工作箭线的箭头节点与本工作箭线的箭尾节点分别相连，以表达它们之间的逻辑关系。

（b）对于所要绘制的工作（本工作）而言，如果在其紧前工作中存在多项只作为本工作紧前工作的工作，应先将这些紧前工作箭线的箭头节点合并，再从合并后的节点开始，画出本工作箭线，最后用虚箭线将其他紧前工作箭线的箭头节点与本工作箭线的箭尾节点分别相连，以表达它们之间的逻辑关系。

（c）对于所要绘制的工作（本工作）而言，如果不存在情况（a）和情况（b）时，应判断本工作的所有紧前工作是否都同时作为其他工作的紧前工作（即在紧前工作栏目中，这几项紧前工作是否均同时出现若干次）。如果上述条件成立，应先将这些紧前工作箭线的箭头节点合并后，再从合并后的节点开始画出本工作箭线。

（d）对于所要绘制的工作（本工作）而言，如果既不存在情况（a）和情况（b），也不存在情况（c）时，则应将本工作箭线单独画在其紧前工作箭线之后的中部，然后用虚箭线将其各紧前工作箭线的箭头节点与本工作箭线的箭尾节点分别相连，以表达它们之间的逻辑关系。

③当各项工作箭线都绘制出来之后，应合并那些没有紧后工作的工作箭线的箭头节点，以保证网络图只有一个终点节点（多目标网络计划除外）。

④按照各道工作的逻辑顺序将网络图绘好以后，就要给节点进行编号。编号的目的是赋予每道工作一个代号，便于进行网络图时间参数的计算。当采用电子计算机来进行计算时，工作代号就显得尤为必要。

编号的基本要求是：箭尾节点的号码应小于箭头节点的号码（即 $i<j$），同时任何号码不得在同一张网络图中重复出现。但是号码可以不连续，即中间可以跳号，如编成 1，3，5，… 或 10，15，20，…，均可。这样做的好处是将来需要临时加入工作时不致打乱全图的编号。

为了保证编号能符合要求，编号应这样进行：先用我们打算使用的最小数编起点节点的代号，以后的编号每次都应比前一代号大，而且只有指向一个节点的所有工作的箭尾节点全部编好代号，这个节点才能编一个比所有已编号码都大的代号。

编号的方法有水平编号法和垂直编号法两种。

①水平编号法就是从起点节点开始由上到下逐行编号，每行则自左向右按顺序编排，如图 3.43（a）所示。

②垂直编号法就是从起点节点开始自左向右逐列编号，每列则根据编号规则的要求或自上而下，或自下而上，或先上下后中间，或先中间后上下进行编排，如图 3.43（b）所示。

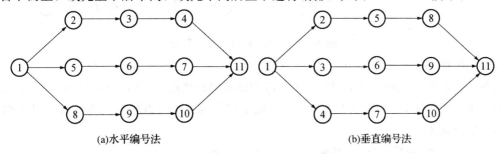

（a）水平编号法　　　　　　　　　　（b）垂直编号法

图 3.43　双代号网络图编号方法

以上所述是已知每一项工作的紧前工作时的绘图方法，当已知每一项工作的紧后工作时，也可按类似的方法进行网络图的绘制，只是其绘图顺序由前述的从左向右改为从右向左。

（3）绘制双代号网络图应注意的问题。

绘制双代号网络图应注意如下几个问题。

①在保证网络逻辑关系正确的前提下，图面布局要合理，层次要清晰，重点要突出。

②密切相关的工作尽可能相邻布置，以减少箭线交叉；如无法避免箭线交叉时，可采用过桥法表示。

③尽量采用水平箭线或折线箭线；关键工作及关键线路，要以粗箭线或双箭线表示。

④正确使用网络图断路方法，将没有逻辑关系的有关工作用虚工作加以隔断。

⑤为使图面清晰，要尽可能地减少不必要的虚工作。

（4）建筑施工进度网络图的排列方法。

为使网络计划更确切地反映建筑工程施工特点，绘图时可根据不同的工程情况、施工组织和使用要求灵活排列，以简化层次，使各个工作间在工艺上和组织上的逻辑关系更清晰，便于计算和调整。建筑工程施工网络计划主要有以下几种排列方法。

①混合排列法。

混合排列法是根据施工顺序和逻辑关系将各施工过程对称排列，如图 3.44 所示。

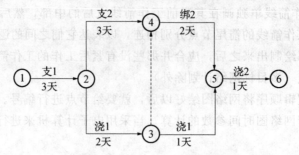

图 3.44　混合排列法示意图

②按施工段排列法。

按施工段排列法是将同一施工段的各项工作排列在同一水平线上的方法，如图 3.45 所示。此时网络计划突出表示工作面的连续或工作队的连续。

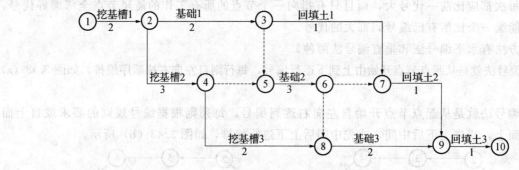

图 3.45　按施工段排列法示意图

③按施工层排列法。

如果在流水作业中，若干个不同工种工作沿着建筑物的楼层展开时，可以把同一楼层的各项工作排在同一水平线。图 3.46 是内装修工程的三项工作按施工层（以楼层为施工层）自上而下的流向进行施工的网络图。

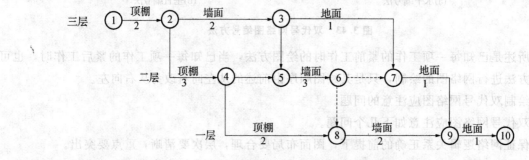

图 3.46　按施工层排列法示意图

④按工种排列法。

按工种排列法是将同一工种的各项工作排列在同一水平方向上的方法，如图所以。此时网络计划突出表示工种的连续作业。

必须指出，上述几种排列方法往往在一个单位工程的施工进度网络计划中同时出现。在实际工作中可以按使用要求灵活地选用以上几种网络计划的排列方法。

（5）双代号网络图常见错误画法。

双代号网络图绘制过程中，容易出现的错误画法见表 3.13。

表 3.13 双代号网络图常见错误画法

工作约束关系	错误画法	正确画法
A、B、C 都完成后 D 才能开始，C 完成后 E 即可开始	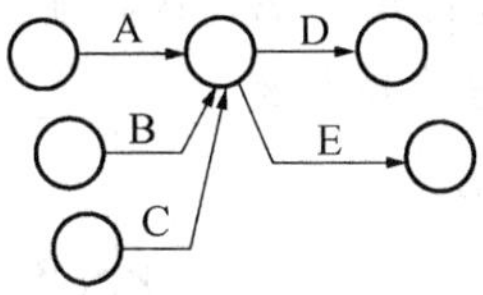	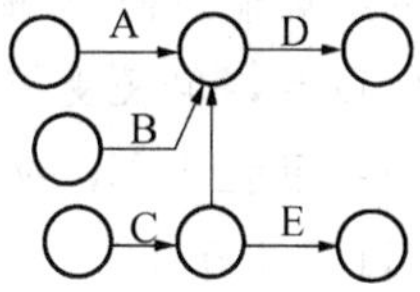
A、B 都完成后 H 才能开始，B、C、D 都完成后 F 才能开始，C、D 都完成后 G 即可开始	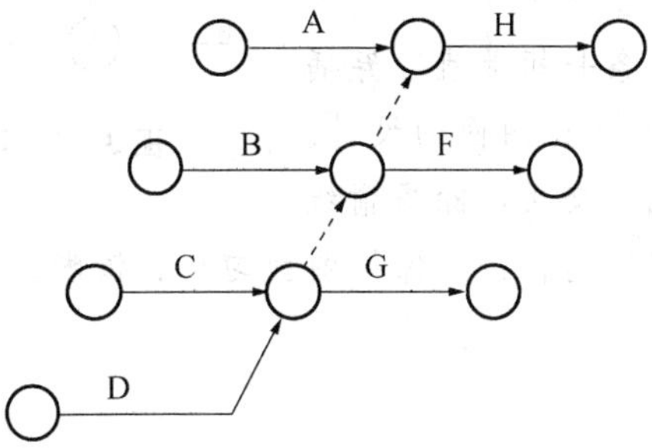	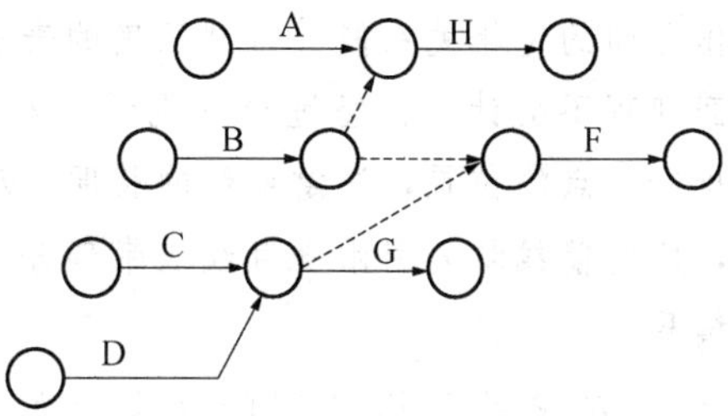
A、B 两项工作，分三段施工	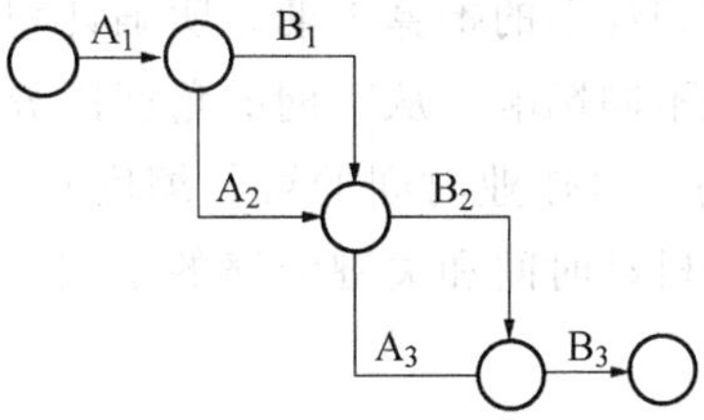	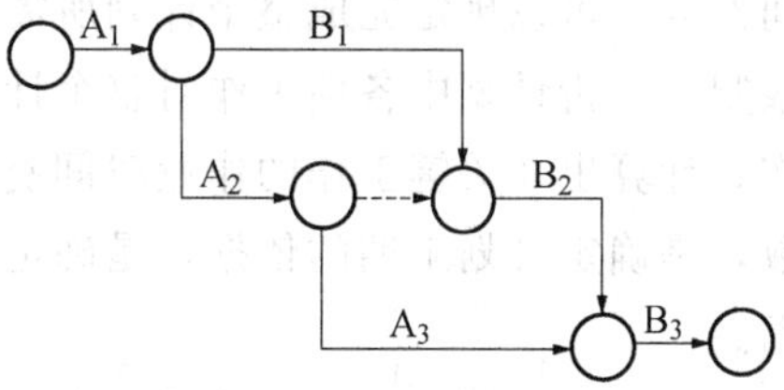
某基础工程，分三段施工	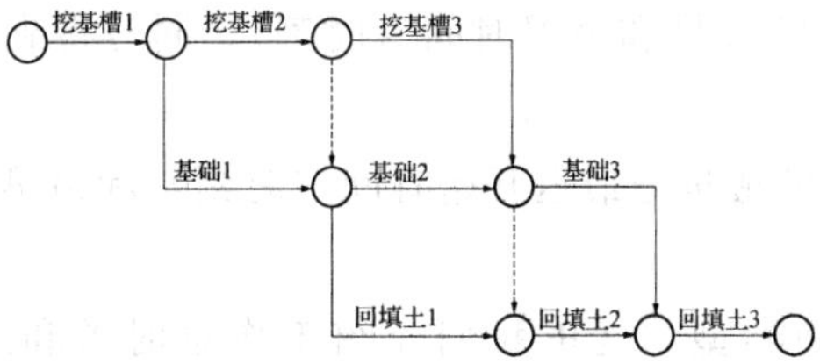	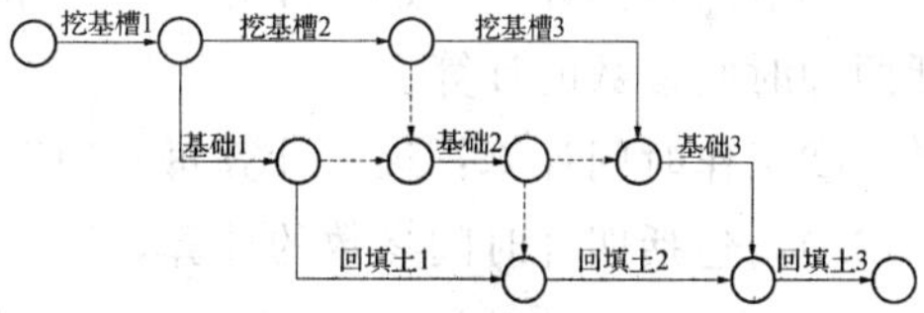
A、B、C 三个工作同时开始，都结束后 H 才能开始	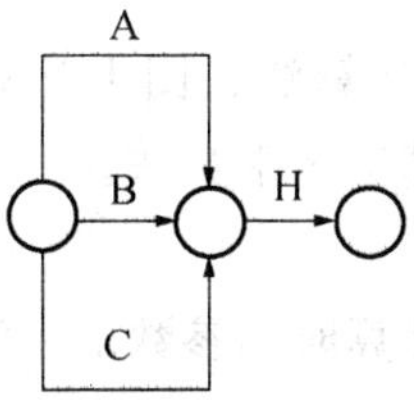	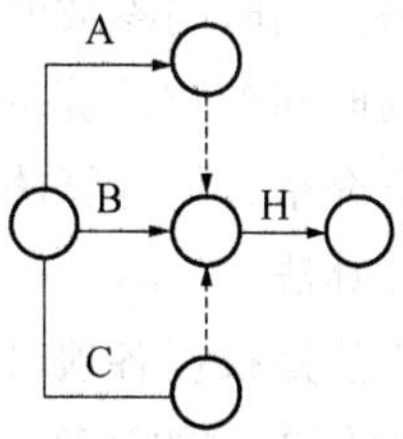

（6）双代号网络图画法举例。

【例 3.9】根据表 3.14 中各施工过程的逻辑关系，绘制双代号网络图。

表 3.14 各施工过程间的逻辑关系表

施工过程名称	A	B	C	D	E	F	G	H
紧前过程	—	—	—	A	A，B	A，B，C	D，E	E，F
紧后过程	D，E，F	E，F	F	G	G，H	H	I	I

解：绘制该网络图，可按下面要点进行：

（1）由于 A、B、C 均无紧前工作，A、B、C 必然为平行开工的三个过程。

（2）D 只受 A 控制，E 同时受 A、B 控制，F 同时受 A、B、C 控制，故 D 可直接排在 A 后，E 排在 B 后，但用虚箭线同 A 相连，F 排在 C 后，用虚箭线与 A、B 相连。

（3）G 在 D 后，但又受控于 E，故 E 与 G 应用虚箭线相连，H 在 F 后，但也受控于 E，故 E 与 H 应用虚箭线相连。

（4）G、H 交汇于 I。

综上所述，绘出其网络图如图 3.47 所示。

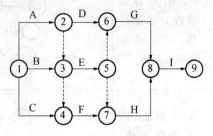

图 3.47　网络图的绘制

在正式画图之前，应先画一个草图。不求整齐美观，只要求工作之间的逻辑关系能够得到正确的表达，线条长短曲直、穿插迂回都可不必计较。经过检查无误之后，就可进行图面的设计。安排好节点的位置，注意箭线的长度，尽量减少交叉，除虚箭线外，所有箭线均采用水平直线或带部分水平直线的折线，保持图面匀称、清晰、美观。最后进行节点编号。

3. 双代号网络计划时间参数的计算

分析和计算网络计划的时间参数，是网络计划方法的一项重要技术内容。通过计算网络计划的时间参数，可以确定完成整个计划所需要的时间即计划的推算工期；明确计划中各项工作的起止时间限制，分析计划中各项工作对整个计划工期的不同影响，从工期的角度区分出关键工作与非关键工作；计算出非关键工作的作业时间有多少机动性（作业时间的可伸缩度）。所以网络计划的时间参数，是确定计划工期的依据，是确定网络计划机动时间和关键线路的基础，是计划调整与优化的依据。

（1）网络计划时间参数的计算内容。

网络计划时间参数的计算包括如下三方面的内容。

①节点时间计算：逐一计算每一个节点的最早和最迟时间（时刻），同时得到计划总工期，包括两种时间参数的计算。

②工作时间计算：逐一计算每一项工作的最早与最迟开始时间（时刻）和最早与最迟完成时间（时刻），包括四种时间参数的计算。

③时差（机动时间）计算：时差有多种类型，这里我们介绍工作总时差和工作自由时差的计算。

（2）网络计划时间参数的计算方法。

网络计划时间参数计算的方法有很多种，如分析计算法、图上计算法、表上计算法和电算法等。本节着重介绍分析计算法、图上计算法和表上计算法等手算法。

①分析计算法。

分析计算法是根据各项时间参数计算公式，列式计算时间参数的方法。

a. 节点时间参数的计算。

（a）节点最早时间（ET）的计算。节点最早时间指从该节点开始的各工作可能的最早开始时间，等于以该节点为结束点的各工作可能最早完成时间的最大值。节点最早时间可以统一表明以该节点为开始节点的所有工作最早的可能开工时间。

节点 i 的最早时间 ET_i 应从网络计划的起点节点开始，顺着箭线方向，依次逐项计算，并应符合下列规定。

Ⅰ. 起点节点 i 如未规定最早时间 ET_i 时，其值应等于零，见公式（3.19）

$$ET_i = 0 \quad (i = 1) \tag{3.19}$$

Ⅱ．当节点 j 只有一条内向箭线时，其最早时间，见公式（3.20）

$$ET_j = ET_i + D_{i-j} \tag{3.20}$$

Ⅲ．当节点 j 有多条内向箭线时，其最早时间，见公式（3.21）

$$ET_j = \max \{ET_i + D_{i-j}\} \tag{3.21}$$

式中 ET_i——工作 $i-j$ 的开始节点 i 的最早时间；

ET_j——工作 $i-j$ 的完成节点 j 的最早时间；

D_{i-j}——工作 $i-j$ 的持续时间。

（b）节点最迟时间（LT）的计算。节点最迟时间是指以某一节点为结束点的所有工作必须全部完成的最迟时间，也就是在不影响计划总工期的条件下，该节点必须完成的时间。由于它可以统一表示到该节点结束的任一工作必须完成的最迟时间，但却不能统一表明从该节点开始的各不同工作最迟必须开始的时间，所以也可以把它看作节点的各紧前工作最迟必须完成时间。

Ⅰ．节点 i 的最迟时间 LT_i 应从网络计划的终点节点开始，逆着箭线方向依次逐项计算，当部分工作分期完成时，有关节点的最迟时间必须从分期完成节点开始逆向逐项计算。

Ⅱ．终点节点 n 的最迟时间 LT_n 应按网络计划的计划工期 T_p 确定，见公式（3.22）

$$LT_n = T_p \tag{3.22}$$

分期完成节点的最迟时间应等于该节点规定的分期完成时间。

Ⅲ．其他节点 i 的最迟时间 LT_i，见公式（3.23）

$$LT_n = \min \{LT_j - D_{i-j}\} \tag{3.23}$$

式中 LT_i——工作 $i-j$ 的开始节点 i 的最迟时间；

LT_j——工作 $i-j$ 的完成节点 j 的最迟时间；

D_{i-j}——工作 $i-j$ 的持续时间。

b．工作时间参数的计算。工作时间是指各工作的开始时间和完成时间，共有四种情况，即最早可能开始时间、最早可能完成时间、最迟必须开始时间、最迟必须完成时间。

工作时间是以工作为对象计算的。计算工作时间必须包括网络图中的所有工作，对虚工作最好也进行计算，否则容易产生错误，给以后分析时差带来不便。

（a）工作最早开始时间（ES）的计算。工作的最早开始时间指各紧前工作（紧排在本工作之前的工作）全部完成后，本工作有可能开始的最早时刻。工作 $i-j$ 的最早开始时间 ES_{i-j} 的计算应符合下列规定。

Ⅰ．工作 $i-j$ 的最早开始时间 ES_{i-j} 应从网络计划的起点节点开始，顺着箭线方向依次逐项计算。

Ⅱ．以起点节点 i 为箭尾节点的工作 $i-j$，当未规定其最早开始时间 ES_{i-j} 时，其值应等于零，见公式（3.24）

$$ES_{i-j} = 0 \quad (i=1) \tag{3.24}$$

Ⅲ．当工作 $i-j$ 只有一项紧前工作 $h-i$ 时，其最早开始时间 ES_{i-j}，见公式（3.25）

$$ES_{i-j} = \{ES_{h-i} + D_{h-i}\} \tag{3.25}$$

Ⅳ．当工作 $i-j$ 有多项紧前工作时，其最早开始时间 ES_{i-j}，见公式（3.26）

$$ES_{i-j} = \max \{ES_{h-i} + D_{h-i}\} \tag{3.26}$$

式中 ES_{i-j}——工作 $i-j$ 的最早开始时间；

ES_{h-i}——工作 $i-j$ 的紧前工作 $h-i$ 的最早开始时间；

D_{h-i}——工作 $i-j$ 的紧前工作 $h-i$ 的持续时间。

（b）工作最早完成时间（EF）的计算。工作最早完成时间指各紧前工作完成后，本工作有可能完成的最早时刻。工作 $i-j$ 的最早完成时间 EF_{i-j} 应按公式（3.27）进行计算：

$$EF_{i-j} = ES_{i-j} + D_{i-j} \tag{3.27}$$

（c）工作最迟完成时间（LF）的计算。工作最迟完成时间指在不影响整个任务按期完成的前提下，工作必须完成的最迟时刻。

Ⅰ．工作 $i-j$ 的最迟完成时间 LF_{i-j} 应从网络计划的终点节点开始，逆着箭线方向依次逐项计算。

Ⅱ．以终点节点（$j=n$）为箭头节点的工作的最迟完成时间 LF_{i-n} 应按网络计划的计划工期 T_p 确定，见公式（3.28）

$$LF_{i-n} = T_p \tag{3.28}$$

Ⅲ．其他工作 $i-j$ 的最迟完成时间 LF_{i-j} 应按公式（3.29）计算：

$$LF_{i-j} = \min \{LF_{j-k} - D_{j-k}\} \tag{3.29}$$

式中　　LF_{j-k}——工作 $i-j$ 的各项紧后工作 $j-k$ 的最迟完成时间；

　　　　D_{j-k}——工作 $i-j$ 的各项紧后工作（紧排在本工作之后的工作）的持续时间。

（d）工作最迟开始时间（LS）的计算。工作的最迟开始时间指在不影响整个任务按期完成的前提下，工作必须开始的最迟时刻。

工作 $i-j$ 的最迟开始时间 LS_{i-j} 应按公式（3.30）计算：

$$LS_{i-j} = LF_{i-j} - D_{i-j} \tag{3.30}$$

c．时差计算。时差就是一项工作在施工过程中可以灵活机动使用而又不致影响总工期的一段时间。在双代号网络图中，节点是前后工作的交接点，它本身是不占用任何时间的，所以也就无时差可言。所谓时差，就是指工作的时差，只有工作才有时差。任何一个工作都只能在下述两个条件所限制的时间范围内活动：

（a）工作有了应有的工作面和人力、设备，因而有了可能开始工作的条件。

（b）工作的最后完工不致影响其紧后工作按时完工，从而得以保证整个工作按期完成。

下面介绍较常用的工作总时差和自由时差。

（a）总时差（TF）的计算。在网络图中，工作只能在最早开始时间与最迟完成时间内活动。在这段时间内，除了满足本工作作业时间所需之外还可能有富余的时间，这富余的时间是工作可以灵活机动使用的总时间，称为工作的总时差。由此可知，工作的总时差是不影响本工作按最迟开始时间开工而形成的机动时间，其计算公式见（3.31）

$$TF_{i-j} = LF_{i-j} - EF_{i-j} = LS_{i-j} - ES_{i-j}$$
$$= LT_j - (ET_i + D_{i-j}) \tag{3.31}$$

式中　　TF_{i-j}——工作 $i-j$ 的总时差。

其余符号意义同前。

（b）自由时差（FF）的计算。自由时差就是在不影响其紧后工作最早开始时间的条件下，某工作所具有的机动时间。某工作利用自由时差，变动其开始时间或增加其工作持续时间均不影响其紧后工作的最早开始时间。

工作自由时差的计算应按以下两种情况分别考虑。

Ⅰ．对于有紧后工作的工作，其自由时差等于本工作的紧后工作最早开始时间与本工作最早完成时间之差的最小值，见公式（3.32）

$$FF_{i-j} = \min \{ES_{j-k} - EF_{i-j}\}$$
$$= \min \{ES_{j-k} - ES_{i-j} - D_{i-j}\} \tag{3.32}$$

式中　　FF_{i-j}——工作 $i-j$ 的自由时差。

其余符号意义同前。

Ⅱ．对于无紧后工作的工作，也就是以网络计划终点节点为完成节点的工作，其自由时差等于

计划工期与本工作最早完成时间之差，见公式（3.33）

$$FF_{i-n}=T_{\mathrm{p}}-EF_{i-n}=T_{\mathrm{p}}-ES_{i-n}-D_{i-n} \tag{3.33}$$

式中　FF_{i-n}——以网络计划终点节点 n 为完成节点的工作 $i-n$ 的自由时差；

　　　T_{p}——网络计划的计划工期；

　　　EF_{i-n}——以网络计划终点节点 n 为完成节点的工作 $i-n$ 的最早完成时间；

　　　ES_{i-n}——以网络计划终点节点 n 为完成节点的工作 $i-n$ 的最早开始时间；

　　　D_{i-n}——以网络计划终点节点 n 为完成节点的工作 $i-n$ 的持续时间。

需要指出的是，对于网络计划中以终点节点为完成节点的工作，其自由时差与总时差相等。此外，由于工作的自由时差是其总时差的构成部分，所以，当工作的总时差为零时，其自由时差必然为零，可不必进行专门计算。

d. 关键工作和关键线路的确定。在网络计划中，总时差为最小的工作应为关键工作。当计划工期等于计算工期时，总时差为零的工作为关键工作。

网络计划中，自始至终全部由关键工作组成的线路或线路上总的工作持续时间最长的线路应为关键线路。在关键线路上可能有虚工作存在。

关键线路在网络图上应用粗线、双线或彩色线标注。关键线路上各项工作的持续时间总和应等于网络计划的计算工期，这一特点也是判断关键线路是否正确的准则。

e. 分析计算法示例。

【例 3.10】 某工程由挖基槽、砌基础和回填土三个分项工程组成，它在平面上划分为三个施工段，各分项工程在各个施工段上的持续时间如图 3.48 所示。试计算该网络图的各项时间参数。

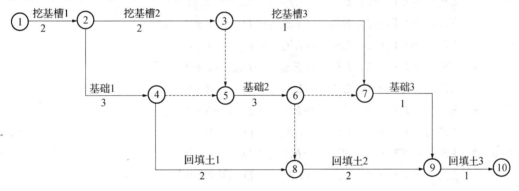

图 3.48　某工程双代号网络图

解：

（1）计算 ET_i。假定 $ET_1=0$，可得

$$ET_2=ET_1+D_{1-2}=0+2=2$$

$$ET_3=ET_2+D_{2-3}=2+2=4$$

$$ET_4=ET_2+D_{2-4}=2+3=5$$

$$ET_5=\max\{(ET_3+D_{3-5}),(ET_4+D_{4-5})\}=\{(4+0),(5+0)\}=5$$

$$ET_6=ET_5+D_{5-6}=5+3=8$$

$$ET_7=\max\{(ET_3+D_{3-7}),(ET_6+D_{6-7})\}=\{(4+1),(8+0)\}=8$$

$$ET_8=\max\{(ET_4+D_{4-8}),(ET_6+D_{6-8})\}=\{(5+2),(8+0)\}=8$$

$$ET_9=\max\{(ET_7+D_{7-9}),(ET_8+D_{8-9})\}=\{(8+1),(8+2)\}=10$$

$$ET_{10}=ET_9+D_{9-10}=10+1=11$$

（2）计算 LT_i。因本计划无规定工期，所以假定 $LT_{10}=ET_{10}=11$，得

$$LT_9=LT_{10}-D_{9-10}=11-1=10$$

$$LT_8 = LT_9 - D_{8-9} = 10 - 2 = 8$$

$$LT_7 = LT_9 - D_{7-9} = 10 - 1 = 9$$

$$LT_6 = \min \{ (LT_7 - D_{6-7}), (LT_8 - D_{6-8}) \} = \min \{ (9-0), (8-0) \} = 8$$

$$LT_5 = LT_6 - D_{5-6} = 8 - 3 = 5$$

$$LT_4 = \min \{ (LT_5 - D_{4-5}), (LT_8 - D_{4-8}) \} = \min \{ (5-0), (8-2) \} = 5$$

$$LT_3 = \min \{ (LT_7 - D_{3-7}), (LT_5 - D_{3-5}) \} = \min \{ (9-1), (5-0) \} = 5$$

$$LT_2 = \min \{ (LT_3 - D_{2-3}), (LT_4 - D_{2-4}) \} = \min \{ (5-2), (5-3) \} = 2$$

$$LT_1 = LT_2 - D_{1-2} = 2 - 2 = 0$$

(3) 计算工作时间参数 ES_{i-j}，EF_{i-j}，LF_{i-j} 和 LS_{i-j}。分别计算得

工作 1—2：$ES_{1-2} = ET_1 = 0$，$EF_{1-2} = ES_{1-2} + D_{1-2} = 0 + 2 = 2$

$$LF_{1-2} = LT_2 = 2，LS_{1-2} = LF_{1-2} - D_{1-2} = 2 - 2 = 0$$

工作 2—3：$ES_{2-3} = ET_2 = 2$，$EF_{2-3} = ES_{2-3} + D_{2-3} = 2 + 2 = 4$

$$LF_{2-3} = LT_3 = 5，LS_{2-3} = LF_{2-3} - D_{2-3} = 5 - 2 = 3$$

工作 2—4：$ES_{2-4} = ET_2 = 2$，$EF_{2-4} = ES_{2-4} + D_{2-4} = 2 + 3 = 5$

$$LF_{2-4} = LT_4 = 5，LS_{2-4} = LF_{2-4} - D_{2-4} = 5 - 3 = 2$$

工作 3—5：$ES_{3-5} = ET_3 = 4$，$EF_{3-5} = ES_{3-5} + D_{3-5} = 4 + 0 = 4$

$$LF_{3-5} = LT_5 = 5，LS_{3-5} = LF_{3-5} - D_{3-5} = 5 - 0 = 5$$

工作 3—7：$ES_{3-7} = ET_3 = 4$，$EF_{3-7} = ES_{3-7} + D_{3-7} = 4 + 1 = 5$

$$LF_{3-7} = LT_7 = 9，LS_{3-7} = LF_{3-7} - D_{3-7} = 9 - 1 = 8$$

工作 4—5：$ES_{4-5} = ET_4 = 5$，$EF_{4-5} = ES_{4-5} + D_{4-5} = 5 + 0 = 5$

$$LF_{4-5} = LT_5 = 5，LS_{4-5} = LF_{4-5} - D_{4-5} = 5 - 0 = 5$$

工作 4—8：$ES_{4-8} = ET_4 = 5$，$EF_{4-8} = ES_{4-8} + D_{4-8} = 5 + 2 = 7$

$$LF_{4-8} = LT_8 = 8，LS_{4-8} = LF_{4-8} - D_{4-8} = 8 - 2 = 6$$

工作 5—6：$ES_{5-6} = ET_5 = 5$，$EF_{5-6} = ES_{5-6} + D_{5-6} = 5 + 3 = 8$

$$LF_{5-6} = LT_6 = 8，LS_{5-6} = LF_{5-6} - D_{5-6} = 8 - 3 = 5$$

工作 6—7：$ES_{6-7} = ET_6 = 8$，$EF_{6-7} = ES_{6-7} + D_{6-7} = 8 + 0 = 8$

$$LF_{6-7} = LT_7 = 9，LS_{6-7} = LF_{6-7} - D_{6-7} = 9 - 0 = 9$$

工作 6—8：$ES_{6-8} = ET_6 = 8$，$EF_{6-8} = ES_{6-8} + D_{6-8} = 8 + 0 = 8$

$$LF_{6-8} = LT_8 = 8，LS_{6-8} = LF_{6-8} - D_{6-8} = 8 - 0 = 8$$

工作 7—9：$ES_{7-9} = ET_7 = 8$，$EF_{7-9} = ES_{7-9} + D_{7-9} = 8 + 1 = 9$

$$LF_{7-9} = LT_9 = 10，LS_{7-9} = LF_{7-9} - D_{7-9} = 10 - 1 = 9$$

工作 8—9：$ES_{8-9} = ET_8 = 8$，$EF_{8-9} = ES_{8-9} + D_{8-9} = 8 + 2 = 10$

$$LF_{8-9} = LT_9 = 10，LS_{8-9} = LF_{8-9} - D_{8-9} = 10 - 2 = 8$$

工作 9—10：$ES_{9-10} = ET_9 = 10$，$EF_{9-10} = ES_{9-10} + D_{9-10} = 10 + 1 = 11$

$$LF_{9-10} = LT_{10} = 11，LS_{9-10} = LF_{9-10} - D_{9-10} = 11 - 1 = 10$$

(4) 计算总时差 TF_{i-j} 和自由时差 FF_{i-j}，可得

工作 1—2：$TF_{1-2} = LS_{1-2} - ES_{1-2} = 2 - 2 = 0$，$FF_{1-2} = ET_2 - EF_{1-2} = 2 - 2 = 0$

工作 2—3：$TF_{2-3} = LS_{2-3} - ES_{2-3} = 3 - 2 = 1$，$FF_{2-3} = ET_3 - EF_{2-3} = 4 - 4 = 0$

工作 2—4：$TF_{2-4} = LS_{2-4} - ES_{2-4} = 2 - 2 = 0$，$FF_{2-4} = ET_4 - EF_{2-4} = 5 - 5 = 0$

工作 3—5：$TF_{3-5} = LS_{3-5} - ES_{3-5} = 5 - 4 = 1$，$FF_{3-5} = ET_5 - EF_{3-5} = 5 - 4 = 1$

工作 3—7：$TF_{3-7} = LS_{3-7} - ES_{3-7} = 8 - 4 = 4$，$FF_{3-7} = ET_7 - EF_{3-7} = 8 - 5 = 3$

工作 4—5：$TF_{4-5} = LS_{4-5} - ES_{4-5} = 5 - 5 = 0$，$FF_{4-5} = ET_5 - EF_{4-5} = 5 - 5 = 0$

工作 4—8：$TF_{4-8}=LS_{4-8}-ES_{4-8}=6-5=1$，$FF_{4-8}=ET_8-EF_{4-8}=8-7=1$

工作 5—6：$TF_{5-6}=LS_{5-6}-ES_{5-6}=5-5=0$，$FF_{5-6}=ET_6-EF_{5-6}=8-8=0$

工作 6—7：$TF_{6-7}=LS_{6-7}-ES_{6-7}=9-8=1$，$FF_{6-7}=ET_7-EF_{6-7}=8-8=0$

工作 6—8：$TF_{6-8}=LS_{6-8}-ES_{6-8}=8-8=0$，$FF_{6-8}=ET_8-EF_{6-8}=8-8=0$

工作 7—9：$TF_{7-9}=LS_{7-9}-ES_{7-9}=9-8=1$，$FF_{7-9}=ET_9-EF_{7-9}=10-9=1$

工作 8—9：$TF_{8-9}=LS_{8-9}-ES_{8-9}=8-8=0$，$FF_{8-9}=ET_9-EF_{8-9}=10-10=0$

工作 9—10：$TF_{9-10}=LS_{9-10}-ES_{9-10}=10-10=0$，$FF_{9-10}=ET_{10}-EF_{9-10}=11-11=0$

（5）判断关键工作和关键线路。由 $TF_{i-j}=0$ 可知，工作 1—2、工作 2—4、虚工作 4—5、工作 5—6、虚工作 6—8、工作 8—9、工作 9—10 为关键工作，由这些关键工作所组成的线路①→②→④→⑤→⑥→⑧→⑨→⑩为关键线路。

（6）确定计划总工期：$T=ET_n=LT_n=11$。

②图上计算法。

图上计算法简称图算法，是指按照各项时间参数计算公式的程序，直接在网络图上计算时间参数的方法。由于计算过程在图上直接进行，不需列计算公式，既快又不易出错，计算结果直接标注在网络图上，一目了然，同时也便于检查和修改，因此比较常用。

a. 各种时间参数在图上的表示方法。节点时间参数通常标注在节点的上方或下方，其标注方法如图 3.49（a）所示。工作时间参数通常标注在工作箭线的上方或左侧，如图 3.49（b）所示。

（a）节点时间参数标注　　（b）工作时间参数标注

图 3.49　双代号网络图时间参数标注方法

b. 计算方法。

（a）计算节点最早时间（ET）。与分析计算法一样，从起点节点顺箭头方向逐节点计算，起点节点的最早时间规定为 0，其他节点的最早时间可采用"沿线累加、逢圈取大"的计算方法。也就是从网络的起点节点开始，沿着每条线路将各工作的作业时间累加起来，在每一个圆圈（即节点）处选取到达该圆圈的各条线路累计时间的最大值，这个最大值就是该节点最早的开始时间。终点节点的最早时间是网络图的计划工期，为醒目起见，将计划工期标在终点节点边的方框中。

（b）计算节点最迟时间（LT）。与分析计算法一样，从终点节点逆箭头方向逐节点计算，终点节点最迟时间等于网络图的计划工期，其他节点的最迟时间可采用"逆线累减、逢圈取小"的计算方法。也就是从网络图的终点节点开始逆着每条线路将计划总工期依次减去各工作的作业时间，在每一圆圈处取其后续线路累减时间的最小值，就是该节点的最迟时间。

（c）工作时间参数与时差的计算方法与顺序和分析计算法相同，计算时将计算结果填入图中相应位置即可。

c. 图上计算法示例。

【例 3.11】试按图算法计算图 3.50 所示双代号网络计划的各项时间参数。

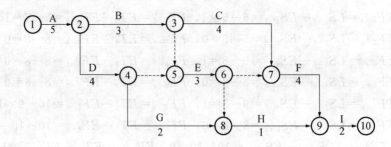

图 3.50　双代号网络图

解:

(1) 画出各项时间参数计算图例, 并标注在网络图上。

(2) 计算节点时间参数。

①节点最早时间 ET。假定 $ET_1 = 0$, 利用公式按节点编号递增顺序, 从前向后计算, 并随时将计算结果标注在图例中 ET 所示位置。

②节点最迟时间 LT。假定 $LT_{10} = ET_{10} = 11$, 利用公式, 按节点编号递减顺序, 由后向前进行, 并随时将计算结果标注在图例中 LT 所示位置。

③工作时间参数。工作时间参数可根据时间参数, 分别利用公式计算出来, 并分别标注在图例中所示相应位置。

(3) 确定计划总工期, 标注如图 3.51 所示。

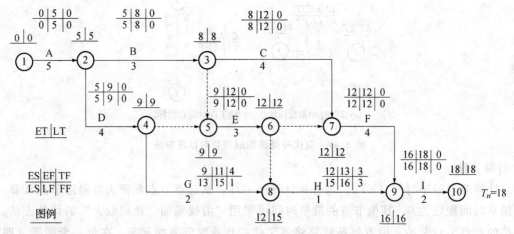

图 3.51　双代号网络图时间参数标注方法

③表上计算法。

表上计算法简称表算法, 是指采用各项时间参数计算表格, 按照时间参数相应计算公式和程序, 直接在表格上进行时间参数计算的方法。表算法的规律性很强, 其计算过程很容易用算法语言进行描述, 是由手算法向电算法过度的一种方法。

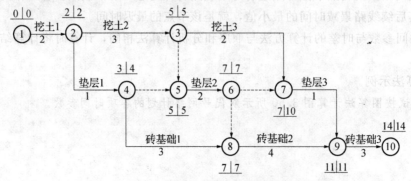

图 3.52　网络图节点时间参数的计算

现以图 3.52 的网络计划为例，说明表上计算法的步骤，如表 3.15 所示。

表 3.15　表上计算法

节点号码	ET_i	LT_i	工作代码	D_{i-j}	ES_{i-j}	EF_{i-j}	LS_{i-j}	LF_{i-j}	TF_{i-j}	FF_{i-j}
1	0	0	1—2	2	0	2	0	2	0	0
2	2	2	2—3	1	2	3	3	4	1	0
			2—4	3	2	5	2	5	0	0
3	3	4	3—5	0	3	3	5	5	2	2
			3—7	3	3	6	4	7	1	1
4	5	5	4—5	0	5	5	5	5	0	0
			4—8	2	5	7	8	10	3	0
5	5	5	5—6	2	5	7	5	7	0	0
6	7	7	6—7	0	7	7	7	7	0	0
			6—8	0	7	7	10	10	3	0
7	7	7	7—9	4	7	11	7	11	0	0
8	7	10	8—9	1	7	8	10	11	3	3
9	11	11	9—10	3	11	14	11	14	0	0
10	14	14								

a. 将网络图各项填入表中的相应栏目：将节点号填入第一栏，工作填入第四栏，工作的持续时间填入第五栏。

b. 自上而下计算各节点的最早时间 ET_i，填入第二栏内。

（a）设起点节点的最早时间为 D。

（b）其后各节点的最早时间的计算方法是：找出以此节点为尾节点的所有工作，计算这些工作的开始节点与本工作持续时间之和，取其中最大者为该节点的最早时间。

c. 自下而上计算各节点的最迟时间 LT_i，填入第三栏内。

（a）设终点节点的最迟时间等于其最早时间，即 $LT_n = ET_n$。

（b）前面各节点的最迟时间的计算方法是：找出以该节点为开始节点的所有工作，计算这些工作的尾节点的最迟时间与本工作持续时间之差，取其中最小者为该节点的最迟时间。

d. 计算各工作的最早可能开始时间 ES_{i-j} 及最早可能完成时间 EF_{i-j}，分别填入第六、第七栏内。

（a）工作 $i-j$ 的最早可能开始时间等于其开始节点的最早时间，可从第二栏相应节点中查出。

（b）工作 $i-j$ 的最早可能完成时间等于其最早可能开始时间加上工作的持续时间，可以由第六栏的工作最早可能开始时间加上该行第五栏的工作持续时间求得。

e. 计算各工作的最迟必须开始时间 LS_{i-j} 和最迟必须完成时间 LF_{i-j}，分别填入第八、第九栏。

（a）工作的最迟必须完成时间等于其结束节点的最迟时间，可从第三栏相应节点中找出。

（b）工作的最迟必须开始时间等于其最迟必须完成时间减去工作持续时间，可由第九栏的工作最迟必须完成时间减去第五栏的工作持续时间求得。

f. 计算工作的总时差 TF_{i-j}，填入第十栏。

工作的总时差等于其最迟必须开始时间减去最早可能开始时间，可由第八栏的 LS_{i-j} 减去对应第六栏的 ES_{i-j} 而得。

g. 计算各工作的自由时差 FF_{i-j}，填入第十一栏。

工作的自由时差等于其紧后工作的最早可能开始时间 ES_{j-k} 减去本工作的最早可能完成时间 EF_{i-j}。

4. 单代号网络图与双代号网络图的比较

(1) 单、双代号网络图的符号虽然一样，但含义正好相反。单代号网络图以节点表示工作，双代号网络图以箭线表示工作。

(2) 单代号网络图逻辑关系表达简单，只使用实箭线指明工作之间的关系即可，有时要用虚拟节点进行构图和简化图面，其用法也很简单。双代号网络图逻辑关系处理相对较复杂，特别是要用对虚工作进行构图和处理好逻辑关系。

(3) 单代号网络图在使用中不如双代号网络图直观、方便。主要在于双代号网络图形象直观，若绘成时标网络图后，工作历时、机动时间、工作的开始时间与结束时间、关键线路长度等都可以表示得一清二楚，便于绘制资源需要量动态曲线。

(4) 根据单代号网络图的编号不能确定工作间的逻辑关系，而双代号网络图可以通过节点编号明确确定工作间的逻辑关系。如在双代号网络图中，②－③一定是③－⑥的紧前工作。

(5) 双代号网络图在应用电子计算机进行计算和优化时更为简便。这是因为双代号网络图中用两个代号代表不同工作，可直接反映其紧前工作或紧后工作的关系。而单代号网络图就必须按工序逐个列出其紧前、紧后工作关系，这在计算机中需占用更多的存储单元。

由此可看出，双代号网络图的优点比单代号网络图突出。但是，由于单代号网络图绘制简便，此外一些发展起来的网络技术，如决策网络、搭接网络等都是以单代号网络图为基础的，因此越来越多的人开始使用单代号网络图。近年来，人们对单代号网络图进行了改进，可以画成时标形式，更利于单代号网络图的推广与应用。

3.4.4　时标网络进度计划编制

双代号时标网络计划（以下简称时标网络计划）是以时间坐标为尺度表示工作时间的网络计划。时标的时间单位应根据需要在编制网络计划之前确定，可为小时、天、周、月或季等。

由于时标网络计划具有形象直观、计算量小的突出优点，在工程实践中应用得比较普遍。

1. 时标网络计划的特点

时标网络计划与无时标网络计划相比较，主要具有以下特点：

(1) 它兼有网络计划与横道计划两者的优点，能够清楚地表明计划的时间进程。

(2) 时标网络计划能在图上直接显示各项工作的开始与完成时间、工作自由时差及关键线路。

(3) 时标网络计划在绘制中受到时间坐标的限制，因此不易产生循环回路之类的逻辑错误。

(4) 可以利用时标网络计划图直接统计资源的需要量，以便进行资源优化和调整。

(5) 因为箭线受时标的约束，故绘图不易，修改也较困难，往往要重新绘图。不过在使用计算机以后，这一问题较易解决。

2. 时标网络计划的适用范围

双代号时标网络计划主要适用于以下几种情况：

(1) 工作项目较少，且工艺过程比较简单的施工计划，能快速绘制与调整。

(2) 年、季、月等周期性网络计划。

(3) 作业性网络计划。

(4) 局部网络计划。

(5) 使用实际进度前锋线进行进度控制的网络计划。

有时为了便于在图上直接表示每项工作的进度，可将已绘制好的网络计划再复制成时标网络计划，此项工作可用计算机来完成。

3. 时标网络计划的编制

（1）编制基本规定。

①时标网络计划应以实箭线表示工作，以虚箭线表示虚工作，以波形线表示工作的自由时差。无论哪一种箭线，均应在其末端绘出箭头。

②当工作中有时差时，按图 3.53 所示的方式表达，波形线紧接在实箭线的末端；当虚工作有时差时，按图 3.54 方式表达，不得在波形线之后画实线。

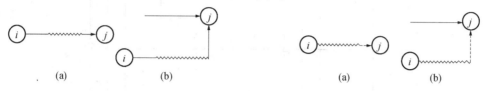

图 3.53　时标网络计划的箭线画法　　　图 3.54　虚工作含有时差时的表示方法

③时标网络计划中所有符号在时间坐标上的水平投影位置，都必须与其时间参数相对应。节点中心必须对准相应的时标位置。虚工作必须以垂直方向的虚箭线表示，有自由时差时加波形线表示。

（2）编制方法。

时标网络计划宜按各项工作的最早开始时间编制。为此，在编制时标网络计划时应使每一个节点和每一项工作（包括虚工作）尽量向左靠，直至不出现从右向左的逆向箭线为止。

在编制时标网络计划之前，应先按已经确定的时间单位绘制时标网络计划表。时间坐标可以标注在时标网络计划表的顶部或底部。当网络计划的规模比较大，且比较复杂时，可以在时标网络计划表的顶部和底部同时标注时间坐标。必要时，还可以在顶部时间坐标之上或底部时间坐标之下同时加注日历时间。时标网络计划表见表 3.16。表中部的刻度线宜为细线。为使图面清晰简洁，此线也可不画或少画。

表 3.16　时标网络计划表

日历																
（时间单位）	1	2	3	4	5	6	7	8	9	10	11	12	13	14	15	16
网络计划																
（时间单位）	1	2	3	4	5	6	7	8	9	10	11	12	13	14	15	16

时标网络计划的绘制方法有两种：一种是先计算网络计划的时间参数，再根据时间参数按草图在时标表上进行绘制（即间接绘制法）；另一种是不计算网络计划的时间参数，直接按草图在时标表上编绘（即直接绘制法）。

①间接绘制法。现以图 3.55 所示网络图为例，说明采用间接绘制法绘制时标网络计划的步骤。

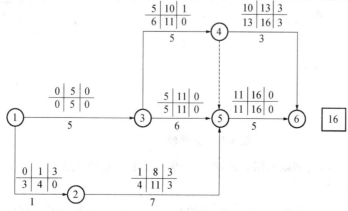

图 3.55　双代号网络计划

a. 按逻辑关系绘制双代号网络计划草图。

b. 计算工作最早时间。

c. 绘制时标表，如图 3.56 所示。

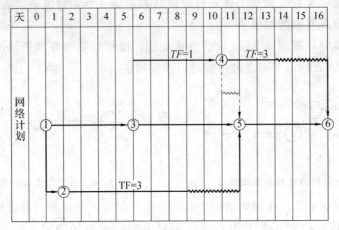

图 3.56　时标网络计划

d. 在时标表上，按最早开始时间确定每项工作的开始节点位置（图形尽量与草图一致）。

e. 按各工作的时间长度绘制相应工作的实线部分，使其在时间坐标上的水平投影长度等于工作时间；虚工作因为不占时间，故只能以垂直虚线表示。

f. 用波形线把实线部分与其紧后工作的开始节点连接起来，以表示自由时差。

②直接绘制法。现以图 3.57 所示网络图为例，说明采用直接绘制法绘制时标网络计划的步骤。

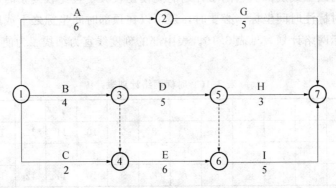

图 3.57　双代号网络图

a. 将网络计划的起点节点定位在时标网络计划表的起始刻度线上。如图 3.58 所示，节点①就是定位在时标网络计划表的起始刻度线 "0" 位置上。

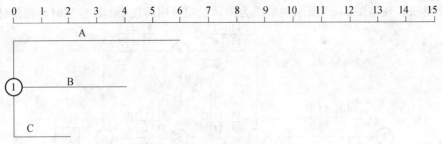

图 3.58　直接绘制法第一步

b. 按工作的持续时间绘制以网络计划起点节点为开始节点的工作箭线。如图 3.58 所示，分别绘出工作箭线 A、B 和 C。

c. 除网络计划的起点节点外，其他节点必须在所有以该节点为完成节点的工作箭线均绘出后，定位在这些工作箭线中最迟的箭线末端。当某些工作箭线的长度不足以到达该节点时，须用波形线补足，箭头画在与该节点的连接处。例如在本例中，节点②直接定位在工作箭线 A 的末端；节点③直接定位在工作箭线 B 的末端；节点④的位置需要在绘出虚箭线③－④之后，定位在工作箭线 C 和虚箭线③－④中最迟的箭线末端，即坐标"4"的位置上。此时，工作箭线 C 的长度不足以到达节点④，因而用波形线补足，如图 3.59 所示。

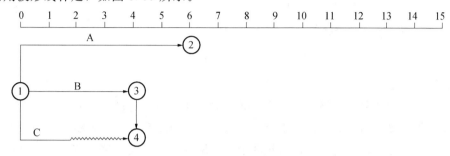

图 3.59 直接绘制法第二步

d. 当某个节点的位置确定之后，即可绘制以该节点为开始节点的工作箭线。例如在本例中，在图 3.59 的基础之上，可以分别以节点②、节点③和节点④为开始节点绘制工作箭线 G、工作箭线 D 和工作箭线 E，如图 3.60 所示。

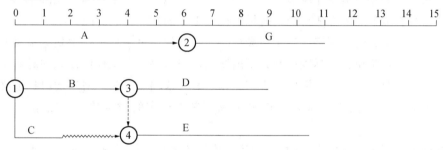

图 3.60 直接绘制法第三步

e. 利用上述方法从左至右依次确定其他各个节点的位置，直至绘出网络计划的终点节点。例如在本例中，在图 3.60 的基础之上，可以分别确定节点⑤和节点⑥的位置，并在它们之后分别绘制工作箭线 H 和工作箭线 I，如图 3.61 所示。

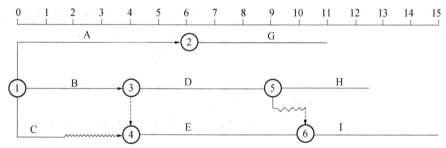

图 3.61 直接绘制法第四步

f. 根据工作箭线 G、工作箭线 H 和工作箭线 I 确定出终点节点的位置。本例所对应的时标网络计划如图 3.62 所示，图中双箭线表示的线路为关键线路。

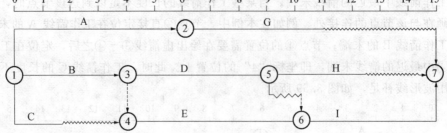

图 3.62 双代号时标网络计划

③关键线路的确定。

时标网络计划关键线路可自终点节点逆箭线方向朝起点节点逐次进行判定；自始至终都不出现波形线的线路即为关键线路。其原因是如果某条线路自始至终都没有波形线，这条线路就不存在自由时差，也就不存在总时差，自然就没有机动余地，所以就是关键线路。或者说，这条线路上的各工作的最迟开始时间与最早开始时间是相等的，这样的线路特征也只有关键线路才能具备。

4. 时间参数的计算

（1）时标网络计划的计算工期，应是其终点节点与起点节点的时间之差。

（2）时标网络计划每条箭线左端节点所对应的时标值代表工作的最早开始时间 ES_{i-j}，箭线实线部分右端或箭线右端节点中心所对应的时标值代表工作的最早完成时间 EF_{i-j}。

上述两点的理由是：时标网络计划是按最早时间绘制的，每一项工作都根据最早开始时间确定其箭尾位置，起点节点定位在时标表的起始刻度线上，表示每一项工作的箭线在时间坐标上的水平投影长度都与其持续时间相对应，因此代表该工作的箭线末端（箭头）对应的时标值必然是该工作的最早完成时间。终点节点表示所有工作都完成，它所对应的时标值，也就是该网络计划的总工期。

（3）时标网络计划中工作的自由时差（FF）值应为其波形线在坐标轴上的水平投影长度。这是因为双代号时标网络计划的波形线的后面节点所对应的时标值，是波形线所在工作的紧后工作的最早开始时间，波形线的起点对应的时标值是本工作的最早完成时间。因此，按照自由时差的定义，紧后工作的最早开始时间与本工作的最早完成时间的差（即波形线在坐标轴上的水平投影长度）就是本工作的自由时差。

（4）时标网络计划中工作的总时差应自右向左，在其紧后工作的总时差都被判定后才能判定。其值等于其紧后工作总时差的最小值与本工作自由时差之和，见公式（3.34）

$$TF_{i-j} = \min \{ TF_{j-k} \} + FF_{i-j} \tag{3.34}$$

式中　TF_{i-j}——工作 $i-j$ 的总时差；

TF_{j-k}——工作 $i-j$ 的紧后工作 $j-k$ 的总时差。

之所以自右向左计算，是因为总时差受总工期制约，故只有在其紧后工作的总时差确定后才能计算。

总时差是线路时差，也是公用时差，其值大于或等于工作自由时差值。因此，除本工作独用的自由时差必然是总时差值的一部分外，还必然包含紧后工作的总时差值。如果本工作有多项紧后工作的总时差值，只有取其最小总时差值才不会影响总工期。

（5）工作的最迟开始时间等于本工作的最早开始时间与其总时差之和，见公式（3.35）

$$LS_{i-j} = ES_{i-j} + TF_{i-j} \tag{3.35}$$

式中　LS_{i-j}——工作 $i-j$ 的最迟开始时间；

ES_{i-j}——工作 $i-j$ 的最早开始时间；

TF_{i-j}——工作 $i-j$ 的总时差。

（6）工作的最迟完成时间等于本工作的最早完成时间与其总时差之和，见公式（3.36）

$$LF_{i-j}=EF_{i-j}+TF_{i-j} \tag{3.36}$$

式中　LE_{i-j}——工作 $i-j$ 的最迟完成时间；

　　　EF_{i-j}——工作 $i-j$ 的最早完成时间；

　　　TF_{i-j}——工作 $i-j$ 的总时差。

3.4.5 搭接网络进度计划编制

在建筑工程工作实践中，搭接关系是大量存在的，控制进度的计划图形应该能够表达和处理好这种关系。然而传统的单代号和双代号网络计划却只能表示两项工作首尾相接的关系，即前一项工作结束，后一项工作立即开始，而不能表示搭接关系。遇到搭接情况时，不得不将前一项工作进行分段处理，以符合前面工作不完成后面工作不能开始的要求，这就使得网络计划变得复杂起来，绘制、调整都不方便。针对这一问题，各国陆续出现了许多表示搭接关系的网络计划，我们统称为"搭接网络计划法"，它们的共同特点是把前后连续施工的工作互相搭接起来进行，即前一工作提供了一定工作面后，后一工作即可及时插入施工（不必等待前面工作全部完成之后再开始），同时用不同的时距来表达不同的搭接关系。搭接网络计划有双代号和单代号两种表达方式，由于单代号搭接网络计划比较简明，使用也比较方便，故下面仅介绍单代号搭接网络计划。

1. 搭接关系表示方法

在单代号搭接网络计划（以下简称搭接网络计划）中，各项工作之间的逻辑关系是靠相邻工作的开始或结束之间的一个规定时间来相互约束的，这些规定的约束时间称为时距。所谓时距是按照工艺条件、工作性质等特点规定的相邻工作间的约束条件。单代号搭接网络计划中的时距共有 5 种，如图 3.63 所示。

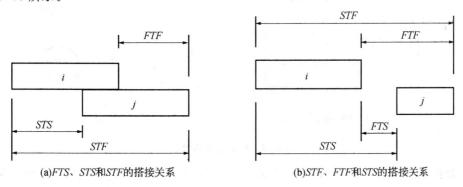

(a)FTS、STS和STF的搭接关系　　　　(b)STF、FTF和STS的搭接关系

图 3.63　搭接关系

（1）开始到开始时距。相邻工作 i 与 j，如果紧前工作 i 开始后，经过一段时间，紧后工作 j 才能开始。表达从 i 开始到 j 开始的搭接时距称为开始到开始时距，以符号 $STS_{i,j}$ 表示，如图 3.64 所示。

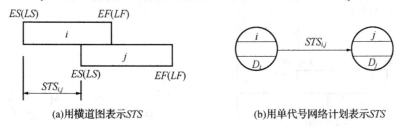

(a)用横道图表示STS　　　　(b)用单代号网络计划表示STS

图 3.64　STS 时距示意图

（2）开始到结束时距。相邻工作 i 与 j，如果紧前工作 i 开始以后，经过一段时间，紧后工作 j 必须结束。表达从 i 开始到 j 结束的搭接时距称为开始到结束时距，以符号 $STF_{i,j}$ 表示，如图 3.65 所示。

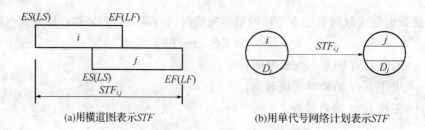

图 3.65　STF 时距示意图

（3）结束到结束时距。相继施工的两工作 i 与 j，如果紧前工作 i 结束后，经过一段时间，紧后工作 j 也必须结束。表达从 i 结束到 j 结束的搭接时距称为结束到结束时距，以符号 $FTF_{i,j}$ 表示，如图 3.66 所示。

（4）结束到开始时距。相邻工作 i 与 j，如果紧前工作 i 结束后，经过一段时间，紧后工作 j 才能开始。表达从 i 结束到 j 开始的搭接时距称为结束到开始时距，以符号 $FTS_{i,j}$ 表示，如图 3.67 所示。

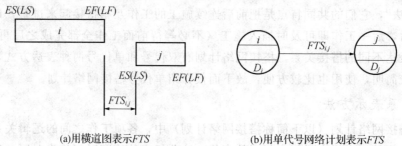

图 3.66　FTS 时距示意图

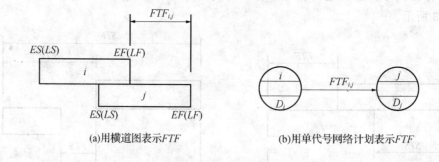

图 3.67　FTF 时距示意图

（5）混合搭接时距。以上 4 种搭接时距是最基本的搭接关系，有时只用其中一种搭接时距不能完全表明相邻工作 i 与 j 的搭接关系，这时就需要同时用两种基本时距组合（称为混合搭接时距）才能表明搭接关系如图 3.68 所示。根据组合原理，4 种基本时距两两组合可出现 $STS_{i,j}$ 和 $FTF_{i,j}$、$STS_{i,j}$ 和 $STF_{i,j}$、$STS_{i,j}$ 和 $FTS_{i,j}$、$STF_{i,j}$ 和 $FTF_{i,j}$、$STF_{i,j}$ 和 $FTS_{i,j}$、$FTF_{i,j}$ 和 $FTS_{i,j}$，其中 $STS_{i,j}$ 和 $FTF_{i,j}$ 应用较多。

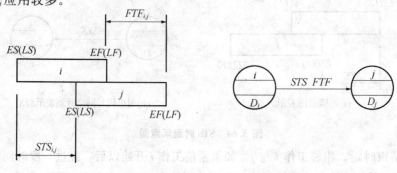

图 3.68　混合时距示意图

2. 单代号搭接网络图绘制

搭接网络图的绘制与单代号网络图的绘制方法基本相同，也要经过任务分解、逻辑关系的确定和工作持续时间的确定等程序；然后绘制工作逻辑关系表，确定相邻工作的搭接类型与搭接时距；再根据工作逻辑关系表，绘制单代号网络图；最后再将搭接类型与时距标注在箭线上即可。其标注方法如图 3.69 所示。

图 3.69 常用的搭接网络节点表示方法

搭接网络图的绘制应符合下列要求。

（1）根据工作顺序依次建立搭接关系，正确表达搭接时距。

（2）只允许有一个起点节点和一个终点节点。因此，有时要设置一个虚拟的起点节点和一个虚拟的终点节点，并在虚拟的起点节点和终点节点中分别标注"开始"和"完成"字样或分别标注英文字样"ST"和"FIN"。

（3）一个节点表示一道工作，节点编号不能重复。

（4）箭线表示工作之间的顺序及搭接关系。

（5）不允许出现逻辑环。

（6）在搭接网络图中，每道工作的开始都必须直接或间接地与起点节点建立联系，并受其制约。

（7）每道工作的结束都必须直接或间接地与终点节点建立联系，并受其控制。

（8）在保证各工作之间的搭接关系和时距的前提下，尽可能做到图面布局合理、层次清晰和重点突出。关键工作和关键线路，均要用粗箭线或双箭线画出，以区别于非关键线路。

（9）密切相关的工作，要尽可能相邻布置，以尽可能避免交叉箭线。如果无法避免时，应采用暗桥法表示。

3. 单代号搭接网络图时间参数的计算

搭接网络计划时间参数计算的内容与单代号网络计划是相同的，都需要计算工作时间参数和工作时差。但由于搭接网络具有几种不同形式的搭接关系，所以其计算过程相对比较复杂，需要特别仔细和小心，否则很容易出错。

（1）工作最早时间的计算。

①计算最早时间参数必须从起点节点开始依次进行。只有紧前工作计算完毕，才能计算本工作。

②计算最早时间应按下列步骤进行。

a. 凡与起点节点相连的工作最早开始时间都应为零，见公式（3.37）

$$ES_i = 0 \tag{3.37}$$

b. 其他工作 j 的最早开始时间根据时距应按下列规定计算。

相邻时距为 $STS_{i,j}$ 时，见公式（3.38）

$$ES_j = ES_i + STS_{i,j} \tag{3.38}$$

相邻时距为 $FTF_{i,j}$ 时，见公式（3.39）

$$ES_j = ES_i + D_i + FTF_{i,j} - D_j \tag{3.39}$$

相邻时距为 $STF_{i,j}$ 时，见公式（3.40）

$$ES_j = ES_i + STF_{i,j} - D_j \tag{3.40}$$

相邻时距为 $FTS_{i,j}$ 时，见公式（3.41）

$$ES_j = ES_i + D_i + FTS_{i,j} \tag{3.41}$$

式中　ES_j——工作 i 的紧后工作 j 的最早开始时间；

D_i，D_j——相邻的两项工作的持续时间；

$STS_{i,j}$——i、j 两项工作开始到开始的时距；

$FTF_{i,j}$——i、j 两项工作完成到完成的时距；

$STF_{i,j}$——i、j 两项工作开始到完成的时距；

$FTS_{i,j}$——i、j 两项工作完成到开始的时距。

③计算工作最早时间，当出现最早开始时间为负值时，应将该工作与起点节点用虚箭线相连接，并确定其时距，见公式（3.42）

$$STS = 0 \tag{3.42}$$

④当某节点（工作）有多个紧前节点（工作）或与紧前节点（工作）混合搭接时，应分别计算并得到多组最早开始时间，取其中最大值作为该节点（工作）的最早开始时间。

⑤工作 j 的最早完成时间 EF_j 应按公式（3.43）计算：

$$EF_j = ES_j + D_j \tag{3.43}$$

⑥有最早完成时间的最大值的中间工作与终点节点应用虚箭线相连接，并确定其时距，见公式（3.44）

$$FTF = 0 \tag{3.44}$$

（2）工期的计算。

搭接网络计划的计算工期 T_c 由与终点节点相联系的工作的最早完成时间的最大值决定。

（3）时差的计算。

①总时差（TF_i）。总时差的计算与一般网络计划无区别，可用最迟开始时间减最早开始时间或用最迟完成时间减最早完成时间求得。

②自由时差（FF_i）。自由时差的计算比较复杂，需分别按不同的时距关系计算后取最小值，所以要分别根据其与紧后工作的不同时距关系逐个进行计算。

当与唯一的紧后工作关系为 STS 时，按下式计算，此时若出现 $ES_j > ES_i + STS_{i,j}$，则自由时差可按公式（3.45）计算：

$$FF_i = ES_j - (ES_i + STS_{i,j}) = ES_j - ES_i - STS_{i,j} \tag{3.45}$$

当紧后工作只有唯一的一项工作且它们之间的关系为 FTF 时，则依公式（3.46）可以推出：

$$FF_i = EF_j - EF_i - FTF_{i,j} \tag{3.46}$$

当紧后工作只有唯一的一项工作且它们之间的关系为 STF 时，则可以推出公式（3.47）：

$$FF_i = EF_j - ES_i - STF_{i,j} \tag{3.47}$$

当紧后工作只有唯一的一项工作且它们之间的关系为 FTS 时，则可以推出公式（3.48）：

$$FF_i = ES_j - EF_i - FTS_{i,j} \tag{3.48}$$

当工作有多项紧后工作时，工作的自由时差将受各工作计算值中的最小值的控制，而且由其决定，故可得到自由时差的一般公式见公式（3.49）

$$FF_i = min\ \{\ ES_j - ES_i - STS_{i,j}\ \} \tag{3.49}$$
$$\{\ EF_j - EF_i - FTF_{i,j}\ \}$$
$$\{\ EF_j - ES_i - STF_{i,j}\ \}$$
$$\{\ ES_j - EF_i - FTS_{i,j}\ \}$$

（4）工作最迟时间的计算

①在 STS 时距下，紧前工作最迟时间见公式（3.50）

$$LS_i = LS_j - STS_{i,j}$$
$$LF_i = LS_i + D_i \tag{3.50}$$

式中　LS_i——工作 j 的紧前工作 i 的最迟开始时间；

　　　LS_j——工作 j 的最迟开始时间；

　　　LF_i——工作 i 的最迟完成时间；

　　　D_i——工作 i 的持续时间。

②在 FTF 时距下，紧前工作最迟时间见公式（3.51）

$$LF_i = LF_j - FTF_{i,j}$$
$$LS_i = LF_i - D_i \tag{3.51}$$

式中　LF_j——工作 j 的最迟完成时间。

③在 STF 时距下，紧前工作最迟时间见公式（3.52）

$$LS_i = LF_j - STF_{i,j}$$
$$LF_i = LS_i + D_i \tag{3.52}$$

④在 FTS 时距下，紧前工作最迟时间见公式（3.53）

$$LF_i = LS_j - FTS_{i,j}$$
$$LS_i = LF_i - D_i \tag{3.53}$$

⑤当某节点（工作）有多个紧后节点（工作）或与紧后节点（工作）混合搭接时，应分别计算并得到多组最迟完成时间，取其中最小值作为该节点的最迟完成时间。

⑥当某节点（工作）的最迟完成时间大于计划工期时，则取该节点的最迟完成时间为计划工期，并重新设置一虚拟的终点节点（其最迟、最早完成时间均为计划工期），标明"完成"或"FIN"字样，该节点与虚拟终点节点之间用虚箭线连接，原来的终点节点与虚拟终点节点之间为衔接关系（$FTS = 0$）。

4．关键工作和关键线路的确定

（1）搭接网络计划中工作总时差最小的工作，其具有的机动时间最小，如果延长其持续时间就会影响计划工期，因此为关键工作。

（2）在搭接网络计划中，从起点节点 S 开始总时差为最小的工作，沿时间间隔为零（$LAG = 0$）的线路贯通至终点节点 F，则该条线路即为关键线路。

5．搭接网络计划时间参数计算示例

【**例 3.12**】某搭接网络计划如图 3.70 所示，试用分析计算法演示该单代号搭接网络计划的时间参数的计算过程，用图上计算法的标注方法在图上标注时间参数。

解：

（1）最早时间的计算。

A：$ES_A = 0$，$EF_A = ES_A + D_A =$（$0 + 6$）天 $= 6$ 天

B：$ES_B = ES_A + STS_{A,B} =$（$0 + 2$）天 $= 2$ 天，$EF_B = ES_B + D_B =$（$2 + 8$）天 $= 10$ 天

C：$ES_C = EF_A + FTF_{A,C} - D_C =$（$6 + 4 - 14$）天 $= -4$ 天

最早开始时间出现负值，应取 $ES_C = 0$，则 $EF_C = ES_C + D_C =$（$0 + 14$）天 $= 14$ 天，用一虚箭线将开始节点与 C 连接，如图 3.71 所示。

D：$ES_D = ES_A + STF_{A,D} - D_D =$（$0 + 8 - 10$）天 $= -2$ 天

最早开始时间出现负值，应取 $ES_D = 0$，则 $EF_D = ES_D + D_D =$（$0 + 10$）天 $= 10$ 天，用一虚箭线将开始节点与 D 连接，如图 3.71 所示。

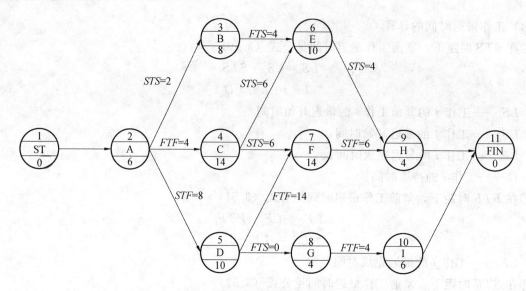

图 3.70　某工程搭接网络计划

E：工作 E 有两个紧前工作 B、C，因此有两组计算结果。

与 B 为 FTS 关系，则 $ES_E = ES_B + D_B + FTS_{B,E} = （2+8+4）$ 天 = 14 天

与 C 为 STS 关系，则 $ES_E = ES_C + STS_{C,E} = （0+6）$ 天 = 6 天

两组结果取最大值，得 $ES_E = 14$ 天，故 $EF_E = ES_E + D_E = （14+10）$ 天 = 24 天

F：工作 F 有两个紧前工作 C、D，因此有两组计算结果。

与 C 为 STS 关系，则 $ES_F = ES_C + STS_{C,F} = （0+6）$ 天 = 6 天

与 D 为 FTF 关系，则 $ES_F = EF_D + FTF_{D,F} - D_F = （10+14-14）$ 天 = 10 天

两组结果取最大值，得 $ES_F = 10$ 天，故 $EF_F = ES_F + D_F = （10+14）$ 天 = 24 天

G：$ES_G = EF_D + FTS_{D,G} = （10+0）$ 天 = 10 天，$EF_G = ES_G + D_G = （10+4）$ 天 = 14 天

H：工作 H 有两个紧前工作 E、F，因此有两组计算结果。

与 E 为 STS 关系，则 $ES_H = ES_E + STS_{E,H} = （14+4）$ 天 = 18 天

与 F 为 STF 关系，则 $ES_H = ES_F + STF_{F,H} - D_H = （10+6-4）$ 天 = 12 天

两组结果取最大值，得 $ES_H = 18$ 天，故 $EF_H = ES_H + D_H = （18+4）$ 天 = 22 天

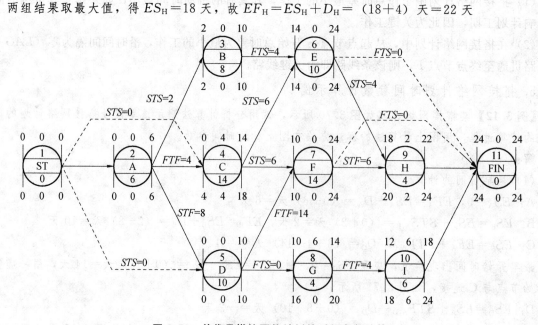

图 3.71　单代号搭接网络计划的时间参数计算

I：$ES_I=EF_G+FTF_{G,I}-D_I=$（14+4-6）天=12 天，$EF_I=ES_I+D_I==22$ 天

经以上计算可知，工作 E 和工作 F 的最早完成时间均为 24 天，为最大值，故分别用虚箭线将工作 E 和工作 F 与终点节点相连接，如图 3.71 所示。

（2）工期的计算。

计算工期 T_C 由与终点节点相联系的工作的最早完成时间的最大值决定，即 $T_C=24$ 天。

计划工作 $T_P=T_C=24$ 天。

（3）最迟时间的计算。

I：$LF_I=24$ 天，$LS_I=LF_I-D_I=$（24-6）天=18 天

H：$LF_H=24$ 天，$LS_H=LF_H-D_H=$（24-4）天=20 天

G：$LF_G=LF_I-FTF_{G,I}=$（24-4）天=20 天，$LS_G=LF_G-D_G=$（20-4）天=16 天

F：$LF_F=24$ 天，$LS_F=LF_F-D_F=$（24-14）天=10 天

E：$LF_E=24$ 天，$LS_E=LF_E-D_E=$（24-10）天=14 天

D：工作 D 有两个紧后工作 F、G，因此有两组计算结果。

与 F 为 FTF 关系，则 $LF_D=LF_F-FTF_{D,F}=$（24-14）天=10 天

与 G 为 FTS 关系，则 $LF_D=LS_G-FTS_{D,G}=$（16-0）天=16 天

两组结果比较取最小值，得 $LF_D=10$ 天，故 $LS_D=LF_D-D_D=$（10-10）天=0 天

C：工作 C 有两个紧后工作 E、F，因此有两组计算结果。

与 E 为 STS 关系，则 $LS_C=LS_E-STS_{C,E}=$（14-6）天=8 天

与 F 为 STS 关系，则 $LS_C=LS_F-STS_{C,F}=$（10-6）天=4 天

两组结果比较取最小值，得 $LS_C=4$ 天，故 $LF_C=LS_C+D_C=$（4+14）天=18 天

B：$LF_B=LS_E-FTS_{B,E}=$（14-4）天=10 天，$LS_B=LF_B-D_B=$（10-8）天=2 天

A：工作 A 有 3 个紧后工作 B、C、D，因此有 3 组计算结果。

与 B 为 STS 关系，则 $LF_A=LS_B-STS_{A,B}+D_A=$（2-2+6）天=6 天

与 C 为 FTF 关系，则 $LF_A=LF_C-FTF_{A,C}=$（18-4）天=14 天

与 D 为 STF 关系，则 $LF_A=LF_D-STF_{A,D}+D_A=$（10-8+6）天=8 天

3 组结果比较取最小值，得 $LF_A=6$ 天，则 $LS_A=LF_A-D_A=$（6-6）天=0 天

（4）总时差的计算。

A：$TF_A=LS_A-ES_A=0$ 天

B：$TF_B=LS_B-ES_B=$（2-2）天=0 天

C：$TF_C=LS_C-ES_C=$（4-0）天=4 天

D：$TF_D=LS_D-ES_D=0$ 天

E：$TF_E=LS_E-ES_E=$（14-14）天=0 天

F：$TF_F=LS_F-ES_F=$（10-10）天=0 天

G：$TF_G=LS_G-ES_G=$（16-10）天=6 天

H：$TF_H=LS_H-ES_H=$（20-18）天=2 天

I：$TF_I=LS_I-ES_I=$（18-12）天=6 天

（5）自由时差的计算。

A：工作 A 有 3 个紧后工作 B、C、D，有 3 种时距关系，因此有 3 种计算结果。

$$FF_A=\min\begin{cases}ES_B-ES_A-STS_{A,B}=（2-0-2）=0 \text{ 天}\\ EF_C-EF_A-FTF_{A,C}=（14-6-4）\text{ 天}=4 \text{ 天}\\ EF_D-ES_A-STF_{A,D}=（10-0-8）\text{ 天}=2 \text{ 天}\end{cases}$$

$=0$ 天

B：$FF_B = ES_E - EF_B - FTS_{B,E} = (14-10-4)$ 天 $= 0$ 天

C：工作 C 有两个紧后工作 E、F，因此有两组计算结果。

$$FF_C = \min \begin{cases} ES_E - ES_C - STS_{C,E} = (14-0-6) \text{ 天} = 8 \text{ 天} \\ ES_F - ES_C - STS_{C,F} = (10-0-6) \text{ 天} = 4 \text{ 天} \end{cases}$$

$= 4$ 天

D：工作 D 有两个紧后工作 F、G，因此有两组计算结果。

$$FF_D = \min \begin{cases} EF_F - EF_D - FTF_{D,F} = (24-10-14) \text{ 天} = 0 \text{ 天} \\ ES_G - EF_D - FTS_{D,G} = (10-10-0) \text{ 天} = 0 \text{ 天} \end{cases}$$

$= 0$ 天

E：$FF_E = 0$ 天

F：$FF_F = 0$ 天

G：$FF_G = EF_I - EF_G - FTF_{G,I} = (18-14-4)$ 天 $= 0$ 天

H：$FF_H = ES_终 - EF_H = (24-22)$ 天 $= 2$ 天

I：$FF_I = ES_终 - EF_I = (24-18)$ 天 $= 6$ 天

3.4.6 网络计划优化

网络计划的优化是指在一定约束条件下，按既定目标对网络计划进行不断改进，以寻求满意方案的过程。网络计划的优化目标应按计划任务的需要和条件选定，包括工期目标、资源目标和费用目标。根据优化目标的不同，网络计划的优化可分为工期优化、费用优化和资源优化三种。

1. 工期优化

网络计划的工期优化，就是指当计算工期不能满足要求工期时，可通过压缩关键工作的持续时间来满足工期要求的过程。但在优化过程中不能将关键工作压缩成为非关键工作；优化过程中出现多条关键线路时，必须同时压缩各条关键线路的持续时间，否则不能有效地缩短工期。

（1）工期优化的步骤。

①计算网络计划时间参数，确定关键工作与关键线路。

②根据计划工期，确定应缩短时间。见公式（3.54）

$$\Delta T = T_c - T_r \tag{3.54}$$

式中　T_c——网络计划的计算工期；

　　　T_r——要求工期。

③把选择的关键工作压缩到最短的持续时间，重新计算工期，找出关键线路。此时，必须注意两点才能达到缩短工期的目的：一是不能把关键工作变成非关键工作；二是出现多条关键线路时，其总的持续时间应相等。

④若计算工期仍超过计划工期，则重复上述步骤，直至满足工期要求或工期已不可能再压缩时为止。

⑤当所有关键工作的持续时间都压缩到极限，工期仍不能满足要求时，应对计划的原技术方案、组织方案进行调整或对要求工期重新审定。

（2）工期优化的计算方法。

由于在优化过程中，不一定需要全部时间参数值，只需寻求出关键线路，为此介绍关键线路直接寻求法之一的标号法。根据计算节点最早时间的原理，设网络计划起点节点①的标号值为 0，即 $b_1 = 0$；中间节点 j 的标号值等于该节点的所有内向工作（即指向该节点的工作）的开始节点 i 的标号值 b_i 与该工作的持续时间 $D_{i,j}$ 之和的最大值，见公式（3.55）

$$B_j = \max [b_i + D_{i,j}] \tag{3.55}$$

我们称能求得最大值的节点 i 为节点 j 的源节点，将源节点及 b_j 标注于节点上，直至最后一个节点。从网络计划终点开始，自右向左按源节点寻求关键线路，终节点的标号值即为网络计划的计算工期。

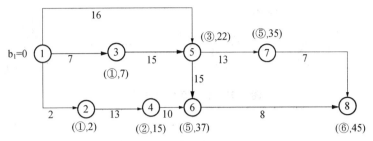

图 3.72 优化前的网络计划

（3）工期优化示例。

【例 3.13】已知网络计划如图 3.72 所示，当要求工期为 40 天时，试进行优化。

解

（1）用标号法确定关键线路及正常工期。

（2）计算应缩短的时间为

$$\Delta T = T_c - T_r = （45-40）天 = 5 天$$

（3）缩短关键工作的持续时间。

先将⑤—⑥缩短 5 天，即由 15 天缩至 10 天，用标号法计算，计算工期为 42 天，如图 3.73 所示，总工期仍有 42 天，故⑤—⑥工作只需缩短 3 天，其网络图用标号法计算，如图 3.74 所示，可知有两条关键线路，两条线路上均需缩短（42-40）天=2 天。

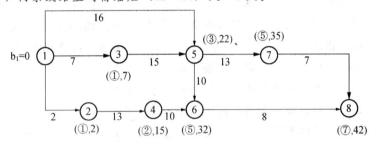

图 3.73 第一次优化后的网络计划

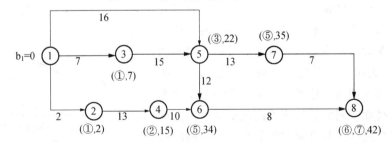

图 3.74 第二次优化后的网络计划

（4）进一步缩短关键工作的持续时间。

将③—⑤工作缩短 2 天，即由 15 天缩至 13 天，则两条线路均缩短 2 天。用标号法计算后得工期为 40 天，满足要求。优化后的网络计划如图 3.75 所示。

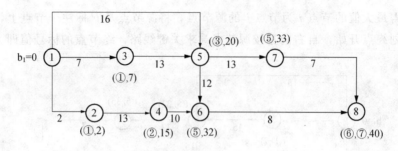

图 3.75　优化后的网络计划

2. 费用优化

费用优化是以满足工期要求的施工费用最低为目标的施工计划方案的调整过程。通常在寻求网络计划的最佳工期大于规定工期或在执行计划中需要加快施工进度时，需要进行工期与成本优化。

（1）费用与工期的关系。

在建设工程施工过程中，完成一项工作通常可以采用多种施工方法和组织方法，而不同的施工方法和组织方法，又会有不同的持续时间和费用。由于一项建设工程往往包含许多工作，所以在安排建设工程进度计划时，就会出现许多方案。进度方案不同，所对应的总工期和总费用也就不同。为了能从多种方案中找出总成本最低的方案，必须首先分析费用和时间之间的关系。

①工期与成本的关系。

时间（工期）和成本之间的关系是十分密切的。对同一工程来说，施工时间长短不同，其成本（费用）也不会一样，二者之间在一定范围内是呈反比关系的，即工期越短则成本越高。工期缩短到一定程度之后，再继续增加人力、物力和费用也不一定能使之再短，而工期过长则非但不能相应地降低成本，反而会造成浪费，增加成本，这是就整个工程的总成本而言的。如果具体分析成本的构成要素，则它们与时间的关系又各有其自身的变化规律。一般的情况是，材料、人工、机具等称为直接费用的开支项目，将随着工期的缩短而增加，因为工期越压缩则增加的额外费用也必定越多。如果改变施工方法，改用费用更昂贵的设备，就会额外地增加材料或设备费用；实行多班制施工，就会额外地增加许多夜班支出，如照明费、夜餐费等，甚至工作效率也会有所降低。工期越短则这些额外费用的开支也会急剧增加。但是，如果工期缩短得不算太紧时，增加的费用还是较低的。对于通常称为间接费的那部分费用，如管理人员工资、办公费、房屋租金、仓储费等，则是与时间成正比的，时间愈长则花的费用也愈多。这两种费用与时间的关系可以用图 3.76 表示。如果把两种费用叠加起来，我们就能够得到一条新的曲线，这就是总成本曲线。总成本曲线的特点是两头高而中间低。从这条曲线最低点的坐标可以找到工程的最低成本及与之相应的最佳工期，同时也能利用它来确定不同工期条件下的相应成本。

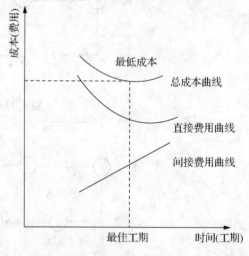

图 3.76　工程成本—工期关系曲线

②工作直接费用与持续时间的关系。

我们知道，在网络计划中，工期的长短取决于关键线路的持续时间，而关键线路是由许多持续时间和费用各不相同的工作所构成的。为此必须研究各项工作的持续时间与直接费用的关系。一般情况下，随着工作时间的缩短，费用的逐渐增加，则会形成如图 3.77 所示的连续曲线。

实际上直接费用曲线并不像图中的那样圆滑，而是由一系列线段所组成的折线，并且越接近最高费用（极限费用，用 CC 表示），其曲线越陡。确定曲线是一件很麻烦的事情，而且就工程而言，也不需要如此精确，所以为了简化计算，一般都将曲线近似表示为直线，其斜率称为费用斜率，表示单位时间内直接费用的增加（或减少）量。

直接费用率可按公式（3.56）计算：

$$\Delta C_{i-j} = \frac{CC_{i-j} - CN_{i-j}}{DN_{i-j} - DC_{i-j}} \quad (3.56)$$

式中　$\Delta C_{i,j}$——工作 $i-j$ 的直接费用率；

　　　$CC_{i,j}$——按最短持续时间完成工作 $i-j$ 时所需的直接费用；

　　　$CN_{i,j}$——按正常持续时间完成工作 $i-j$ 时所需的直接费用；

　　　$DN_{i,j}$——工作 $i-j$ 的正常持续时间；

　　　$DC_{i,j}$——工作 $i-j$ 的最短持续时间。

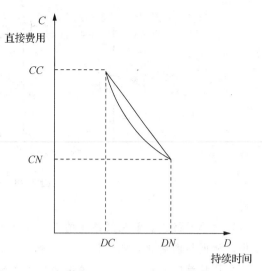

图 3.77　直接费用—持续时间关系曲线

DN—工作的正常持续时间；CN—按正常持续时间完成工作时所需的直接费用；DC—工作的最短持续时间；CC—按最短持续时间完成工作时所需的直接费用

从上式可以看出，工作的直接费用率越大，说明将该工作的持续时间缩短一个时间单位所需增加的直接费用就越多；反之，将该工作的持续时间缩短一个时间单位，所需增加的直接费用就越少。因此，在压缩关键工作的持续时间以达到缩短工期的目的时，应将直接费用率最小的关键工作作为压缩对象。当有多条关键线路出现而需要同时压缩多个关键工作的持续时间时，应将它们的直接费用率之和（组合直接费用率）最小者作为压缩对象。

（2）费用优化的方法。

费用优化的基本方法就是从组成网络计划的各项工作的持续时间与费用关系，找出能使计划工期缩短而又能使得直接费用增加最少的工作，不断地缩短其持续时间，然后考虑间接费用随着工期缩短而减少的影响，把不同工期下的直接费用和间接费用分别叠加起来，即可求得工程成本最低时的相应最优工期和工期一定时相应的最低工程成本。

费用优化的步骤如下。

①按工作正常持续时间找出关键工作及关键线路。

②按规定计算各项工作的费用率。

③在网络计划中找出费用率（或组合费用率）最低的一项关键工作或一组关键工作，作为缩短持续时间的对象。

④当需要缩短关键工作的持续时间时，其缩短值的确定必须符合下列两条原则：

a. 缩短后工作的持续时间不能小于其最短持续时间。

b. 缩短持续时间的工作不能变成非关键工作。

⑤计算相应的费用增加值。

⑥考虑工期变化带来的间接费用及其他损益，在此基础上计算总费用。

⑦重复上述步骤③～⑥，直到总费用至最低为止。

（3）费用优化示例。

【例 3.14】已知网络计划如图 3.78 所示，试求出费用最少的工期。图中箭线上方为工作的正常费用和最短时间的费用（以千元为单位），箭线下方为工作的正常持续时间和最短的持续时间。已知间接费率为 120 元/天。

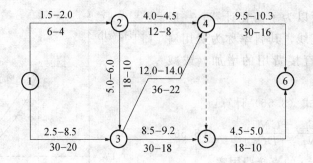

图 3.78　待优化网络计划

解：

（1）简化网络图。简化网络图的目的是在缩短工期过程中，删去那些不能变成关键工作的非关键工作，使网络图简化，减少计算工作量。

首先按持续时间计算，找出关键线路及关键工作，如图 3.79 所示。

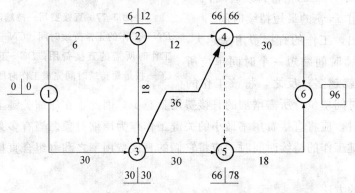

图 3.79　按正常持续时间计算的网络计划

其次，从图 3.79 看，关键线路为①—③—④—⑥，关键工作为①—③、③—④、④—⑥。用最短的持续时间置换那些关键工作的正常持续时间，重新计算，找出关键线路及关键工作。重复本步骤，直至不能增加新的关键线路为止。

经计算，图 3.79 中的工作②—④不能转变为关键工作，故删去它，重新整理成新的网络计划，如图 3.80 所示。

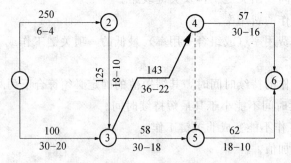

图 3.80　新的网络计划

（2）计算各工作费用率。

按公式计算工作①—②的费用率 $\Delta C_{1,2}$ 为

$$\Delta C_{1-2}=\frac{CC_{1-2}-CN_{1-2}}{DN_{1-2}-DC_{1-2}}=\frac{2\,000-1\,500}{6-4}=250\ 元/天$$

其他工作费用率均按该式计算，将它们标注在图 3.80 中的箭线上方。

（3）找出关键线路上工作费用率最低的关键工作。在图 3.81 中，关键线路为①—③—④—⑥，工作费用率最低的关键工作是④—⑥。

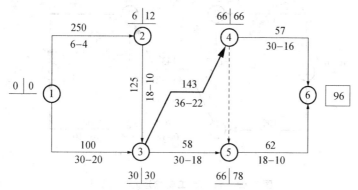

图 3.81　按新的网络计划确定关键线路

（4）确定缩短时间大小的原则是原关键线路不能变为非关键线路。已知关键工作④—⑥持续时间可缩短 14 天，由于工作⑤—⑥的总时差只有 12 天（96—18—66＝12），因此，第一次缩短只能是 12 天，工作④—⑥的持续时间应改为 18 天，见图 3.82。计算第一次缩短工期后增加费用 C_1 为

$$C_1 = （57 \times 12）\ 元 = 684\ 元$$

通过第一次缩短后，在图 3.82 中关键线路变成两条，即①—③—④—⑥和①—③—④—⑤—⑥。如果使该图的工期再缩短，必须同时缩短两条关键线路上的时间。为了减少计算次数，关键工作①—③、④—⑥及⑤—⑥都缩短时间，工作⑤—⑥持续时间只能允许再缩短 2 天，故该工作的持续时间缩短 2 天。工作①—③持续时间可允许缩短 10 天，但考虑工作①—②和②—③的总时差有 6 天（12—0—6＝6 或 30—18—6＝6），因此工作①—③持续时间缩短 6 天，共计缩短 8 天，计算第二次缩短工期后增加的费用 C_2 为

$$C_2 = C_1 + 100 \times 6 + （57 + 62）\times 2 = （684 + 600 + 238）\ 元 = 1\ 522\ 元$$

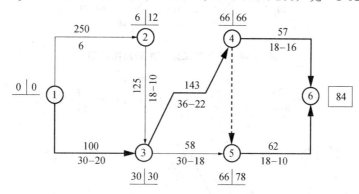

图 3.82　第一次工期缩短的网络计划

（5）第三次缩短：从图 3.83 上看，工作④—⑥的持续时间不能再缩短，工作费用率用 ∞ 表示，关键工作③—④的持续时间缩短 6 天，因工作③—⑤的总时差为 6 天（60—30—24＝6），计算第三次缩短工期后，增加的费用 C_3 为

$$C_3 = C_2 + 143 \times 6 = （1\ 522 + 858）\ 元 = 2\ 380\ 元$$

（6）第四次缩短：从图 3.84 上看，缩短工作③—④和③—⑤持续时间为 8 天，因为工作③—④最短的持续时间为 22 天，第四次缩短工期后增加的费用 C_4 为

$$C_4 = C_3 + （143 + 58）\times 8 = 2\ 380 + 201 \times 8 = 3\ 988\ 元$$

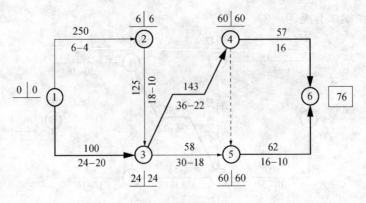

图 3.83　第二次工期缩短的网络计划

（7）第五次缩短：从图 3.85 上看，关键线路有 4 条，只能在关键工作①—②、①—③、②—③中选择，只有缩短工作①—③和②—③（工作费用率为 125＋100），持续时间 4 天。工作①—③的持续时间已达到最短，不能再缩短，经过五次缩短工期，不能再减少了，不同工期增加直接费用计算结束，第五次缩短工期后共增加费用 C_5 为

$$C_5＝C_4＋（125＋100）×4＝（3\,988＋900）元＝4\,888\ 元$$

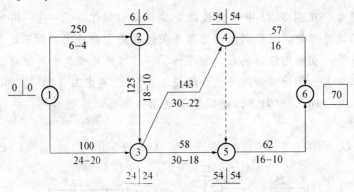

图 3.84　第三次工期缩短的网络计划

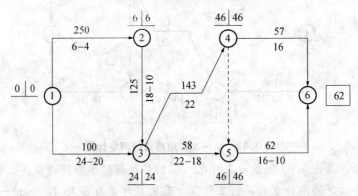

图 3.85　第四次工期缩短的网络计划

考虑不同工期增加费用及间接费用影响，见表 3.17，选择其中组合费用最低的工期作最佳方案。

表 3.17　不同工期组合费用表

不同工期/天	96	84	76	70	62	58
增加直接费用/元	0	684	1 522	2 380	3 988	4 888
间接费用/元	11 520	10 080	9 120	8 400	7 440	6 960
合计费用/元	11 520	10 764	10 642	10 780	11 428	11 848

从表 3.17 中看，工期 76 天所增加费用最少，为 10 642 元。费用最低方案如图 3.86 所示。

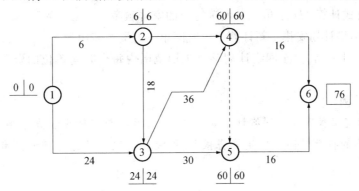

图 3.86　费用最低的网络计划

3. 资源优化

资源是指为完成一项计划任务所需的人力、材料、机械设备和资金等的统称。完成一项工程任务所需的资源量基本上是不变的，不可能通过资源优化将其减少，更不可能通过资源优化将其减至最少。

在资源计划安排时有两种情况：一种情况是网络计划所需要的资源受到限制，如果不增加资源数量（例如劳动力），有时会迫使工程的工期延长，资源优化的目的是使工期延长最少；另一种情况是在一定时间内如何安排各工作活动时间，使可供使用的资源均衡地消耗。因此，资源优化主要有"资源有限，工期最短"和"工期固定，资源均衡"两种。以下主要介绍"资源有限，工期最短"的优化。

(1) 优化步骤。

① "资源有限，工期最短"的优化宜对"时间单位"作资源检查，当出现第 t 个时间单位资源需用量 R_t 大于资源限量 R_a 时，应进行计划调整。

调整计划时，应对资源冲突的诸工作作出新的顺序安排。顺序安排的选择标准是"工期延长时间最短"，其值应按下列公式计算。

a. 对双代号网络计划，见公式（3.57）：

$$\Delta D_{m'-n',i'-j'} = \min \{\Delta D_{m-n,i-j}\}$$
$$\Delta D_{m-n,i-j} = EF_{m-n} - LS_{i-j} \tag{3.57}$$

式中　$\Delta D_{m'-n',i'-j'}$——在各种顺序安排中，最佳顺序安排所对应的工期延长时间的最小值。它要求将 LS_{i-j} 最大的工作 i'—j' 安排在 $EF_{m'-n'}$ 最小的工作 m'—n' 之后进行；

$\Delta D_{m-n,i-j}$——在资源冲突的诸工作中，工作 i—j 安排在工作 m—n 之后进行时工期所延长的时间。

b. 对单代号网络计划，见公式（3.58）：

$$\Delta D_{m',i'} = \min \{\Delta D_{m,i}\}$$
$$\Delta D_{m,i} = EF_m - LS_i \tag{3.58}$$

式中　$\Delta D_{m',i'}$——在各种顺序安排中，最佳顺序安排所对应的工期延长时间的最小值；

$\Delta D_{m,i}$——在资源冲突的诸工作中，工作 i 安排在工作 m 之后进行时工期所延长的时间。

② "资源有限，工期最短"的优化，应按下述规定步骤调整工作的最早开始时间。

a. 计算网络计划每"时间单位"的资源需用量。

b. 从计划开始日期起，逐个检查每个时间单位资源需用量是否超过资源限量，如果在整个工期内每个"时间单位"均能满足资源限量的要求，可行优化方案就编制完成了。否则必须进行计划调整。

c. 分析超过资源限量的时段（每"时间单位"资源需用量相同的时间区段），按公式计算 $\Delta D_{m'-n',t-j'}$ 值或按公式计算 $\Delta D_{m',t'}$ 值，从而确定新的安排顺序。

d. 对调整后的网络计划安排重新计算每个时间单位的资源需用量。

e. 重复上述步骤 b~d，直至网络计划整个工期范围内每个时间单位的资源需用量均满足资源限量为止。

（2）资源优化示例。

【例 3.15】已知某工程双代号网络计划如图 3.87 所示，图中箭线上方数字为工作的资源强度，箭线下方数字为工作的持续时间。假定资源限量 $R_a=12$，试对其进行"资源有限，工期最短"的优化。

解

该网络计划"资源有限，工期最短"的优化可按以下步骤进行。

（1）计算网络计划每个时间单位的资源需用量，绘出资源需用量动态曲线，如图下方曲线所示。

（2）从计划开始日期起，经检查发现第二个时段［3，4］存在资源冲突，即资源需用量超过资源限量，故应首先调整该时段。

（3）在时段［3，4］有工作①—③和工作②—④两项工作平行作业，利用公式计算 ΔD 值，其结果见表 3.18。

表 3.18 ΔD 值计算表

工作序号	工作代号	最早完成时间	最迟开始时间	$\Delta D_{1,2}$	$\Delta D_{2,1}$
1	1—3	4	3	1	—
2	2—4	6	3	—	3

由表可知，$\Delta D_{1,2}=1$ 最小，说明将第 2 号工作（工作②—④）安排在第 1 号工作（工作①—③）之后进行，工期延长最短，只延长 1。因此，将工作②—④安排在工作①—③之后进行，调整后的网络计划如图 3.88 所示。

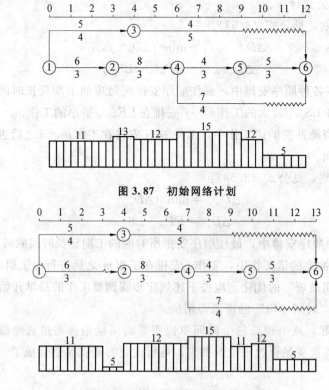

图 3.87 初始网络计划

图 3.88 第一次调整后的网络计划

（4）重新计算调整后的网络计划每个时间单位的资源需用量，绘出资源需用量动态曲线，如图3.88下方曲线所示。从图中可知，在第四时段［7，9］存在资源冲突，故应调整该时段。

（5）在时段［7，9］有工作③—⑥、工作④—⑤和工作④—⑥三项工作平行作业，利用公式计算 ΔD 值，其结果见表3.19。

表3.19 ΔD 值计算表

工作序号	工作代号	最早完成时间	最迟开始时间	$\Delta D_{1,2}$	$\Delta D_{1,3}$	$\Delta D_{2,1}$	$\Delta D_{2,3}$	$\Delta D_{3,1}$	$\Delta D_{3,2}$
1	3—6	9	8	2	0	—	—	—	—
2	4—5	10	7	—	—	2	1	—	—
3	4—6	11	9	—	—	—	—	3	4

由表可知，$\Delta D_{1,3}=0$ 最小，说明将第3号工作（工作④—⑥）安排在第1号工作（工作③—⑥）之后进行，工期不延长。因此，将工作④—⑥安排在工作③—⑥之后进行，调整后的网络计划如图3.89所示。

（6）重新计算调整后的网络计划每个时间单位的资源需用量，绘出资源需用量动态曲线，如图3.89下方曲线所示。由于此时整个工期范围内的资源需用量均未超过资源限量，故图3.89所示方案即为最优方案，其最短工期为13。

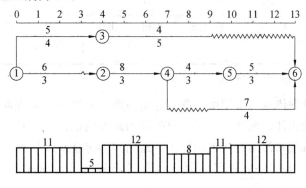

图3.89 资源优化后的网络计划

3.4.7 施工进度计划支持性计划编制

单位工程施工进度计划编制确定以后，根据施工图纸、工程量计算资料、施工方案、施工进度计划等有关技术资料。着手编制劳动力需要量计划、各种主要材料、构件和半成品需要量计划及各种施工机械的需要量计划。它们不仅是为了明确各种技术工人和各种技术物资的需要量，而且还是做好劳动力与物资的供应、平衡、调度、落实的依据，也是施工单位编制月、季生产作业计划的主要依据之一。它们是保证施工进度计划顺利执行的关键。

1. 劳动力需要量计划

劳动力需用量计划依据施工预算、劳动定额和施工进度计划而编制，主要反映工程施工过程中不同时期所需的各工种技工、普工人数，它主要是作为安排劳动力的平衡、调配和衡量劳动力耗用指标、安排生活福利设施的依据。其编制方法是：在施工进度计划的下方，按工种分别绘制其劳动力消耗动态曲线图，从而得出每天（或旬、月）所需各工种工人数量，然后再按分阶段的时间进度要求进行汇总，得出不同时期的平均劳动力需用量，填入表3.20所示的劳动力需用量计划表内。

表 3.20　劳动力需要量计划表

序号	工种名称	需用总工日数	需用人数及时间						备注
			×月			×月			
			上旬	中旬	下旬	上旬	中旬	下旬	

2. 主要材料需要量计划

主要材料需用量及供应计划是依据施工预算、材料消耗定额和施工进度计划而编制的，主要反映工程施工过程中所需的各种主要材料在不同时期的需用量和总需用量，作为备料、供料、确定仓库、堆场面积和组织运输的依据。其编制方法是将施工进度计划表中各施工过程的工程量，按材料名称、规格、数量、使用时间计算汇总而得。其表格形式见表 3.21。

注意，对于某分部分项工程是由多种材料组成时，应按各种材料分类计算，如混凝土工程应换算成水泥、砂、石、外加剂和水的原材料数量分别列入表格。

表 3.21　主要材料需要量计划

序号	材料名称	规格	需用量		需用时间						备注
			单位	数量	×月			×月			
					上旬	中旬	下旬	上旬	中旬	下旬	

3. 构配件和半成品需要量计划

预制构配件需用量计划依据施工图纸、施工方案与施工方法和施工进度计划而编制，主要反映工程施工过程中各种预制构件、配件、加工半成品等的总需用量和供应日期，作为落实加工承包单位，并按照所需规格、数量和使用时间组织加工、运输和确定仓库或堆场的依据。预制构配件需用量计划一般应按钢构件、木构件、钢筋混凝土构件等不同种类分别编制。该计划的表格形式见表 3.22。

表 3.22　构配件和半成品需要量计划

序号	构配件、半成品名称	图号和型号	规格	需用量		加工单位	供应起止日期	备注
				单位	数量			

4. 施工机械需要量计划

施工机械需用量计划是依据所选定的施工方法、施工机具和施工进度计划而编制的，主要反映工程施工过程中所需的各类施工机械、设备的名称、规格、型号、数量、进场时间和使用时间，可据此落实机具来源、组织机具进场、安装调试与使用。其编制方法为：将单位工程施工进度计划表中的每一个施工过程每天所需的机械类型、数量和施工日期进行汇总，即得施工机械需要量计划。其表格形式见表 3.23。

表 3.23　施工机械需要量计划

序号	机具名称	规格、型号	需用量		来源	使用起止日期	备注
			单位	数量			

5. 施工准备工作计划

施工准备工作既是单位工程的开工条件，也是施工中的一项重要内容，开工之前必须为开工创造条件，开工以后必须为作业创造条件，因此，它贯穿于施工过程的始终。施工准备工作的主要内容包括：技术资料准备、施工现场准备、施工物资准备、施工组织准备和对外施工准备等。在工程中，对施工准备工作有如下要求。

（1）施工准备工作要有明确分工。

（2）施工准备工作要有严格的保证措施。

（3）开工前，应对施工准备工作进行全面检查。

（4）施工准备工作应分阶段、有计划地进行。

此外，施工准备工作应有计划地进行，为便于检查、监督施工准备工作的进展情况，使各项施工准备工作的内容有明确的分工，有专人负责，并规定期限，并拟在施工进度计划编制完成后进行。

单位工程施工进度计划编制完成后，即可依此编制施工准备工作计划，这些计划是施工组织设计的重要组成部分，是确保单位工程按施工进度计划顺利完成的前提和基础。施工准备工作计划主要反映工程开工前必须完成的各项工作及其进度和施工过程中的主要准备工作及其进度。施工准备工作计划的形式见表3.24。

表 3.24　施工准备工作计划

序号	施工准备工作项目	工程量		简要内容	负责单位或负责人	起止日期		备注
		单位	数量			日/月	日/月	

施工准备工作计划是编制单位工程施工组织设计时的一项重要内容。在编制年度、季度、月度生产计划中也应一并考虑并做好贯彻落实工作。

任务 3.5　施工现场平面布置

3.5.1　施工现场平面布置简介

在施工现场上，除了已建和拟建的建筑物外，还有各种为拟建工程所需要的临时建筑和设施，例如混凝土、砂浆搅拌站；起重机械设备，道路及水、电管网，材料临时堆场和仓库；工地办公室等等。这些临时建筑和设施都是为拟建工程服务的，必须事先在建筑平面上加以合理的规划和布置。这种在建筑总平面图上布置为施工服务的各种临时建筑和设施的现场布置图就叫做施工平面图。

施工平面图是施工方案在现场空间上的体现，它反映着已建工程和拟建工程之间，以及各种临时建筑、设施相互之间的空间关系。施工现场布置得好、管理得好，就会为现场组织文明施工创造良好的条件；反之，如果施工平面图布置和管理得不好，就会造成现场混乱，这对施工进度、工程成本、质量和安全等方面都会产生不良的后果。因此，每个工程在施工之前都要对施工现场的布置进行周密规划，在施工组织设计中，均要编制施工平面图。

可以说，施工平面图既是布置施工现场的依据，也是施工准备工作的一项重要依据。它是实现文明施工、节约并合理利用土地、减少临时设施费用的先决条件。因此，它是施工组织设计的重要组成部分。施工平面图不但要在设计时周密考虑，而且还要认真贯彻执行，这样才会使施工现场井然有序，施工顺利进行，保证施工进度，提高效率和经济效果。

一般单位工程施工平面图的绘制比例为 1∶200～1∶500。

1. 单位工程施工平面图的设计内容

在单位工程施工平面图上应用图例或文字表明以下主要内容。

（1）建筑总平面图上已建和拟建的地上和地下一切建筑物、构筑物和管线。

（2）垂直运输设备的位置，若采用自行式起重机应表明其开行路线、对轨道式起重机应标出轨道位置。

（3）测量放线标桩、土方取弃场地。

（4）生产用临时设施，例如各种搅拌站、钢筋加工棚、木工棚、仓库等的位置。

（5）生活用临时设施，例如办公室、工人宿舍、会议室、资料室、浴室等。

（6）供水供电线路及道路，包括变压站、配电房、永久性和临时性道路等。

（7）一切现场安全及防火设施的位置。

2. 单位工程施工平面图的设计要求

施工现场可供使用的面积，特别是临街建筑，有一定的限制，而需要布置的各种临时建筑和设施又比较多，这必然产生矛盾；同时，对临时建筑设施要求有足够的面积。使用方便，交通畅通，运距最短，有利于生产、生活，便于管理。如果这些问题处理不当，就会产生不良的后果。为了正确处理这些矛盾，获得良好的效果，在设计施工平面图时应该遵循以下原则：

（1）在满足施工条件下，要紧凑布置，尽可能减少施工用地，不占或少占农田。

（2）合理使用场地，一切临时性建筑设施，尽量不占用拟建的永久性建筑物的位置，以免造成不应有的搬迁和浪费。

（3）使场内运输距离最短，尽量做到短运距、少搬运，减少材料的二次搬运。

（4）临时设施的布置，应便利工人生产和生活，并保证安全。

（5）在保证施工顺利进行的情况下，使临时设施工程量最小，力求临建工程最经济。途径是利用已有的，多用装配的，认真计算，精心设计。

（6）要符合劳动保护、技术安全和防火的要求。

此外，为了保证顺利施工和安全生产，根据防火规定，各临时房屋之间应保持一定的距离。例如：木材加工场距离施工对象不得小于 20 m；易燃及有污染的设施应该布置在下风向；易爆品应按规定距离单独存放。施工现场道路通畅，机械设备的钢丝绳、电缆等不得妨碍交通，如必须通过时，应采取措施。现场还应布置消防设施。在山区施工还要考虑防洪等特殊要求。

在设计施工平面图时，除应遵循上述原则外，还应注意各类建筑物主导工程的不同需要。如民用混合结构房屋中以砌砖工程为主导工程，应考虑砖、砂浆、混凝土预制构件的垂直运输机械的合理布置。一般单层工业厂房以结构安装为主导工程，应首先考虑构件预制、安装方法及起重机开行路线等。

根据上述设计的内容和原则，要结合现场的实际情况，结合各类工程不同的特点，在布置施工平面图时可安排几个可行方案，从施工用地面积、施工临时道路、管线长度、施工场地利用率、场内材料搬运量、临时用房面积等方面进行分析比较，选其技术上合理，费用上最经济的方案。

3. 单位工程施工平面图的设计依据

单位工程施工平面图是解决为一个单位工程（指一个车间或一幢宿舍等单体建筑）施工服务的各项临时设施和永久建筑相互间的合理布局问题。在布置施工平面图之前，应到现场察看、认真地调查研究，对布置施工平面图的有关资料进行分析，使其设计与施工现场的实际情况一致。

布置施工平面图的依据，包括建筑总平面图、施工图纸、现场地形图、水源和电源情况、施工场地情况、可利用的房屋及设施情况、自然条件和技术经济条件的调查资料、施工组织总设计、本工程的施工方案和施工进度计划、各种资源需要量计划等。如果对其进行总结归类，主要有以下 3 个方面的资料：

（1）设计和施工的原始资料。

①自然条件资料，如地形资料、水文地质资料和气象资料等。主要用于正确确定各种临时设施

的位置。布置施工排水沟渠，确定易燃、易爆以及有碍人体健康设施的位置等。

②技术经济条件资料，如交通运输，供水供电条件、地方资源、生产和生活基地状况等。主要用于考虑仓库位置、材料及构件堆场，布置水、电管线、道路Ⅰ现场施工可利用的生产和生活设施等。

（2）建筑结构设计图纸和说明书。

①建筑总平面图。建筑总平面图上有拟建和已建的房屋和构筑物，根据此图正确决定临时建筑和设施的位置。

②地下和地上管道位置。在施工中，应尽可能考虑利用一切已有或拟建的管道；若对施工有影响，则需采用相应的解决措施，还应避免把临时建筑物布置在拟建的管道上面。

③建筑区域的竖向设计资料和土方调配图。场地竖向设计和土方调配图对布置水、电管线，安排土方的挖填及确定取土、弃土地点有密切的关系。

④有关施工图设计资料。

（3）施工方面资料。

①施工方案。施工方案和施工方法的要求，应在施工平面图上具体体现，如起重机械和其他施工机具的位置，吊装方案与构件预制、堆场的布置等。

②单位工程进度计划。根据进度计划的安排，掌握各个施工阶段的情况，对分阶段布置施工现场、有效利用施工用地起着重要作用。

③各种材料、半成品、构件及需要量计划表。根据有关资源需要量计划表，计算仓库和堆场的面积、尺寸，并合理确定其位置。

④建设单位能提供的原有房屋及其他生活设施的情况。

3.5.2 施工现场平面布置步骤及方法

单位工程施工平面图的设计步骤如图3.90所示。

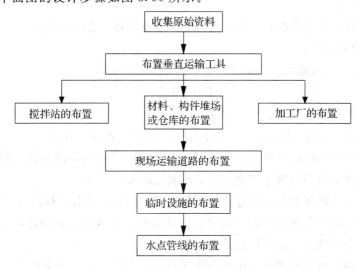

图3.90 单位工程施工平面图的设计步骤

1. 垂直运输机械的布置

垂直起重运输机械的位置直接影响仓库堆场、施工道路、搅拌站、水电管线及其他设施的布置，必须首先予以确定。常用的垂直运输机械有塔吊、井架、龙门架等，由于各种起重机械的性能不同，其布置位置亦有所区别，下面加以一一说明。

（1）塔吊的布置。

塔吊按其工作状态的不同分为轨道式、固定式、附着式和内爬式4种；按其布置方式的不同分为跨外单侧布置、跨外双侧或环形布置、跨内单行布置和跨内环行布置 4 种。现以跨外布置的固定式塔吊为例，阐述其布置要求。

①塔吊的平面位置。塔吊平面位置的确定主要取决于建筑物的平面形状及其周围的场地条件和吊装工艺。一般情况下，跨外布置的固定式塔吊应沿建筑物的长度方向布置在场地较宽的一侧，以便使塔吊对材料、构件堆场的服务面积较大，并充分发挥其效率；塔基必须坚实可靠；当采用两台或多台塔吊或一台塔吊、一台井架（或龙门架、建筑施工电梯等）时，必须明确规定各自的工作范围和相互之间的最小距离，并制定严格的切实可行的防止碰撞的措施。此外，在起重臂操作范围内，使起重机的起重幅度能将材料和构件运至任何施工地点，避免出现"死角"。在高空有高压电线通过时，高压线必须高出起重机，并留有安全距离。如果不符合上述条件，则高压线应搬迁或考虑其他的起重运输机械布置方案。在搬迁高压线有困难时，则要采取安全措施。

②塔吊的起重工作参数。塔吊的三个起重工作参数（起重力矩 M、起重高度 H 和服务半径 R）均应满足拟建工程吊装技术的要求。

a. 塔吊的起重力矩 M 要大于等于吊装各种预制构件时所产生的最大力矩 M_{max}，其计算公式（3.59）如下：

$$M \geqslant M_{max} = \max \{ (Q_i + q) \cdot R_i \} \tag{3.59}$$

式中　Q_i——某一预制构件或起重材料的自重；

　　　R_i——该预制构件或起重材料的安装位置至塔吊回转中心的距离；

　　　q——吊具、吊索的自重。

b. 塔吊的起重高度 H 要满足下述公式（3.60）要求：

$$H \geqslant H_0 + h_1 + h_2 + h_3 \tag{3.60}$$

式中　H_0——建筑物的总高；

　　　h_1——吊运中的预制构件或起重材料与建筑物之间的安全高度（安全间隙高度，一般不小于 0.3 m）；

　　　h_2——预制构件或起重材料底边至吊索绑扎点（或吊环）之间的高度；

　　　h_3——吊具、吊索的高度。

c. 塔吊的服务半径（回转半径）R 要满足下述公式（3.61）：

$$R \geqslant B + D \tag{3.61}$$

式中　B——建筑物平面的最大宽度；

　　　D——塔吊回转中心线（塔基中心）与外墙外边线之间的最小距离。

塔吊回转中心线与外墙外边线之间的最小距离 D 取决于凸出墙面的雨篷、阳台、外脚手架的尺寸、塔吊轴向最大尺寸和塔吊与脚手架之间的最小安全距离。

特别提出的是，对于塔吊起吊拟建建筑物外侧钢筋、预制构件等材料的情况，在计算 R 值时上述公式中的 B 值应考虑脚手架距墙外边的尺寸，而且 R 值应比式中的最小计算值适当加大。否则在起吊过程中，钢筋等起吊物品可能会钩挂外脚手架护网。

③塔吊的服务范围。以塔吊的塔基中心点为圆心，最大回转半径为半径划出一个圆形，该圆形包围部分即为塔吊的服务范围。

建筑物平面处在塔吊服务范围之外的部分，称为"死角"。塔吊布置的最佳状态是使建筑物平面均处在塔吊服务范围之内，避免出现死角。否则，也应使死角越小越好，并尽量使最高、最大、最重构件的安装位置不出现死角。塔吊安装死角部分的构件时，可以水平推移构件的最大距离不得超过 1 m，并应制定严格的技术安全措施。否则，需采用水平转运小车等辅助设备来转运预制构件。

对于有轨式起重机的轨道一般沿建筑物的长向布置，其位置和尺寸取决于建筑物的平面形状和尺寸、构件自重、起重机的性能及四周施工场地的条件。通常轨道布置方式有 3 种：单侧布置、双侧布置和环状布置。当建筑物宽度较小、构件自重不大时，可采用单侧布置方式；当建筑物宽度较大，构件自重较大时，应采用双侧布置或环形布置方式。

（2）井架（或龙门架）的布置。

井架一般采用角钢拼装，也可用钢管脚手架搭设，其截面呈矩形，边长为 1.5～2.0 m，起重量为 0.5～2.0 t，主要用于垂直运输。其布置要求如下：

①井架的数量和型号。

井架的数量和型号应根据施工高峰时的垂直运输量大小、工程进度和流水施工要求确定。

②井架与卷扬机的平面位置。

a. 当建筑物呈长条形，层数、高度相同时，井架一般布置在施工段的分界线处、靠近材料或构件堆场面积较大的一侧，以缩短运距。当建筑物各部分的高度不同时，井架应布置在施工段高低层分界线处靠近高层的一侧。井架的方位一般与墙面平行，当有两条进楼运输道路时，井架也可按与墙面呈 45°角的方位布置。井架与建筑物外墙面的距离，视屋面檐口挑出尺寸或双排外脚手架的搭设要求而定。

b. 井架与各楼层之间设置进料口，进料口应设置在门窗洞口处，以减少对结构整体性的影响，并减少墙体留槎处的修补工作量。

c. 高度在 40 m 以下的井架，顶端要设置一道不少于四根的缆风绳（四个方向，每个方向一根）；高度超过 40 m 的井架，还要在其中部靠上的位置设置一道不少于两根的缆风绳；缆风绳与地面之间的夹角以 30°～45°为宜，不得超过 60°。

d. 井架用卷扬机的位置离井架的距离宜不小于屋面至室外地面之间的距离，以便于卷扬机操作人员观看吊物的升降过程，但最短距离应不小于 10 m；卷扬机离脚手架的距离，多层建筑应不小于 3 m，高层建筑应不小于 6 m。

③井架的高度井架的高度根据拟建工程屋面高度和井架形式确定。

a. 只设吊篮的井架应高出屋面 3～5 m。

b. 摇头拔杆井架。为了使井架能吊运楼板等构件，可在井架上部棱角处设置摇头拔杆，拔杆与井架的夹角一般为 30°～60°，拔杆的起重量为 0.5～1.5 t，拔杆长度与其回转半径之间的关系可用公式（3.62）表示：

$$R = L \cdot \cos \alpha \tag{3.62}$$

式中　r——拔杆的回转半径，一般为 4.5～11 m；

　　　L——拔杆的长度，一般为 6～15 m；

　　　α——拔杆与水平面的夹角，一般为 30°～60°。

当 $\alpha = 45°$ 时，带有摇头拔杆的井架应高出屋面为 $2r = \sqrt{2}L$。

2. 搅拌站、加工厂及各种材料、构件的堆场或仓库的布置

搅拌站、各种材料、构件的堆场或仓库的位置应尽量靠近使用地点或在塔式起重机服务范围之内，并考虑到运输和装卸的方便。

（1）搅拌站的布置。

当施工方案中确定施工现场设置混凝土和砂浆搅拌机时，其布置要求如下：

①搅拌站应靠近施工道路布置，其前台应有装料或车辆掉头的场地，其后台要有称量、上料的场地。尤其是混凝土搅拌站，要与砂石堆场、水泥库等一起考虑布置，既要使其互相靠近，又要方便各种大宗材料和成品的装卸与运输。此外搅拌站前台口等均应布置在塔式起重机有效起吊服务范围之内。

②搅拌站的位置应尽量靠近使用地点或靠近垂直运输设备。有时在浇筑大型混凝土基础时，为了减少混凝土运输，可将混凝土搅拌站直接设在基础边缘。待基础混凝土浇完后再转移。

③当采用井架（或龙门架、建筑施工电梯）运输时，搅拌站应靠近井架布置；当采用塔吊运输时，搅拌机的出料口应布置在塔吊的服务范围之内，以使吊斗能直接装料和挂钩起吊。

④搅拌站的周围应设置排水沟，以防积水；搅拌站清洗搅拌机时排出的污水应经沉淀池沉淀后排入城市地下排水系统或排水沟，以防堵塞排水系统、污染环境。

⑤搅拌站的面积，以每台混凝土搅拌机需要 25 m，每台砂浆搅拌机需要 15 m。计算；冬期施工时考虑到某些材料的保温要求（如水泥、外加剂）和设置供热设施，搅拌站的面积应增加一倍。

（2）加工棚的布置木材、钢筋、水电等。

加工棚宜设置在距拟建工程周边一定距离处，并有相应的材料、成品堆场；木材、钢筋的成品堆场应尽量靠近井架或尽量布置在塔吊服务范围之内；石灰堆场和淋灰池宜布置在施工现场的下风方向，并尽量靠近砂浆搅拌机；沥青灶应设置在远离易燃易爆品、现场下风方向的较空旷场地上。

（3）仓库、堆场的布置。

仓库、堆场的面积可先根据相关参数的有关要求进行计算，然后再根据不同施工阶段所需材料、构配件的种类、使用的先后顺序和使用期限，合理地设计不同施工阶段的现场施工平面图，使同一场地先后堆放多种不同的材料或构配件，充分利用施工用地。对仓库、堆场的布置要求如下：

①仓库的布置要求。

水泥仓库应设置在地势较高、排水方便、尽量靠近搅拌站的地方；各种易燃、易爆品仓库应按防火防爆安全距离的要求和有关规定布置在施工现场的边缘地区。

②预制构件堆场的布置要求。

预制构件的堆放位置要考虑到吊装顺序。先吊的放在上面，后吊的放在下面。现场预制构件的堆放数量应根据施工进度要求、运输能力和现场实际条件等因素进行综合考虑，预制构件的进场时间应与吊装就位密切配合，力求直接卸到其就位位置，避免二次搬运。最好根据每层楼或每个施工段的施工进度要求，实行分期分批配套进场，以节省堆场面积。多层砖混结构中较大的预制构件，当采用塔吊运输时，均应尽可能布置在塔吊的服务范围之内；当采用井架等垂直运输机械运输时，则应尽可能靠近井架布置，但离井架的距离总体可比大的预制构件稍远一些。

各种钢木门窗和钢木构件，一般不宜露天堆放，可根据现场的具体情况搭棚存放，或放置在已建主体结构的首层、二层房间内。

③各种材料堆场的布置要求。

各种材料的现场堆放数量应根据其用量的大小、使用时间的长短、供应与运输情况和现场实际条件等综合研究确定。凡用量较大、使用时间较长、供应与运输均比较方便者，在保证施工进度与连续施工的情况下，均宜根据施工层、施工段上的工程量大小和现场实际情况，实行分期分批进料的方法，以达到减少仓库堆场面积、降低材料损耗、节约施工费用的目的。

材料堆放应尽量靠近使用地点，减少或避免二次搬运，并考虑运输及卸料方便。基础施工时使用的各种材料可堆放在基础四周。一般，基础和首层结构用砖，可根据场地具体情况，沿拟建建筑物四周分堆布置，以保证向房屋任何一个部位供砖的运距均较短；砖堆距基坑、基槽上边线不小于1.0 m，以防压塌边坡。二层及二层以上各层用砖，当采用井架运输时，应靠近井架布置；当采用塔吊运输时，应布置在塔吊服务范围之内。

模板、脚手架等周转材料应布置在装卸、取用、维修、清理方便之处且靠近井架或使用地点，或布置在塔吊的服务范围之内，以便于吊运和使用。

砂石堆场尽可能布置在搅拌站的后台附近，混凝土搅拌站的石子用量更大一些，石子比砂更应靠近搅拌站，并要按粒径不同分别标明和堆放。

（4）各类加工厂的占地面积和单位产量所需建筑面积根据具体项目确定。

3. 运输道路的修筑

(1) 临时施工道路的技术要求。

①道路的最小宽度和转弯半径：汽车单行道不小于 3.5 m（最窄处不应小于 3.0 m），汽车双行道不小于 6.0 m；平板拖车单行道不小于 4.0 m，双行道不小于 8.0 m；架空线及管道下面的道路的空间高度应大于 4.5 m，垂直管道之间的最小道路宽度应不小于 3.5 m。汽车单行道和分向行驶的双行道的最小转弯半径应不小于 9.0 m，拖挂一辆拖车时应不小于 12 m。

②临时施工道路的做法：为了及时排除路面积水，路面应高出周围自然地面 0.1～0.2 m，雨量较大地区应高出 0.5 m 左右，道路两侧应设置排水沟，沟深不小于 0.4 m，沟底宽不小于 0.3 m。一般砂质土地区的临时道路可采用碾压土路，当土质较黏、泥泞或翻浆时，可采用加骨料后再碾压路面的方法。骨料应尽量就地取材，如碎砖、炉渣、卵石、碎石和大块石等，从而降低造价。

(2) 临时施工道路的布置要求。

①施工道路应满足材料、构件等的运输要求，使之通到各个仓库、堆场、搅拌站，并尽量直达装卸区，以便就地装卸，避免二次搬运。

②施工道路应满足消防的要求，使之靠近建筑物、木材加工场等容易发生火灾的地方，并能直达消火栓处，以便消防车取水、救火快捷、畅通。消防车道的宽度应不小于 3.5 m。

③为了提高车辆的行驶速度和道路的通行能力，施工道路应尽量布置成直线形路段，主要道路应尽可能布置成环形回路，支线道路的路端应设置倒车场地。

④施工道路应避开地下管道和后期开工的拟建工程，以防后期施工中拆迁改道；施工道路应尽量利用原有道路和拟建的永久性道路，可以先修建拟建永久性道路的路基，用作临时道路，待工程完成后再铺设路面，以便节约施工时间和费用。

(3) 场内临时道路的技术标准，见表 3.25。

表 3.25 临时道路主要技术指标

指标名称	单位	技术标准
设计车速	km/h	≤20
路基宽度	m	双车道 6～6.5；单车道 4～4.5；困难地段 3.5
路面宽度	m	双车道 5～5.5；单车道 3～3.5
平面曲线最小半径	m	平原、丘陵地区 20；山区 15；回头弯道 12
最大纵坡	%	平原地区 6；丘陵地区 8；山区 11
纵坡最短长度	m	平原地区 100；山区 50
桥面宽度	m	木桥 4～4.5
桥涵载重等级	t	木桥涵 7.8～10.4（汽 6～8）

4. 行政管理、文化生活、福利用临时设施的布置

(1) 临时生活设施的种类。

①行政管理用房屋：主要包括工地办公室、传达室、警卫室、消防站、汽车库以及各类行政管理用仓库、维修间等。

②居住生活用房：主要包括职工宿舍、食堂、医务室、浴室、理发室、锅炉房、小卖部和厕所等。

③文化生活福利用房：主要包括俱乐部、邮亭等。

(2) 临时生活设施的布置要求。

①工地所需的临时生活设施应尽量利用原有的准备拆除的或拟建的永久性房屋，其数量不足的部分再临时新建。

②工地现场办公室宜设置在工地人口处或中心地区，并宜靠近施工地点布置。

③居住和文化生活福利用房，一般宜建在生活基地或临时工人村内，其中的一小部分如浴室、开水房、食堂、医务室等也可建在工地之内；工地小卖部等某些生活设施应布置在工人比较集中的地方或出入口附近。

（3）常用的固定式临时生活设施的建筑面积根据具体项目定。

5．施工供水管网的布置

（1）供水管网的布置方式。

供水管网的布置方式有环状管网、枝状管网和混合管网等三种方式。

①环状管网的供水可靠性强，当管网某处发生故障，仍能保障供水不断；但管线长，造价高。它适用于对供水的可靠性要求高的建设项目或重要的用水区域。

②枝状管网的供水可靠性差；但管线短，造价低，适用于一般中小型工程。单位工程的临时供水系统一般采用枝状管网，一般 5 000～10 000 m^2 的建筑物，施工用水干管直径为 50 mm，支管直径为 15～25 mm。单位工程的临时供水管要分别接至砖堆、淋灰池、搅拌站和拟建工程周围，并分别接出水龙头，以满足施工现场的各类用水要求。

③混合管网是指主要用水区及供水干管采用环状管网，其他用水区和支管采用枝状管网的一种综合供水方式。它兼有环状管网和枝状管网的优点，一般适用于大型工程。

（2）管网的铺设方式。

管网的铺设方式有两种，一种是明铺，一种是暗铺。由于暗铺是埋在地下，不会影响地面上的交通运输，因此施工现场多采用暗铺，但要增加铺设费用。寒冷地区冬期施工时，暗铺的供水管应埋设在冰冻线以下。明铺是置于地面上，其供水管应视情况采取保暖防冻措施。

（3）供水管网的布置要求。

①施工用的临时给水管。一般由建设单位的干管或自行布置的给水干管接到用水地点。布置时应力求管网总长度最短；在保证供水要求的前提下，新建供水管线的长度越短越好，并应适当采用胶皮管、塑料管作为支管，使其具有可移动性，以便利于施工。管径大小和龙头数目的设置需视工程规模大小通过计算确定。管道可埋于地下，也可铺设在地面上，以当时当地的气候条件和使用期限的长短而定。工地内要设置消火栓，消火栓距离建筑物不应小于 5 m，也不应大于 25 m，距离路边不大于 2 m。条件允许时，可利用城市或建设单位的永久消防设施。

②为了防止水的意外中断，可在建筑物附近设置简单蓄水池，储存一定数量的生产和消防用水。水压不足时，可利用城市或建设单位的永久消防设施。

③为便于排除地面水和地下水，要及时修通永久性下水道，并结合现场地形在建筑物四周设置排泄地面水和地下水的沟渠。

6．施工供电的布置

（1）变压器的选择与布置要求。当施工现场只需设置一台变压器时，供电线路可按枝状布置，变压器应设置在引入电源的安全区域内。

当工地较大，需要设置多台变压器时，应先用一台主降压变压器，将工地附近 110 kV 或 35 kV 的高压电网上的电压降至 10 kV 或 6 kV，然后再通过若干个分变压器将电压降至 380/220 V。主变压器与各分变压器之间采用环状连接布置；每个分变压器到该变压器负担的各用电点的线路可采用枝状布置，分变电器应设置在用电设备集中、用电量大的地方或该变压器所负担区域的中心地带，以尽量缩短供电线路的长度；低压变电器的有效供电半径为 400～500 m。

其实，单位工程的临时供电系统一般采用枝状布置，并尽量利用原有的高压电网和已有的变压器。新建变压器应布置在现场边缘高压线接入处，离地高度应大于 3 m，四周设高度不小于 1.7 m 的防护栏，并设置明显标志。变压器不宜布置在交通要道路口。

（2）供电线路的布置要求。工地上的 3 kV、6 kV 或 10 kV 的高压线路，可采用架空裸线，其电杆距离为 40～60 m，也可用地下电缆；户外 380/220 V 的低压线路，也可采用架空裸线，与建筑物、脚手架等相近时必须采用绝缘架空线，其电杆距离为 25～40 m；分支线或引入线均必须从电杆处连接，不得从两杆之间的线路上直接连接；电杆一般采用钢筋混凝土电杆；低压线路也可采用木杆。

配电线路宜沿道路的一侧布置，高出地面的距离一般为 4～6 m，要保持线路平直；离开建筑物的安全距离为 6 m，跨越铁路时的高度应不小于 7.5 m；在任何情况下，各供电线路均不得妨碍交通运输和施工机械的进场、退场、装拆及吊装等；同时要避开堆场、临时设施、开挖的沟槽或后期拟建工程的位置，以免二次拆迁。

各用电点必须配备与用电设备功率相匹配的、由闸刀开关、熔断保险、漏电保护器和插座等组成的配电箱，其高度与安装位置应以操作方便、安全为准；每台用电机械或设备均应分设闸刀开关和熔断器，实行单机单闸，严禁一闸多机。

设置在室外的配电箱应有防雨措施，严防漏电、短路及触电事故的发生。

3.5.3 施工平面布置图绘制

1. 确定图幅的大小和绘图比例

图幅大小和绘图比例应根据工地大小及布置的内容多少来确定。绘制单位工程施工平面图时，应尽量将拟建单位工程放在图的中心位置，图幅一般采用 2 号和 3 号图纸，比例为 1：200～1：500，通常使用 1：200 的比例。

2. 合理地规划和设计图面

施工总平面图除了要反映施工现场的平面布置外，还要反映现场周边的环境与现状（例如原有的道路、建筑物、构筑物等）。故要合理地规划和设计图面，并要留出一定的图面绘制指北针、图例和标注文字说明等。

3. 绘制建筑总平面图中的有关内容

将现场测量的方格网、现场内外原有的并将保留的建筑物、构筑物和运输道路等其他设施按比例准确地绘制在图面上。

4. 绘制为施工服务的各种临时设施

根据施工平面布置要求和面积计算的结果，将所确定的施工道路、仓库堆场、加工厂、施工机械、搅拌站等的位置、尺寸和水电管网的布置按比例准确地绘制在施工平面图上。

5. 绘制正式的单位工程施工平面图

在完成各项布置后，再经过分析、比较、优化、调整修改，形成施工总平面图（草图）；然后再按规范规定的线型、线条、图例等对草图进行加工、包装，并作必要的文字说明，标上图例、比例、指北针等，则成为正式的施工总平面图。

值得注意的是，通常施工平面图的内容和数量要根据工程特点、工期长短、场地情况等确定。一般中小型单位工程只绘制主体结构施工阶段的平面布置图即可（有时也可以将后期搭设的装修用井架标注在平面图上）；对于工期较长或受场地限制的大中型工程，则应分阶段绘制多张施工平面图。如高层建筑工程可绘制基础、主体结构、装修等不同施工阶段的施工平面图；又如单层工业厂房的建筑安装工程，则应分别绘制基础、预制、吊装等施工阶段的施工平面图。

绘制施工总平面图的要求是：比例准确，图例规范，线条粗细分明、标准，字迹端正，图面整洁、美观。

布置重型工业厂房的施工平面图，还应该考虑一般土建工程同其他专业工程的配合问题，以一般土建施工单位为主会同各专业施工单位，通过协商编制综合施工平面图。在综合施工平面图中，根据各专业工程在各施工阶段中的要求将现场平面合理划分，使专业工程各得其所，都具备良好的施工条件，以便各单位根据综合施工平面图布置现场。

任务3.6 技术组织措施及技术经济分析

3.6.1 技术组织措施确定

技术组织措施是指在技术、组织方面对保证工程质量、安全、经济和文明施工等所采用的方法。它是施工组织设计编制者在满足具体工程项目情况的前提下带有创造性的工作。

1. 保证工程质量措施

保证工程质量就是要对施工组织设计的工程对象经常发生的质量通病制定防范措施。保证工程质量的措施可以从以下方面考虑。

（1）技术保证措施。

①加强技术管理，认真贯彻各项技术管理制度。

②做好文件与资料的控制工作，由专人负责管理工程所需的各种文件盒资料，保证使用资料的有效性。

③对与工程质量有关的质量记录由项目部设专人统一进行管理，以保持质量记录的系统性和可控性，质量记录除文字资料外，对重点部分用声像资料、照片予以保存存档，实现可追溯性。

④严格按照国家质量体系文件要求以及公司质量手册、程序文件进行质量控制，对项目部质量体系进行定期检查，确保质量体系的有效运行，保证工程质量。

⑤做好各类管理人员、技术人员和操作人员的培训工作。

（2）物资保证措施。

必须做好采购工作的控制，对采购的材料、设备、成品、半成品应在合格的供应商中选择。对采购的材料、物资、成品、半成品进行标志和记录，防止材料混用和使用不合格材料以及不合格品进入下道工序。

（3）施工过程保证措施。

①做好施工过程的控制，特别是关键工作和特殊过程的控制。

②对施工设备进行全过程安全管理，满足施工生产的需要，保证特殊过程连续施工，保证施工质量。

③对材料、构配件成品等进行规定的检验和试验，防止使用未经检验和试验或检验试验不合格的采购产品，避免不合格的产品进入下一道工序，验证最终产品是否符合规定要求。

④对施工全过程使用的检验、测量和试验设备进行周期检定、校准和维护，确保检验和试验结果符合规定的精度，满足施工生产需要，保证施工质量。

（4）纠正与预防不合格的保证措施。

做好不合格评的控制。对已确定不合格的材料、施工半成品及最终产品进行标志、评审、处置，保证施工质量；对工程中已出现和潜在的不合格品原因进行分析，采取纠正和预防措施，从根本上消除产生不合格的因素，保证工程质量满足规定要求。

（5）物资搬运与交付保证措施。

对进场物资进行合理搬运、储存，实施具体的搬运作业指导书，保证合格品供应，满足施工质量；对建安产品形成和最终交付过程中实施有效的防护和保管措施，确保交付用户满足合同要求的建安产品。

（6）质量教育和质量交底保证措施。

向各级生产人员明确分部、分项工程的质量等级，在每项工程开工前，进行质量标准交底和检查方法教育，做到管理人员、操作人员人人监督质量，各班组人员要自检、互检本工种工作质量，全体施工人员同心协力，坚持质量第一，狠抓严管，确保目标实现。

（7）样板工程保证措施。

对主要分部、分项工程都要设计样板产品，使产品质量表现得直观，工人所创造的各部件也就有了更明显的要求和比照，如装饰时设样板间，砌筑时设样板施工段。各分部、分项工程在大面积施工前，都要以样板活开路，并以样板为最低标准，如此抓下去以保证工程质量。

2. 安全保卫措施

（1）成立安全成产监督机构。

（2）做好各项安全交底，严格执行安全生产制度，所有施工人员班前禁止喝酒，在施工现场醒目位置设安全生产宣传牌，搭设的各类脚手架须经安全员验收合格后方准使用。

（3）各类电动设备和工具必须有可靠、有效的安全接地措施，禁止带病运转，传动部分应有防护罩，触保器应每天调试，并做好记录；加强晚间施工照明管理，严禁乱拉乱接电线，遵守现场用电制度。

（4）特殊工作必须经过培训，并持有上岗证，教育全体职工遵章守纪，执行安全规程。

（5）主配楼隔层配置灭火器等设备，并挂于楼梯间醒目处，灭火设备应请专业消防人员当场指导使用，专人管理。

（6）施工现场和大小仓库均禁止吸烟。

（7）工地白天黑夜均设保卫人员，建立巡防制度。

3. 施工进度控制措施

项目建设要在保证质量和安全的基础上，确保施工进度，以总进度为依据，按不同施工阶段、不同专业工种分解为不同的进度分目标，以各项技术、管理措施为保证手段，进行施工全过程的动态控制。

（1）强化进度计划管理。

工程开工前，必须严格根据施工招标书的工期要求，提出工程总进度计划，并对其是否科学、合理，能否满足合同规定工期要求等问题，进行认真细致论证；在工程施工总进度计划的控制下，对于施工过程，坚持逐月（周）编制出具体的工程施工计划和工作安排，并对其科学性、可行性进行认真的推敲；工程计划执行过程，如发现未能按期完成工程计划，必须及时检查分析原因，立即调整计划和采取补救措施，以保证工程施工进度计划的实现。

（2）施工进度计划的控制。

施工进度计划的控制是一个循环渐进的动态控制过程，施工现场的条件和情况千变万化，项目经理部要及时了解和掌握与施工进度有关的各种信息，不断将实际进度与计划进度进行对比，一旦发现偏差，要及时分析原因及其对后续工作产生的影响，并采取各种有效措施进行调整。

①建立严格的工序施工日志制度，逐日详细记录工程施工情况。

②坚持每周定期召开一次工程施工协调会议，听取关于工程施工进度问题的汇报，协调工程施工外部关系，解决工程施工内部矛盾，对其中有关施工进度的问题，提出明确的计划调整意见。

③各级施工负责人必须"干一观二计划三"，提前为下道工序的施工，做好人力、物力和机械设备的准备，确保工程一环扣一环的紧凑施工。

④预防和克服影响进度的诸多因素，保证施工进度目标的实现。在施工生产中，影响进度的因素纷繁复杂，如设计变更、技术、资金、机械、材料、人力、水电供应、气候、组织协调等。要保证进度目标的实现，就必须采取各种措施预防和克服上述影响进度的诸多因素。

⑤实行工种流水交叉，循序跟进的施工程序；发扬技术力量雄厚的优势，大力应用、推广"三新项目"，运用 ISO 9002 国际标准、TQC、网络计划、计算机等现代化的管理手段或工具为工程的施工服务。

（4）降低成本措施。

可采取以下措施降低成本。

①正确选择施工方案，精心组织施工，合理使用劳动力、机具和各种材料，提高管理水平。

②认真调查研究市场行情，摸清材料价格信息，选择优质价廉的材料。

③进场材料必须严格检查数量，对必须防潮的材料一定要采取防雨、防水措施；钢筋采用焊接或机械连接，充分利用短钢筋；建筑内粉刷落地砂浆及时收回使用，实行文明施工。

④木模板表面涂隔离剂，利于脱模，增加模板周转次数。

⑤加强周转材料的管理与利用，防止浪费、丢失。

⑥提高劳动生产率，减少工日消耗；改善劳动组合，提高单位时间产量；认真编制作业计划，加强经济核算；制定质量奖罚制度，充分调动广大员工的积极性，缩短工期。

⑦提高机械利用率，加强机械设备维修保养。

⑧狠抓施工质量，主体施工要确保垂直度和楼面平整度，防止垂直度和楼面平整度偏差过大，造成抹灰、找平层超厚费工费料。坚持按施工规范施工，确保工序一次成优，杜绝返工。

（5）风险分析与控制。

项目的风险管理是指通过风险识别、风险分析和风险评价等认识项目风险，并以此为基础合理制定各种风险应对措施，对项目风险实行有效控制，妥善处理风险事件造成的不利后果，以最小的投入保证项目总体目标实现的管理工作。施工管理风险规划应包括以下内容：风险识别、风险分析、风险评价、风险回应、落实风险管理责任人。

风险责任人通常与风险的防范措施相联系。应根据上述内容编制风险分析表。其一般格式见表 3.26。

表 3.26　风险分析表

风险名称	风险影响范围	导致风险发生的条件	风险损失	风险发生的可能性	风险损失期望	风险预防措施	责任人

（6）文明施工保证措施。

可采取以下措施保证文明施工。

①工程实施时按当地建设工程现场文明施工管理的相关规定执行。

②建立健全文明施工检查考评制度，项目部每周进行一次自检，同时要配合监理部门对文明施工的检查。项目经理部指派专人主抓文明施工及环境保护工作，并将文明施工和环境保护工作开展的成效与各专业班组和管理人员的效益挂钩。

③项目部临时用地按相关标准进行布置，四周设置排水沟。严格执行用地管理，临时工程等设施均安排于计划用地红线内。

④根据施工平面图规划生活用房和施工用房，在工地门口设置明显的标示牌，标明建设工程名称、规模、建设、设计、监理、施工单位名称，建设单位工地总代表，施工单位总负责人与总工程师的姓名、工程开竣工日期，施工许可证批准文号等内容。并应同时设置统一规格的施工标牌，简称"七牌二图"（安全生产十大禁令牌、施工现场"十不准"牌、安全生产十大记录牌、十项安全技术措施牌、防火须知牌、工程概况牌、安全生产计数牌，工地施工总平面图、卫生防火平面布置图）。

⑤施工场地出入口应设置洗车槽，出场地的车辆必须冲洗干净。施工场地道路必须平整畅通，

排水系统良好。

⑥场地内的管线应严格按设计和安全规定架设，并严加管理，杜绝乱搭乱接；做好电气设备的防雨防雷措施，定期对保护零线、重复接地的接地电阻进行测试，以确保施工用电的安全。建立工地文明、卫生防火责任制，落实到人。

⑦施工人员及管理人员均应佩戴胸卡上岗，上岗时必须戴安全帽，并做好施工现场的安全保卫工作，采取必要的防盗措施，建立门卫值班制度并设专职保安执勤。非施工人员不得擅自进入施工现场，施工人员着装不合安全规定的也不准进入施工现场。将日常整理列入文明施工管理的日常工作中，做到作业人员离开，作业面干净整洁。

⑧现场弃土及施工垃圾应及时清除，注意搞好工地及四周的环境卫生，创造良好的生活、施工卫生条件。

⑨材料、机具要分类堆放整齐，应合理有序并设置标示牌；现场的废料应及时清运，场地在干燥大风时应注意洒水降尘。

⑩施工现场设置的办公室、材料房、宿舍、厨房、冲凉房、厕所等都必须挂牌，并要张贴管理规定。施工现场办公室要经常保持整洁有序，不准兼做宿舍用，在内墙上要挂"四牌四表二图一板"（技术责任制度牌、安全责任制度牌、消防责任制度牌、文明施工责任制度牌、工程概况表、天气晴雨表、管理人员表、施工进度表、施工平面图、形象进度图、记事板）。

⑪做好施工现场的卫生管理工作，环境应经常保持卫生整洁，厕所要建在指定地点并有防蝇灭蛆、洗水槽、自动冲水等设施。生活垃圾要在指定地点倒放，生活废水通过指定的污水沟排放，不准随地大小便，不准乱扔脏物，保持现场的卫生和清洁。

⑫工地饭堂与工棚应分开，厨房必须保持卫生、通风、明亮，房内安装排气扇，以保证房内通风良好。炊事员上岗应持有效的健康合格证和岗位培训合格证，生熟品严格分开，餐具用后应立即洗刷干净并按规定消毒。

⑬施工现场要严格按照安全防火相关规定派专人负责，建立起安全防火管理制度和台账（包括施工现场防火平面布置图），设置符合要求的消防设施，配备足量的消防器材设备，并保持完好的备用状态，建立高效率的义务消防队，切实搞好施工现场的安全防火工作。

⑭工程完工后，按要求及时拆除所有围挡及临时建筑设施、安全防护设施和其他临时工程，并将工地周围环境清理整洁，做到工料清、场地净。

（7）环境保护措施。

①施工期间噪声的防治措施。

现场施工噪声主要来自施工机械，为了能有效的降低施工噪声，应从以下几点着手。

a. 必须采取相应措施以使施工噪声符合国家环保总局颁发的《建筑施工场界噪声限值》要求。土石方施工阶段的噪声限值为：昼间 75 dB，夜间 55 dB。

b. 在可供选择的施工方案中尽可能选用噪声小的施工工艺和施工机械。

c. 将噪声较大的机械设备布置在远离施工红线的位置，减少噪声对施工红线外的影响。

d. 对噪声较大的机械，在中午及夜间休息时间应停机，以免影响附近居民休息。

②施工期间粉尘（扬尘）的污染防治措施。

土石方施工和施工车辆行驶会引起尘土飞扬，使附近的总悬浮颗粒物超过环境空气质量标准。为了注重环保工作，应采取以下措施。

a. 配备足够数量的洒水车以保证将汽车行走施工道路的粉尘（扬尘）控制在最低限度。

b. 定时派人清扫施工便道路面，减少尘土量；对可能扬尘的施工场地定时洒水，并为在场的作业人员配备必要的专用劳保用品。

c. 汽车进入施工场地应减速行驶，避免扬尘；对易于引起粉尘的细料或散料应予遮盖或适当洒水，运输时亦应予遮盖。

③施工期间水污染（废水）的防治措施。

a. 加强对施工机械的维修保养，防止机械使用的油类渗透进入地下水中或市政下水道。

b. 施工人员集中居住点的生活污水、生活垃圾（特别是粪便）要集中处理，防止污染水源，厕所需设化粪池。

c. 冲洗集料或含有沉淀物的操作用水，应设置过滤沉淀池或采取其他处理措施。

④施工期间固体废物的防治措施。

a. 注意环境卫生，施工项目用地范围内的生活垃圾应倾倒至围墙内的指定堆放点，不得在围墙外堆放或随意倾倒，最后交环保部门集中处理。

b. 对施工期间的固体废弃物应分类定点堆放，分类处理。

c. 施工期间产生的废钢材、木材、塑料等固体废料应予回收利用。

d. 严禁将有害废弃物用做土方回填料。

⑤其他环保措施。

a. 建立环境保护管理小组，做好日常环境管理，并建立环保管理资料。

b. 建立健全环境工作管理条例，施工组织设计中应有相应环保内容。

c. 对地下管线应妥善保护，不明管线应事先探明，不允许野蛮施工作业。施工中如发现文物应及时停工，采取有效封闭保护措施，并及时报请业主处理，任何人不得隐瞒或私自占有。

d. 建立公众投诉电话，主动接受群众监督。

e. 施工期间应防止水土流失，做好废料石的处理，做到统筹规划、合理布置、综合治理、化害为利。

3.6.2　建筑施工组织技术经济分析

1. 技术经济分析目的

技术经济分析的目的是论证施工组织设计在技术上是否可行，在经济上是否合算，通过科学的计算和分析比较，选择技术经济效果最佳的方案，为不断改进和提高施工组织设计水平提供依据，为寻求增产节约途径和提高经济效益提供信息。技术经济分析既是单位工程施工组织设计的内容之一，也是必要的设计手段。

2. 技术经济分析要求

技术经济分析的要求如下。

（1）全面分析。要对施工的技术方法、组织方法及经济效果进行分析，对施工的具体环节及全过程进行分析。

（2）作技术经济分析时应抓住施工方案、施工进度计划和施工平面图三大重点，并据此建立技术经济分析指标体系。

（3）在作技术经济分析时，要灵活运用定性方法和有针对性地应用定量方法。在做定量分析时，应对主要指标、辅助指标区别对待。

（4）技术经济分析应以设计方案的要求、有关的国家规定及工程的实际需要为依据。

3. 技术经济分析重点

技术经济分析应围绕质量、工期、成本3个主要方面。选用某一方案的原则是：在质量能达到优良的前提下，工期合理，节约成本。

对于单位工程施工组织设计，不同的设计内容，应有不同的技术经济分析的重点。

（1）基础工程应以土方工程、现浇混凝土、打桩、排水和防水、运输进度与工期为重点。

（2）结构工程应以垂直运输机械选择、流水段划分、劳动组织、现浇混凝土支模、绑筋、混凝土浇筑与运输、脚手架选择、特殊分项工程施工方案和各项技术组织措施为重点。

（3）装饰工程应以施工顺序、质量保证措施、劳动组织、分工协作配合、节约材料及技术组织措施为重点。

单位工程施工组织设计的技术经济分析重点是：工期、质量、成本，劳动力使用，场地占用和利用，临时设施，协作配合，材料节约，新技术、新设备、新材料、新工艺的采用等。

4. 技术经济分析方法

（1）定性分析方法。

定性分析法是根据经验对单位工程施工组织设计的优劣进行分析。例如，工期是否适当，可按一般规律或施工定额进行分析；选择的施工机械是否得当，主要看它能否满足使用要求、机械提供的可能性等；流水段的划分是否适当，主要看它是否给流水施工带来方便；施工平面图是否合理，主要看场地是否合理利用等。定性分析法比较方便，但不精确，不能优化，决策易受主观因素制约。

（2）定量分析方法。

①多指标比较法。该方法简便实用，使用较多。比较时要选用适当的指标，注意可比性。有两种情况要区别对待。

a. 一个方案的各项指标明显的优于另一个方案，可直接进行分析比较。

b. 几个方案的指标优劣有穿插，互有优势，则应以各项指标为基础，将各项指标的值按照一定的计算方法进行综合后得到一个综合指标进行分析比较。

②单指标比较法。该方法多用于建筑设计方案的分析比较。

5. 技术经济分析指标

单位工程施工组织设计中，技术经济指标应包括：工期指标、劳动生产率指标、质量指标、安全指标、成本率、主要工程工种机械化程度、三大材料节约指标等。这些指标应在单位工程施工组织设计基本完成后进行计算，并反映在施工组织设计文件中，作为考核的依据。施工组织设计技术经济分析指标可在图 3.91 中所列的指标体系中选用。其中，主要的指标如下。

（1）总工期指标，即从破土动工至竣工的全部日历天数。

（2）质量优良品率，是在施工组织设计中确定的控制目标，主要通过保证质量措施实现，可分别对单位工程、分部分项工程进行确定。

（3）单方用工，见公式（3.63），反映劳动的使用和消耗水平。不同建筑物的单方用工之间有可比性。

$$单方用工 = \frac{总用工量（工日）}{建筑面积（m^2）} \tag{3.63}$$

（4）主要材料节约指标，见公式（3.64）、（3.65），主要材料节约情况随工程不同而不同，靠材料节约措施实现。可分别计算主要材料节约量、主要材料节约额或主要材料节约率。

$$主要材料节约量 = 技术组织措施节约量$$

或

$$主要材料节约量 = 预算用量 - 施工组织设计计划用量 \tag{3.64}$$

$$主要材料节约率 = \frac{主要材料计划节约额（元）}{主要材料预算金额（元）} \times 100\%$$

或

$$主要材料节约率 = \frac{主要材料节约量}{主要材料预算用量} \times 100\% \tag{3.65}$$

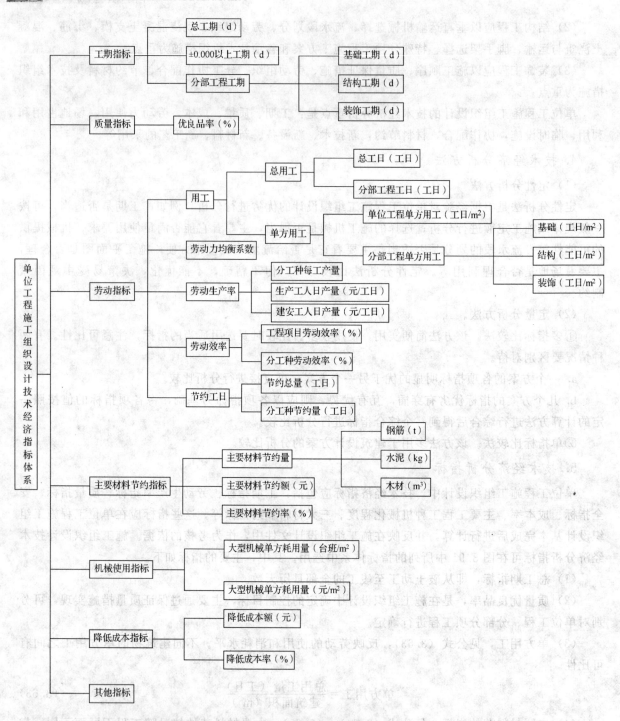

图 3.91 单位工程施工组织设计技术经济分析指标体系

（5）大型机械耗用台班数及费用，见公式（3.66）、（3.67）

$$大型机械单方耗用台班数 = \frac{耗用总台班（台班）}{建筑面积（m^2）} \tag{3.66}$$

$$单方大型机械费 = \frac{计划大型机械台班费（元）}{建筑面积（m^2）} \tag{3.67}$$

（6）降低成本指标，见公式（3.68）、（3.69）

$$降低成本额 = 预算成本 - 施工组织设计计划成本 \tag{3.68}$$

$$降低成本率 = \frac{预算成本额（元）}{预算成本（元）} \times 100\% \tag{3.69}$$

拓展与实训

一、单项选择题

1. 工程概况的主要内容包括工程主要情况、各专业设计简介和（　　）。

A. 建筑特点　　　　　B. 结构特点　　　　　C. 施工条件　　　　　D. 地质特点

2. 对建筑设计中应重点描述的内容是（　　）。

A. 平面形状和组合　　　　　　　　　B. 建筑面积和结构

C. 内、外装饰做法　　　　　　　　　C. 施工要求高、难度大的项目

3. 项目组织结构模式反映了一个组织系统中（　　）。

A. 各工作部门的管理职能分工　　　　B. 各组成部门之间的指令关系

C. 各项工作之间的逻辑关系　　　　　D. 各子系统的工作任务

4. 对结构特征的简述中，除简述基础构造埋置深度、承重结构类型外，应做突出说明的是（　　）。

A. 结构质量及高度　　　　　　　　　B. 预制还是现浇

C. 结构施工的难点、重点及结构特征　D. 楼梯形式及做法

5. 混合结构住宅建筑的施工，一般分为基础工程、（　　）和屋面装修及房屋设备安装3个阶段。

A. 吊装工程　　　　　B. 主体工程　　　　　C. 预制工程　　　　　D. 混凝土工程

6. 单位工程施工组织设计的核心内容是（　　）。

A. 工程概况　　　　　B. 施工进度计划　　　C. 编制依据　　　　　D. 施工方案

7. 下列关于施工方案制订的原则说法错误的是（　　）。

A. 制订方案首先必须从实际出发，切实可行，符合现场的实际情况，有实现的可能性

B. 满足合同要求的工期，就是按工期要求投入生产，交付费用，发挥投资效益

C. 确保工程质量和施工安全

D. 在合同价控制下，为保证工程质量，可增加施工成本，减少施工生产的盈利

8. （　　）是施工方案的核心内容，具有决定性作用。

A. 施工方法　　　　　B. 施工机械　　　　　C. 施工组织　　　　　D. 施工顺序

9. 选择大型施工机械应注意（　　），并考虑主机与辅机的配合专业。

A. 安全性　　　　　　B. 经济型　　　　　　C. 可靠性　　　　　　D. 稳定性

10. 施工方案直接影响工程进度，所以对施工方案的选用进行决策时，不仅应分析技术的先进性和经济合理性，还应考虑其（　　）。

A. 风险性　　　　　　B. 难易程度　　　　　C. 是否能缩短工期　　D. 对进度的影响

11. （　　）来源于工业生产中的流水作业，它是组织施工的一种科学方法。

A. 平行施工　　　　　B. 依次施工　　　　　C. 流水施工　　　　　D. 搭接施工

12. （　　）是指工程对象在组织流水施工中多划分的施工过程数量。

A. 空间参数　　　　　B. 工艺参数　　　　　C. 时间参数　　　　　D. 网络参数

13. 下列（　　）参数为时间参数。

A. 施工过程数　　　　B. 施工段数　　　　　C. 流水步距　　　　　D. 流水强度

14. 当组织有层间关系的流水施工时，为保证各施工过程中的施工队能连续施工，每层的施工段数目应满足的基本条件是（m—施工段数，n—施工过程数）（   ）。

A. $m < n$ B. $m \geqslant n$ C. $m = n$ D. $m < n$

15. 设某工程由挖基槽、浇垫层、基础、回填土4个有工艺顺序关系的施工过程组成，他们的流水节拍均为2天，若施工段数取2段，则其流水工期为（   ）天。

A. 4 B. 6 C. 8 D. 10

16. 双代号网络图中的虚工作（   ）。

A. 不占用时间，但消耗资源 B. 不占用时间，不消耗资源
C. 既占用时间，又消耗资源 D. 占用时间，不消耗资源

17. 非关键线路的组成中，（   ）。

A. 至少有一项或一项以上非关键工作存在
B. 由全部非关键工作组成
C. 由关键工作联结而成
D. 由关键工作、非关键工作共同组成

18. 在不影响（   ）的前提下，网络中一项工作除完成该工作的必需时间以外所拥有的机动时间是该工作的总时差。

A. 紧后工作的最早开始时间 B. 网络总工期
C. 紧后工作的最早结束时间 D. 紧前工作的最迟结束时间

19. 某项工作有3项紧后工作，其持续时间分别为4天、5天、6天；其最迟完成时间分别为18天、16天、14天，本工作的最迟完成时间是（   ）天。

A. 14 B. 11 C. 8 D. 6

20. 费用优化寻求的目标是（   ）。

A. 寻求工程总成本最低时的工期安排 B. 按要求工期寻求最低成本的计划安排
C. 寻求工程总成本最低时的最短工期 D. 按最短工期寻求最低成本的计划安排

21. 单位工程施工平面设计首先确定（   ）位置。

A. 引入水电 B. 引入道路 C. 起重运输机械 D. 临时设施

22. 施工平面图设计要求中规定：消火栓间距应不大于（   ）m。

A. 60 B. 80 C. 100 D. 120

23. 按照施工平面图设计要求中的规定，下列能够准确描述消火栓与拟建房屋的距离的是（   ）m。

A. > 5 B. $\geqslant 5$ C. $\leqslant 5$ D. < 5

24. 施工平面图不包括（   ）。

A. 地下已拆除建筑物 B. 道路
C. 文化生活和福利建筑 D. 安全、消防设施位置

25. 施工现场运输道路考虑消防车的要求时，其宽度不得小于（   ）m。

A. 3 B. 3.5 C. 4 D. 6

二、多项选择题

1. 施工管理目标的内容包含（   ）等内容。

A. 进度目标 B. 质量、安全目标
C. 劳动力数量目标 D. 成本目标
E. 环保、节能目标

2. 单层装配式厂房的施工一般分为基础工程、预制工程、吊装工程、（　　）、设备安装工程 5 个阶段。

A. 主体工程　　　　　　　　　　B. 围护工程

C. 屋面工程　　　　　　　　　　D. 装饰工程

E. 其他工程

3. 在编制施工组织设计文件时，施工部署的内容应当包括（　　）。

A. 施工任务划分　　　　　　　　B. 确定施工顺序

C. 确定施工部署原则　　　　　　D. 确定主要工程的施工方法

E. 编制施工进度计划

4. 确定单位工程施工起点流向时，应考虑的因素是（　　）。

A. 生产工艺过程　　　　　　　　B. 急用先施

C. 施工区段划分　　　　　　　　D. 有高低跨时先低后高

E. 所选择的施工机械

5. 主导施工过程一般指（　　）等施工过程。

A. 工程量小的　　　　　　　　　B. 技术复杂的

C. 缺乏施工经验的　　　　　　　D. 采用新技术的

E. 常规做法的

6. 应根据（　　）等，对多种施工方法进行比较，选择一个合理的、适合本工程的施工方法，并选择相应的施工机械。

A. 建筑特征　　　　　　　　　　B. 结构形式

C. 工期要求　　　　　　　　　　D. 合同要求

E. 场地条件

7. 基坑开挖前，应根据（　　）、施工方法、施工工期和地面荷载等资料，确定基坑开挖方案和地下水控制施工方案。

A. 工程结构形式　　　　　　　　B. 基坑深度

C. 地质条件　　　　　　　　　　D. 周围环境

E. 地基承载力

8. 在施工方案中，需要特别加以研究的是（　　），因为它对整个单位工程的施工具有决定性的作用。

A. 主要分部工程的施工方法　　　B. 流水段的划分

C. 主要分项工程的施工方法　　　D. 具体施工顺序的安排

E. 施工机械的选择

9. 选择施工机械时应着重考虑（　　）。

A. 首先选择适宜主导施工过程的施工机械

B. 辅助机械与主导机械协调配合

C. 力求机械的种类和型号少一些

D. 发挥施工单位现有机械的能力

E. 尽量采用塔式起重机

10. 通常组织建筑施工的方式有（　　　）。

A. 交叉施工   B. 依次施工

C. 平行施工   D. 流水施工

E. 搭接施工

11. 组织流水施工的要点是（　　　）。

A. 划分施工过程   B. 确定流水节拍

C. 划分施工段   D. 组建专业队

E. 主要施工过程必须连续均衡

12. 流水段划分的一般部位是（　　　）。

A. 设有变形缝的部位   B. 设有门窗洞口的部位

C. 设有楼梯间的部位   D. 设有可以留施工缝的部位

E. 线性建筑工程以一定程度为一个流水段

13. 组织流水施工的时间参数有（　　　）。

A. 流水节拍   B. 流水步距

C. 流水段数   D. 施工过程数

E. 工期

14. 异节奏成倍流水节拍施工的特点是（　　　）。

A. 每一个施工过程在各施工段上的流水节拍都相等

B. 不同施工过程之间的流水节拍互为倍数

C. 专业工作队数目等于施工过程数目

D. 流水步距彼此相等

E. 专业工作队连续均衡作业

15. 确定关键线路的依据是（　　　）。

A. 从起点节点开始到终点节点为止，工作的自由时差都为零

B. 从起点节点开始到终点节点为止，各工作的总时差都为零

C. 从起点节点开始到终点节点为止，线路时间最长

D. 从起点节点开始到终点节点为止，各工作的总时差最小

E. 从起点节点开始到终点节点为止，各工作的自由时差最小

16. 在工程双代号网络计划中，某项工作的最早完成时间是指其（　　　）。

A. 开始节点的最早时间与工作总时差之和

B. 开始节点的最早时间与工作持续时间之和

C. 完成节点的最迟时间与工作持续时间之差

D. 完成节点的最迟时间与工作总时差之差

E. 完成节点的最迟时间与工作自由时差之差

17. 工作 H 有 3 项紧前工作 A、B、C 它们的最早开始时间和工作持续时间分别是，4 天、6 天、7 天和 5 天、7 天、8 天。工作 H 的持续时间为 8 天，则工作 H 的最早开始时间和最早完成时间分别是（　　　）天。

A. 13   B. 15   C. 21   D. 23

E. 9

18. 以下关于关键工序、关键线路的描述正确的有（   ）。

A. 关键线路是网络计划所有线路中工序最多的一条线路

B. 关键线路是网络计划所有线路中总持续时间最长的线路

C. 关键线路是网络计划所有线路中全部由关键工作组成的线路

D. 关键线路是网络计划所有线路中全部由总时差最小的工作组成的线路

E. 关键线路是网络计划所有线路中工作持续时间最大的那个工作所在的线路

19. 优先缩短关键工作持续时间应考虑的因素是（   ）。

A. 对质量和安全影响较小的工作　　　　　B. 所需增加的费用最少的工作

C. 资源储备不足的工作　　　　　　　　　D. 资源储备充足的工作

E. 增加的直接费率最少的工作

20. 施工平面图设计的内容包括（   ）等方面。

A. 建筑总平面图内已建和拟建的地上、地下建筑物，构筑物及地下管道的位置及尺寸

B. 起重设备的位置及开行路线

C. 施工用临时设施

D. 各项技术措施的制定

E. 消防设施

21. 施工平面图设计的基本原则有（   ）。

A. 确定起重设备的位置　　　　　　　　　B. 尽可能减少临时设施的费用

C. 最大限度减少场内二次搬运　　　　　　D. 临时设施布置以方便生产和生活

E. 尽量利用原有道路

22. 施工平面图的设计依据主要有（   ）。

A. 设计资料和建设地区资料　　　　　　　B. 施工部署和主要工程施工方案

C. 施工总进度计划　　　　　　　　　　　D. 资源需要量表

E. 单位工程施工平面图

23. 进行单位工程施工平面图设计时，对消火栓设置要求包括（   ）。

A. 消火栓间距不得大于 100 m　　　　　　B. 距拟建房屋不大于 5 m

C. 距拟建房屋不大于 25 m　　　　　　　 D. 距路边不大于 2 m

E. 每个施工现场必须设两个消火栓

三、简答题

1. 单位工程的工程概况包括哪些内容？

2. 单位工程的施工部署包括哪些内容？

3. 确定施工顺序一般考虑哪些因素？

4. 试述多层混合结构建筑的施工顺序。

5. 试述框架结构的施工顺序。

6. 施工方案包括哪些内容？

7. 选择施工方法和施工机械应满足哪些基本要求？

8. 选择施工机械考虑的因素有哪些？

9. 确定砌筑工程施工方法的要点有哪些？

10. 基础工程流水施工施工组织的步骤有哪些？

11. 组织施工有哪几种方式？各有什么特点？

12. 试述流水施工的概念，划分施工段的原则；如何确定流水节拍和流水步距？

13. 流水施工有哪几种方式？各有什么特点？

14. 双代号和单代号网络图在表达上有什么不同？

15. 试述网络图的绘图原则。

16. 网络计划有哪些时间参数？参数的含义是什么？

17. 什么叫网络计划的优化？网络计划优化目标有哪几种？

18. 单位工程施工进度计划的编制步骤是什么？

19. 资源配置计划包括哪些？

20. 单位工程施工平面图设计的内容有哪些？

21. 单位工程施工平面图设计的原则是什么？

22. 单位工程施工平面图设计的步骤是什么？

23. 垂直运输机械布置时应考虑哪些因素？

24. 现场临时设施包括哪些？有哪些布置要求？

四、案例分析题

背景一：

现有一框架结构的厂房工程，桩基础采用人工灌注桩，地下一层、地下室外墙为现浇混凝土，深度 6 m，地下室室内独立柱尺寸为 600 mm×600 mm，底板为 600 mm 厚筏板基础。地上 4 层，层高 4 m。建筑物平面尺寸 45 m×18 m，地下室防水层为 SBS 高聚物改性沥青防水卷材，拟采用外防外贴法施工。屋顶为平屋顶，保温材料为 150 mm 厚加气混凝土块，水泥加气混凝土碎渣找坡，屋面防水等级为 Ⅱ 级，采用两道防水设防，防水材料为 3 mm 厚 SBS 高聚物改性沥青防水卷材，卷材采用热熔法铺贴。

问题：

1. 试确定该工程基础工程的施工顺序。

2. 试确定该工程屋面工程的施工顺序。

3. 请写出框架柱和顶板梁板在施工中各分项工程的施工顺序（包括钢筋分项工程、模板分项工程、混凝土分项工程）。

背景二：

某建筑工程，建筑面积 108 000 m²，现浇剪力墙结构，地下 3 层，地上 50 层。基础埋深 14.4 m，底板厚 3 m，底板混凝土强度等级 C35。

施工单位制订了底板混凝土施工方案，并选定了某预拌混凝土搅拌站。

底板混凝土浇筑时当地最高大气温度 38 ℃，混凝土最高入模温度 40 ℃。

浇筑完成 12 h 以后采用覆盖一层塑料膜一层保温岩棉养护 7 d。

测温记录显示：混凝土内部最高温度 75 ℃，其表面最高温度 45 ℃。

监理工程师检查发现底板表面混凝土有裂缝，经钻芯取样检查，取样样品均有贯通裂缝。

问题:

1. 当设计无要求时,大体积混凝土内外温差一般应控制在多少摄氏度以内?

2. 大体积混凝土浇筑完毕后,应在多长时间内加以覆盖和浇水?

3. 大体积混凝土浇筑方法有哪些?

4. 大体积混凝土施工方法及施工机械有哪些?

背景三:

某超高层建筑,位于街道转弯处。工程设计为纯剪力墙结构,抗震设计按 8 度设防。围护结构和内隔墙采用加气混凝土砌块。现场严格按照某企业制订的施工现场 CI 体系实施方案布置。根据场地条件、周围环境和施工进度计划,本工程采用商品混凝土、加工棚、堆放材料的临时仓库以及水、电、动力管线和交通运输道路等各类临时设施均已布置完毕。

问题:

1. 试述单位工程施工平面图设计的特点。

2. 简述单位工程施工平面图设计步骤。

3. 简述施工现场临时供水、供电有哪些布置要求。

4. 施工平面图设计时,临时仓库和加工棚如何布置?

背景四:

某综合楼工程,地下 1 层,地上 10 层,钢筋混凝土框架结构,建筑面积 28 500 m²,某施工单位与建设单位签订了工程施工合同,合同工期约定为 20 个月。施工单位根据合同工期编制了该工程项目的施工进度计划,并且绘制出施工进度网络计划如图 3.92 所示(单位:月)。

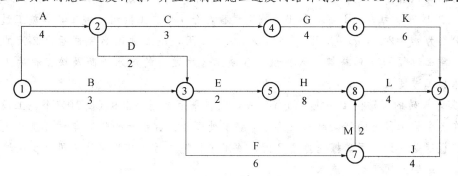

图 3.92 施工进度网络计划图

在工程施工中发生了如下事件:

事件一:因建设单位修改设计,致使工作 K 停工 2 个月。

事件二:因建设单位供应的建筑材料未按时进场,致使工作 H 延期 1 个月。

事件三:因不可抗力原因致使工作 F 停工 1 个月。

事件四:因施工单位原因工程发生质量事故返工,致使工作 M 实际进度延迟 1 个月。

问题:

1. 指出该网络计划的关键线路,并指出由哪些关键工作组成。

2. 针对本案例上述各事件,施工单位是否可以提出工期索赔的要求?并分别说明理由。

3. 上述事件发生后,本工程网络计划的关键线路是否发生变化?如有改变,指出新的关键线路。

4. 对于索赔成立的事件,工期可以顺延几个月?实际工期是多少?

背景五：

某市光明园苑小区住宅楼工程位于该市路南区，建设单位为天地房地产开发有限公司，设计单位为市规划设计院，监理单位为天宇工程监理公司，政府质量监督为某市质量监督站，施工单位是天建建设集团公司，材料供应为利通贸易公司。该工程由三幢框架结构楼房组成，每幢楼房作为一个施工段，施工过程划分为基础工程、主体结构、屋面工程和装修工程四项，基础工程在各幢的持续时间为 6 周，主体结构在各幢的持续时间为 12 周，屋面工程在各幢的持续时间为 6 周，装修工程在各幢的持续时间为 12 周。

问题：

1. 一般按照流水的节奏特征不同分类，流水作业的基本组织方式可分为哪几种？

2. 如果该工程的资源供应能够满足要求，为加快施工进度，该工程可按何种流水施工方式组织施工？试计算该种流水施工组织方式的工期。

3. 如果工期允许，该工程可按何种方式组织流水施工？试绘制该种流水施工横道计划。

五、综合题

1. 某分部工程划分为 A、B、C、D 4 个施工过程，每个施工过程分 4 个施工段，各施工过程的流水节拍分别为 $t_A = 2$ 天，$t_B = 3$ 天，$t_C = 4$ 天，$t_D = 3$ 天。试分别计算依次施工、平行施工及流水施工的工期，并绘制各自的施工进度计划。

2. 某分部工程划分为 A、B、C、D 4 个施工过程，每个施工过程分 3 个施工段，各施工过程的流水节拍均为 2 天，已知 A 结束后有 1 天的技术间歇时间，C、D 之间存在 1 天的平行搭接时间。试求各施工过程之间的流水步距及分部工程的工期，并绘制流水施工进度表。

3. 某工程划分为 A、B、C、D 4 个施工过程，分 4 个施工段组织施工，各施工过程的流水节拍分别为 $t_A = 2$ 天，$t_B = 3$ 天，$t_C = 4$ 天，$t_D = 2$ 天，施工过程 B 完成后有 2 天的技术间歇时间，施工过程 D 与 C 搭接 1 天。试求各施工过程之间的流水步距及该工程的工期，并绘制流水施工进度表。

4. 某地板砖的铺贴由 4 个施工过程组成，它在平面上划分为 9（或 10）个施工段。各施工过程在各个施工段上的持续时间依次为：基层处理 4 天、铺干硬性砂浆结合层 6 天、釉面砖及踢脚板铺贴 6 天、面砖擦洗打蜡 2 天，施工过程完成后，其相应施工段至少应该有一天的间歇。试编制最短工期的流水方案。

5. 某项目由四个施工过程组成，分别由 A、B、C、D 4 个专业工作队完成，在平面上划分成 4 个施工段，每个专业工作队在各施工段上的流水节拍如表 3.27 所示，试确定相邻专业工作队之间的流水步距，绘制流水进度横道图。

表 3.27　每个专业工作队在各施工段上的流水节拍

施工过程	持续时间/天			
	①	②	③	④
A	6	2	3	4
B	3	5	5	4
C	3	2	4	3
D	2	5	4	1

6. 指出如图 3.93 所示网络图中的错误。

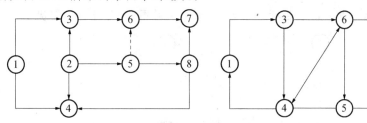

图 3.93 某工程网络示意图

7. 根据表 3.28 中逻辑关系绘制完整的双代号网络图和单代号网络图。

表 3.28 逻辑关系表

施工过程	A	B	C	D	E	F	G	H	I	J	K
紧前过程	—	A	A	B	B	E	A	D、C	E	F、G、H	I、J
紧后过程	B、C、G	D、E	H	H	F、I	J	J	J	K	K	—

8. 根据表 3.29 中逻辑关系绘制完整的双代号网络图和单代号网络图。

表 3.29 逻辑关系表

施工过程	A	B	C	D	E	F
紧前过程	—	—	—	A	A	B、D
紧后过程	D、E	F	—	F	—	—

9. 根据图 3.94 所给条件，用图上计算法计算各工作时间参数，并确定关键线路和工期。

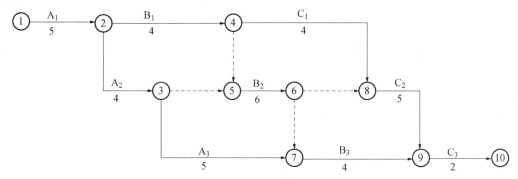

图 3.94 双代号网络图

10. 将图 3.94 改绘成双代号时标网络图。

11. 如图 3.95 所示，箭线下方括号外为正常持续时间，括号内为最短持续时间，箭线上方括号内优先选择系数。要求目标工期为 13 天，试对图 3.95 进行工期优化。

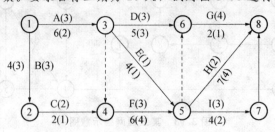

图 3.95 某工程网络示意图

12. 如图 3.96 所示，箭线下方为工作的正常持续时间和最短持续时间，箭线上方为工作的正常费用和最短费用（元），已知间接费用率为 150/天，试求出费用最少的工期。

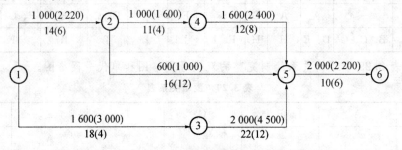

图 3.96 某工程网络示意图

项目 4

施工组织总设计编制

【学习目标】

知识目标	能力目标	权重
能正确表述工程概况的组成内容	能正确描述建设项目工程概况	0.05
能正确表述工程项目结构分解及项目组织机构设置	能正确设置项目组织机构	0.10
能正确表述施工程序、施工顺序、主要施工方案的确定、施工机械设备的选择	能正确制定主要分部分项工程施工方案及选用主要施工机械设备	0.15
能正确表述施工总进度计划的编制步骤、表示方法	能熟练编制施工总进度计划	0.30
能正确表述施工准备工作及各项资源需要量计划的内容	能正确确定施工准备工作的各项内容及编制各项资源需要量计划	0.05
能正确表述施工现场平面布置以及保证施工质量、安全、文明、降低成本、环境保护等的主要措施	能正确进行施工现场平面布置以及组织现场管理	0.20
能正确表述建筑施工组织技术经济分析的内容、方法	能正确制定主要技术组织措施并正确进行技术经济分析	0.05
能正确表述施工组织总设计编制的内容	能正确编制施工组织总设计	0.10
合计		1.00

【教学准备】

建筑工程施工图、工程施工合同、预算书、建筑施工组织总设计实例等。

【教学建议】

在校内外实训基地或施工现场，采用资料展示、现场实物对照、分组学习、案例分析、课堂讨论、多媒体教学、讲授等方法教学。

【建议学时】

12 学时

任务 4.1　综合说明

4.1.1　编制说明

施工组织总设计是以一个建设项目或建筑群为对象,根据初步设计或扩大初步设计以及其他有关资料和现场施工条件编制的,用以指导其施工全过程中各项施工活动技术经济的综合性文件。一般由建设总承包公司或工程项目经理部的总工程师主持,组织有关人员编制。其主要作用是:

(1) 为建设项目或建筑群体工程施工阶段做出全局性的战略部署。

(2) 为做好施工准备工作,保证资源供应提供依据。

(3) 为组织全工地施工提供科学方案和实施步骤。

(4) 为施工单位编制施工计划和单位工程施工组织设计提供依据。

(5) 为建设单位编制工程建设计划提供依据。

(6) 为确定设计方案的施工可行性和经济合理性提供依据。

4.1.2　编制依据

为了保证施工组织总设计的编制工作顺利进行并提高质量,使施工组织设计文件切实地结合工程实际情况,从而更好地发挥其在施工中的指导作用,在编制施工组织总设计时应以如下资料为依据。

(1) 设计文件及有关资料。

设计文件及有关资料主要包括:建设项目的初步设计、扩大初步设计或技术设计的有关图纸、设计说明书、地区区域平面图、建筑总平面图、建筑竖向设计、总概算或修正概算等。

(2) 计划文件及有关合同。

计划文件及有关合同主要包括:国家批准的基本建设计划、可行性研究报告、工程项目一览表、分期分批项目和投资计划、地区主管部门的批件、施工单位上级主管部门下达的施工任务计划、招投标文件及签订的工程承包合同、工程材料和设备的订货合同等。

(3) 工程勘察和调查资料。

工程勘察和调查资料主要包括:建设地区的地形、地貌、工程地质及水文地质、气象等自然条件;可能为项目服务的建筑安装企业、预制加工企业的人力、设备、技术和管理水平、工程材料的来源地情况、交通运输情况、水、电供应情况、商业和文化教育水平和设施情况等。

(4) 现行规范、规程和有关技术规定。

现行规范、规程和有关技术规定包括国家现行的施工及验收规范、操作规程、定额、技术规定和技术经济指标。

(5) 类似建设项目的施工组织总设计和有关总结资料。

4.1.3　编制内容

施工组织总设计的内容,一般主要包括:工程概况、施工部署、施工总进度计划的编制、施工准备和资源总需要量计划、施工总平面图和主要技术经济指标等。但是由于建设项目的规模、性质、建筑和结构的复杂程度、特点不同,建筑施工场地的条件差异和施工复杂程度不同,其内容也不完全一样。

4.1.4 编制程序

施工组织总设计的编制通常应遵循以下编制程序：

(1) 熟悉有关文件：如计划批准文件、设计文件等。

(2) 进行施工现场调查研究，了解有关基础资料。

(3) 分析整理调查了解的资料，初步确定施工部署。

(4) 听取建设单位及有关方面意见，修正施工部署。

(5) 估算工程量。

(6) 编制工程总进度计划。

(7) 编制材料、预制品加工件等用量计划及其加工、运输计划。

(8) 编制劳动力、施工机具、设备等用量计划及进退场计划。

(9) 编制施工临时用水、用电、用气及通讯计划等。

(10) 编制临时设施计划。

(11) 编制施工准备工作计划。

(12) 编制施工总平面图。

(13) 计算技术经济效果。

(14) 整理上报审批。

具体编制程序如图 4.1 所示。

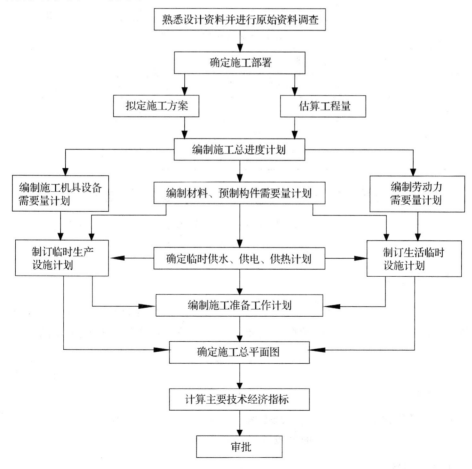

图 4.1 施工组织总设计编制程序

任务4.2 工程概况描述

工程概况是对拟建建设项目或建筑群所作的一个简单扼要、突出重点的文字介绍，目的是对整个建设项目的基本情况作一个总的分析说明，为了补充文字说明的不足，有时还可以附上建设项目设计总平面图，主要建筑的平面、立面、剖面示意图及有关表格。

4.2.1 建设项目主要情况

包括工程性质、建设地点、建设规模、总占地面积、总建筑面积、总工期、分期分批投入使用的项目和工期；主要工种工程量、设备安装及其吨数；总投资额、建筑安装工程量、生产流程和工艺特点、建筑结构类型、新技术、新材料、新工艺的复杂程度和应用情况等。

为使这部分内容反映的清晰简洁，可利用附图或表格表示，见表4.1、4.2。

表4.1　建筑安装工程项目一览表

序号	工程名称	建筑面积/m²	建筑层数	结构类型	建安工作量/万元		设备安装工程量/t
					土建	安装	
1	⋮	⋮	⋮	⋮	⋮	⋮	⋮
⋮							
合计							

表4.2　主要建筑物和构筑物一览表

序号	工程名称	建筑结构构造类型			占地面积/m²	建筑面积/m²	建筑层数	建筑体积/m³
		基础	主体	屋面				
1	⋮	⋮	⋮	⋮	⋮	⋮	⋮	⋮
⋮								
⋮								

4.2.2 建设项目的建设、设计、承包单位和建设监理单位

建设项目的建设、设计、承包单位和建设监理单位主要说明建设项目的建设、勘察、设计、总承包和分包单位名称，以及建设单位委托的建设监理单位名称及其监理班子组织状况。

4.2.3 建设地区特征

建设地区特征包括气象、地形、地质和水文情况；建设地区资源情况、劳动力及施工能力、生活设施提供情况和机械设备生产供应情况、交通运输及当地能提供给工程施工用的水、电和其他动力条件。

4.2.4 施工条件

施工条件包括施工企业的生产能力、技术装备、管理水平、主要设备、材料和特殊物资供应情况；项目施工图纸供应的阶段划分和时间安排，及提供施工现场的标准和时间安排。

4.2.5 其他内容

其他内容如有关本建设项目的决议、合同或协议；土地征用范围、数量和居民搬迁时间；需拆迁、平整场地的要求等。

任务 4.3 施工部署

施工部署是对整个建设项目通盘考虑、统筹规划之后，所做出的全局性战略决策，明确立项目施工的总体设想。施工部署是施工组织总设计的核心，它在时间上体现为施工总进度计划，在空间上体现为施工总平面图。

施工部署的内容和侧重点，根据建设项目的性质、规模和客观条件不同而有所不同一般包括以下内容。

4.3.1 施工任务安排

施工部署应首先明确施工项目的管理机构、体制，划分参与建设的各施工单位的任务，明确总包与分包单位之间的关系，建立施工现场统一的组织领导机构及其职能部门，确定综合的和专业的施工队伍，明确各施工单位之间的分工与协作关系，划分施工阶段，确定各施工单位分期分批的主导施工项目和穿插施工项目。

4.3.2 工程开展程序确定

根据建设项目总目标的要求，确定合理的工程建设项目开展程序，主要考虑以下几个方面。

（1）在保证工期的前提下，实行分期分批建设。这样，既可以使每一具体项目迅速建成，尽早投入使用，又可在全局上取得施工的连续性和均衡性，以减少暂设工程数量，降低工程成本，充分发挥项目建设投资的效果。

一般大型工业建设项目（如：冶金联合企业、化工联合企业等）都应在保证工期前提下分期分批建设。这些项目的每一个车间不是孤立的，它们分别组成若干个生产系统，在建造时，需要分几期施工，各期工程包括哪些项目，要根据生产工艺要求、建设部门要求、工程规模大小和施工难易程度、资金状况、技术资源情况等确定。同一期工程应是一个完整的系统，以保证各生产系统能够按期投入生产。

（2）各类项目的施工应统筹安排，保证重点，确保工程项目按期投产。一般情况下，应优先考虑的项目是：

①按生产工艺要求，须先期投入生产或起主导作用的工程项目。

②工程量大，施工难度大，需要工期长的项目。

③运输系统、动力系统。如厂内外道路、铁路和变电站。

④供施工使用的工程项目。如各种加工厂、搅拌站等附属企业和其他为施工服务的临时设施。

⑤生产上优先使用的机修、车库、办公及家属宿舍等生活设施。

（3）一般工程项目均应按先地下、后地上；先深后浅；先干线后支线的原则进行安排。如地下管线和筑路的程序，应先铺管线，后筑路。

（4）应考虑季节对施工的影响，应把不利于某季节施工的工程，提前到该季节来临之前或推迟到该季节终了之后施工，但应注意这样安排以后应保证质量、不拖延进度、不延长工期。

如：大规模土方和深基础土方施工一般要避开雨季，寒冷地区应尽量使房屋在入冬前封闭；而在冬季转入室内作业和设备安装。

4.3.3 主要项目施工方案拟定

施工组织总设计中要对一些主要工程项目和特殊的分项工程项目的施工方案予以拟定。

这些项目通常是建设项目中工程量大、施工难度大、工期长、在整个建设项目中起关键作用的单位工程项目以及影响全局的特殊分项工程。其目的是为了进行技术和资源的准备工作，同时也为了施工进程的顺利开展和现场的合理布置。其内容应包括：

（1）施工方法，要求兼顾技术的先进性和经济的合理性。

（2）工程量，对资源的合理安排。

（3）施工工艺流程，要求兼顾各工种各施工段的合理搭接。

（4）施工机械设备，能使主导机械满足工程需要，又能发挥其效能。使各大型机械在各工程上进行综合流水作业，减少装、拆、运的次数，对辅助配套机械的性能，应与主导机械相适应。

其中，施工方法和施工机械设备应重点组织安排。

4.3.4 编制施工准备工作计划

施工准备工作是顺利完成项目建设任务的一个重要阶段，必须从思想上、组织上、技术上和物资供应等方面做好充分准备，并做好全场性施工准备工作计划，见表4.3。

表 4.3　施工准备工作计划表

序号	项目	施工准备工作内容	要求	负责单位及负责人	配合单位	要求完成日期	备注
1							
⋮							
⋮							

其主要内容有：

（1）安排好场内外运输，施工用的主干道、水、电来源及其引入方案。

（2）安排好场地平整方案和全场性的排水、防洪。

（3）安排好生产和生活基地建设。在充分掌握该地区情况和施工单位情况的基础上，规划混凝土构件预制，钢、木结构制品及其他构配件的加工、仓库及职工生活设施等。

（4）安排好各种材料的库房、堆场用地和材料货源供应及运输。

（5）安排好冬雨期施工的特殊准备工作。

（6）安排好场区内的测量放线工作。

（7）编制新技术、新材料、新工艺、新结构的试验、测试与技术培训工作。

任务 4.4　施工总进度计划的编制

施工总进度计划是根据施工部署中所决定的各建筑物的开工顺序及施工方案，施工的力量（包括人力、物力），通过计算或参照类似建筑物的工期，定出各主要建筑物的施工期限和各建筑物之间的搭接时间，用进度表（现多采用横道图、网络图）的方式表达出来的用以控制施工时间进度的指导文件。

4.4.1 施工总进度计划的编制原则

（1）合理安排施工顺序，保证在劳动力、物资以及资金消耗量最少的情况下，按规定工期完成拟建工程施工任务。

（2）采用合理的施工方法，使建设项目的施工连续、均衡的进行。

（3）节约施工费用。

4.4.2 施工总进度计划的编制依据

(1) 工程的初步设计或扩大初步设计。

(2) 有关概（预）算指标、定额、资料和工期定额。

(3) 合同规定的进度要求和施工组织规划设计。

(4) 施工总方案（施工部署和施工方案）。

(5) 建设地区调查资料。

4.4.3 施工总进度计划的编制步骤

1. 计算工程量

施工总进度计划主要起控制总工期的作用，因此在列工程项目一览表时，项目划分不宜过细。通常按分期分批投产顺序和工程开展顺序列出工程项目，并突出每个系统中的主要工程项目。一些附属项目及一些临时设施可以合并列出。

根据批准的总承建工程项目一览表，按工程开展程序和单位工程计算主要实物工程量。计算工程量，可按初步（或扩大初步）设计图纸并根据各种定额手册进行计算。常用的定额资料有：

(1) 万元、十万元投资工程量、劳动力及材料消耗扩大指标。

这种定额规定了某一种结构类型建筑，每万元或十万元投资中劳动力消耗数量、主要材料消耗量。根据图纸中的结构类型，即可估算出拟建工程分项需要的劳动力和主要材料消耗量。

(2) 概算指标或扩大结构定额。

这两种定额都是预算定额的进一步扩大。概算指标是以建筑物的每 100 m^3 体积为单位；扩大结构定额是以每 100 m^2 建筑面积为单位。查定额时分别按建筑物的结构类型、跨度、高度分类，查出这种建筑物按拟定单位所需的劳动力和各项主要材料消耗量，从而推算出拟计算建筑物所需要的劳动力和材料的消耗量。

(3) 已建房屋，构筑物的资料。

在缺少上述几种定额手册的情况下，可采用已建类似工程实际材料、劳动力消耗量进行类比，按比例估算。但是，由于和拟建工程完全相同的已建工程是比较少见的，因此在利用已建工程的资料时，一般都应进行折算、调整。

除房屋外，还必须计算主要的、全工地性工程的工程量，例如铁路及道路长度、地下管线长度、场地平整面积等。这些数据可以从建筑总平面图上求得。

按上述方法计算出的工程量填入统一的工程量汇总表，见表 4.4。

表 4.4 工程量汇总表

工程项目分类	工程项目名称	结构类型	建筑面积	幢数	概算投资	主要实物工程量							
						场地平整	土方工程	桩基工程	⋮	砖石工程	钢筋砼工程	⋮	装饰工程	⋮
全工地性工程													
主体项目													
辅助项目													
永久住宅													
临时建筑													
合计													

2. 确定各单位工程的施工期限

影响单位工程施工期限的因素很多，如：施工技术、施工方法、建筑类型、结构特征、施工管理水平、机械化程度、劳动力和材料供应情况、现场地形、地质条件、气候条件等。由于施工条件的不同，各施工单位应根据具体条件对各影响因素进行综合考虑确定工期的长短。此外，也可参考有关的工期定额来确定各单位工程的施工期限。

3. 确定各单位工程的竣工时间和相互搭接关系

在确定了施工期限、施工程序和各系统的控制期限后，就需要对每一个单位工程的开工、竣工时间进行具体确定。通常通过对各单位工程的工期进行分析之后，应考虑下列因素。

（1）保证重点，兼顾一般。在同一时期进行的项目不宜过多，以避免人力、物力的分散。

（2）满足连续性、均衡性施工的要求。尽量使劳动力和技术物资消耗量在施工全程上均衡，以避免出现使用高峰或低谷；组织好大流水作业，尽量保证各施工段能同时进行作业，达到施工的连续性，以避免施工段的闲置。为实现施工的连续性和均衡性，需留出一些后备项目，如宿舍、附属或辅助项目、临时设施等，作为调节项目，穿插在主要项目的流水中。

（3）综合安排，一条龙施工。做到土建施工、设备安装、试生产三者在时间上的综合安排，每个项目和整个建设项目的安排上合理化，争取一条龙施工，缩短建设周期，尽快发挥投资效益。

（4）分期分批建设，发挥最大效益。在工厂第一期工程投产的同时，安排好第二期以及后期工程的施工，在有限条件下，保证第一期工程早投产，促进后期工程的施工进度。

（5）认真考虑施工总平面图的空间关系。建设项目的各单位工程的分布，一般在满足规范的要求下，为了节省用地，布置比较紧凑，从而也导致了施工场地狭小，使场内运输、材料堆放、设备拼装、机械布置等产生困难。故应考虑施工总平面的空间关系，对相邻工程的开工时间和施工顺序进行调整，以免互相干扰。

（6）认真考虑各种条件限制。在考虑各单位工程开工、竣工时间和相互搭接关系时，还应考虑现场条件、施工力量、物资供应、机械化程度以及设计单位提供图纸等资料的时间、投资等情况，同时还应考虑季节、环境的影响。

总之，全面考虑各种因素，对各单位工程的开工时间和施工顺序进行合理调整。

4. 安排施工总进度计划

施工总进度计划可以用横道图表达，也可以用网络图表达。由于施工总进度计划只起控制作用，因此不必搞得过细，计划搞的过细不利于调整。用横道图表示施工总进度计划时，项目的排列可按施工总体方案所确定的工程展开程序排列。横道图上应表达出各施工项目开、竣工时间及其施工持续时间，见表4.5，主要分部（分项）工程流水施工进度计划可参照表4.6编制。

表 4.5　施工总进度计划

序号	工程项目名称	结构类型	工程量	建筑面积	总工日	施工进度计划		
						××年	××年	××年

表 4.6　主要分部（项）工程流水施工进度计划

序号	单位工程和分部分项工程名称	工程量		机械			劳动力			施工延续天数	施工进度计划						
											××年						
		单位	数量	机械名称	台班数量	机械数量	工种名称	总工日数	平均人数		×月	×月	×月	×月	×月	×月	×月

注：单位工程按主要工程项目填列，较小项目分类合并。分部分项工程只填主要的，如土方包括竖向布置，并区分挖与填；砌筑包括砌砖和砌石；现浇混凝土与钢筋混凝土包括基础/框架/地面垫层混凝土；吊装包括装配式板材、梁、柱、屋架和钢结构；抹灰包括室内外装饰。此外，还有地面、屋面以及水、电、暖、卫、气和设备安装

采用网络图表达施工总进度计划时，可以表达出各项目或各工序间的逻辑关系，可以通过关键线路直观体现控制工期的关键项目或工序，另外还可以应用计算机进行计算和优化调整，近年来这种方式已经在实践中得到广泛应用。

5. 施工总进度计划的调整和修正

施工总进度计划完成后，将同一时期各项工程的工作量加在一起，用一定的比例画在施工总进度计划的底部，即可得出建设项目工作量的动态曲线。若曲线上存在较大的高峰和低谷，则说明在该时段内各种资源的需求量变化较大，可根据情况，调整一些单位工程的施工速度或开工、竣工时间，以消除高峰和低谷，使整个工程建设时期工作量尽可能达到均衡。

4.4.4　制定施工总进度计划保证措施

（1）组织保证措施从组织上落实进度控制责任，建立进度控制协调制度。

（2）技术保证措施编制施工进度计划实施细则；建立多级网络计划和施工作业周计划体系；强化事前、事中和事后进度控制。

（3）经济保证措施确保按时供应资金；奖励工期提前者；经批准紧急工程可采用较高的计件单价；保证施工资源正常供应。

（4）合同保证措施全面履行工程承包合同；及时协调分包单位施工进度；按时提取工程款；尽量减少业主提出工程进度索赔的机会。

任务 4.5　施工准备和资源需要量计划编制

各项资源需要量计划是做好劳动力及物资的供应、平衡、调度、落实的依据，一般包括以下几方面内容。

4.5.1　劳动力需要量计划

劳动力需要量计划是规划临时建筑和组织劳动力进场的依据。编制时根据各单位工程各工种工程量，查预算定额或有关资料即可求出各单位工程重要工种的劳动力需要量。将各单位工程所需的主要劳动力汇总，即可得出整个建筑工程项目劳动力需要量计划。填入指定的劳动力需要量表，见表 4.7。如果劳动力有余、缺，则应采取相应措施。例如多余的劳动力可用以进行培训、计划调出；短缺的劳动力可招募或采取提高效率的措施。调剂劳动力的余缺，必须加强调度工作。

表 4.7　劳动力需要量计划

序号	工程名称	工种名称	高峰人数	××年				××年				备注
				一	二	三	四	一	二	三	四	
1												
⋮												
	劳动力 动态曲线											

注：1. 工种名称除生产工人外，应包括附属辅助用工（如机械、运输、构件加工、材料保管等）以及服务和管理用工

　　2. 表下应附以分季度的劳动力动态曲线（纵轴表示人数，横轴表示时间）

4.5.2　材料、构件及半成品需要量计划

　　根据工程量汇总表所列各建筑物的工程量，查定额或有关资料，便可得出各建筑物所需的建筑材料、构件及半成品的需要量。然后根据施工总进度计划表，大致算出某些建筑材料在某一时间内的需要量，从而编制出建筑材料、构件及半成品的需要量计划，见表4.8，主要预制加工品需求量计划见表4.9。

　　这是材料供应部门和有关加工厂准备所需的建筑材料、构件及半成品并及时供应的依据。

表 4.8　主要材料、构件及半成品需要量计划

工程名称	主要材料							

注：1. 主要材料可按型钢、钢板、钢筋、管材、水泥、木材、砖、石、砂、石灰、油毡等填列

　　2. 木材按成材计算

表 4.9　主要预制加工品需求量计划表

序号	名称	规格	单位	需求量				需求量进度计划					
				合计	正式 工程	大型临 时设施	施工 措施	××年					××年
								合计	一季	二季	三季	四季	

注：预制加工品名称应与其他表一致，并应列出详细规格

4.5.3　施工机具需要量计划

　　主要施工机械的需要量，根据施工进度计划，主要建筑物施工方案和工程量，套用机械产量定额，即可得到主要机械需要量。辅助机械可根据安装工程概算指标求得；运输机具的需要量根据运输量计算。施工机具需要量计划表见4.10。

表 4.10　施工机具需要量计划

机械名称	机械型号或规格	需求量		进退场时间/月							提供来源
		单位	数量								

4.5.4　施工准备工作计划

为了落实各项施工准备工作，加强检查和监督，须根据各项施工准备工作的内容、时间和人员，编制出施工准备工作计划，见表 4.11。

表 4.11　施工准备工作计划

序号	施工准备项目	内容	负责单位	负责人	起止时间		备注
					××年	××年	
1							
⋮							

任务 4.6　施工总平面布置

施工总平面图是拟建项目施工现场的总布置图。它是按照施工方案和施工总进度计划的要求，将施工现场的交通道路、材料仓库、附属企业、临时房屋、临时水电管线等作出合理的规划布置，从而正确处理全工地施工期间所需各项临时设施和永久建筑以及拟建项目之间的空间关系。

4.6.1　施工总平面图设计的内容

1. 建设项目的建筑总平面图上一切地上、地下的已有和拟建建筑物、构筑物及其他设施的位置和尺寸。

2. 一切为全工地施工服务的临时设施的位置

(1) 施工用地范围、施工用道路。

(2) 加工厂及有关施工机械的位置。

(3) 各种材料仓库、堆场及取土弃土位置。

(4) 办公、宿舍、文化福利设施等建筑的位置。

(5) 水源、电源、变压器、临时给水排水管线、通讯设施、供电线路及动力设施位置。

(6) 机械站、车库位置。

(7) 一切安全、消防设施位置。

3. 永久性测量放线标桩位置

许多规模巨大的建筑项目，其建设工期往往很长。随着工程的进展，施工现场的面貌将不断改变。在这种情况下，应按不同阶段分别绘制若干张施工总平面图，或者根据工地的变化情况，及时对施工总平面图进行调整和修正，以便符合不同时期的需要。

4.6.2　施工总平面图设计的原则

施工总平面图设计的原则是平面布置紧凑合理，方便施工流程，运输方便通畅，降低临建费用，便于生产生活，保护生态环境，保证安全可靠。

(1) 平面紧凑合理是指少占农田、减少施工用地，充分调配各方面的布置位置，使其合理有序。

(2) 方便施工流程是指施工区域的划分应尽量减少各工种之间的相互干扰，充分调配人力、物力和场地，保持施工均衡、连续、有序。

(3) 运输方便通畅是指合理组织运输，减少运输费用，保证水平运输，垂直运输畅通无阻，保证不间断施工。

(4) 降低临建费用是指充分利用现有建筑，作为办公，生活福利等用房，尽量少建临时性设施。

(5) 便于生产生活是指尽量为生产工人提供方便的生产生活条件。

(6) 保护生态环境是指施工现场及周围环境需要注意保护，如能保留的树木应保护，对文物及有价值的物品应采取保护措施，对周围的水源不应造成污染，垃圾、废土、废料不随便乱堆乱放等，做到文明施工。

(7) 保证安全可靠是指安全防火、安全施工。

4.6.3 施工总平面图设计的依据

(1) 设计资料：包括建筑总平面图、地形地貌图、区域规划图、建设项目范围内有关的一切已有的和拟建的各种地上，地下设施及位置图。

(2) 建设地区资料：包括当地的自然条件和经济技术条件，当地的资源供应状况和运输条件等。

(3) 建设项目的建设概况：包括施工方案、施工进度计划，以便了解各施工阶段情况，合理规划施工现场。

(4) 物资需求资料：包括建筑材料、构件、加工品、施工机械、运输工具等物资的需要量表，以规划现场内部的运输线路和材料堆场等位置。

(5) 各构件加工厂、仓库、临时性建筑的位置和尺寸。

4.6.4 全场临建工程设计

1. 工地加工厂组织

加工厂组织主要是确定其建筑面积和结构形式。根据建设项目对某种产品的加工量来确定加工厂的类型、规模。

(1) 工地加工厂类型和结构。工地加工厂类型主要有：钢筋混凝土构件加工厂、木材加工厂、模板加工车间、细木加工车间、钢筋加工厂、金属结构构件加工厂和机械修理厂等。对于公路、桥梁路面工程还需有沥青混凝土加工厂。

工地加工厂的结构形式，应根据使用情况和当地条件而定，一般使用期限较短者，可采用简易结构，使用期限长的，宜采用砖石结构、砖木结构等坚固耐久性结构形式或采用拆装式活动房屋。

(2) 加工厂面积确定。加工厂的建筑面积主要取决于：设备尺寸、工艺过程、设计和安全防火要求，通常可参考有关经验指标等资料确定。

对于钢筋混凝土构件预制厂、锯木车间、模板加工车间、细木加工车间、钢筋加工车间等，其建筑面积可用公式（4.1）确定：

$$F = \frac{K \times Q}{T \times S \times a} \tag{4.1}$$

式中 F——所需建筑面积，m^2；

Q——加工总量，m^3；

K——不均衡系数，取 1.3～1.5；

T——加工总时间，月；

S——每平方米场地月平均产量；

a——场地或建筑面积利用系数，取 0.6～0.7。

常用各种临时加工厂的面积参考指标，见表 4.12、表 4.13。

表 4.12 临时加工厂所需面积参考指标

序号	加工厂名称	年产量		单位产量所需建筑面积	占地总面积/m²	备注
		单位	数量			
1	混凝土搅拌站	m³	3 200	0.022（m²/m³）	按砂石堆场考虑	400 L 搅拌机 2 台
		m³	4 800	0.021（m²/m³）		400 L 搅拌机 3 台
		m³	6 400	0.02（m²/m³）		400 L 搅拌机 4 台
2	临时性混凝土预制厂	m³	1 000	0.25（m²/m³）	2 000	生产屋面板和中小型梁柱板等，配有蒸养设施
		m³	2 000	0.2（m²/m³）	3 000	
		m³	3 000	0.15（m²/m³）	4 000	
		m³	5 000	0.125（m²/m³）	小于 6 000	
3	半永久性混凝土预制厂	m³	3 000	0.6（m²/m³）	90 000～12 000	
		m³	5 000	0.4（m²/m³）	12 000～15 000	
		m³	10 000	0.3（m²/m³）	15 000～20 000	
4	木材加工厂	m³	15 000	0.0244（m²/m³）	1 800～3 600	进行原木、方木加工
		m³	24 000	0.0199（m²/m³）	2 200～4 800	
		m³	30 000	0.0181（m²/m³）	3 000～5 500	
	综合木工加工厂	m³	200	0.3（m²/m³）	100	加工门窗、模板、地板、屋架等
		m³	500	0.25（m²/m³）	200	
		m³	1 000	0.2（m²/m³）	300	
		m³	2 000	0.15（m²/m³）	420	
	粗木加工厂	m³	5 000	0.12（m²/m³）	1 350	加工模板、屋架
		m³	10 000	0.1（m²/m³）	2 500	
		m³	15 000	0.09（m²/m³）	3 750	
		m³	20 000	0.08（m²/m³）	4 800	
	细木加工厂	m³	5	0.014（m²/m³）	7 000	加工门窗、地板
		m³	10	0.0114（m²/m³）	10 000	
		m³	15	0.0106（m²/m³）	14 000	
5	钢筋加工厂	t	200	0.35（m²/t）	280～560	加工、成型、焊接
		t	500	0.25（m²/t）	380～750	
		t	1 000	0.2（m²/t）	400～800	
		t	2 000	0.15（m²/t）	450～900	
	现场钢筋调直、冷拉拉直场、卷扬机棚、冷拉场、时效场	所需场地（长×宽）（70～80）×（3～4）15～20（40～60）×（3～4）（30～40）×（6～8）				包括材料和成品堆放
	钢筋对焊对焊场地对焊棚	所需场地（长×宽）（30～40）×（4～5）15～24				包括材料和成品堆放
	钢筋冷加工冷拔剪断机、冷轧机、弯曲机 φ12 以下弯曲机 φ40 以下	所需场地（m²/台）40～5030～4050～6060～70				按一批加工数量计算

续表 4.12

序号	加工厂名称	年产量		单位产量所需建筑面积	占地总面积/m²	备注
		单位	数量			
6	金属结构加工（包括一般铁件）	所需场地/（m²·t⁻¹） 年产 500 t 为 10 年产 1 000 t 为 8 年产 2 000 t 为 6 年产 3 000 t 为 5				按一批加工数量计算
7	石灰消化储灰池 石灰消化淋灰池 石灰消化淋灰槽	5×3＝15（m²） 4×3＝12（m²） 3×2＝6（m²）				每两个储灰池配一个淋灰池
8	沥青锅场地	20～24（m²）				台班产量 1～1.5 t/台

表 4.13　现场作业棚所需面积参考指标

序号	名称	单位	面积/m²	备注
1	木工作业棚	m²/人	2	占地为建筑面积 2～3 倍
2	电锯房	m²	80	86～92 cm 圆锯 1 台
3	电锯房	m²	40	小圆锯 1 台
4	钢筋作业棚	m²/人	3	占地为建筑面积 3～4 倍
5	搅拌棚	m²/台	10～18	
6	卷扬机棚	m²/台	6～12	
7	烘炉房	m²	30～40	
8	焊工房	m²	20～40	
9	电工房	m²	15	
10	白铁工房	m²	20	
11	油漆工房	m²	20	
12	机、钳工修理房	m²	20	
13	立式锅炉房	m²/台	5～10	
14	发电机房	m²/kW	0.2～0.3	
15	水泵房	m²/台	3～8	
16	空压机房（移动式） 空压机房（固定式）	m²/台	18～30 9～15	

2. 工地仓库组织

（1）仓库的类型和结构。

建筑工程所用仓库按其用途分为以下几种类型：

①转运仓库：设在火车站、码头附近用来转运货物。

②中心仓库：用以储存整个工程项目工地、地域性施工企业所需的材料。

③现场仓库（包括堆场）：专为某项工程服务的仓库，一般建在现场。

④加工厂仓库：用以某加工厂储存原材料、已加工的半成品、构件等。

工地仓库的结构一般有两种形式：

①露天仓库：用于堆放不因自然条件而受影响的材料。如：砂、石、混凝土构件等。

②库房，用以堆放易受自然条件影响而发生性能、质量变化的物品。如：金属材料、水泥、贵重的建筑材料、五金材料、易燃、易碎品等。

（2）工地物资储备量的确定。

工地材料储备一方面要保证工程的施工连续性，另一方面要避免材料的大量积压，以免造成仓库面积过大，增加投资。储存量的大小要根据工程的具体情况而定，场地小，运输方便的可少储存，对于运输不便的，受季节影响的材料可多储存。

对经常或连续使用的材料，如：砖、瓦、砂、石、水泥、钢材等可按储备期计算，见公式（4.2）：

$$P = T_c \times \frac{Q_i \times K_i}{T} \tag{4.2}$$

式中　P——材料储备量，t 或 m³ 等；

　　　T_c——储存期定额，天；

　　　Q_i——材料、半成品的总需要量，t 或 m³ 等；

　　　T——有关项目的施工总工作日，天；

　　　K_i——材料使用不均衡系数。

对不常使用或储备期较长的材料，如耐火砖、水泥管、电缆等按储备量计算（以年度需要量的百分比储备）。

（3）确定仓库面积仓库面积可按公式（4.3）计算：

$$F = \frac{P}{q \times K} \tag{4.3}$$

式中　F——仓库总面积，m²；

　　　P——仓库材料储备量；

　　　q——每平方米仓库面积能存放的材料、半成品和成品的数量；

　　　K——仓库面积利用系数（考虑人行道和车道所占面积）。

在设计仓库时，除确定仓库总面积外，还要正确地决定仓库的平面尺寸（长和宽）。仓库的长度应满足装卸货物的需要，即必须保证一定长度的装卸前线。一般装卸前线可按公式（4.4）计算：

$$L = nl + a(n+1) \tag{4.4}$$

式中　L——装卸前线长度，m；

　　　l——运输工具长度，m；

　　　n——同时卸货的运输工具数；

　　　a——相邻两个运输工具的间距。火车运输时，$a=1$ m，汽车运输时，端卸 $a=1.5$ m，侧卸 $a=2.5$ m。

3. 工 地 运 输 组 织

（1）工地运输组织的方式及特点。

运输方式一般有：铁路运输、公路运输、水路运输、特种运输等。根据运输量大小、运货距离、货物性质、现有运输条件、装卸费用等各方的因素选择运输方式。

运输特点：

①铁路运输具有运量大、运距长、不受自然条件限制的优点，但投资大、筑路难度大，因此只有在具有永久性铁路沿线才可考虑此种方式。

②汽车运输机动性大、操作灵活、行使速度快、适合各类道路和各种货物，可直接运到使用地点，但汽车运量小，一般对于运量不大，货物分散，无铁路的地区，地形复杂的地区适应这种方式。

③水路运输比较经济，但需要在码头上有转运仓库，一般在可能的条件下，尽量采用水运，可节约运输成本。

④特种运输一般运距较短，运量大的采用马车运输，可节约成本，此种运输对道路要求不定，且灵活性大是一种特殊的可选择性运输方式。

（2）确定运输量。

工程项目所需的所有材料、设备及其他物资，均需要从工地以外的地方运来，其运输总量应按工程的实际需要量来确定，同时还应考虑每日工程项目对物资的需要量来确定单日的最大运量。

每日货运量按公式（4.5）计算：

$$q = \frac{\sum Q_i \times L_i \times K}{T} \tag{4.5}$$

式中　q——每日货运量；

　　　Q_i——每种货物需要总量；

　　　L_i——每种货物从发货地点到储存地点的距离；

　　　T——有关施工项目的施工总工日；

　　　K——运输工作不均衡系数，铁路可取 1.5，汽车可取 1.2。

（3）确定运输方式。

工地的运输方式有铁路运输、公路运输、水路运输和特种运输等。在选择运输方式时，应考虑各种影响因素，如：运量的大小，运距的长短，货物的性质，路况及运输条件，自然条件等，另外，还应考虑经济条件，如：装卸、运输费用。

一般情况下，在选择运输方式时，应尽量利用已有的永久性道路（水路、铁路、公路），通过经济分析、比较，确定一种或几种联合的运输方式。

当货运量大，可以使用拟建项目的标准轨铁路，且距国家铁路较近时，宜铁路运输；当地势复杂，且附近又没有铁路时，考虑汽车运输；货运量不大，运距较近时，宜采用汽车运输或特种运输；有水运条件的可采用水运。

（4）确定运输工具数量。

运输方式确定后，就可以计算运输工具的数量。每一个工作班所需的运输工具数按公式（4.6）计算：

$$n = \frac{q}{c \times b \times K_i} \tag{4.6}$$

式中　n——每一个工作班所需运输工具数；

　　　c——运输台班的生产率；

　　　b——每日的工作班次；

　　　K_i——运输工具使用不均衡系数，火车可取 1.0，汽车取 1.2～1.6，马车取 2，拖拉机取 1.55。

4. 办公、生活福利设施组织

在工程项目建设时，必须考虑施工人员的办公、生活福利用房及车库、仓库、加工、修理车间等设施的建设。这些临时性建筑是建设项目顺利实施的必要条件，必须组织好。

（1）办公及福利设施的类型。

行政管理类，包括：办公室、传达室、车库、仓库、加工车间、修理车间等。生活福利类，包括：宿舍、医务室、浴室、招待所、图书室、娱乐室等。

（2）工地人员的分类。

①直接参与施工生产的工人。包括：建筑安装工人、装卸、运输工人等。

②辅助施工生产的工人。包括：机修工人、仓库管理人员、临时加工厂工人、动力设施管理工人等。

③行政、技术管理人员。

④生活服务人员。包括：食堂、图书、商店、医务等。

⑤以上各项人员的家属。

（3）确定办公及福利设施的建筑面积。

当工地人员确定后，可按实际人数确定建筑面积，见公式（4.7）：

$$S = N \times P \tag{4.7}$$

式中　S——建筑面积（m²）；

　　　N——人数；

　　　P——建筑面积指标。

4.6.5　施工总平面图的设计步骤

1. 场外交通的引入

设计全工地性施工总平面图，首先应解决大宗材料进入工地的运输方式。如铁路运输需将铁轨引入工地，水路运输需考虑增设码头、仓储和转运问题，公路运输需考虑运输路线的布置问题等等。

（1）铁路运输。

一般大型工业企业都设有永久性铁路专用线，通常将其提前修建，以便为工程项目施工服务。由于铁路的引入，将严重影响场内施工的运输和安全，因此，一般将铁路引入到工地两侧，当整个工程进展到一定程度，工程可分为若干个独立施工区域时，才可以铁路引到工地中心区。此时铁路对每个独立的施工区都不应有干扰，位于各施工区的外侧。

（2）水路运输。

当大量物资由水路运输时，就应充分利用原有码头的吞吐能力。当原有码头能力不足时，应考虑增设码头，其码头的数量不应少于两个，且宽度应大于2.5 m，一般用石或钢筋混凝土结构建造。

一般码头距工程项目施工现场有一定距离，故应考虑码头建仓储库房以及从码头运往工地的运输问题。

（3）公路运输。

当大量物资由公路运进现场时，由于公路布置较灵活，一般将仓库、加工厂等生产性临时设施布置在最方便，最经济合理的地方，而后再布置通向场外的公路线。

2. 仓库与材料堆场的布置

仓库和堆场的布置应考虑下列因素：

（1）尽量利用永久性仓库，节约成本。

（2）仓库和堆场位置距使用地尽量接近，减少二次搬运。

（3）当有铁路时，尽量布置在铁路线旁边，并且留够装卸前线，而且应设在靠工地一侧，避免内部运输跨越铁路。

（4）根据材料用途设置仓库和堆场：

①砂、石、水泥等在搅拌站附近。

②钢筋、木材、金属结构等在加工厂附近。

③油库、氧气库等布置在僻静、安全处。

④设备尤其是笨重设备应尽量在车间附近。

⑤砖、瓦和预制构件等直接使用材料应布置在施工现场。吊车半径范围之内。

3．加工厂布置

加工厂一般包括：混凝土搅拌站、构件预制厂、钢筋加工厂、木材加工厂、金属结构加工厂等。布置这些加工厂时主要考虑来料加工和成品、半成品运往需要地点的总运输费用最小，且加工厂的生产和工程项目施工互不干扰。

（1）搅拌站布置。

根据工程的具体情况可采用集中、分散或集中与分散相结合 3 种方式布置。当现浇混凝土量大时，宜在工地设置混凝土搅拌站，当运输条件好时，以采用集中搅拌最有利；当运输条件较差时，则宜采用分散搅拌。

（2）预制构件加工厂布置。

预制构件加工厂一般建在空闲地带，既能安全生产，又不影响现场施工。

（3）钢筋加工厂。

根据不同情况，采用集中或分散布置。对于冷加工、对焊、点焊的钢筋网等宜集中布置，设置中心加工厂，其位置应靠近构件加工厂；对于小型加工件，利用简单机具即可加工的钢筋，可在靠近使用地分散设置加工棚。

（4）木材加工厂。

根据木材加工的性质，加工的数量，采用集中或分散布置。一般原木加工批量生产的产品等加工量大的应集中布置在铁路、公路附近，简单的小型加工件可分散布置在施工现场设几个临时加工棚。

（5）金属结构、焊接、机修等车间的布置，应尽量集中布置在一起，由于相互之间生产上联系密切。

4．内部运输道路布置

根据各加工厂、仓库及各施工对象的相对位置，对货物周转运行图进行反复研究，区分主要道路和次要道路，进行道路的整体规划，以保证运输畅通，车辆行驶安全，造价低。在内部运输道路布置时应考虑以下内容。

（1）合理规划临时道路与地下管网的施工程序。在规划临时道路时，应充分利用拟建的永久性道路，提前修建永久性道路或者先修路基和简易路面，作为施工所需的道路，以达到节约投资的目的。若地下管网的图纸尚未出全，必须采取先施工道路，后施工管网的顺序时，临时道路就不能完全建造在永久性道路的位置，而应尽量布置在无管网地区或扩建工程范围地段上，以免开挖管道沟时破坏路面。

（2）保证运输通畅。道路应有两个以上进出口，道路末端应设置回车场地，且尽量避免临时道路与铁路交叉。厂内道路干线应采用环形布置，主要道路宜采用双车道，宽度不小于 6 m，次要道路宜采用单车道，宽度不小于 3.5 m。

（3）选择合理的路面结构。临时道路的路面结构，应当根据运输情况和运输工具的不同类型而定。一般场外与省、市公路相连的干线、因其以后会成为永久性道路，因此，一开始就建成混凝土路面；场区内的干线和施工机械行驶路线，最好采用碎石级配路面，以利修补。场内支线一般为土路或砂石路。

5．临时性房屋布置

临时性房屋一般有：办公室、汽车库、职工休息室、开水房、浴室、食堂、商店、俱乐部等。布置时应考虑：

（1）全工地性管理用房（办公室、门卫等）应设在工地人口处。

（2）工人生活福利设施（商店、俱乐部、浴室等）应设在工人较集中的地方。

（3）食堂可布置在工地内部或工地与生活区之间。

（4）职工住房应布置在工地以外的生活区，一般距工地 500～1 000 m 为宜。

当有可以利用的水源、电源时，可以将水电从外面接入工地。临时总变电站应设置在高压电引入处，不应放在工地中心；临时水池应放在地势较高处。

当无法利用现有水电时，为了获得电源，可在工地中心或工地中心附近设置临时发电设备；为了获得水源可以利用地上或地下水，并设置抽水设备和加压设备（简易水塔或加压泵），以便储水和提高水压。然后把水管接出，布置管网。施工现场供水管网有环状、枝状和混合式三种形式。过冬的临时水管须埋在冰冻线以下或采取保温措施。

根据工程防火要求，应设立消防站，一般设置在易燃建筑物（木材、仓库）附近，并须有通畅的出口和消防车道，其宽度不宜小于 6 m，与拟建房屋的距离不得大于 25 m，也不得小于 5 m，沿道路布置消火栓时，其间距不得大于 100 m，消火栓到路边的距离不得大于 2 m。

临时配电线路布置与供水管网相似。工地电力网，一般 3～10 kV 的高压线采用环状，沿主干道布置；380/220 V 低压线采用枝状布置。工地上通常采用架空布置，距路面或建筑物不小于 6 m。

6. 施工总平面图的绘制

（1）确定图幅大小和绘图比例。图幅大小和绘图比例应根据建设工程项目的规模、工地大小及布置内容多少来确定。图幅一般可选用 1～2 号图纸，常用比例为 1：1 000 或 1：2 000。

（2）合理规划和设计图画。施工总平面图，除了要反映施工现场的布置内容外，还要反映周围环境。因此在绘图时，应合理规划和设计图画，并应留出一定的空余图面绘制指北针、图例及文字说明等。

（3）绘制建筑总平面图的有关内容。将现场测量的方格网、现场内外已建的房屋、构筑物、道路和拟建工程等，按正确的内容绘制在图面上。

（4）绘制工地需要的临时设施。根据布置要求及计算面积，将道路、仓库、材料加工厂和水、电管网等临时设施绘制到图面上去。对复杂的工程必要时可采用模型布置。

（5）形成施工总平面图。在进行各项布置后，经分析比较、调整修改，形成施工总平面图并作必要的文字说明，标上图例、比例、指北针。

完成的施工总平面图其比例要正确，图例要规范，线条要粗细分明，字迹要端正，图面要整洁美观。

上述各设计步骤不是完全独立的，而是互相联系、相互制约的，需要综合考虑、反复修改才能确定下来。若有几种方案时，应进行方案比较。

4.6.6 施工总平面设计优化方法

在施工总平面设计时，为使场地分配、仓库位置确定，管线道路布置更为经济合理，需要采用一些优化计算方法。下面介绍的是几种常用的优化计算方法。

1. 场地分配优化法

施工总平面通常要划分为几块场地，供几个专业工程施工使用。根据场地情况和专业工程施工要求，某一块场地可能会适用一个或几个专业化工程使用，但施工中，一个专业工程只能使用一块场地，因此需要对场地进行合理分配，满足各自施工要求。

2. 区域叠合优化法

施工现场的生活福利设施主要是为全工地服务的，因此它的布置应力求位置适中，使用方便，节省往返时间，各服务点的受益大致均衡。确定这类临时设施的位置可采用区域叠合优化法。区域叠合优化法是一种纸面作业法，其步骤如下。

（1）在施工总平面图上将各服务点的位置——列出，按各点所在位置画出外形轮廓图。

（2）将画好的外形轮廓图剪下，进行第一次折叠，折叠的要求是：折过去的部分最大限度地重合在其余面积之内。

（3）将折叠的图形展开，把折过去的面积用一种颜色涂上（或用一种线条、阴影区分）。

（4）再换一个方向，按以上方法折叠、涂色。如此重复多次（与区域凸顶点个数大致相同次数），最后剩下一小块未涂颜色区域，即为最优点最适合区域。

3．选点归邻优化法

各种生产性临时设施如仓库、混凝土搅拌站等，各服务点的需要量一般是不同的，要确定其最佳位置必须要同时考虑需要量与距离两个因素，使总的运输公里数最小，即满足下式

$$S = \min \sum_{i=1}^{m} \sum_{j=1}^{n} Q_j D_{ij} \tag{4.8}$$

式中　S——从 i 点到 j 点的总运输公里数，t·km；

　　　Q_j——服务点 j 的需要量；

　　　D_{ij}——i 点到 j 点的距离。

由于现场道路布置形式不同，用选点归邻法确定最优设场点位置时，可分为下列两种情况：

（1）道路为无环路的枝状。

此时选择最优设场点可忽略距离因素，选点方法概况为四句话"道路没有圈，检查两个端，小半临邻站，够半就设场"。具体步骤是：

①计算所有服务点需求量的一半 Q_b。

②比较 Q_j 与 Q_b：若 $Q_j \geq Q_b$，则 j 点为最佳设场点；若 $Q_j < Q_b$，则合并到邻点 $j-1$ 处，$j-1$ 点用量变为 $Q_j + Q_{j-1}$。以此类推，一直到累加够半时为止。

（2）道路为有环形道路。

当道路有环路时，数学上已经证明，最优点一定在服务点或道路交叉点上。具体选择步骤如下：

①计算所有服务点需求量总和的一半 Q_b。

②比较各支路上各服务点 Q_j 与 Q_b，若 $Q_j \geq Q_b$，则 j 点为所求最优场地。否则，将其归入邻点。

③若支路上各点均 $Q_j < Q_b$，则比较环路上各点 Q_j 与 Q_b，若 $Q_j \geq Q_b$，则 j 为最优场地点。

④若环路上亦无 $Q_j \geq Q_b$ 点，则计算环路上各服务点与道路交叉点的运输吨·公里数 S，最小值点即为最优设场点。

4．"最小树"选线优化法

施工总平面图设计中，在布置给排水、蒸汽、动力、照明等线路时，为了减少动力损耗、节约建设投资、加快临时设施建造速度，可采用"最小树"方法，确定最短线路。具体方法是：

（1）将供应源与需求点的位置画出（先勿连线）。

（2）依次连接距离最短的连线，原则是：

①连线距离从小到大。

②各连线不能形成闭合的圈。

（3）当供应源与需求点全部被连接时，表明"最小树"已经找出，最短线路即为该"最小树"。

以上介绍的几种简便优化方法在施工总平面图的设计中，尚应根据现场的实际情况，对优化结果加以修正和调整，使之更符合实际要求。

4.6.7 施工总平面图的科学管理

施工总平面图设计完成之后，就应认真贯彻其设计意图，发挥其应有作用，因此，现场对总平面图的科学管理是非常重要的，否则就难以保证施工的顺利进行。

（1）建立统一的施工总平面图管理制度。划分总平面图的使用管理范围，做到责任到人，严格控制材料、构件、机具等物资占用的位置、时间和面积，不准乱堆乱放。

（2）对水源、电源、交通等公共项目实行统一管理。不得随意挖路断道，不得擅自拆迁建筑物和水电线路，当工程需要断水、断电、断路时要申请，经批准后方可着手进行。

（3）对施工总平面布置实行动态管理。在布置中，由于特殊情况或事先未预料到的情况需要变更原方案时，应根据现场实际情况，统一协调，修正其不合理的地方。

（4）做好现场的清理和维护工作，经常性检修各种临时性设施，明确负责部门和人员。

 ## 任务4.7 技术经济指标分析

施工组织总设计的技术经济分析以定性分析为主，定量分析为辅。

1. 施工周期

施工周期是指建设项目从正式工程开工到全部投产使用为止的持续时间。

相关指标有：

（1）施工准备期：从施工准备开始到主要项目开工止的全部时间。

（2）部分投产期：从主要项目开工到第一批项目投产使用止的全部时间。

（3）单位工程工期：指建筑群中各单位工程从开工到竣工止的全部时间。

2. 劳动生产率

（1）全员劳动生产率［元/（人·年）］：

$$全员劳动生产率＝报告期年度完成工作量/报告期年度全体职工平均人数$$

（2）单位用工（工日/m^2竣工面积）：

$$单位用工＝完成该工程消耗的全部劳动工日数/工程总量$$

（3）劳动力不均衡系数：

$$劳动力不均衡系数＝施工期高峰人数/施工期平均人数$$

3. 工程质量

说明工程质量达到的等级：合格、优良、省优、鲁班奖等。

4. 降低成本

（1）降低成本额：

$$降低成本额＝全部承包成本－全部计划成本$$

（2）降低成本率：

$$降低成本率＝降低成本总额/承包成本总额×100\%$$

5. 安全指标

以工伤事故率控制数表示。

$$工伤事故率＝工伤事故人次数/本年职工平均人数×100\%$$

6. 机械指标

（1）施工机械化程度：

$$机械化程度 = 机械化施工完成工程量/总工程量 \times 100\%$$

（2）施工机械完好率：

$$施工机械完好率 = 机械化施工完成台班数/计划内机械定额台班数 \times 100\%$$

（3）施工机械利用率：

$$施工机械利用率 = 计划内机械工作台班数/计划内机械定额台班数 \times 100\%$$

7. 预制加工程度

$$预制加工程度 = 预制加工所完成的工作量/总工作量 \times 100\%$$

8. 临时工程

（1）临时工程投资比例：

$$临时工程投资比例 = 全部临时工程投资/建安工程总值$$

（2）临时工程费用比例：

$$临时工程费用比例 = （临时工程投资 - 预计回收费 + 租用费）/建安工程总值$$

9. 节约材料百分比

（1）节约钢材百分比。

（2）节约水泥百分比。

（3）节约其他材料百分比。

10. 施工现场场地综合利用指标

$$施工现场场地综合利用系数 =$$
$$临时设施及材料堆场占地面积/（施工现场占地 - 待建建筑物占地面积）$$

拓展与实训

简答题

1. 什么是施工组织总设计？它包括哪些内容？

2. 简述施工组织总设计编制的步骤和依据。

3. 施工组织总设计中，工程概况和工程特点包括哪些内容？

4. 如何根据施工总进度计划编制各种资源供应计划？

5. 设计施工总平面图应具备哪些资料？考虑哪些因素？

6. 简述施工总平面图设计的步骤和方法。

项目 5

建筑施工组织设计实施与调整

【学习目标】

知识目标	能力目标	权重
能正确表述建筑工程技术管理的内容、技术管理机构和技术责任制以及相关的技术标准规程、技术原始记录和技术档案等内容	能正确建立健全技术管理机构和技术责任制，正确贯彻技术标准和技术规程以及完善技术原始记录和技术档案	0.20
能正确表述图纸会审、技术交底、技术复核、材料及构配件检验、质量检查和验收、技术组织措施、技术资料归档等技术管理制度以及技术开发和技术革新	能正确建立健全技术管理制度	0.20
能正确表述建筑工程施工进度控制的作用、原理、程序及进度控制方法	能正确选用建筑工程施工进度控制方法	0.30
能正确表述建筑工程施工进度调整过程以及调整方法	能正确选用建筑工程施工进度调整方法	0.30
合计		1.00

【教学准备】

建设项目资料、建筑工程施工组织实例、施工图纸、施工现场照片、施工组织管理挂图、企业案例等。

【教学建议】

在校内外实训基地或施工现场，采用资料展示、实物对照、分组学习、案例分析、课堂讨论、多媒体教学、讲授等方法教学。

【建议学时】

12 学时

任务 5.1 建筑施工组织设计

施工组织设计是贯彻整个施工过程的纲领性文件，它的贯彻实施具有非常重大的意义，必须引起高度的重视。施工组织设计文件的编制，为指导施工部署，组织施工活动提供了计划和依据。它是工程技术人员，根据建设产品的基本特点，使工程得以有组织、有计划、有条不紊的施工，达到相对的最佳效果的技术经济文件。为了实现计划的预定目标，还必须按照施工组织设计文件所规定的各项内容，认真实施，讲求实际，避免盲目施工，保证工程建设顺利进行。因此，工程建设的施工组织，包含着编制施工组织设计文件的静态过程和贯彻执行、检查调整的动态过程。

编制好的施工组织设计，还仅仅是一个为实施工程施工所提供的可行的方案，至于这个方案的技术经济效果如何，必须通过实践去验证。而贯彻施工组织设计的实质，就是把一个静态平衡方案，放到不断变化的施工过程中，考核其效果和检验其优劣的过程，以达到制订的目标。如果一个好的施工组织设计在施工过程中得不到有效地贯彻，则一些预定的目标就不可能实现。因此施工组织设计贯彻情况的好坏，将对工程的技术经济效果产生直接影响，其意义是非常重要的。

5.1.1 建筑施工组织设计审批

施工组织设计要由编制人、审批人签字，未经审批不得实施。施工组织设计应在工程开工之前进行编制，并做好审批工作。

（1）施工组织设计编制和审批工作实行分级管理。施工组织设计实行会签制度，同级相关部门负责审核和会签。负责审批工作的人员应相对固定。审批者和审批部门应了解工程的实际情况，保证审批意见具有指导性、可靠性。

（2）施工组织设计编制完成后，项目部各部门参与编制的有关人员在施工组织设计会签表上签字，再由项目经理审核后在会签表上签署意见并签字。签字齐全后上报施工单位相关部门审批。先由施工单位技术部门组织同级相关部门对施工组织设计进行讨论，将讨论意见签署在施工组织设计会签表上，然后由施工单位技术负责人或技术负责人授权的专业技术负责人审批，将审批意见签署在施工组织设计会签表上，签章后行文下发至项目部，最后由项目部向监理报批。施工组织设计会签表格式示例见表 5.1。

表 5.1 施工组织设计会签表

工程名称		结构类型	
建设单位		建筑面积	
建设地点		工程造价	
设计单位		编制单位	
编制单位意见			年　　月　　日
建设单位意见			年　　月　　日
监理单位意见			年　　月　　日

（3）当施工组织在实施过程中，发生以下情况之一时，原施工组织设计难以实施，应由项目负责人或项目技术负责人应组织相关人员对单位工程施工组织设计进行修改和补充，报送原审核人审核，原审批人审批后形成施工组织设计修改记录表。

①工程设计有重大修改。

②有关法律、法规、规范和标准实施、修订和废止。

③主要施工方法有重大调整。

④主要施工资源配置有重大调整。

⑤施工环境有重大改变。

5.1.2 建筑施工组织设计贯彻

施工组织设计的编制，只是为实施拟建工程项目的生产过程提供了一个可行的方案。施工组织设计是一个静态平衡方案，也仅仅是组织施工的一项准备工作，要真正发挥施工组织设计的施工指导作用，更重要的是在施工中切实贯彻执行。施工组织设计批准后，即成为进行施工准备和组织整个施工活动的技术、经济和管理的文件，必须严肃对待。

贯彻施工组织设计，是施工组织的动态过程，施工组织设计在贯彻执行过程中，应进行动态管理，跟踪管理，根据现场施工的情况变化及时调整、报审。为了保证施工组织设计的顺利贯彻执行，应做好以下几个方面的工作。

1. 做好施工组织设计交底

（1）经过审批的施工组织设计，必须及时贯彻，在工程开工前可采用交底会、书面交底等形式，由企业或项目部组织相关人员进行施工组织设计交底。

（2）施工组织总设计及大型、重点工程的施工组织设计由总承包单位总工程师组织各施工单位及分包单位参加交底会，由负责编制的部门进行交底，交底过程应有记录，并填写施工组织设计交底记录表。

（3）单位工程施工组织设计，由项目负责人组织，对项目部全体管理人员及主要分包单位进行交底，交底过程应有记录，并填写施工组织设计交底记录表。

（4）施工组织设计交底后，各专业要分别组织学习，按分工及要求落实责任范围。

2. 制订各项管理制度

施工组织设计贯彻的顺利与否，主要取决于施工企业的管理素质和技术素质及经营管理水平。而体现企业素质和水平的标志，在于企业各项管理制度的健全与否。实践经验证明，只有施工企业有了科学的、健全的管理制度，企业的正常生产秩序才能维持，才能保证工程质量，提高劳动生产率，防止可能出现的漏洞或事故。为此必须建立、健全各项管理制度，保证施工组织设计的顺利实施。

3. 推行技术经济承包制

技术经济承包是用经济的手段和方法，明确承发包双方的责任。它便于加强监督和相互促进，是保证承包目标实现的重要手段。为了更好地贯彻施工组织设计，应该推行技术经济承包制度，开展劳动竞赛，把施工过程中的技术经济责任同职工的物质利益结合起来。如开展全优工程竞赛，推行全优工程综合奖、节约材料奖和技术进步奖等，对于全面贯彻施工组织设计是十分必要的。

4. 统筹安排及综合平衡

在拟建工程项目的施工过程中，搞好人力、物力、财力的统筹安排，保持合理的施工规模，既能满足拟建工程项目施工的需要，又能带来较好的经济效果。施工过程中的任何平衡都是暂时的和相对的，平衡中必然存在不平衡的因素，要及时分析和研究这些不平衡因素，不断地进行施工条件的反复综合和各专业工种的综合平衡。进一步完善施工组织设计，保证施工的节奏性、均衡性和连续性。

5. 切实做好施工准备工作

施工准备工作是保证均衡和连续施工的重要前提，也是顺利地贯彻施工组织设计的重要保证。拟建工程项目不仅在开工之前要做好一切人力、物力和财力的准备，而且在施工过程中的不同阶段也要做好相应的施工准备工作。这对于施工组织设计的贯彻执行是非常重要的。

5.1.3 建筑施工组织设计检查与调整

在施工过程中，由于受到各种因素的影响，对施工组织设计的贯彻执行会发生一定的变化。因此，施工组织设计的检查与调整是一项经常性的工作，必须根据工程实际情况，加强反馈，随时决策，及时调整，不断反复地进行，以适应新的情况的变化，并使其贯彻于整个施工过程的始终。具体应做好以下工作。

（1）在施工组织设计的实施过程中，由审批单位或部门对施工组织设计的实施情况进行检查，并记录检查结果。检查可按工程施工阶段进行。施工组织设计的主要指标的检查，一般采用比较法。就是把各项指标的完成情况同计划规定的指标相对比。检查内容包括：施工部署、施工方法的落实情况和执行情况，具体涉及生产、技术、质量、安全、成本费用和施工平面布置等方面，并把检查的结果填写到施工组织设计中间检查记录表中。

（2）中间检查的次数和检查时间，可根据工程规模大小、技术复杂程度和施工组织设计的实施情况等因素由施工单位自行确定。通常情况下，中间检查主持人由承包单位技术负责人或相关部门负责人组成，参加人承包单位相关部门负责人、项目经理部各有关人员。

（3）当施工组织设计在执行过程中不能有效地指导施工或某项工艺发生变化时，应及时调整施工组织设计，根据检查发现的问题及其产生的原因，拟订改进措施或方案，对其相关部分进行调整，使其适应变化的需要，达到新的平衡。

（4）修改方案由原编制单位编制，报原审批部门同意签字后实施，并填写到施工组织设计修改记录表中。

为提高施工组织设计的实施质量，施工组织设计在编制和实施过程中必须体现其权威性和严肃性。具体做到以下几点。

（1）未经审批或审批手续不全的施工组织设计，视为无效。

（2）工程开工前必须按编制分工逐级向下进行施工组织设计交底，同时进行对有关部门和专业人员的横向交底，并应有相应的交底记录。

（3）加强实施全过程控制，分别对基础施工、结构施工和装修三个阶段，进行施工组织设计实施情况的中间检查，并有记录。

（4）施工组织设计一经批准，必须严格执行。实施过程中，任何部门和个人，都不得擅自改变，凡属施工组织设计内容变更和调整，应根据变化情况修改或补充，报原审批人批准后方可执行，以确保文件的严肃性及施工指导作用的连续性。

（5）施工组织设计必须要在相关的管理层贯彻执行，必须落实到相关岗位。在实施过程中文件有调整变更时，必须对原文进行修改或附有修改依据资料。确保贯彻执行的严肃性和文件资料真实、齐全。

5.1.4 建筑施工组织设计文件管理

为了加强施工资料的统一管理，提高工程管理水平，真正做到规范化、标准化，在施工组织设计文件管理过程中，应注意以下几点：

（1）施工组织设计及其变更通知的发放，应按清单控制发放到相关领导、部门和主要责任人，报施工单位论证或备案的施工组织设计，由技术部门转发相关部门。

（2）经监理批准的施工组织设计，将是整个工程活动的依据，也是日后工程付款、结算和索赔的主要依据之一，并作为工程竣工档案材料，项目部应做好妥善保管工作。

（3）施工组织设计的归档和管理可按行业或地方有关建筑工程资料管理的编制和要求执行。

 ## 任务5.2　建筑施工组织技术管理

施工生产活动是建筑企业生产经营过程的基本环节，而施工生产活动又必须以技术工作为基本条件。建筑工程技术管理对保证建筑工程施工组织的正确性、实用性以及顺利实施、实现项目建设目标提供了重要保障。

5.2.1　建筑施工组织技术管理简介

1. 明确建筑施工组织技术管理任务

建筑工程施工组织技术管理，是对建筑企业生产经营活动中各项技术活动和技术工作基本要素进行的各项管理活动的总称。生产经营活动过程中的技术活动，包括施工图纸会审、技术交底、技术试验、技术开发等。技术管理工作的基本要素又包括职工技术素质、技术装备、技术文件、技术档案等。技术管理的目的，就是要把这些基本要素科学地组织起来，做好各项技术工作，通过开展各种技术活动推动企业技术进步，保证工程质量，提高经济效益，全面完成技术管理的任务。

建筑工程施工组织技术管理的基本任务是：正确贯彻执行国家的各项技术政策、标准和规定，利用技术科学地组织各项技术工作，建立正常的生产技术秩序，充分发挥技术人员和技术装备的积极作用，不断改进原有技术和采用先进技术，保证工程质量，降低工程成本，推动企业技术进步，提高经济效益。

2. 明确建筑施工组织技术管理的内容

建筑施工组织技术管理的内容可以分为基础工作、业务工作和技术经济分析与评价三大部分。

（1）基础工作。

技术管理的基础工作是指为开展技术管理活动创造前提条件的最基本的工作。它包括技术责任制、技术标准与规程、技术的原始记录、技术档案、技术信息、技术试验等。

（2）业务工作。

技术管理的业务工作是指技术管理中日常开展的各项具体的业务活动。它包括以下几个方面。

①施工技术准备工作。施工技术准备工作就是为创造正常的施工条件，保证施工生产顺利进行而做的各项技术方面的具体工作，如施工图纸会审、技术交底、材料及半成品的技术试验与检验、安全技术等等。

②施工过程中的技术管理。施工过程中的技术管理是指建筑工程项目在施工生产过程中所进行的技术方面的管理工作，如施工过程中的技术复核、质量检验、技术处理等工作。

③技术革新与技术开发工作。技术革新与技术开发工作是指将科研成果进一步应用于生产实践，拓展出新的技术、材料、结构、工艺和装备等所进行的工作，如科学研究、技术革新、技术引进、技术改造、技术培训以及新技术、新材料、新结构、新工艺、新设备的推广和应用等。

（3）技术经济分析与评价。

通过技术经济分析与评价，确保各项技术活动在技术上的可行性和经济上的合理性，以保证施工生产活动的顺利进行，取得良好的经济效益。

3. 明确建筑施工组织技术管理的要求

建筑工程技术管理的要求有以下几点。

（1）正确贯彻执行国家的各项技术政策和法令、法规，认真执行国家和有关部门制定的技术规范和规定。技术管理工作应结合建筑业的技术政策、施工技术的发展方向，并根据我国的自然资源和地区特点，围绕建筑产品进行改革。积极采用新材料、新工艺、新技术、新结构、新设备；大力发展社会化生产和商品化供应，组织专业化协作和配合，加速实现建筑工业化和现代化。

（2）科学地组织各项技术工作，建立企业正常的生产技术秩序，保证施工生产的顺利进行。

（3）充分发挥各级技术人员和工人群众的积极作用，促进企业生产技术的不断更新和发展，推动技术进步。

（4）加强技术教育，不断提高企业的技术素质和经济效益，以达到保证工程质量、节约材料和能源、降低工程成本的目的。

4．明确建筑施工组织技术管理的原则

建筑施工组织技术管理的原则如下。

（1）认真贯彻执行国家的技术政策、规范、标准和规程。

（2）尊重科学技术，按客观规律办事。科学技术的发展规律是客观存在的，我们只有去发现它、认识它和掌握它，才能促进企业技术的发展。建筑企业要遵循的科学技术是多方面的，企业应特别注意施工技术规律、设备运转规律、材料试验规律、新技术的开发和应用规律等。

（3）讲求技术工作的经济效益。施工生产活动中的任何一项工作方案，都必须是技术和经济的统一，才能可行。在商品经济社会中，如果一味强调技术上是否先进，而忽略经济上是否合理，这种方案注定会被淘汰。技术和经济是辩证的统一，它们有矛盾的一面，也有统一的一面。因此，在技术管理中必须讲求经济效益，当使用某一项技术时，必须考虑它的经济效果，尽量使二者达到统一。讲求经济效益，还应注意企业效益和社会效益、当前利益和长远利益的结合。

5.2.2 技术管理的基础工作

1．建立技术管理机构

（1）技术管理机构的建立和健全。

搞好建筑施工企业的技术管理工作，必须有健全的组织系统作为保证。建筑企业技术管理组织应和企业的行政管理组织相统一，按统一领导、分级管理的原则，建立以总工程师为首的技术管理系统。公司、分公司、施工项目都应设立相应的技术管理职能部门，配备相应的技术人员，从而加强企业和施工项目的技术管理与控制。如图5.1所示为直线职能制的技术管理机构。

（2）技术责任制的建立和健全。

技术责任制是建筑企业责任制的重要组成部分，它对企业技术管理系统的各级技术人员规定了明确的职责范围和职权，使技术人员的工作制度化、规范化，并与个人利益联系在一起，以保证各方面技术活动的顺利开展。

建筑企业的技术责任制，是以技术岗位责任制为基础，规定各岗位的职责和职权的制度。

①总工程师的主要职责：

a. 全面领导企业的技术管理工作。

b. 贯彻国家的各项技术政策、标准、规范、规程和组织企业的各项技术管理工作。

c. 组织编制和执行企业的年度技术计划。

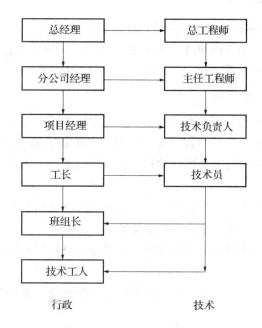

图 5.1 直线职能制技术管理机构

d. 领导开展技术革新活动，审定企业的重大技术革新和技术改造方案，组织编制和实施科技发展规划。

e. 组织重点工程施工组织设计的编制，审批重大的施工方案，参加大型工程的图纸会审、技术交底。

f. 领导企业的全面质量管理工作，负责处理重大质量事故。

g. 主持技术会议，审定企业的技术制度、规定。

h. 领导安全技术工作和培训工作，审定企业技术培训计划。

i. 考核各级技术人员，对技术人员的工作、晋级、奖惩等提出意见。

j. 领导技术总结工作。

②主任工程师的主要职责：

a. 组织中小型工程项目施工组织设计的编制，审批单位工程的施工方案。

b. 参加图纸会审，主持重点工程的技术交底。

c. 组织本单位技术人员贯彻执行各项技术政策、标准、规范、规程和企业的技术管理制度。

d. 负责本单位的全面质量管理工作，组织制定质量、安全的技术措施，检查和处理主要工程的质量事故。

e. 监督施工过程，督促施工负责人遵守规范、规程、标准，按图施工，及时解决施工中的问题。

f. 主持本单位的技术会议。

g. 领导编制本单位技术计划，负责本单位科技信息、技术革新、技术改造等工作。

h. 对本单位的科技成果组织鉴定，对本单位技术人员的晋级、奖惩提出建议。

③项目技术负责人的主要职责：

a. 编制项目的施工组织设计，并组织贯彻执行。

b. 参与工程预算的编制和审定工作。

c. 负责技术复核工作，如核定轴线、标高等。

d. 负责技术核定工作，签发核定单，提供质量资料。

e. 负责图纸审查，参加图纸会审，组织技术交底。

f. 负责贯彻执行各项技术规定。

g. 组织质量管理工作，检查控制工程质量，处理质量事故。

h. 负责项目的材料检验工作和各种复合材料试配工作，如混凝土的配合比等。

i. 参加项目的竣工检查和验收工作，管理项目的技术档案工作。

2. 贯彻技术标准和技术规程

建筑技术标准化是加强技术管理的有效方法。现代建筑施工，技术日趋复杂，对建筑材料、施工工艺、施工机械的要求越来越高。为保证施工质量，不断提高技术水平，在技术上必须有检查、控制的标准和方法。建筑企业的技术标准化的规定大致可以分为技术标准和技术规程两个方面。

(1) 技术标准。

建筑企业施工生产中的技术标准包括各种施工验收规范和检验标准。技术标准由国家委托相关部门制定，属于法令性文件，不允许各企业随意更改。

①施工及验收规范这类规范规定了建筑安装工程各分部分项工程施工上的技术要求、质量标准和验收的方法、内容等。

②建筑工程施工质量验收统一标准　它是根据施工及验收规范制定的用以检验和评定工程质量是否合格的标准。

③建筑材料、半成品的技术标准及相应的检验标准它规定了各种常用材料的规格、性能、标准及检验方法等。如水泥检验标准、混凝土强度等级检验评定标准。

(2) 技术规程。

建筑安装工程技术规程是建筑安装工程施工及验收规范的具体化。在贯彻国家施工及验收规范时，由于各地区的操作习惯不完全一致，有必要制定符合本地区实际情况的具体规定。

技术规程就是各地区（各企业）为了更好地贯彻执行国家的技术标准，根据施工及验收规范的要求，结合本地区（本企业）的实际情况，在保证达到技术标准要求的前提下，对建筑安装工程的各个施工工序的操作方法、施工机械及工具、施工安全所制定的技术规定。应注意，技术规程属于地方性技术法规，施工中必须严格遵守，但它比技术标准的适用范围要窄一些。

常用的技术规程如下：

①施工操作规程这类规程规定了各主要工种在施工中的操作方法、技术要求、质量标准、安全技术等。工人在生产中必须严格遵守和执行操作规程，以保证工程质量和生产安全。

②设备维护和检修规程它是依据各种设备的磨损规律和运转规律，对设备的维护、保养，检修的时间、内容、方法等所作的规定。其主要目的是为了使设备保持完好，能够正常运转，减少磨损和损坏，尽量降低修理费用。

③安全技术规程它是指对施工生产中的安全方面所作的规定。它根据安全生产的规律，对各工种、各类设备的安全操作作了详细规定，以保证施工过程中的人身安全和设备的运行安全，如《建筑安装工程安全操作规程》规定了建筑施工生产中的安全操作问题。应注意，技术标准和技术规程一经颁发，就必须维护其权威性和严肃性，不得擅自修改和违反，要严格执行。但技术标准和技术规程也并非一成不变，随着技术水平的发展和适用条件的变化，需要不断地修订和完善。技术标准和技术规程的修订，一般由原颁发单位组织进行，其他单位不得私下修改。

3. 健全技术原始记录

技术原始记录是企业生产经营管理原始记录的重要组成部分。它反映了企业技术工作的原始状态，为开展技术管理提供依据，是技术分析、决策的基础。技术原始记录包括：材料、构配件及工程质量检验记录；质量、安全事故分析和处理记录；设计变更记录；施工日志等。

技术原始记录中，施工日志是反映施工生产过程的重要的原始记录，施工中必须严格建立和健全施工日志制度。施工日志详实地记录了从工程开工直到竣工整个施工过程的技术动态，反映了技术上的各类问题，如施工中的各种技术变更、事故调查记录、各类经验总结等。

4. 建立技术档案

工程技术档案是国家技术档案的重要组成部分，它记载和反映了施工企业在施工、技术、科研等活动中的历史和成果，具有保存价值。工程技术档案必须按科技档案管理的有关规定，进行分类整理后，归档集中管理，不得散失。建筑企业的工程技术档案包括工程交工验收的技术档案和施工企业自身保存的技术档案等。

（1）工程交工验收的技术档案。

工程交工验收的技术档案就是有关建筑产品合理使用、维护、改建、扩建的技术文件，也即是竣工验收时所应提供的交工技术资料。一般应包括以下技术档案资料。

①竣工工程项目一览表，如单位工程名称、开竣工日期、工程质量验收证等。

②图纸会审纪要，包括技术核定单、设计变更通知单。

③隐蔽工程验收单，工程质量事故的发生经过和处理记录，材料、半成品的试验和检验记录，永久性水准点和坐标记录，建筑物的沉降观测记录，材料、构件和设备的质量检验合格证或检测依据等。

④施工的试验记录，如混凝土与砂浆的抗压强度试验、地基试验、主体结构的检查及试验记录等；施工记录，如地基处理、预应力构件及新材料、新工艺、新技术、新结构的施工记录和施工日志。

⑤设备安装记录，如机械设备、暖气、卫生和电气等工程的安装和检验记录。

⑥施工单位和设计单位提供的建筑物使用说明资料。

⑦上级主管部门对工程的有关技术决定。

⑧工程竣工结算资料和签证等。

以上技术档案资料随同工程交工，提交建设单位保存。

（2）施工企业自身保存的技术档案。

建筑施工企业自身保存的技术档案，是供施工单位今后施工时的参考技术文件，主要是施工生产中积累的具有参考价值的经验资料。其主要内容包括施工组织设计，施工经验总结，新材料、新工艺、新技术、新结构、新设备的试验和使用效果，各种试验记录，重大质量、安全、机械事故的发生原因、情况分析和处理意见，重要的技术决定、技术管理的经验总结等。

工程技术档案来源于平时积累的各种技术资料。因此，施工生产和技术管理中，应注意广泛地征集各种技术资料，比如混凝土和砂浆的强度试验报告、钢材的物理化学试验报告、构件荷载试验结论、地基处理记录、施工日志和各工程的施工组织设计等。技术资料收集起来后，要按照档案管理的要求进行分类整理。一般按工程项目分类，使同一工程的技术资料集中在一起，再在每个工程项目下按专业进行分类，便于归档后使用时查找。技术档案工作要求做到资料完整、准确，便于查找和使用，能及时解决技术管理工作中的问题。

（3）相关企业的技术信息管理与交流。

建筑企业的技术信息是指与建筑生产、建筑技术有关的各种科技信息，包括有关的科技图书、科技刊物、科技报告、学术文章和论文、科技展品等。

技术信息管理工作就是有计划、有目的、有组织地收集、整理、存储、检索、报道、交流有关的科技信息，为企业生产经营活动提供各方面有价值的科技信息资料，促进企业的技术进步。

科技信息工作应当做到以下几点：

①有针对性。针对企业生产中的薄弱环节收集有关信息，促进企业改进技术，力求走在科研和生产的前面，利用科技带动技术发展。

②准确可靠。收集的信息一定要真实，避免给技术工作造成失误。

③完整。收集的信息要系统、完整，不要疏漏，尽量给技术管理提供全面的分析资料，保证企业的技术工作全面发展。

5.2.3 建立各项技术管理制度

技术管理制度是开展各项技术活动所必须遵循的工作准则。建立和健全技术管理制度是企业搞好技术管理工作的重要保证。企业的技术管理制度主要包括以下几个方面。

1. 建立图纸会审制度

详见本教材项目 2 "施工准备工作"中任务 3 "技术资料准备"。

2. 建立技术交底制度

（1）技术交底的目的。

技术交底是指在工程开工前，由上级技术负责人就施工中的有关技术问题向执行者进行交代的工作。技术交底的目的，在于把设计要求、技术要领、施工措施等层层落实到执行者，使其做到心中有数，以保证工程能够顺利进行，从而保证工程质量和施工进度。

（2）技术交底的主要内容。

技术交底的主要内容包括：技术要求、技术措施、质量标准、工艺特点、注意事项等。交底工作从上到下逐级进行，交底内容上粗下细，越到基层越应具体。凡技术复杂的重点工程，应由公司总工程师就施工中的难点向分公司的主任工程师或项目技术负责人进行交底；一般的工程项目由分公司的主任工程师向项目技术负责人或技术人员进行交底；项目技术负责人或技术人员再对各分部分项工程向工人班组进行具体交底。上述各级交底中，以项目技术负责人或技术人员向工人班组进行交底最为重要，一般涉及实际操作。其主要内容包括以下方面：

①工程项目的各项技术要求。

②尺寸、轴线、标高、预留孔洞、预埋件的位置等。

③使用材料的品种、规格、等级、质量标准、使用注意事项等。

④施工顺序、操作方法、工种配合、工序搭接、交叉作业的要求。

⑤安全技术。

⑥技术组织措施，产量、质量、消耗、安全指标等。

⑦机械设备使用注意事项及其他有关事项。

应注意，技术交底的形式是多种多样的，应视工程项目的规模大小和技术复杂程度以及交底内容的多少而定。一般采用口头、文字、图表等形式，必要时也可以用样板、实际操作等方式进行。

3. 建立技术复核制度

（1）技术复核。

技术复核，是指对施工过程中的重要部位的施工，依据有关标准和设计要求进行复查、核对等工作。技术复核的目的是避免在施工中发生重大差错，以保证工程质量。技术复核工作一般是在分项工程正式施工前进行，复核的内容根据工程情况而定。一般土建工程施工重点复核以下内容：

①建筑物、构筑物的位置、坐标桩、标高桩、轴线尺寸等。

②基础：土质、位置、标高、轴线、尺寸。

③钢筋混凝土工程：材料质量、等级、配合比设计，构件的型号、位置、钢筋搭接长度、接头长度、锚固长度，预埋件的位置，吊装构件的强度。

④砖砌体：轴线、标高、砂浆配合比。

⑤大样图：各种构件及构造部位大样图的尺寸和要求。

（2）技术核定。

技术核定是指在施工过程中依照规定的程序，对原设计进行的局部修改。在建筑工程的施工过程中，当发现设计图纸有错误，或施工条件发生了变化而不能照原设计施工时，就必须对设计进行修改，即为技术核定。例如材料代换、构件代换、改变施工做法等。技术核定必须依照有关规定按程序进行，一般应在工程施工合同中写明，分清责任和权限，保证施工生产顺利进行。通常情况下，不影响工程质量和使用功能的材料代换由施工单位自行核定。如钢筋直径不同的代换。当变更较大，影响原设计标准、结构、功能、工程量时，必须经设计单位和建设单位认可并签署意见后方可实施；如建设单位、设计单位主动要求修改，应在规定的时间内以书面形式通知施工单位。应注意，技术核定的实施，大多数企业采取技术核定单的形式下达。按规定程序签署下达的技术核定单，具有同施工图纸相同的效力，必须严格执行。

4.建立材料及构配件检验制度

建筑材料、构配件、金属制品和设备的好坏，直接影响着建筑产品的优劣。因此，企业必须建立和健全材料及构配件检验制度，配备相应人员和必要的检测仪器设备，技术部门要把好材料检验关。

（1）对技术部门、各级检验试验机构及施工技术人员的要求：

①工作中要遵守国家的有关技术标准、规范和设计要求，要遵守有关的操作规程，提出准确可靠的数据，确保试验、检验工作的质量。

②各级检验试验机构应按照规定对材料进行抽样检查，提供数据存入工程档案。其所用的仪器、仪表和量具等，要做好检修和校验工作。

③施工技术人员在施工中应经常检查各种材料的质量和使用情况，禁止在施工中使用不符合质量要求的材料、构配件，并确定处理办法。

（2）对原材料、构配件、设备检验的要求：

①用于施工的原材料、成品、半成品、设备等，必须由供应部门提出合格证明文件。对没有证明文件或虽有证明文件但技术人员、质量管理部门认为有必要复验的材料，在使用前必须进行抽样、复验，证明其合格后才能使用。

②钢材、水泥、砖、焊条等结构用的材料，除应有出厂证明或检验单外，还要根据规范和设计要求进行检验；高低压电缆和高压绝缘材料，要进行耐压试验；混凝土、砂浆、防水材料的配合比，应先提出试配要求，经试验合格后才能使用；钢筋混凝土构件及预应力钢筋混凝土应按《钢筋混凝土施工及验收规范》的有关规定进行抽样试验。

③新材料、新产品、新构件，要在对其做出技术鉴定、制定出质量标准及操作规程后才能在工程上使用。

④在现场配制的建筑材料，如防水材料、防腐材料、耐火材料、绝缘材料、保温材料等，均应按试验室确定的配合比和操作方法进行施工。

5.建立工程质量检查和验收制度

质量检查是根据国家或主管部门颁发的有关质量标准，采用一定的测试手段，对原材料、构配件、半成品、施工过程的分部分项工程以及交工的工程进行检查、验收的工作。

质量检查和验收工作可以避免不合格的原材料、构配件进入施工过程，从而保证各个分项工程的质量，进而保证整个工程的质量。它是维护国家和用户利益、维护企业信誉的重要手段，是企业质量管理中的一项重要工作。

（1）工程质量检查验收的依据。

①施工验收规范、操作规程，质量评定标准，有关主管部门颁发的关于保证工程质量的规章制度和技术文件。

②批准的单位工程施工组织设计。

③施工图纸及设计说明书、设计变更通知单、修改后图纸和技术核定单。

④材料试验、检验报告，材料出厂质量保证书和证明单。

⑤施工技术交底记录、图纸会审的会议经要和记录。

⑥各项技术管理制度。

（2）工程质量检查制度和方法。

①自检制度。自检制度是指由班组及操作者自我把关，保证交付合格产品的制度。自检必须建立在认真进行技术交底、真正发动群众和依靠群众的基础之上。班组要有一套完整的管理办法，包括建立质量管理小组、实行严格的质量控制。

②互检制度。互检制度是指操作者之间互相进行质量检查的制度。其形式有班组互检、上下工序互检、同工序互检等。互检工作开展的好坏是班组管理水平的重要标志，也是操作质量能否持续提高的关键。

③交接检查制度。交接检查制度是指前后工序或作业班组之间进行的交接检查制度。一般应由工长或施工技术负责人进行。这就要求操作者和作业班组树立整体观念和为下道工序（或作业班组）服务的思想，既要保证本工序（或本班）的质量，又要为下道工序（或下一作业班组）创造有利条件，而下道工序（或作业班组）也重复如此，形成环环相扣、班班把关的局面。

④分部、分项工程质量检查制度。由企业的质量检查部门和有关职能部门负责。对每个分部、分项工程的测量定位、放线、翻样、施工的质量以及所用的材料、半成品、成品的加工质量，进行逐项检查，及时纠正偏差，解决有关问题，并做好检验的原始记录。

⑤技术工作复核制度。即在各个分项工程施工前，由有关部门对各项技术工作进行严格的复核，发现问题，及时纠正。

（3）质量检验的内容。

质量检验的内容主要包括施工准备工作中的检验、施工过程中的质量检验和交工验收中的质量检验三个阶段的质量检验。

①施工准备工作中的检验。包括基准点、标高、轴线的复核，机械设备安装的开箱检验，预组装检验，原材料、构配件的外形、规格、强度等物理、化学性能的检验，加工件的放样下料、图纸复核等。

②施工过程中的质量检验。包括分部分项工程和隐蔽工程的检验。例如，地基基础工程的土质、标高的检验，打桩工程中桩的数量、位置的检验，钢筋混凝土工程中的钢筋种类、规格、数量、强度等级、尺寸位置、焊接、绑扎、搭接情况的检验，模板的位置、尺寸、标高及稳定性的检验，管道工程的标高、坡度、焊接、防腐情况的检验，锅炉的焊接、试压等的检验。上道工序不合格，就不能转入下道工序施工。分部工程和隐蔽工程的检验记录是工程交工验收的重要凭证，也是重要的质量信息资料，应按有关技术档案规定妥善保管。

③交工验收中的质量检验。建筑施工（包括土建、装饰、水、暖、通风、电气照明等）完工后，施工单位要进行自检，通过自检，发现问题及时纠正，并在自检合格的基础上，由施工单位提出"验收交接申请报告"（即竣工报告，见表5.2）。然后再由建设单位组织设计单位、监理单位、施工单位及有关部门共同参与，对竣工工程项目进行检查验收，包括检查建筑物的标高、轴线、预留孔洞、外观状况和使用功能是否符合设计和有关规范的要求，交工的技术资料是否齐全、是否符合有关规定等。在这些检查内容符合要求的基础上，由施工单位向建设单位办理交工手续，并向建设单位移交全部的技术资料。

表 5.2　竣工报告

施工单位：＿＿＿＿＿＿＿＿＿＿＿＿＿＿

建设单位			
主管部门			
工程地点			
工程名称			
建设单位			
建设地点			
设计单位			
编制单位意见		年　月　日	
建设单位意见		年　月　日	
监理单位意见			

6. 建立技术组织措施计划制度

在施工过程中，必须结合工程项目的实际情况以及降低工程成本和推广新技术、新材料、新结构的任务，在技术上和组织上采取一系列的措施，以达到上述目的，而以这些措施及其效果为主要内容制定的计划，就是技术组织措施计划。

建立技术组织措施计划制度的目的是为了更好地提高工程质量，节约原材料，降低工程成本，加快施工进度，提高劳动生产率，改善劳动条件，进而提高企业的经济效益和社会效益。

在实际工作中，常见的技术组织措施主要有以下几种：

(1) 加快施工进度，缩短工期方面的技术组织措施。

(2) 保证和提高工程质量的技术组织措施。

(3) 节约原材料、动力、燃料的技术组织措施。

(4) 充分利用地方材料，综合利用工业废料、废渣的技术组织措施。

(5) 推广新技术、新材料、新工艺、新结构的技术组织措施。

(6) 革新机具、提高机械化程度的技术组织措施。

(7) 改进施工机械设备的组织和管理，提高设备完好率、利用率的技术组织措施。

(8) 改进施工工艺和技术操作的技术组织措施。

(9) 保证安全施工的技术组织措施。

(10) 改善劳动组织、提高劳动生产率的技术组织措施。

(11) 发动群众广泛提出合理化建议、献计献策的技术组织措施。

(12) 各种技术经济指标的控制数字。

7. 建立施工技术资料归档制度

施工技术资料是建筑施工企业进行技术工作、科学研究、生产组织的重要依据，是企业生产经营活动的技术标准，它能系统地反映企业长期生产实践的科技工作成果。加强对技术资料的管理是企业一项重要的技术基础工作。

建立施工技术资料归档制度,是为了保证工程项目的顺利交工,保证各项工程交工后的合理使用,为今后工程项目的维修、维护、改建、扩建提供依据,也是为了更好地积累施工技术资料,不断提高施工技术水平。因此施工技术部门必须从工程施工准备工作开始就建立起工程技术档案,不断地汇集整理有关资料,并把这一工作贯穿于整个施工过程,直到工程竣工交工验收结束。

凡是列入技术档案的技术文件、资料,都必须经有关技术负责人正式审定。所有的资料、文件都必须如实地反映情况,不得擅自修改、伪造或事后补做。工程技术档案必须严格加强管理,不得遗失和损坏。人员调动时要及时办理有关的交接手续。

5.2.4 技术革新和技术开发

1. 技术革新

技术革新是指在技术进步的前提下,把科学技术的成果转化为现实的生产能力,应用于企业生产的各个环节,用先进的技术对企业现有的落后技术进行改造和更新。建筑企业要提高技术素质,就必须不断地进行技术革新,通过技术革新,可以提高企业的施工技术水平,确保工程质量,缩短施工工期,降低工程成本,提高经济效益。

(1) 技术革新的主要内容。

①改进施工工艺和操作方法。随着建筑技术的飞速发展,新技术、新材料、新工艺、新结构、新设备的不断涌现,建筑施工企业必须在施工中不断地改进施工工艺和操作方法,以新的施工工艺和操作方法来适应现代建筑的发展需要,才能保证工程施工质量,提高施工进度,降低工程成本。

②改进施工机械和工具。针对现在施工手段落后的施工过程,特别是劳动强度大、劳动条件差、生产效率低的工种,应积极地、有计划地进行施工机械和工具的改革、更新,用工作效率高的施工机械和工具代替原有的落后施工机械和工具,以提高劳动生产率,改善工人的作业条件。

③改进材料的使用。在保证工程质量的前提下,大力推广新型的、节能的、优质的建筑材料;推行材料的综合利用,努力降低消耗,节约使用资源。特别是针对我国人口多、土地少的现实情况,应禁止或减少使用黏土砖,用新型的墙体材料代替,以节约使用耕地。

(2) 技术革新的组织管理。

①领导和群众相结合。对技术革新,领导必须首先重视,把技术革新视为提高企业竞争力的重要措施来抓。此外,还必须依靠群众,想方设法调动各方面的积极性,发挥群众的创造力,才能取得良好的效果。

②紧密结合施工生产实际。针对现在施工生产中的关键问题和薄弱环节,有重点地进行技术改造。

③注意技术和经济的统一。在拟定、评价技改方案时,应注意从技术和经济两方面进行,要选择那些技术上先进可靠、经济上合理可行的方案推广使用。

④充分发挥奖励的作用。利用精神和物质等奖励手段,鼓励对技术革新有贡献的职工,在企业造就"人人提建议、搞革新"的局面,推动企业的技术进步。

2. 技术开发

(1) 技术开发的意义。

技术开发是指把科学技术的研究成果进一步应用于生产实践的开拓过程。技术开发主要包括新技术、新材料、新工艺、新结构、新设备的开发,它的目的在于运用科学研究中所获得的知识,以试验为主要手段,验证技术可行性和经济合理性,通过实验室试验和中间试验(有些还要进行工业性试验)等一系列步骤,提供完整的技术开发成果,使科学技术转变为直接生产力,并不断以科研成果推动生产持续发展。

（2）技术开发的途径。

技术开发必须走在生产的前面，以源源不断的新技术推动生产发展。建筑企业只有依靠技术开发，不断地采用新技术、新材料、新工艺、新结构、新设备和新的管理技术，才能改善企业的技术状况，提高企业的竞争能力，使企业取得新的发展。

建筑企业的技术开发的途径主要是施工技术和管理技术两方面。

①施工技术的开发。施工技术开发包括施工机械设备的改造、更新换代和施工工艺水平的提高。通过施工机械设备的改造、更新换代和施工工艺水平的提高，不断地适应生产发展的需要。这是企业技术开发的核心。

②管理技术的开发。管理技术的开发主要是引进各种先进的管理方法和手段，完善管理制度。先进技术和施工工艺水平的发挥，还必须依靠先进的管理手段，只有两者共同结合，才能发挥出它们应有的水平。引进各种先进的管理方法和手段，完善管理制度是提高建筑工程质量、降低工程成本、提高劳动生产率的重要途径。

（3）技术开发的程序。

技术开发工作应遵循以下开发程序。

①技术预测。建筑施工企业进行技术开发，必须首先对建筑的发展动态，企业现有技术水平、技术薄弱环节等进行深入的调查分析，预测施工技术未来的发展趋势。

②选择技术开发课题。选择技术开发课题，是技术决策的问题，它是技术开发工作的关键环节。课题选择恰当，成功的可能性就大。不论是上级主管部门提出的课题，还是企业自选的课题，都应通过可行性论证，由适当的学术组织（如常设的专业技术学会或临时组成的专家组）就拟议中的课题在生产上的必要性、技术上的先进性，现有科研条件和预期的经济、社会、环境效益等提出审议意见，最后由主管部门或企业技术领导作出决定。选择技术开发课题，应注意以下几点。

a. 应从本企业的生产实际出发，研究和解决生产技术上的关键问题。

b. 必须和本企业的技术革新活动相结合。

c. 充分利用已有技术装备和技术力量，必要时与科研机构、大专院校协作，共同进行攻关。

d. 要给科研人员创造良好的学习、研究环境和必要的生产条件，使他们能集中精力，致力于开发工作。

③组织研制和试验。开发课题一旦选定，就应集中人力、物力、财力，加速研制和试验，按计划拿出成果。

④分析评价。对研制和试验的成果进行分析评价，提出改进意见，为推广应用做准备。

⑤推广应用。将研究成果在生产实践中加以应用，并对推广应用的效果加以总结，为今后进一步开发积累经验。

（4）技术开发的组织管理。

企业的技术开发工作应紧密联系企业的生产实际需要，开发的课题要经一定的学术组织审议，进行可行性论证，再由主管领导作出决策；研究试验方案要经本单位的技术主管审查批准，人力配备、器材供应、试验条件以及资金供应等保证按计划逐项落实，对工作进展情况要定期检查，并及时协调各方面的关系，解决出现的问题；研究或开发成果要及时组织专家进行鉴定和评议，内容比较复杂、研究周期较长的项目，还应组织阶段和分项成果的评议；通过鉴定的成果要在施工中推广应用，并对应用情况进行跟踪，及时发现并解决应用中出现的问题，帮助企业切实掌握新技术。

任务 5.3 施工进度控制

5.3.1 施工进度控制简介

建设工程项目进度控制是根据项目的进度目标，编制经济合理的进度计划，并据以检查工程进度计划的实施情况，若发现实际实施情况与计划进度不一致，应及时分析原因，并采取必要的措施对原工程进度计划进行调整或修正的过程。

1. 建设工程项目进度控制系统过程

进度控制系统如图 5.2 所示。

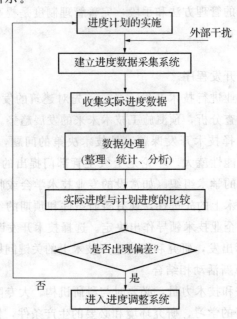

图 5.2　建设工程进度监测系统过程

（1）进度计划实施中的信息追踪。

对进度计划实施情况进行跟踪调查是计划实施信息的主要来源，是进度分析和调整的依据，也是进度控制的关键步骤，要认真做好以下三个方面的工作。

①定期收集进度报表资料。进度报表是反映工程实际进度的主要方式之一。进度计划实施单位应按照有关制度规定的时间和报表内容，定期填写进度报表。

②**现场**实地检查工程进展情况。派工程管理人员常驻现场，随时检查进度计划的实际实施情况，这样可以加强进度控制工作，掌握工程实际进展的第一手资料，使获得的数据更加及时、准确。

③定期召开现场会议。定期召开现场会议，工程管理人员通过与进度计划实施单位的有关人员面对面的交谈，既可以了解工程实际进度情况，同时也可以协调有关方面的进度关系。

（2）实际进度数据的加工处理。

为了进行实际进度与计划进度的比较，必须对收集到的实际进度数据进行加工处理，形成与计划进度具有可比性的数据。例如，对检查时段实际完成工作量的进度数据进行整理、统计分析，确定本期累计完成的工作量、本期已完成的工作量占计划总工作量的百分比等。

（3）实际进度与计划进度的对比分析。

将实际进度数据与计划进度数据进行比较，可以确定建设工程实际实施情况与计划目标之间的差距。为了直观反映实际进度偏差，通常采用表格或图表的形式进行实际进度与计划进度的对比分析，从而得出实际进度比计划进度是超前、滞后还是一致的结论。

2. 建设工程进度控制原理

（1）动态控制原理。

工程项目进度控制是一个不断进行的动态控制，也是一个循环进行的过程。它是从项目施工开始，实际进度就出现了运动的轨迹，也就是计划实施的状态。实际进度按照计划进行施工时，两者相吻合，当实际进度与计划进度不一致时，便产生超前或滞后的偏差。分析偏差的原因，采取相应的措施，调整原来的计划，使两者在新的起点上重合，继续按其进行施工活动，并且尽量发挥组织管理的作用，使实际工作按计划进行。但是，在新的干扰因素作用下，又会产生新的偏差。进度控制就是采用这种动态循环的控制方法。

（2）系统原理。

①工程项目计划系统。

进度计划按建设的阶段划分，可分为可行性研究阶段进度计划、设计阶段进度计划、施工准备阶段进度计划、施工阶段进度计划；如按进度所包含的内容来划分，可分为建设项目总进度计划、单位工程进度计划、分部分项工程进度计划、季度和月（旬）作业计划等。这些计划构成了一个工程项目的进度计划系统。

为了对工程项目实行进度计划控制，首先必须编制工程项目的进度计划。进度计划的编制对象由大到小，计划的内容从粗到细。编制时从总体计划到局部计划，从控制性计划到指导性计划，逐层进行控制目标分解，以保证计划控制目标落实。实施计划时，从月（旬）作业计划开始实施，逐级按目标控制，从而达到对工程项目整体进度的控制。

②工程项目进度实施的组织系统。

工程项目实施全过程的各专业队伍要遵照计划规定的目标去完成任务。在工程项目实施的各阶段都要做好技术资料的准备，设计、施工单位的选择，劳动力的调配，材料设备的采购供应等工作。各职能部门都要按照进度计划规定的要求进行严格管理，落实和完成各自的任务。特别是在施工阶段，施工企业各级负责人，从项目经理、施工队长、班组长到所属的全体成员应组成工程项目实施的完整组织系统。

③工程项目进度控制的组织系统。

为了保证工程项目进度实施，还要有一个项目进度的检查控制系统。从公司经理、项目经理，一直到作业班组都设有专门职能部门或人员负责检查汇报，统计整理实际施工进度的资料，并与计划进度比较分析、调整进度。当然不同层次人员有不同进度控制的职责，应分工协作，在制度保障的前提下，形成一个纵横连接的工程项目控制组织系统。

（3）网络计划技术原理。

在工程项目进度的控制中，利用网络计划技术原理编制进度计划，根据收集的实际进度信息进行比较和分析，并利用网络计划的工期优化、工期与成本优化和资源优化的方法调整计划。网络计划技术原理是工程项目控制的完整的计划管理和分析计划的理论基础。

3. 工程项目进度控制程序

工程项目进度控制和其他管理一样，是按照 PDCA 循环工作法进行的。PDCA 循环工作法说明工程项目进度控制是一个全过程，它体现了进度控制的内在规律性。

PDCA 循环工作法，是由 Plan（计划）、Do（实施）、Check（检查）、Action（处理）4 个阶段的工作组成。要做好进度控制，就必须首先制定一个科学、合理、可行的进度计划，拟定一个进度目标。为了实现这个目标，要分析目前的实际情况，弄清存在哪些干扰因素及其原因，并制定一定的技术组织措施。然后，根据这个进度计划去组织实施，在工作进行中或者工作到一定阶段之后，还要组织检查。也就是把实际进度同计划进度和预订目标相比较,看一看计划实施的如何,是否达到预定目标,达到预定目标的经验在哪里,没有达到预期目标的原因又在哪里,需要采用哪些措施进行调整或修正,以保证计划目标的实现。

4. 影响工程进度的要素

进度通常是指工程项目实施结果的进展情况。影响工程项目进度的要素包括持续时间、实物工程量、已完工程价值量、资源消耗指标等。

(1) 持续时间。

用持续时间来表达其工程或工程任务的完成程度是比较方便的,如某工程活动计划持续时间6周,现已进行3周,则对比结果为完成50%的工期。但这通常并不一定代表工程进度已达到50%。因为这些活动的开始时间,有可能提前或滞后;有可能中间因干扰出现停工、窝工现象;有时因环境的影响,实际工作效率低于计划工作效率。通常情况下,某项工作任务刚开始时,可能由于准备工作较多、不熟悉情况而工作效率低、速度慢;到任务中期,工作实施正常化,加之投入大,反而效率高、进度快;后期投入较少,扫尾工作以及其他工作任务较繁杂,速度又会慢下来。

(2) 实物工程量。

对于工作性质、内容单一的工作任务,可以用其特征工程量来表达其进度,以反映实际情况,如对设计工作按资料数量表达,施工中工作任务如墙体、土方、钢筋混凝土工程以体积来表达,钢结构以及吊装工作以重量表达等等。

(3) 已完工程价值量(产值)。

所谓已完工程价值量,即用工作任务已完成的工程量与相应的单价相乘。这一要素能将不同种类的分项工程统一起来,能较好的反映工程的进度状况。

(4) 资源消耗指标。

资源消耗指标包括人工、机械台班、材料、成本的消耗等。它们具有统一性和较好的可比性,各层次的各项工作任务都可以用其作为指标。在实际工程中应注意:投入资源数量的程度不一定代表真实的进度;实际工作量与计划有差别;干扰因素产生后,成本的实际消耗比计划要大,所以这时的成本因素所表达的进度不符合实际。各项要素在表达工作任务的进度时,一般采用完成程度,即完成任务的百分比。

5.3.2 施工进度控制方法应用

1. 横道图比较法

横道图比较法就是将在项目实施中针对工作任务检查实际进度收集的信息,经整理后直接用横道线标于原计划的横道线处进行直观比较的方法。例如,某工程的施工实际进度与计划进度比较,如图5.3所示。其中,空心线条表示该工程计划进度,实心线条表示实际进度,检查日期截止到第7个月末。从图中实际进度与计划进度的比较可以看出,到第7月末进行实际进度检查时,土方工程已经完成;基础工程按计划完成83.33%,而实际完成了66.67%,任务量拖欠了16.67%;主体结构工程按计划完成50%,而实际完成了25%,任务拖欠25%。根据各项工作的进度偏差,进度控制者可以采取相应的纠偏措施对进度计划进行调整,以确保该工程按期完成。

图5.3中所表达的比较方法仅适用于工程项目中的各项工作都是均匀进展的情况,即每项工作在单位时间内完成的任务量都相等的情况。事实上,工程项目中各项工作的进展不一定是匀速的。根据工程项目中各项共组的进展是否匀速,可采用匀速或非匀速进度横道图比较法进行比较。

(1) 匀速进度横道图比较法。

匀速进度是指在工程项目中,每项工作在单位时间内完成的任务量都是相等的,即工作进展的速度是均匀的。此时,每项工作累计完成的任务量与时间呈线性关系。完成的任务量可以用实物工

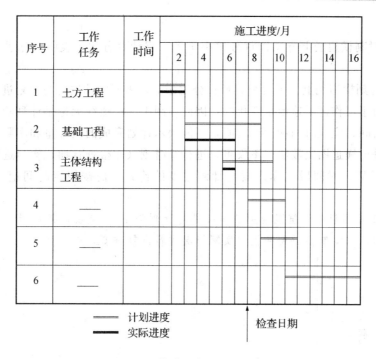

图 5.3　横道图施工进度检查

程量、劳动消耗量或费用支出来表示。为了便于比较，通常用上述实物量的百分比表示。采用匀速进度横道图比较法时，其步骤如下：

①编制横道图计划。

②在进度计划上标出检查日期。

③将检查收集到的实际进度数据，按比例用实心线条标于计划进度线的下方，如图 5.4 所示。

④对比分析实际进度与计划进度：

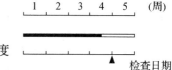

图 5.4　匀速进度横道图比较

a. 如果实心线条右端落在检查日期左侧，表明实际进度拖后。

b. 如果实心线条右端落在检查日期右侧，表明实际进度超前。

c. 如果实心线条右端与检查日期重合，表明实际进度与计划进度一致。上图所示结果表示实际进度比计划进度落后半周。

（2）非匀速进度横道图比较法。

当工作在不同单位时间里的进度速度不相等时，累计完成的任务量与实际的关系不可能是线性关系。此时，应采用非匀速进度横道图比较法进行工程实际进度与计划进度的比较。

非匀速进度横道图比较法在用实心线条表示工作实际进度的同时，还要标出其对应时刻完成任务量的累计百分比，并将该百分比与其同时刻计划完成任务量的累计百分比相比较，判断工程实际进度与计划进度之间的关系。采用非匀速进度横道图比较法时，其步骤如下：

①编制横道图进度计划。

②在空心线条上方标出各主要时间工作的计划完成任务量累计百分比。

③在横道线下方标出相应时间工作的实际完成任务量累计百分比。

④用实心线条标出工作的实际进度，从开始之日标起，同时反映出该工作在实施过程中的连续与间断情况。

⑤通过比较同一时刻实际完成任务量的累计百分比和计划完成任务量的累计百分比，判断工作实际进度与今后进度之间的关系。

a. 如果同一时刻横道线上方累计百分比大于下方累计百分比，表明实际进度拖后，拖欠的任务量为两者之差。

b. 如果同一时刻横道线上方累计百分比小于下方累计百分比，表明实际进度超前，超前的任务量为两者之差。

c. 如果同一时刻横道线上、下两个累计百分比相等，表明实际进度与计划进度一致。

可以看出，由于工作进展速度是变化的，因此，图中的横道线无论是计划的还是实际的，只能表示工作的开始时间、完成时间和持续时间，不能表示计划完成的任务量和实际完成的任务量。此外，采用非匀速进度横道图比较法，不仅可以进行某时刻（如检查日期）实际进度与计划进度的比较，而且还能进行某一时间段实际进度与计划进度的比较（需按规定时间记录当时的任务完成情况）。

【例 5.1】 某工程项目中浇筑混凝土工作按进度计划需 10 h 完成，每小时计划完成的任务量百分比如图 5.5 所示，试绘制横道图并根据实际情况进行比较进度进展情况。

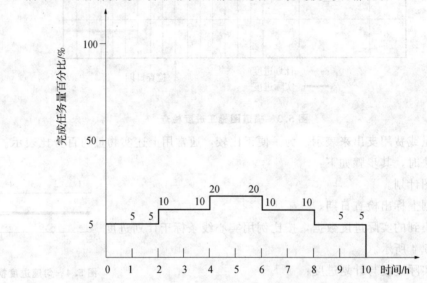

图 5.5　混凝土工作进展时间与完成任务量关系图

解：

（1）编制横道图计划，如图 5.6 所示。

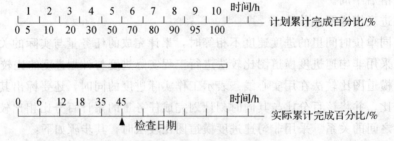

图 5.6　非匀速进展横道图比较图

（2）在横道图上方标出浇筑混凝土工作每小时计划累计完成任务量的百分比，分别为 5%、10%、20%、30%、50%、70%、80%、90%、95%、100%。

（3）在横道图下方标出第 1 小时至检查时刻（第 5 小时）每小时累计完成任务量的百分比，分别为 6%、12%、18%、35%、45%。

（4）用实心线条标出实际投入实际。图中表明，该工作实际开始时间与计划开始实际相同，开始后在第 5 小时开始时中断，中断 0.5 h 后继续施工。

（5）比较实际进度与计划进度。从图中可以看出，该工作在第 1 小时的实际进度比计划进度超前 1%；第 2 小时实际进度比计划进度累计超前了 2%；从施工过程中出现时间中断 0.5h，至检查时刻（第 5 小时末）时，实际进度比计划进度拖后 5%。

横道图比较法具有记录和比较简单、形象直观、易于掌握、使用方便等优点，但由于其以横道计划为基础，使用具有局限性。因此，横道图比较法主要用于工程项目中某些工作实际进度与计划进度的局部比较。

2. S 曲线比较法

S 曲线比较法与横道图比较法不同，它不是在编制的横道图进度计划上进行实际进度与计划进度比较。它是以横坐标表示进度时间，纵坐标表示累计完成任务量，绘制出一条按计划时间累计完成任务量的 S 形曲线。然后，将工程项目实施过程中各检查时间实际累计完成任务量的 S 曲线也绘制在同一个坐标系中，进行实际进度与计划进度的比较。

就整个工程项目的实施全过程而言，一般是开始和结尾阶段，单位时间投入的资源量较少；中间阶段单位时间投入的资源量较多。与其相关，单位时间完成的任务量也呈同样的变化曲线，如图 5.7（a）所示。而随工程进展累计完成的任务量则应成 S 形变化，如图 5.7（b）所示。

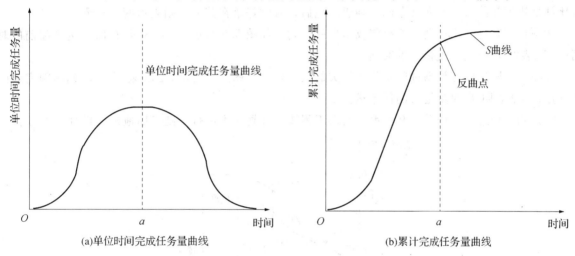

图 5.7　时间与完成任务量关系曲线

（1）S 曲线绘制。

①确定工程进展速度曲线。在实际工程的计划进度曲线中，很难找到图 5.7 所示的定性分析的连续曲线，但可以根据每单位时间内完成的实物工程量或投入的劳动力与费用，计算出计划单位时间的量值 q_i，这时 q_i 为离散型，如图 5.8（a）所示。

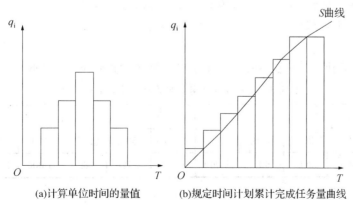

图 5.8　S 曲线的绘制

②计算规定时刻 j 计划累计完成的任务量。其计算方法等于各单位时间完成的任务量之和，可以按公式（5.1）计算：

$$Q_i = \sum q_i \qquad (5.1)$$

式中　Q_j——某时刻 j 计划累计完成的任务量；

　　　q_i——单位时间 i 的计划完成任务量；

　　　j——某规定计划时刻。

③按各规定时间的 Q_j 值绘制 S 曲线，结果如图 5.8（b）所示。

（2）S 曲线比较。

S 曲线比较法同横道图一样，是在图上直观进行工程项目实际进度与计划进度的比较。一般情况下，计划进度控制人员在计划实施前绘制出计划进度的 S 曲线。在项目实施过程中，按规定时间将检查的实际完成情况，与计划 S 曲线绘制在同一张图上，可以得出实际进度 S 曲线如图 5.9 所示，比较两条 S 曲线可以得到如下信息。

①项目实际进度与计划进度比较。当实际工程进展点落在计划 S 曲线左侧，则表示此时实际进度比计划进度超前；若落在其右侧，则表示拖后；若刚好落在其上，则表示两者一致。

②项目实际进度比计划进度超前或拖后的时间。如图 5.9 所示，ΔT_a 表明 T_a 时刻进度超前的时间；ΔT_b 表明 T_b 时刻进度拖后的时间。

③项目实际进度比计划进度超额或拖欠的任务量。如图 5.9 所示，ΔQ_a 表明 T_a 时刻超额完成的任务量；ΔQ_b 表明 T_b 时刻拖欠的任务量。

④预测工程进度。如图 5.9 所示，后续工程按原计划速度进行，则工期拖延预测值为 ΔT。

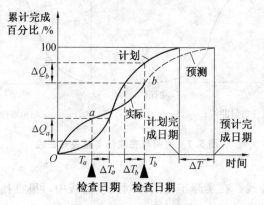

图 5.9　S 曲线比较图

【例 5.2】某工程基础土方总量为 3 600 m³，按照施工方案，计划 11 个月完成，每月计划完成的土方量如图 5.10 所示，试绘制该土方工程的 S 曲线。

解：

（1）确定单位时间计划完成任务量，计算不同时间累计完成计划任务量，见表 5.3。

表 5.3　计划完成任务量与累计完成计划任务量

时间/月	1	2	3	4	5	6	7	8	9	10	11
每月完成量/m³	100	200	300	400	500	600	500	400	300	200	100
累计完成量/m³	100	300	600	1 000	1 500	2 100	2 600	3 000	3 300	3 500	3 600

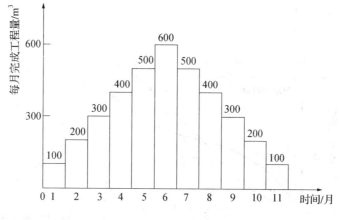

图 5.10　每月完成工程量图

（2）根据累计完成计划任务量绘制 S 曲线，如图 5.11 所示。

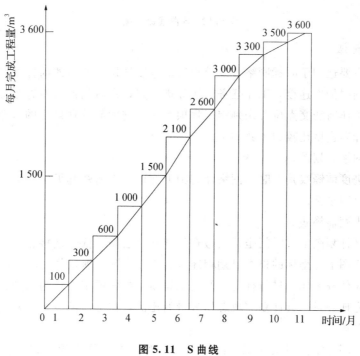

图 5.11　S 曲线

（3）实际进度与计划进度的比较。按照规定时间将检查收集到的实际累计完成任务量绘制在原计划 S 曲线图上，即可得到实际进度 S 曲线，如图 5.12 所示。

①检查工程项目实际进度超前或拖后的时间。从图 5.12 可以看出，在第一个检查日（3 月末），实际进度 S 曲线在计划进度 S 曲线的左侧，说明这时实际进度超前，超前时间约为 1.5 个月。在第二个检查日（8 月末），实际进度 S 曲线在计划进度 S 曲线的右侧，说明这时实际进度拖后，拖后时间约为 1.5 个月。

②检查工程项目实际超额或拖欠的工程量。从图 5.12 可以看出，在第一个检查日（3 月末），提前完成工程量约为 600 m³。在第二个检查日（8 月末）拖欠工程量约为 600 m³。

③如果后期工程按原计划速度进行，预测工程可能在第 12 个月末完成，超过计划工期 1 个月。

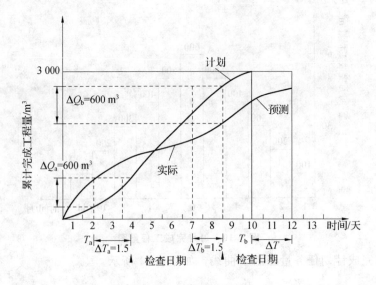

图 5.12　S 曲线比较图

3. 前锋线比较法

前锋线比较法主要适用于时标网络计划及横道图进度计划。所谓的前锋线是指从检查时刻的时间标点出发，用点画线依次连接各工作任务的实际进度点，最后到计划检查坐标点为止连接而成的折线。用前锋线与工作箭线交点位置来判定工程项目实际进度与计划进度的偏差。采用前锋线比较法进行实际进度与计划进度比较的步骤如下。

（1）绘制时标网络计划图。

工程项目实际进度前锋线是在时标网络计划图上标记，为清楚起见，可以在时标网络计划图的上方和下方各设一时间坐标。

（2）绘制实际进度前锋线。

一般从时标网络计划图上方时间坐标的检查日期开始绘制，依次连接相邻工作的实际进展位置点，最后与时标网络图下方坐标的检查日期相连接。工作实际进展点位置的标定方法有两种。

①按该工作已完任务量比例进行标定。假设工程项目中各项工作均为匀速进展，根据实际进度检查时刻该工作已完任务量占其计划完成总任务量的比例，在工作箭线上从左至右按其相同的比例标定其实际进展位置点。

②按尚需作业时间标定。当某些工作的持续时间难以按实物工程量来计算而只能凭经验估算时，可先估算出检查时刻到该工作全部完成尚需作业的时间，然后在该工作箭线上从右至左逆向标定其实际进展点的位置。

（3）进行实际进度与计划进度的比较。

前锋线可以直观的反映出检查日期有关工作实际进度与计划进度之间的关系。对某项工作来说，其实际进度与计划进度之间的关系可能存在以下 3 种情况。

①工作实际进展位置点落在检查日期的左侧，表明该工作实际进度拖后，拖后的时间为二者之差。

②工作实际进展位置点与检查日期重合，表明该工作实际进度与计划进度一致。

③工作实际进展位置点落在检查日期的右侧，表明该工作实际进度超前，超前的时间为二者之差。

（4）预测进度偏差对后续工作及总工期的影响。

通过实际进度与计划进度的比较确定进度偏差后，还可根据工作的自由时差和总时差预测该进度偏差对后续工作及项目总工期的影响。由此可见，前锋线比较法既适用于工作实际进度与计划进度之间的局部比较，又可用来分析和预测工程项目整体进展情况。

【例5.3】某时标网络计划如图5.13所示。该计划在第6周末检查实际进度时，发现工作A完成计划任务量的50%；工作B完成计划任务量的66.7%；工作C完成计划任务量的50%。试用前锋线比较法进行实际进度与计划进度的比较。

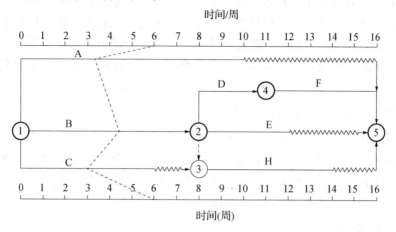

图5.13　某工程前锋线比较图

解：

根据第6周末实际进度的检查结果绘制前锋线，如图5.13中点画线所示。通过比较可以看出：

（1）工作A实际进度拖后3周，不影响总工期。

（2）工作B实际进度拖后2周，将使紧后工作D、E、H的最早开始时间推迟2周，由于紧后工作D是关键工作，将影响总工期，从而使总工期延长2周。

（3）工作C实际进度拖后3周，由于工作C有自由时差2周，因此使紧后工作H的最早开始时间推迟1周，但不影响总工期。

综上所述，如不采取措施加快进度，该工程项目的总工期将延后2周。

 # 任务5.4　施工进度调整

5.4.1　施工进度调整过程

在工程项目施工生产过程中，实际进度与计划进度之间往往会出现偏差。有了偏差，就必须认真分析偏差产生的原因及其对后续工作和总工期的影响，必要时要采取合理、有效的进度计划调整措施，以确保进度总目标的实现。进度调整的系统过程如图5.14所示。

1. 分析进度偏差产生的原因

通过实际进度与计划进度的比较，发现进度偏差时，为了采取有效措施调整进度计划，必须深入现场进行调查，分析产生进度偏差的原因。

影响工程项目进度的因素很多。例如，工程决策阶段可研报告可靠性的影响，工程建设相关单位的影响，物资、设备供应的影响，资金的影响，设计变更的影响，施工阶段现场条件、周围环境的影响，各种风险因素的影响，施工单位自身管理水平的影响等。

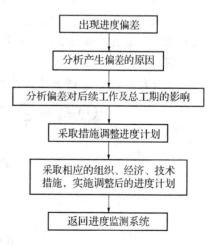

图5.14　建设工程进度调整系统

2. 分析进度偏差对后续工作和总工期的影响

当查明进度偏差产生的原因之后，要分析进度偏差对后续工作和总工期的影响程度。如果出现进度偏差的工作位于关键线路上，即该工作为关键工作，则无论其偏差有多小，都会对后续工作和总工期产生影响，必须采用相应的调整措施。如果工作的进度偏差大于该工作的总时差，进度偏差必将影响其后续工作和总工期，因此，就必须采取相应的调整措施。如果工作的进度偏差大于该工作的自由时差，则此进度偏差将对其后续工作产生影响，此时应根据后续工作的限制条件确定调整方法。

3. 确定后续工作和总工期的限制条件

当出现的进度偏差影响后续工作或总工期而需要采取进度调整措施时，应当首先确定可调整进度的范围，主要指关键节点、后续工作的限制条件以及总工期允许变化的范围。这些限制条件往往与合同条件以及相关政策有关，例如合同规定的工期条件，材料供应方式，工程结算方式及相关政策、法律、规范改变等等，需要认真分析后确定。

4. 采取措施调整进度计划

对原计划进行调整，就要改变某些工作的施工速度，施工速度的变化会影响工程成本，因此在进行进度调整时应使工期尽可能最短而费用最节省。采取调整措施，应以后续工作和总工期的限制条件为依据，确保要求的进度目标得以实现。具体方法有改变某些工作的逻辑关系、缩短某些工作的持续时间等。

5. 实施调整后的进度计划

进度计划调整后，应采取相应的组织、经济、技术措施执行它，并继续监测其实施情况。

5.4.2 施工进度调整方法应用

1. 改变某些工作间的逻辑关系

当工程项目施工中产生的进度偏差影响到总工期，且有关工作的逻辑关系允许调整时，可以改变关键线路和超过计划工期的非关键线路上的有关工作之间的逻辑关系，达到缩短工期的目的。例如，将顺序进行的工作改为平行作业、搭接作业以及分段组织流水等。

【例5.4】某大型钢筋混凝土工程，包括支模板、绑扎钢筋、浇筑混凝土3个施工过程，各施工过程的持续时间为9天、12天和15天，采用顺序作业方式进行施工，则其总工期为36天。为缩短该工程的总工期，在资源供应充足的条件下，可将该工程分为3个施工段组织流水作业。试绘制该工程流水作业的网络计划，并确定其总工期。

解：

计算结果如图5.15所示，总工期为22天。

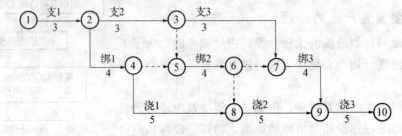

图5.15 某钢筋混凝土工程流水网络计划

2. 缩短某些工作的持续时间

这种方法是不改变工程项目中各工作之间的逻辑关系，而通过采取增加资源投入、提高劳动效率等措施来缩短某些工作的持续时间，使工程进度加快，以确保按计划工期完成该工程项目。

（1）网络计划中某项工作拖延时间已超过其自由时差但未超过其总时差。

如前所述，此时该工作的实际进度不会影响总工期，而只对后续工作产生影响。因此，在进行调整前，需要确定其后续工作允许拖延时间限制，并以此作为进度调整的限制条件。该限制条件的确定常常较复杂，尤其是当后续工作由多个平行的承包单位负责实施时更是如此。

【例 5.5】某工程项目双代号网络计划如图 5.16 所示，该计划实施到第 60 天末时刻检查时，其实际进度如前锋线所示。试分析目前实际进度对后续工作和总工期的影响，并提出相应的进度调整措施。

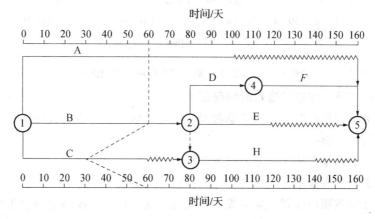

图 5.16　某工程项目时标网络图

解：

从图 5.16 中可以看出，目前只有工作 C 的实际进度拖后了 30 天，其他工作（A、B 工作）的实际进度正常。由于工作 C 的总时差为 40 天，故此时工作 C 的实际进度不影响总工期。

后续工作拖延的时间无限制。如果后续工作拖延时间完全被允许时，可将拖后的时间参数带入原计划，并化简网络图，即可得调整方案。

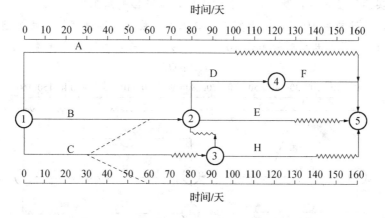

图 5.17　后续工作拖延时间无限制时的网络计划

例如在本例中，以检查时刻第 60 天为起点，将工作 C 的实际进度数据及工作 H 被拖后的时间参数带入原计划（此时 C、H 的开始时间分别为第 60 天和第 90 天），可得如图 5.17 所示的调整方案。

（2）后续工作拖延的时间有限制。

后续工作不允许拖延或拖延时间有限制时，需要根据限制条件对网络计划进行调整，寻求最优方案。例如在本例中，如果 H 工作的开始时间不允许超过第 80 天，则只能将 C 工作压缩 10 天（压缩可采用加大资源投入、采用先进技术和提高机械化程度等方法），调整后的网络计划如图 5.18 所示。

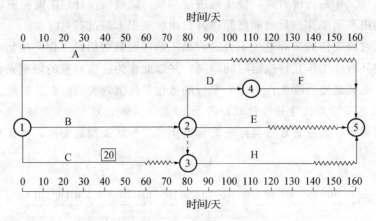

图 5.18　后续工作拖延时间有限制时的网络计划

（3）网络计划中某项工作进度拖延时间超过其总时差。

如果网络计划进度拖延的时间超过其总时差，则无论该工作是否为关键工作，其实际进度都将对后续工作和总工期产生影响。

此时，进度计划的调整方法又可分为以下 3 种情况。

（1）项目总工期不允许拖延。

如果工程项目必须按照原计划工期完成，则只能采取缩短关键线路上后续工作持续时间的方法来达到调整计划的目的。这种方法实质上就是工期优化方法。

【例 5.6】如图 5.16 所示网络计划，如果在计划实施到第 50 天末检查时，其实际进度如图 5.19 中前锋线所示。试分析目前实际进度对后续工作和总工期的影响，并提出相应的进度调整措施。

解：

从 5.19 中可看出：

①工作 A 实际进度拖后 20 天，但不影响总工期。

②工作 C 的实际进度正常，既不影响后续工作，也不影响总工期。

③工作 B 实际进度拖后 10 天，由于其为关键工作，故其实际进度将使总工期延长 10 天，并使后续工作 D、E、H 和 F 的开始时间推迟 10 天（箭线上方括号内数字为优选系数）。

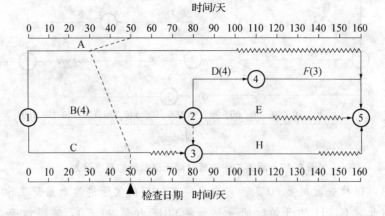

图 5.19　某工程实际进度前锋线

如果该工程项目总工期不允许拖延，则为了保证其按原计划 160 天完成，必须采用工期优化的方法，缩短关键线路上后续工作的持续时间。现假设工作 B 的后续工作 D、F 均可压缩 10 天，通过比较工作 F 的优选系数较小，可将 F 工作的持续时间 50 天缩短为 40 天。调整后的网络计划如图 5.20 所示。

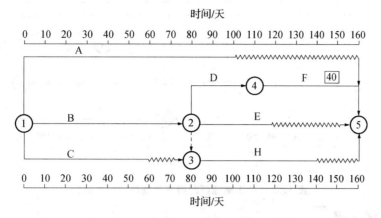

图 5.20 调整后工期不拖延的网络计划

（2）项目总工期允许拖延。

如果项目总工期允许拖延，则此时只需以实际数据取代原计划数据，并重新绘制实际进度检查日期之后的简化网络图即可。

（3）项目总工期允许拖延的时间有限。

如果项目总工期允许拖延，但允许拖延的时间有限，则当实际拖延的时间超过此限制时，也需要对网络计划进行调整，以便满足要求。具体调整方法是：以总工期的限制时间为规定工期的，对检查日期之后尚未实施的网络计划进行工期优化，即通过缩短关键线路上后续工作持续时间的方法来使总工期满足规定工期的要求。

【例 5.7】如图 5.19 所示前锋线图，如果项目部总工期只允许拖延至第 165 天，试提出相应的进度调整措施。

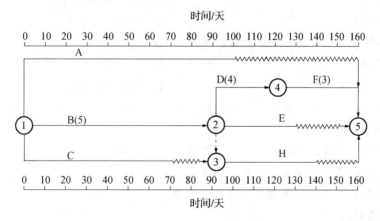

图 5.21 调整后的网络计划

解：

①绘制化简的网络计划，如图 5.21 所示。

②确定需要压缩的时间。从图 5.21 中可以看出，在第 50 天检查实际进度时发现工期将延长 10 天，该项目至少需要 170 天才能完成。而总工期只允许延长至第 165 天，故需要将总工期压缩 5 天。

③对网络计划进行工期优化。从图 5.21 中可以看出，此时关键线路上的工作为 B、D 和 F，通过比较，工作 F 的优选系数小，故将工作 F 的持续时间由原来的 50 天压缩为 45 天，调整后的网络计划如图 5.22 所示。

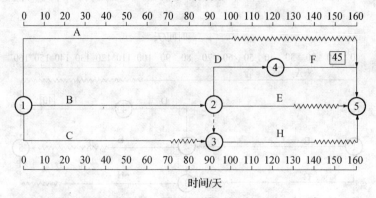

图 5.22　总工期拖延时间有限制时的网络计划

拓展与实训

一、单项选择题

1. 单位工程施工组织设计由（　　）编制。

A. 项目经理

B. 项目技术负责人

C. 企业技术负责人

D. 施工员

2. 下列各项措施中，（　　）是建设工程项目进度控制的技术措施。

A. 确定各类进度计划的审批程序

B. 选择工程承发包模式

C. 选择项目设计、施工方案

D. 选择合理的合同结构

3. 实际进度前锋线是用（　　）进行进度检查的。

A. 横道计划

B. 时标网络计划

C. 里程碑计划

D. 搭接网络计划

4. 下列不属于施工现场管理的内容的是（　　）。

A. 规范交通

B. 环境保护

C. 防火保安

D. 施工现场综合考评

5. 下列（　　）情况的动火属于一级动火。

A. 小型油箱等容器

B. 比较密封的室内、容器内、地下室等场所

C. 无明显危险因素的场所进行用火作业

D. 非禁火区域内进行临时焊、割等用火作业

二、多项选择题

1. 当施工组织在中心过程中，发生以下（　　）情况，应由项目负责人或项目技术负责人应组织相关人员对单位工程施工组织设计进行修改和补充。

A. 工程设计有重大修改

B. 有关法律、法规、规范和标准实施、修订和废止

C. 主要施工方法有重大调整

D. 主要施工资源配置有重大调整

E. 施工环境有重大改变

2. 施工方法进度控制的组织措施包括（　　）。

A. 设立专门的进度控制工作部门

B. 编制施工进度控制的工作流程

C. 编制进度控制的管理职能分工表

D. 编制与进度计划相适应的资源需求计划

E. 重视信息技术在进度控制中的应用

3. 施工方进度控制的措施主要包括（　　）。

A. 组织措施　　　　　　　　　　　B. 技术措施

C. 经济措施　　　　　　　　　　　D. 法律措施

E. 行政措施

4. 在网络计划的执行过程中，当发现某工作进度出现偏差后，需调整原进度计划的情况有（　　）。

A. 项目总工期允许拖延，但工作进度偏差已超过自由时差

B. 后续工作允许拖延，但工作进度偏差已超过自由时差

C. 项目总工期不允许拖延，但工作偏差已超过总时差

D. 后续工作不允许拖延，但工作进度偏差已超过总时差

E. 项目总工期和后续工作允许拖延，但工作进度偏差已超过总时差

5. 从整体角度判定工程项目实际进度偏差，并能预测后期工程进度的比较方法有（　　）。

A. S 形曲线比较法　　　　　　　　B. 前锋线比较法

C. 列表比较法　　　　　　　　　　D. 横道图比较法

E. 香蕉曲线比较法

三、简答题

1. 简述工程项目进度管理的措施、方法和任务。

2. 进度计划调整的方法有哪些，如何进行调整？

3. 简述施工现场文明施工要求。

4. 简述单位工程施工组织设计审批程序。

5. 简述施工现场管理的重要性。

四、案例分析题

背景：

某工程建筑公司承包的技术中心办公大楼，工程位于城市中心交通要道部位，工程总建筑面积 40 000 m²，地上 18 层，地下 2 层，框架—剪力墙结构。工程因场地小，施工现场的平面布置侧重点应对生产临建、主材加工、制作和堆放场地方面。施工现场围挡按公司文明施工管理体系进行设置；临时道路、水电管网、消防设施、办公、生活、生产用临时设施按施工总平面图设计布置；在安全方面，现场出入口、楼梯口等设有明显安全警示标志。

问题：

1. 施工现场消防安全管理的主要工作有哪些？

2. 灭火器的设置要求有哪些？

3. 施工现场安全管理中，安全标志一般有几种？在哪几个"口"设置安全警告标志？

附录　单位工程施工组织设计编制实例

学生宿舍楼工程施工组织设计

1. 编制目的、依据与原则

1.1 编制目的

为指导学生宿舍楼工程施工，确保施工质量和安全，降低工程造价，为施工提供科学的指导依据，特制定本施工组织设计。

1.2 编制依据

1.2.1　由××设计研究院设计的本工程施工图纸。

1.2.2　招投标文件、发包人与承包人之间签订的工程施工合同文件。

1.2.3　施工项目经理部与主管部门签订的施工项目管理目标责任书。

1.2.4　GB/T 19001—2008 idt ISO 9001：2008 质量体系。

1.2.5　GB/T 24001—2004 idt ISO 14001：2004 环境管理体系。

1.2.6　GB/T 28001—2001 职业健康管理体系。

1.2.7　相关的国家施工规范，见附表1。

附表1　相关国家施工规范

规范名称	规范编号
建筑桩基技术规范	JGJ 94—94
建筑桩基检测技术规范	JGJ 106—2003
建筑地基处理技术规范	JGJ 79—2002
工程测量规范	GB 50026—93
建筑变形测量规程	JGJ/T 8—97
建筑地基基础工程施工质量验收规范	GB 50202—2002
建筑结构检测技术标准	GB/T 50344—2004
混凝土结构工程施工质量验收规范	GB 50204—2002
地下工程防水技术规范	GB 50108—2001
钢筋混凝土高层建筑结构设计与施工规程	JGJ 3—95
砌体工程施工质量验收规范	GB 50203—2002
建筑给水排水及采暖工程施工质量验收规范	GB 50242—2002
建筑电气工程施工质量验收规范	GB 50303—2002
建筑地面工程施工质量验收规范	GB 50209—2002
建筑工程质量验收统一标准	GB 50300—2001
施工现场临时用电安全技术规范	JGJ 46—99
建筑机械使用安全技术规程	JGJ 33—2001
安全防范工程技术规范	GB 50348—2004

续附表1

规范名称	规范编号
钢筋焊接接头试验方法标准	JGJ/T 27—2001
钢筋机械连接通用技术规程	JGJ 107—96
组合钢模板技术规范	GB 50214—2001
建筑施工扣件式钢管脚手架安全技术规范	JGJ 130—2001
建筑工程冬期施工规程	JGJ 104—97
人民防空工程施工及验收规范	GB 50134—2004
地下防水工程质量验收规范	GB 50208—2002
建筑工程文件归档整理规范	GB/T 50328—2001

1.2.8 工程建设标准强制性条文（房屋建筑部分）中的有关规定。

1.2.9 示范工程统一细部做法标准图集（1～5分册）。

1.2.10 《建设工程安全生产管理条例》中华人民共和国国务院令第393号。

1.2.11 施工组织设计编制标准 DB/T 29—115—2004 J10500—2005。

1.3 编制原则

1.3.1 严格执行中华人民共和国颁布的各项法规及行业标准。

1.3.2 严格遵循招标文件、设计图纸、地质资料及国家部委和地方政府颁布的有关技术规范、规程的规定，认真分析研究，制定切实可行的施工技术措施。

1.3.3 总体考虑、全面协作，选择适宜本工程条件的施工机械、设备和人员，发挥设备、人才优势，认真分析，充分比较、论证，合理规划整个工程的施工程序。

1.3.4 多方案分析比较，选择最合理的施工方案，可靠的节水、节电、排水、防噪、防尘措施，选择最有利于工程施工，同时又对周围环境影响最小的施工组织方案。

1.3.5 认真贯彻执行百年大计、质量第一的质量方针政策，优质、快速、高效地完成本工程施工。

2. 工程概况及施工重点、难点分析

2.1 工程设计概况

2.1.1 总体概况。

学生宿舍楼工程，由×××学院承建，×××设计院设计，××××监理公司监理，×××质量监督站监督，××××建筑工程有限公司施工。

该工程坐落于××市××区××路、×××学院院内。功能为学生宿舍，总建筑面积约17 007 m²。框架剪力墙结构，主体11层，局部12层。抗震设防烈度为7度。

2.1.2 建筑设计。

位置：本工程位于×××高校区校园内，本建筑西距围墙10.00 m，东侧为篮球场地，北侧距围墙6.50 m，南侧距已建宿舍42.76 m。

功能及尺寸：本工程为宿舍楼，耐火等级为二级。建筑层高3.6 m，建筑檐高40.60 m，建筑东西长度84.98 m，南北长度16.55 m，室内外高差0.60 m。首层建筑面积为1 472 m²，2～11层每层建筑面积为1 462 m²。

变形缝：建筑物设有2道变形缝，建筑物内设有3部楼梯。

墙体：本工程内外墙均采用200 mm厚轻质砂加气混凝土砌块，一层淋浴间墙体采用240 mm

厚页岩砖砌筑，砌筑高度为 2 100 mm。

保温：屋面铺设 50 mm 厚硬泡聚氨酯保温；外墙保温为 B 型（15＋10）mm 厚 ZL 胶粉聚苯颗粒贴砌 40 mm 厚挤塑型聚苯板。

防水：屋面防水采用 4 mm 厚 SBS 防水卷材一道；楼地面防水采用聚氨酯防水涂膜 2 mm 厚。

门窗：门窗均采用塑料框中空玻璃门窗，中空玻璃构造形式为（5＋12＋5）mm。

2.1.3 结构设计。

本工程为框架剪力墙结构，建筑安全等级为二级，地基基础设计等级为丙级，建筑安全等级为二级，建筑结构的合理使用年限为 50 年，抗震设防烈度为 7 度，建筑物的结构抗震等级为三级。本工程地下水位为：地标下 1.1～1.5 m。

平面表示法：采用《混凝土结构施工平面整体表示法制图规则和构造详图》（03G101）。

桩基础：本工程选用先张法预应力管桩，桩顶标高－2.350 m，桩径 500 mm。桩长（10＋9）m 为 357 根，单桩承载力 1 500 kN。10 m 长桩为 16 根，单桩承载力 500 kN。

基础：本工程采用独立承台基础及地梁结构。基础底标高为－2.40 m，强度等级为 C30。垫层 100 mm 厚，强度等级 C15。砖基础采用实心页岩砖 MU10，用水泥砂浆 M10 砌筑。

主体工程：本工程主体结构混凝土强度等级均为 C30，圈梁、过梁及构造柱强度等级为 C20。钢筋采用 HPB235 及 HRB400 钢筋。

焊条：HPB235 级钢筋采用 B43 型焊条，HRB400 级钢筋采用 E55 型焊条。

2.1.4 装饰设计。

楼地面：做法为铺 8～10 mm 厚玻化砖，局部楼梯间采用水泥砂浆做法。

内墙面：做法为刷乳胶漆墙面，卫生间、淋浴间等有防水要求的房间墙面贴釉面砖。

外墙面：采用涂料墙面，局部柱、廊采用干挂石材做法。

顶棚：做法为刷乳胶漆顶棚，卫生间、淋浴间等采用铝合金条板顶棚，走道采用矿棉板吊顶。

散水台阶：散水采用 60 mm 厚随打随抹散水，台阶为 30 mm 厚花岗岩机剁板。

栏杆扶手：采用不锈钢栏杆扶手。

2.2 施工条件概况

本工程施工图纸齐全、合法有效。招投标工作已完成，我单位中标，并签订合同，合同总工期为 275 天，开工日期为 2008 年 3 月 8 日。施工现场已完成"三通一平"。水源、电源均已接入现场东侧大门处，施工现场地处学院院内，北侧为城市主干道，交通条件便利。施工现场具备开工条件。

2.3 施工重点及难点分析

2.3.1 本工程主体结构工程量大，混凝土、钢筋、模板的垂直运输组织为工程施工重点和难点。

2.3.2 本工程工期紧、工程量大，如何保证在计划工期内保质保量地完成工程施工任务为工程施工过程中重点解决的问题。

2.3.3 本工程地上 11 层，建筑高度较高，施工过程中高层施工质量、安全控制为工程重难点。

2.3.4 本工程地处高校区校园内，如何确保文明施工、保证施工期间不影响教学环境为施工过程中的重点和难点。

2.3.5 本工程跨越冬雨季各一个，在冬雨季施工过程中确保工程的安全和质量为工程重点和难点。

2.3.6 装饰工程时间紧、任务量大、工序复杂，分包单位多，施工人员众多，工序交叉多，插入度大，对总包单位的管理、协调、组织能力要求高，应具有准确预见、周密计划、严格管理、协调控制的实力。

3. 施工部署

3.1 施工管理目标

依据工程施工合同及国家法律、地方法规，结合本企业管理经验及年度生产计划，综合确定如下施工管理目标。

3.1.1 工期目标。

开工日期为 2008 年 3 月 8 日，竣工日期为 2008 年 12 月 8 日，总工期为 276 日历天。

3.1.2 质量目标。

达到国家质量验收规范合格标准。

3.1.3 安全生产目标。

坚持"安全第一，预防为主"的方针，保证一般事故频率小于 0.15％，死亡事故为零，在施工期间杜绝一切重大安全、质量事故。

3.1.4 文明施工目标。

强化施工现场科学管理，满足现场环保要求，创一流水平，建成文明样板工地，达到区级文明工地标准。

3.1.5 环境管理目标。

（1）噪声排放：不超过国家规定的限制。

（2）粉尘排放：施工过程粉尘或扬尘排放浓度控制在国家标准《环境质量标准》规定的范围以内。

（3）垃圾管理：分类存放，集中处理，按设计要求或当地环保部门要求进行排放和处置。

（4）废水排放：尽量做到废水重复利用，排放废水的污染物浓度控制在《污水综合排放标准》规定范围内。

（5）无环保违法行为。

（6）无环境污染责任事故。

3.1.6 降低成本目标。

达到公司成本指标率的要求。

3.2 项目管理机构组成

3.2.1 项目管理体系。

本工程施工管理实行"项目法"管理，在工程施工中实行项目经理负责制、项目成本核算制的项目管理模式。项目经理对工程实行统一领导、统一管理、统一安排、统一指挥，全面负责施工过程的指挥、监督、管理和组织协调工作。项目经理部由项目经理、安全副项目经理、项目总工程师、项目技术负责人、项目经济师以及各专业技术管理人员组成。施工过程中，加强内部管理组织体系的运行，管理人员落实到岗，责任落实到人，各司其职，确保人员管理到位。项目部组织机构如附图 1 所示。

（1）项目职能部门岗位职责。

①生产部（生产施工部）。主要负责人为项目副经理，负责认真审核图纸，做好施工前的准备，熟悉施工组织设计，明确生产部署、施工顺序、技术措施及节约措施。严格执行国家规范、标准，对隐蔽工程严格控制、严格验收，做好质量检查，落实参加队伍自检、互检、交接检制度，落实施工按进度计划完成。

②技术质量部。主要负责人为项目工程师，对本工程技术工作负全面责任。负责技术资料的编制、整理，工程材料、过程产品的检验和试验，对施工成品质量有否决权，确保工程质量达到相关规范的要求。

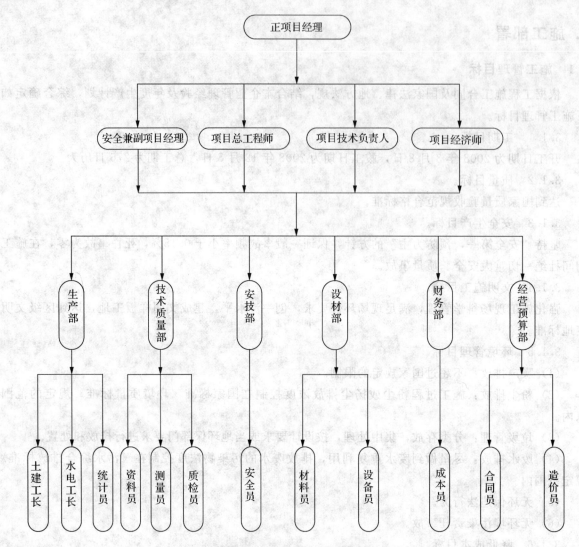

附图 1　项目部组织机构框图

③安技部（安全技术部）。主要负责人为安全项目经理，负责监督检查施工现场的安全及保卫工作，负责本工程对国家有关质量验收标准落实情况的检查，负责对工程施工质量的监督、检查和控制，负责实现项目安全、质量目标。

④设材部（设备器材部）。根据工程进度做好材料、大型工具等需用计划，并组织落实采购计划。对进场物资检验、储存和维护，做好甲供材料记录，负责现场物资、库房材料的标识、标卡与实物相符，执行限额领料制度，对机械设备维护保养。

⑤财务部。对内部经济活动进行合理性、有效性分析，进行拨付款控制，负责项目资金运行、资金往来，负责内部资产核算、内部费用成本计划、财务报表、成本控制与核算。

⑥经营预算部。制定成本目标，监督成本控制工作，审核各项分包合同与采购合同条款，审核合同修订和工程变更，组织竣工结算。

（2）项目管理人员的岗位职责。

①项目经理岗位职责。

项目经理为本项目施工生产的全权负责人，承担与建设单位所签订合同中规定的各项责任及合同中明确的各项承诺，对工程项目的工期、质量、安全、成本盈亏负全责。

主持本项目施工生产，落实上级各类计划以及各项标准和政策；保证各项任务按时完成，负责项目质量、安全体系的管理和运行；组织审批安全措施及方案，并督促落实；定期对工程实施的经济状况进行分析；负责工地文明施工，并协调施工中各方面的关系。

②安全项目经理（副项目经理）岗位职责。

协助项目经理负责日常施工的安全生产管理工作，贯彻执行党和国家劳动保护和安全生产的方针、政策、法令、法规以及本公司《安全生产、文明施工控制程序》，推动本施工项目安全管理"达标"工作和安全管理目标的实现。

协调施工生产各类关系，协调调度、生产任务安排，负责质量管理的日常工作。统筹项目安全生产保证计划及有关工作安排，开展安全教育工作，保证各项安全措施和制度的落实与运行，负责安全事故防范和处理方案的组织编制及实施。

③项目总工程师岗位职责。

负责土建及安装施工的组织、安全、进度、质量等工作，调配并管理进入施工项目的人力、资金、材料、机械设备等生产要素。对应用新技术、新工艺进行试验、指导；制定质量事故预防及纠正措施，组织质量事故的调查、分析，审定事故处理方案。负责组织编写工程施工组织设计，以及特殊工程的施工方案；负责技术文件和有关质量文件的批准、发布和更改等工作。

④项目技术负责人岗位职责。

管理与指导日常施工过程中的技术问题，参与编写工程施工组织设计，以及特殊工程的施工方案，对工程质量和质量管理负全面技术责任；对应用新技术、新工艺进行试验、指导和技术交底；参与质量事故的调查、分析，审定事故处理方案；组织工程开工、验收、交付等工作。

⑤工长岗位职责。

a. 参与编制项目质量计划、施工组织设计及落实工作。

b. 做好施工前施工图纸的审阅，严格按照图纸施工，并做好施工前的技术交底、施工进度计划交底、特殊工序技术交底，认真填写施工日志。

c. 做好施工过程中的安全交底工作及实施中的监督检查。

d. 严格执行国家规范质量标准，加强施工过程中的各项工序的监督检查，并做好记录。

e. 做好施工过程中的成品保护工作。

f. 认真学习工艺标准及规范，掌握施工技术，把住质量关，一旦发生问题，迅速解决。

g. 对于达不到合同质量要求的施工队伍，有权向项目经理反映，责令退场。

h. 负责对工程项目做出技术节约措施和落实对比表。

i. 协助项目经理从技术质量与经济工作相结合上确保工程效益。

⑥安全员岗位职责。

a. 熟知国家安全生产法律、法规、规范、标准和公司的安全管理制度。

b. 参加市建设行政主管部门的岗位培训，做到持证上岗；参加年度安全教育培训和公司的各种安全教育培训。

c. 参加安全知识竞赛、评比、奖惩活动。

d. 对施工人员进行安全入场教育、季节性安全教育和经常性教育。

e. 搞好特种作业人员的培训并掌握持证上岗情况。

f. 协助搞好危险因素的辨识与评价，明确施工过程中重大危险因素，并制定安全控制措施。

g. 对施工组织设计中安全篇及危险性较大工程的专项施工方案的审核。

h. 监督安全技术交底的及时性、全面性和针对性。

i. 依据《建筑施工安全检查标准》对施工现场进行安全生产、文明施工检查，对存在的问题下达隐患整改通知单，提出整改要求。

j. 进行安全巡查，对"三违"行为进行教育、纠正和处罚；对生产中存在的不安全行为提出整改意见，并报告项目安全主管负责人。

k. 参加安全会议，反映安全生产中存在的问题，并做好会议记录。

l. 对劳动防护用品的购置及使用情况进行监督。

m. 对安全标志的布置进行管理。

n. 协助制定事故应急救援预案，发生安全事故应及时保护现场，积极抢救伤员减小事故损失，并立即上报主管负责人。

⑦质量员岗位职责。

a. 负责对本工程相关国家质量验收标准落实情况的检查；负责对工程施工质量的监督、检查和控制，填写检验批记录；负责实现项目质量目标。

b. 负责施工方案中质量保证措施的编写和审核。

c. 负责配合项目专业人员对进场物资的质量进行检查验收。

d. 对操作人员进行质量培训和教育，并在操作技能上给予指导。

e. 负责督促落实公司及上级质量管理部门提出的整改通知，监督整改过程及复验，并负责收集有关质量整改记录，建立台账。

f. 制止施工中违反操作规程的行为，有权向项目经理提出停工整改建议，执行质量否决权，按规定上报不合格及返工返修质量记录。

⑧资料员岗位职责。

a. 负责工程资料收集、分类整理、汇总保管、储存，保证资料齐全、真实、整洁，以便于检索。

b. 负责检查工长、质量员等填写的工程资料和进场材料质量证明文件，对工程资料存在的问题，向有关责任人提出整改通知，并督促检查整改结果。

c. 工程竣工后，按照建设单位的要求及公司工程质量管理规定，及时将竣工图及工程资料整理装订成册，移交有关单位和公司相关部门。

d. 受公司及上级有关部门对项目工程资料的检查，对存在的问题进行整改。

⑨材料员岗位职责。

a. 负责供方的提名，并提供有关背景资料及供方的评定，负责供方的审批手续。

b. 负责填写物资采购计划及计划的报批。

c. 物资采购在保证质量的前提下，应遵循物美价廉的原则。

d. 负责检查各种物资的储存、保管工作的实施情况是否符合有关规定。

e. 物资进场前，应提前通知收料人员，必要时应书面交底。

f. 负责提供与物资相符的材质证、合格证、生产许可证等有关资料。

g. 财务报账时应持购货发票、入库验收单，并经有关部门或人员批准。

3.2.2 质量管理体系。

本项目建立的质量体系包含在公司的质量管理体系之中。通过制订质量计划、管理制度、作业文件3个层次的文件，建立标准化、文件化的质量体系。对项目经理部在工程施工管理中需要的组织结构、程序、过程和资源做出明确的规定，并加以实施和持续改进，是公司的质量管理体系在本工程的具体化。

明确各自的职责和权限，制定严格的规章制度，并加强实施过程的控制和检查。质量保证体系对外接受质检部门的监督和指导，对内严格按本企业标准《质量手册》和《程序文件》的要求有序地运行。

按照《质量管理体系 要求》(GB/T 19001—2008)标准的要求，结合本工程实际，建立以顾客满意度为关注焦点的、完善的质量保证体系，落实各级人员的质量责任制，实行目标管理，分级签订责任书，进行责任目标逐级分解。

根据质量保证体系的要求，将其具体落实到工程项目中，施工项目的质量控制是从工序质量到分项工程、分部工程质量、单位工程质量的系统控制过程，也是一个由对投入原材料的质量控制开始，直到完成工程质量检验为止的系统过程。质量管理体系如附图2所示。

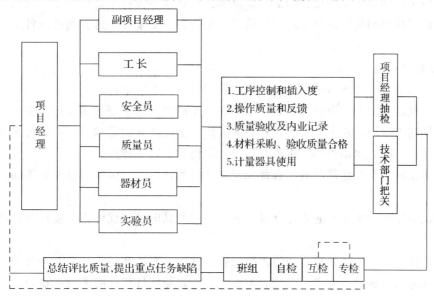

附图2　质量管理体系

3.2.3　安全管理体系。

现场组建由项目经理、安全副项目经理、工长、专职安全员组成的安全管理机构小组，负责监督检查施工现场安全设施，并负责对进入本现场施工人员进行安全教育，做好安全交底记录。

按行政或施工部门为单位，各部门和班组设立兼职安全员1～2人，对安全生产进行监督检查。安全生产管理体系及职责如附图3所示。

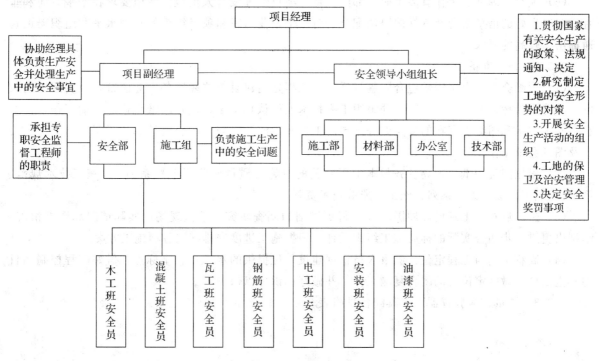

附图3　安全生产管理体系及职责

3.3 施工准备

建筑施工是一个复杂的组织和实施过程，必须认真做好施工准备工作，使施工活动顺利进行，从而保证工程质量、加快施工进度和降低工程成本。只有在工程技术资料齐全，现场完成"三通一平"以及主要建筑材料和构配件基本落实的前提下才具备开工条件，这方面的准备工作主要有以下几方面。

3.3.1 组建总承包项目部。

组建有特色的项目经理部（项目部组织机构框图如附图1所示）。

本工程，工程结构复杂、质量要求高、工期紧，工程项目施工要求多部门、多技术、多工种配合实施。在不同施工阶段，对不同人员，有不同数量和搭配各异的需求。所以我公司确定，拟建立的项目经理部采用矩阵式组织机构。矩阵式项目组织机构有以下特点。

（1）项目组织机构与职能部门的结合部同职能部门数量相同，多个项目与职能部门的结合呈矩阵状。

（2）把职能原则和对象结合起来，既发挥职能部门的纵向管理优势，又发挥项目组织的横向管理优势。

（3）企业职能部门是永久性的，项目组织是临时性的。职能部门负责人对参与项目组织的人员有组织调配、业务指导和管理考察的责任。项目经理将参与项目组织的人员在横向上有效地组织在一起进行管理，为实现项目目标协同工作。

（4）矩阵中的每个成员或部门，接受上级部门和项目经理和双重领导。部门负责人有权在与项目经理协商的基础上，根据不同项目的需要和忙闲程度，在项目之间进行调配。一个专业人员可能同时为几个项目部服务，特殊人才可充分发挥作用，大大提高人才利用率。

（5）项目经理对调到本项目部来的成员，有权控制和使用。当感到人力不足或某些成员不得力时，可以向职能部门求援或要求调换，或辞退。

（6）项目经理部的工作有多个职能部门支持，项目经理没有人员包袱，但要求在水平方向和垂直方向有良好的信息沟通及良好的协调配合，对整个企业组织和项目组织的管理水平和组织渠道畅通提出了较高的要求。

3.3.2 技术准备。

（1）图纸会审：本工程承包合同签订后，由工程处向建设单位领取各专业图纸，负责图纸的收发，并建立管理台账。由项目工程师组织工程技术人员认真审图，做好图纸会审的前期工作，针对有关施工技术和图纸上存在的疑点做好记录。工程开工前及时与业主、设计单位联系，做好设计交底及图纸会审工作。

（2）根据施工图纸，现场备齐与本工程有关的《施工质量验收规范》系列、《施工技术规范》系列、《施工标准图集》系列、施工手册等技术资料。

（3）进场后对施工现场和周围环境进行更详细的调查研究，掌握现场的实际情况和图纸情况，编制出更进一步切合实际的标后施工组织设计，根据施工进度安排编制各项施工方案。

（4）高程引测与工程定位：测量人员根据建设单位提供的水准点和坐标点，做好工程控制网桩的测量定位，做好定位桩的闭合复测工作，并做好标识加以保护。

3.3.3 测量、检验仪器、工具配备见附表2。

附表 2　测量、检验仪器、工具配备表

名　称	型号规格	单　位	数　量	备　注
经纬仪	ET－02	台	2	
激光铅垂仪		台	1	
水准仪	S3	台	4	
钢卷尺	50 m	把	2	
塔尺	5 m	个	2	
塔尺	3 m	个	2	
靠尺	3 m	把	4	
楔形塞尺		把	4	
坡度尺		把	1	
工程质量检测工具		套	4	

3.3.4　现场准备。

根据施工现场平面布置图，修建并硬化临时道路和堆场，修建办公、生活、生产临时设施，施工机械按计划进场安装、调试，设置围墙、大门，根据临时用水、用电设计方案，搞好施工现场临时用水用电管线的敷设工作，温暖季节对环境进行适当美化，做好邻近建筑物、道路等安全防护工作。

3.3.5　物资准备。

（1）根据施工图预算、施工方案和施工进度的安排，拟定施工材料、设备、构（配）件的需要量计划。

（2）根据各种物资的需要量计划，组织货源，确定加工、供应地点和供应方式，签订物资供应合同。

（3）根据各种物资的需要量计划和合同，拟定运输计划和运输方案。

（4）按照施工总平面图的要求，组织物资按计划进场，在指定地点，按规定方式进行储存或堆放。

3.3.6　施工队伍准备。

我公司拥有各种专业施工队伍，可满足本工程各专业施工的要求；同时，为加强各项管理，提高工程质量，有效降低工程成本，我们将在企业内外选择有同类工程施工经验并有较强施工组织能力、工作效率高、机械设备先进，有良好信誉的队伍作为专业施工单位，并签订专业施工合同，在劳动力方面解决后顾之忧。

3.3.7　施工期间的经常性准备。

（1）按照单位工程施工组织设计要求，搞好施工各阶段的施工平面布置。

（2）根据施工进度计划组织建筑材料和构配件的进场，认真做好检验、试验和储存保管工作。详细核对材料品种、规格和数量。

（3）做好各项施工前的二级技术交底，签发施工任务单。

（4）做好施工机械、设备的经常性检查和维修工作。

（5）做好施工新工艺的技术培训工作。

3.4　施工顺序及施工段

3.4.1　施工阶段划分。

本工程根据工程验收原则分为 6 个阶段组织施工：施工准备阶段；桩基础及土方施工（地基施

工）阶段；基础结构工程施工阶段；主体结构工程施工阶段；装饰装修及安装工程施工阶段；竣工验收阶段。

3.4.2 总体施工顺序。

根据本工程特点和本公司的技术装备、劳动力资源状况，本工程施工按照"先地下后地上，先主体后围护，先结构后装饰，先土建后设备，先墙面后地面"的原则组织施工。

3.4.3 流水施工段的划分。

桩基础及土方工程施工（地基施工），采用全力突击的施工方式，尽快完成地基工程，确保工程进度，减轻后期施工的工期压力。

基础工程及主体工程施工，以建筑平面变形缝为分界线，划分为两个施工段组织分段流水施工，划分如下：

本建筑共2个变形缝，将建筑分为3部分：1～11轴；12～24轴；24～29轴。其中，建筑物中部12～24轴为第一流水施工段，建筑物两侧1～11轴和24～29轴为第二流水施工段。如附图4所示。

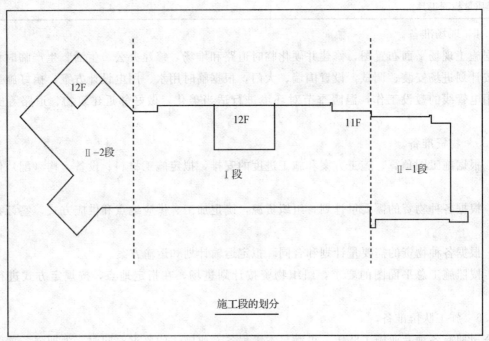

附图4　施工段的划分

3.5　主要项目工程量

主要项目工程量见附表3。

附表3　工程量清单

序号	项目编码	项目名称	计量单位	工程量
1	010201001001	预制钢筋混凝土桩	m	7 925
2	010101001001	平整场地	m²	1 472.2
3	010101003001	挖基础土方	m³	4 122.16
4	010103001001	土（石）方回填	m³	2 885.4
5	010401006001	C15 混凝土垫层	m³	79.44
6	010401005001	C30 混凝土桩承台基础	m³	220.52
7	010403001001	C30 混凝土基础梁	m³	276.32
8	010403001002	C25 混凝土地圈梁	m³	32.91

续附表3

序号	项目编码	项目名称	计量单位	工程量
9	010402001004	C30 混凝土矩形柱（1.8 m 以外）	m³	239.236
10	010402001005	C30 混凝土矩形柱（1.8 m 以内）	m³	344.655
11	010402002001	C30 混凝土异形柱	m³	183.6
12	010404001002	C30 直形墙	m³	910
13	010405001003	C30 混凝土有梁板（10 cm 以外）	m³	2 193.6
14	010405001004	C30 混凝土有梁板（10 cm 以内）	m³	614.4
15	010402001007	C25 混凝土构造柱	m³	538.2
16	010403004002	C25 混凝土圈梁	m³	126
17	010403004003	C25 混凝土窗台梁	m³	76.82
18	010403005001	C25 混凝土过梁	m³	48.73
19	010406001001	C30 混凝土楼梯	m²	675.526
20	010405007001	C30 混凝土挑檐板	m³	40.603
21	010407001001	C30 混凝土压顶	m³	4.22
22	010405008001	C30 阳台板	m³	164.63
23	010405008002	C30 雨篷	m³	1.76
24	010405006001	C30 混凝土栏板	m³	134.32
25	010403004004	C20 混凝土其他构件（卫生间防水台）	m³	49.202
26	010403004005	C20 轻质隔墙下混凝土带	m³	102.096
27	010403004006	C20 混凝土门槛	m³	8.92
28	010407001002	C20 混凝土水簸箕	m³	0.63
29	010407001003	C25 混凝土设备基础	m³	0.46
30	010416001001	现浇混凝土钢筋	t	996.59
31	010417002001	预埋铁件	t	12.3
32	010301001001	页岩砖基础	m³	520.357
33	010304001001	外墙 砌块墙	m³	649.692
34	010304001002	内墙 砌块墙	m³	3 606
35	010304001003	排风道	m³	46.368
36	010703001001	屋面1 不上人保温屋面	m²	2 349.6
37	010702004002	屋面排水管 D160	m	865.2
38	010803001001	屋面1 45 mm 厚硬聚氨酯保温	m²	2 349.6
39	010803003003	外墙 40 mm 厚挤塑保温板	m²	6 522.39
40	010803003004	外墙 30 mm 厚无机不燃保温浆料找平	m²	432.5
41	010407002001	散水1 细石砼散水	m²	311.22

续附表3

序号	项目编码	项目名称	计量单位	工程量
42	010407001004	室外台阶	m²	20.53
43	010703004001	外墙变形缝	m	165.32
44	010703004002	屋面变形缝	m	48.64
45	010703004003	楼面变形缝	m	454.3
46	010703004004	内墙变形缝	m	128.8
47	010203801003	风道出屋面	个	2
48	020102002001	地面1 地砖地面	m²	1 246.75
49	020102002002	地面2 防滑地砖楼面带防水	m²	46.82
50	020102001001	地面3 水泥砂浆地面	m²	14.62
51	020102002003	楼面1 地砖楼面	m²	12 204.15
52	020102002004	楼面2 防滑地砖楼面带防水	m²	471.24
53	020101001001	楼面3 水泥砂浆楼面	m²	152.048
54	020106003001	水泥砂浆楼梯面	m²	675.52
55	020108001001	花岗岩室外台阶	m²	20.53
56	020107001001	楼梯不锈钢栏杆、扶手	m	245.66
57	020506001001	内墙1 乳胶漆墙面	m²	34 756.475
58	020204003001	内墙2 面砖墙面	m²	3 462.56
59	020506001002	内墙3 贴花岗岩墙面	m²	146.32
60	020201001001	内墙4 水泥砂浆墙面	m²	268.32
61	020507001001	外墙1 涂料墙面	m²	6 522.39
62	020506001003	顶棚1 混合砂浆顶棚	m²	0
63	020302001001	顶棚3 矿棉板吊顶	m²	1 687.23
64	020302001002	顶棚2 铝合金条形板吊顶	m²	517.82
65	020301001001	顶棚4 水泥砂浆顶棚	m²	13 822.46
66	020402007001	防火门	m²	215.1
67	020402007002	不锈钢框玻璃门	m²	37.59
68	020401003001	平开木门	m²	1 326.2
69	020406001001	塑钢窗	m²	2 574.242
⋮	⋮	⋮	⋮	⋮

4. 施工方案

4.1 桩基础工程施工方案

4.1.1 施工工艺流程。

合格桩进场→桩码放→设备就位→吊车喂桩→压桩机施压→焊接接桩→送桩至设计标高→做好双控记录→压桩机移位，重复本施工过程。

4.1.2 施工前期准备。

（1）开工前对图纸和技术要求全面领会，了解工程地质资料。

（2）场地三通一平，地下管线及高空线缆、民居等应拆除。

（3）按甲方提供的红线进行建筑物轴线和桩位点测量放线。

（4）经甲方和监理复查验收后，方可施工。

（5）施工前进行压桩机的检查和试机，包括配属设备。

（6）做好各项资料的准备工作。

4.1.3 施工技术控制。

（1）施工前必须对桩基轴线及桩点作系统检查，如有变动及时找有关人员复验；每班在施压一根桩之前均应检查桩位是否与设计图纸相符合。现场技术人员复验后进行压桩。

（2）桩体吊运时，必须做到平稳并不得损坏桩体，吊点应符合均匀受力的原则。

（3）插桩时，应对准桩位点，桩的垂直度应采用双向（90°）吊线坠严格控制。桩初始插入地面时，垂直度偏差不得超过桩长的0.5％。

（4）压同一根桩时，各工序应连续作业，并认真做好施工记录。

（5）焊接接桩时应严格按照焊接规范控制。

（6）施工中初始插入地面时遇桩身发生较大幅度的移位、倾斜，压桩过程中桩身发生突然下沉或倾斜、压桩阻力剧变时，应及时与有关单位联系，研究处理。

4.1.4 质量控制措施。

（1）插桩偏差的控制：插桩时应将桩端中心对准桩位点，机手要绝对听从带班班长的哨声指挥，垂直度定向采用双向吊线坠严格控制。

（2）桩端标高的控制：压桩前必须由带班班长在送桩器上准确、明显地标出"送桩深度线"，经技术人员复验后进行压桩施工。送桩时，带班班长要集中精力，达到深度后立即停压。

（3）桩体质量的控制：桩进入现场时，设有专人查桩，对桩体的外观、规格、尺寸等按设计要求及质量标准规范检查。

（4）焊接质量的控制：

①上下桩段应保持顺直，错位≤2 mm。

②端板表面清理干净，焊接坡口刷至露出金属光泽。

③焊接坡口对称点焊4～6个点，点焊固定后再满焊，宜由两个焊工同时对称焊，焊层不少于两层，焊缝应饱满连续。

（5）送桩质量的控制：

①送桩器应与桩在同一中心线上。送桩器上应有明显地标出"送桩深度线"的标记。

②送桩深度应经常复测计算，应充分考虑由于压桩引起的地面隆起和下沉以及自然地坪的不一致性。

③施工记录的控制：记录要求实事求是，如有异常及处理方法应在施工日志或施工记录表的备注栏中体现。及时上报报表。

（6）管桩的吊运与堆放管理：

①管桩的吊运应使用专门的吊钩水平起吊，轻吊轻放。

②管桩的堆放地面要平整照实，堆放时不得超过三层。

③管桩应按不同规格、长度及流程顺序分别堆放和取用。

④管桩叠放时，应采用吊机取桩，严禁拖拉取桩。

4.2 基础工程施工方案

4.2.1 基础工程施工方案。

（1）基础施工顺序。

基础施工顺序：定位→放线→复核→挖土方→垫层混凝土→弹线→基础模→扎钢筋→地下室底板商品混凝土→养护→拆模→弹线→地下室墙及顶板→地下室墙外防水→回填土。

（2）桩头凿除。

①桩头处理方法。

a. 土方工程在人工清土至设计标高后，桩头的凿截工作紧跟在后。

b. 土方开挖阶段，密切配合施工，在浇捣垫层前桩头基本上凿截完成，少量可在垫层浇捣后再作修整。垫层施工应紧跟其后进行施工。垫层浇捣完成后，对桩头进行重新修正以达到设计和施工规范要求。

c. 凿桩由人工进行，配备足够空压机、冲击钻和人员三班作业，确保垫层及时施工。根据设计要求，桩嵌基础底板内 50 mm。

d. 桩头凿截程序：划出桩留设标高位置，凿除主筋外砼，去除箍筋，中部桩体破碎后，剥离出桩头锚筋。凿除桩头由塔吊吊运出外，统一外运。

②质量要求。

a. 桩顶高程：不高于设计高程。

b. 凿除后混凝土应新鲜、坚实、无泥土等杂物。

c. 钢筋应恢复原位，保证钢筋顺直，焊接牢固。

（3）基础降水。

①工程特点。

本工程基础开挖深度最深处约 2.5 m，土方开挖量约 10 000 m³、工期紧，工程量大。

②降水方法的选择。

根据本工程特点及降水技术质量要求，为保证基坑顺利进行开挖，本工程采用大口井进行降水。根据地质报告分析，计划设置 8 口降水井，井径 800 cm，管径 500 cm，降水井深 3.5 m。打观测井 1 口。

整个基础施工期间降水应连续进行，以保证基础施工期间地下水稳定在槽底以下 0.1 m。

基坑降水在基坑开挖前 10 天开始，待回填土至地下水位以上时停止降水。降水在土方开挖前进行，并在降水期将按以下要求进行施工管理。

降水井点系统设双电路电源供电，并在现场配备专职司泵人员，此外，现场配备备用泵，保证降水的连续性。

大口井开始降水后，根据设计要求随时监测基坑外侧水位动态变化，监测基坑周围设观测点观测土体变化、周边观测井每日检查水位，如发现水位急剧下降，必要时按应急预案采用回灌，沉降量及对临近建筑物降至最小防止发生事故。

（4）土方开挖。

①土方开挖。

a. 施工准备。

（a）施工前熟悉施工图纸，认真确定槽底标高。施工前依据规划院给定定位桩点或引桩放出基槽边线，并通知监理验线。

（b）检查基坑支护系统侧向滑移观测桩点是否设置并完好。

（c）检查水准点是否引至现场并且准确有效。

b. 土方开挖。

（a）开挖基槽前，合理确定开挖顺序和分层开挖深度，遵循原则。

（b）在土方开挖过程中，随开挖随用经纬仪依据基坑支护系统侧向滑移观测桩点对基坑支护系统进行侧移情况观测，开挖期间每 4 h 观测一次，并做好观测记录。当基坑支护系统侧移达到10 mm时，及时采取基坑加固方法进行处理。

（c）基础开挖过程中随开挖、随降水，始终保持地下水位低于已开挖底面 0.5～1 m 范围。

（d）当土方开挖快接近基底标高时，在支护桩身上放出基底标高控制线，控制线采用红色油漆进行标注。挖掘机开始使用平刮方式进行挖土，现场配合测量人员随时配合挖掘机测量挖土的标高，避免土方超挖。基槽底部 200 mm 高无扰动土采用人工挖土，对局部超挖的部分要用砂、碎石或混凝土填充。

（e）基槽开挖时设专人看护基础桩，以免挖掘机对桩身造成碰伤。

c. 土方外运。

（a）工程采用大开挖施工，开挖出的土石除一部分预留回填外，其余全部外运至指定地点。

（b）为保证运输过程不影响市容清洁，对敏感的扬尘和泥水问题要做好合理的安排，切实的解决，防止运输车辆漏、掉泥土，对运输车辆严格按照天津市散体物料运输车的标准进行改造，实施过程中，还需针对目前天津市淤泥运输存在的一些问题，提出改进方案，争取很好的解决这个问题。

（c）在运输车辆出施工区域前，将车辆用高压水在洗车槽冲洗干净，确认车体和车轮清洁，再经严格检查并登记后，方可放行，同时加强职工教育，使整个外运弃土工作在文明施工的指导下井然有序的进行。

（d）运输车辆进出施工现场路口，设专人统一指挥，及时疏散行人和交通车辆在保障市内交通顺畅的同时，确保外运弃土工作的顺利进行。

（e）运输车辆驶出施工现场，进入市内交通道路严格遵守交通规则。

d. 基坑开挖中的注意要点：

（a）严格按照设计进行施工，同时加强质量保证措施，确保基坑稳定。

（b）施工过程中，密切与施工监测配合，加强信息化施工管理，并且对信息施工中反馈的监测信息加以整理，制作成线性图表加以分析，若有不稳定的因素存在，及时报请工程师和设计人员调整施工方案，将基坑开挖对周围环境的影响减至最低程度，确保基坑成型。

（c）基坑开挖时应把基坑侧壁的稳定成型放在首位，已开挖的基坑侧壁不稳定时应停止并及时处理，不许再向下开挖。

（d）密切监测基坑周围的地下水位线的变化，必要时，报请监理工程师和设计人员，在观测井注水，确保基坑周围的地下水位线因基坑开挖而受到的影响在设计允许范围之内。

（e）开挖过程中随时做好基坑内的排水工作，及时排出坑内积水，确保开挖过程中基坑底部干燥，确保基坑底部强度和稳定性不被破坏。

（f）限制基坑开挖线以外地面堆土堆物荷载不超过 20 kN/m²，并做好计算校核工作，随时检查确保安全。

（g）基坑内各种管线附近 2 m 范围内的土方不得由机械进行开挖，确实作好地下各类管线的保护工作。

(h) 基坑开挖过程中，及时进行地质描述，做好开挖记录，当地质情况变化并与设计不符时，应立即报监理工程师和设计人员，及时调整施工方法。

(5) 土方回填。

①土料选用。

填土前，对土质进行严格检查，土体含水率控制在规范要求范围内，施工含水量和最优含水量之差在−6～+2％范围内，土体内的碎块草皮和有机物含量不大于8％。

②主要机具。

a. 一般机具：木夯、柴油打夯机、手推车、筛子（孔径40～60 mm）、铁锹、2 m靠尺、小线等。

b. 装运土方机械：自卸汽车、推土机、铲运机及翻斗车等。

c. 碾压机械：平碾和振动碾等。

③作业条件。

a. 填土前对填方基底和基础、地下构筑物及地下防水层、保护层等进行检查，并办好隐蔽验收手续。其结构强度达到规定的要求，方可进行回填土。

b. 施工前根据工程特点、填方种类、设计压实系数、施工条件和压实工艺等合理确定填料含水量、每层填土厚度和压实遍数等施工参数。

c. 房心和各种管沟的回填，在完成上下水道安装，并经试水合格，管沟墙间加固后再进行，并将填区内的积水和杂物清除干净。

d. 填土前，作好水平、高程的测量与控制点的布置，室内和散水的墙边作好水平标记。

e. 确定好土方机械、车辆的行走路线，事先经过检查，必要时进行加固加宽等工作。

④工艺流程与操作工艺。

a. 工艺流程。

基坑底坪上清理→检验土质→分层铺土→分层碾压夯实→检验密实度→修整找平验收。

b. 操作工艺。

（a）填土前，应将基坑（槽）底或地坪上的垃圾等杂物清理干净，抽除坑穴积水、淤泥。如在耕植土或松土上填方，应在基底压实后再进行。

（b）检验回填土的质量有无杂物，粒径是否符合规定，以及回填土的含水量是否在控制范围内；如含水量偏高，可采用翻松、晾晒或均匀掺入干土等措施；如遇回填土的含水量偏低，可采用预先洒水润湿等措施。

（c）填土应分层铺摊，每层铺土的厚度应根据土质、密实度要求和机具性能确定，填土每层的铺土厚度和压实遍数见附表4。

附表4 填土每层的铺土厚度和压实遍数

压实机具	分层铺土厚度/mm	每层压实遍数/遍
平碾	250～300	6～8
震动平碾	根据机器性能经试验后确定	
蛙式 柴油式 打夯机	200～250	3～4
人工打夯	不大于200	3～4

（d）夯实回填土每层至少夯打三遍。打夯时一夯压半夯，夯夯相接，行行相连，纵横交叉。严禁采取水浇使土下沉的所谓"水夯"法。

碾压时，每层接缝处作成斜坡形，碾迹重叠0.5～1.0 m，上下错缝距离不应小于1 m。长宽比较大时，填土应分段进行。

（e）人工填土，每层虚铺填土厚度不大于 250 mm，夯重 30～40 kg；落高 400～500 mm。夯实基坑、地坪，行夯路线由四边开始，夯向中间。

（f）深浅两基坑（槽）相连时，先填夯深基础；填至浅基坑相同的标高时，在与浅基础一起填夯。分段填夯时，交接处应填成阶梯形，梯形的高宽比一般为 1∶2。上下层错缝距离不小于1.0 m。

（g）基坑（槽）回填应在相对两侧或四周同时进行，基础墙两侧标高不可相差太多，以免把墙挤歪，较长的管沟墙，应采用内部加支撑的措施，然后，再在外侧回填土方。

（6）基础钢筋工程。

本工程所需钢筋必须有出厂合格证或试验报告，并经试验室按规定取样，检验合格后方可投入工程使用，钢筋进场后应分规格品种堆放，并挂标志牌标识钢筋原材料的状态（钢筋原材料的规格、品种、生产厂家、出厂日期、试验检验状态等）。钢筋加工制作前应严格按图纸设计要求进行认真的翻样工作，钢筋翻样单经技术负责人审核后方能进行钢筋的加工制作。钢筋加工应按部位、构件类型依照绑扎顺序的先后安排加工，并将加工好的钢筋半成品分类、分区、分段堆放，且挂标志牌，标识半成品的名称、规格型号、使用部位、使用构件等，以便运输和安装。钢筋由塔吊吊运至绑扎地点。

①本基础工程钢筋连接方式。

a. 水平连接：钢筋直径大于等于 16 mm：直螺纹连接；钢筋直径小于于 16 mm：绑扎搭接；

b. 竖向连接：采用电渣压力焊。

c. 直螺纹连接、电渣压力焊连接施工工艺参见建筑工程施工方案内钢筋部分。

②底板钢筋绑扎。

a. 按图纸标明的钢筋间距，算出底板实际需用的钢筋根数，在底板垫层弹出钢筋位置线。按弹出的钢筋位置线，先铺底板下层钢筋。根据底板受力情况，决定下层钢筋哪个方向钢筋在下面，一般情况下先铺短向钢筋，再铺长向钢筋。

b. 钢筋绑扎时，靠近外围两行的相交点每点都绑扎，中间部分的相交点可相隔交错绑扎，双向受力的钢筋必须将钢筋交叉点全部绑扎。如采用一面顺扣应交错变换方向，也可采用八字扣，但必须保证钢筋不位移。

c. 底板下层钢筋采用砂浆垫块，呈梅花形布置，纵横间距不大于 600 mm，底板上部的钢筋网绑扎时应设置预先制作好的马凳，以保证钢筋位置正确。钢筋的弯钩应朝上，不要倒向一边；但上层钢筋网的钢筋弯钩应朝下。马凳因板的厚度不同采用不同的马凳。对于底板及人防层顶板因其厚度较大所以采用人字形马凳，马凳用 φ16 的钢筋制作，两端为人字形支脚，每平方米设置 1 个，马凳应垫在底层网片上。在绑扎底板下铁时，应将水泥砂浆垫块安牢，以保证钢筋保护层的厚度。

d. 底板钢筋绑扎完毕后，在底板上层筋上放出墙柱位置线，然后进行墙插筋的绑扎。在墙柱插筋边线位置用通长钢筋分别与底板钢筋点焊，墙柱插筋与通长钢筋绑扎牢固或点焊。

e. 伸出底板部分墙柱插筋用钢筋焊制定位架，以确保墙柱插筋在混凝土浇筑时不移位。

③承台、地梁钢筋绑扎。

a. 支撑。

为方便地梁钢筋绑扎，先搭设一个方向的临时支撑架，另一方向可不搭设临时脚手架，待一个方向地梁绑扎完毕并落地后，可将另一方向梁纵向筋放置在先绑好的地梁钢筋上进行钢筋接头连接及绑扎。

b. 承台、地梁钢筋绑扎。

（a）控制要点是位置的准确，地梁钢筋开始绑扎之前，地梁底线必须验收完毕，特别是在柱插筋位置、梁边线等位置线，应在墨线边及交角位置画出不小于 50 mm 宽、150 mm 长标记，地梁、承台上层钢筋完成后,应由放线组二次确认插筋位置线。

(b) 基础地梁钢筋铺设前,在基层上弹受力筋分布线,先铺宽度方向受力筋再铺长向分布筋。排放时要注意弯钩朝上,不倾向一边,但双层钢筋的上层钢筋弯钩应朝下。

(c) 基础四周两根钢筋交叉点应每点绑扎,中间部分每隔一根呈梅花绑牢;双向主筋的钢筋网,则需将全部钢筋相交点扎牢。绑扎时应注意相邻绑扎点的铁丝扣要成"八"字形(或左右扣绑扎)以免网片歪斜变形。

(d) 地梁、承台钢筋的搭接长度要符合国家施工质量验收规范和设计的要求。钢筋绑扎时一定要注意上、下部筋的位置,钢筋的搭接位置要正确。基础配有双层钢筋网时,应在上层钢筋网下面设置钢筋撑脚或混凝土撑脚,以保证上下层钢筋间距和位置的正确。

④基础柱钢筋绑扎。

基础柱钢筋绑扎前,要认真对照图纸,确定好柱子的位置和尺寸,然后在立柱子的竖向钢筋。柱子的竖向钢筋接长位置在板面以上图纸设计要求范围内,且错开50%,柱子钢筋一层一接长。因柱子竖向钢筋较长,为保证其位置的正确,保证混凝土浇筑后不发生偏移,将柱子四角的竖筋与上下板筋焊接起来,并使柱箍超出板面三道箍,在柱筋绑扎好后,在其各面上按规定保护层厚度绑上带铅丝的水泥砂浆块,保证其有足够的保护层;柱模支好后,将其四周的柱筋用铅丝绑扎固定在四周的模板或钢管上,防止在混凝土浇筑过程中引起柱筋位移,在下一次钢筋接长前要校正插筋的位置后方可进行绑扎。柱子竖向钢筋接长,钢筋采用竖向电渣压力焊连接。钢筋的接头位置和柱箍筋加密范围按照图纸设计和施工规范要求进行。

⑤电梯井壁的绑扎。

电梯井壁及剪力墙的钢筋绑扎方法基本同柱子。竖向钢筋采取一层一接长,搭接于上层楼板上,搭接范围按照设计和施工规范要求。对于 $\phi18$ 及其以上竖向钢筋采用电渣压力焊。竖向钢筋接头位置按1/2钢筋根数错开布置。为保证竖向钢筋的位置正确,其水平钢筋应超出楼面三道,并在墙筋两面按规定保护层厚度绑扎上带铅丝的水泥砂浆块,确保钢筋应有的保护层,钢筋垫块间距不小于1 000 mm,呈梅花形布置。在墙体内外层钢筋之间设置"∽"形的拉接筋,控制两层间的位置,保证墙体厚度,拉接筋呈梅花形布置,数量以每 2 m² 不少于 5 个设置。

(7) 基础模板工程。

①基础墙模板。

a. 基础墙的防水抗渗要求较高,要保证施工质量,首先必须保证模板支撑质量。模板应平整,拼挤严密不漏浆,并应有足够的刚度和强度。

b. 按设计标高抹好水泥砂浆墙板模底找平层,按照放线位置,在离底板面3~5 cm处的立筋上焊接模板支杆限位钢筋,顶住模板下脚,保证墙厚及柱断面尺寸,防止模板移位。

墙板、柱模板:墙板模板均采用18 mm厚胶合板配制,外衬竖向50×100 间距为 200 mm 木方,横向用 $\phi48$ 钢管为背楞。

c. 穿墙螺栓用 $\phi16$,间距200~400 mm。对拉螺栓中间焊上穿心止水铁板,在外墙侧焊限位铁片时,在限位铁片要留一个木豆腐干厚尺寸,在墙外模板拆除后,将木豆腐干凿除,对拉螺栓割止限位外平面,在螺栓外露头处用1:2水泥砂浆掺5‰避水浆嵌补密实。穿墙螺栓做法见后页模板施工图。

d. 支墙模板之前,搭设钢管排架:一是用于固定,校正墙、柱模板;二是用于作支模脚手;三是作为地下室顶板模支撑,注意竖向钢管高度必须小于梁板设计高度。

②基础底板支模。

工程底板外侧采用砖胎模,承台、地梁采用 18 mm 厚多层板支设。砖模内部采用水泥砂浆抹平。

③基础顶板支模。

基础顶板支设采用 18 mm 厚复合竹胶板，施工工艺同上部结构。

（8）基础混凝土工程。

本工程采用商品混凝土，泵车、泵管直接输送，混凝土采用清水混凝土工艺，每次浇筑混凝土前，要进行一次全面的复核检查，内容包括轴线位置、标高、垂直度、结构模板形状和几何尺寸、预留孔洞和预埋管件等，以及模板支撑是否稳定牢固。

项目经理部根据施工进度，制定详细、准确的混凝土用料计划，至少提前 24 h 通知生产厂家供料时间和所需混凝土量，以及必须根据结构部位、施工气候等，告知生产厂家需供混凝土强度等级、坍落度要求、外加剂掺加要求等。生产厂家必须按现行国家施工规范供料。

①商品混凝土。

a. 为保证混凝土的泵送效果，拌和出和易性良好的混凝土，同时达到节约水泥的目的，在混凝土中掺入适量粉煤灰与高效减水剂；为使混凝土从搅拌站出机运至现场仍具备可泵送条件，在混凝土中掺入适量缓凝剂，根据现场需要确定混凝土的缓凝时间。

b. 为预防混凝土碱集料反应，基础混凝土要选用低碱外加剂、水泥、砂、石、等材料或非碱活性集料并做检测。所用材料必须经过检测并符合有关规范、标准要求且资料齐全。

②泵送混凝土的浇筑。

应先远后近，在同一区域的混凝土，应按先竖向结构后水平结构的顺序，分层浇筑。柱混凝土前，柱底铺 5～10 cm 厚、墙底铺 3 cm 厚与混凝土同配比减石子的砂浆。砂浆铺垫时间以保证砂浆初凝前被混凝土完全覆盖并经充分振捣为准。

柱混凝土应分层浇筑，分层厚度为 50 cm，用定形标尺杆控制。柱顶混凝土浇筑高度以标尺杆控制，顶板混凝土标高以拉小白线配合标尺杆控制。板面标高找平后，混凝土表面用锹或抹子拍实，用 2～3 m 刮杠刮平。当混凝土面上人时不致踩出较深的脚印时用木抹子将混凝土面压实抹平搓毛。

③混凝土的浇注。

a. 混凝土浇筑与振捣的一般要求：

浇筑竖向结构混凝土前，柱底部应填以 50～100 mm 厚与混凝土成分相同的水泥砂浆，墙体底部应填以 30～50 mm 厚与混凝土成分相同的水泥砂浆。

浇筑混凝土时应分段分层连续进行，浇筑厚度应根据结构特点，钢筋疏密决定，一般为振捣器有效作用长度的 1.25 倍，最厚不超过 50 cm。

使用插入式振捣器要快插慢拔，插点要均匀排列，不得遗漏，做到均匀振实，移动间距为 500 mm 左右。振捣上一层混凝土时应插入下层混凝土 5 cm，以消除层间接缝。平板振动器的移动间距，要保证振动器的平板能覆盖到振实部分的边缘。混凝土振捣时间为 30 s 左右，以混凝土表面泛浆且不下沉为止。

浇筑混凝土连续进行，如必须间歇，应在前层混凝土初凝之前，将次层混凝土浇筑完毕，间歇的最长时间不超过 2 小时，否则应按施工缝处理。

浇筑混凝土时经常观察模板、钢筋、预留孔洞、预埋件和插铁等有无移动、变形或堵塞等情况，如果发现问题应立即处理，并在已浇筑混凝土初凝结前处理完毕。

b. 混凝土垫层浇注。

待基础轴线尺寸，基底标高经验收合格办完隐检手续后，测放人员及时标定素砼垫层上皮的标高控制线。垫层砼浇筑前先检查垫层的尺寸及形状是否正确、模板支撑是否牢固。浇筑前基槽必须通过隐蔽验收，如有淤泥及杂物，必须清除至设计土层，垫层施工过程中，在过道处铺脚手板，避免扰动土层。浇筑垫层砼时，派专人随时抽查商品砼的质量情况。砼表面用刮杠刮平，随后用木抹子搓平压光，施工过程中要及时取样，留好试块。

垫层砼振捣采用平板式振动器，每个部位逐一振捣一次。之后，由人工用平锹及木抹子搓平扫毛。

垫层面找平必须根据抄平点拉线进行，拉线长度不得超过 6 m。

垫层砼振捣时，应注意观察梁侧模，如发现变形、倒塌或移位时，必须及时处理。

c. 梁、板混凝土浇筑。

梁、板混凝土同时浇筑，由一端开始用"赶浆法"，即先浇梁，根据梁高分层浇筑成阶梯形，当达到板底标高时再与板的混凝土一起浇筑。随阶梯的不断延伸，梁板混凝土浇筑连续向前进行。

当浇筑梁、柱节点处时，由于钢筋较密时，用 φ30 振捣棒振捣。

楼板混凝土的虚铺厚度要略大于板厚，用平板振捣器沿垂直于浇筑方向来回振捣，振捣完毕后用长木抹子抹平。

施工缝的位置：沿次梁方向浇筑楼板混凝土，其位置留置在次梁跨度中间 1/3 范围内。施工缝的表面与梁轴线或板面垂直，不能留斜槎。施工缝用竹编条即密眼丝网挡牢。施工缝处需待已浇筑混凝土的抗压强度不小于 1.2 MPa，才允许继续浇筑。继续浇筑混凝土前，施工缝混凝土表面凿毛，剔除浮浆及松动石子，并用水冲洗干净后，先浇一层同配比无石子砂浆，然后继续浇筑，振捣密实，使新旧混凝土紧密结合。

④混凝土的养护。

常温下楼板混凝土采用洒水养护的方法。洒水次数以始终保持湿润状态为准。柱、墙混凝土采用刷养护液的方法。养护时间：墙、柱拆除模板并吊运走后立即进行养护，顶板可以上人时即开始养护（需弹线部位弹完线后立即养护），对于硅酸盐水泥、普通硅酸盐水泥或矿渣硅酸盐水泥拌制的混凝土，养护时间不少于 7 天，对掺用外加剂的混凝土养护不得少于 14 天。

(9) 基础墙砌筑工程。

①作业条件。

a. 砌筑方案已由相关单位批准通过，已组织施工人员进行了技术、质量、安全和环境的交底。

b. 基础：混凝土或灰土地基均已完成，并且办完隐验手续。

c. 已放好轴线及边线，立好皮数杆（一般间距 15～20 m，转角处均应设立），并且办完预检手续。

d. 根据皮数杆最下面一层砖的标高，拉线检查基础垫层表面标高是否合适，如第一层砖的水平灰缝大于 20 mm 时，应用细石砼找平，不得用砂浆或在砂浆中掺碎砖或细石处理。

e. 完成了进场材料的见证取样复试工作，并已确认符合工程要求。

f. 常温施工时，砖应提前 1～2 d 浇水湿润，以水浸入砖表面下 10～20 mm 为宜，不得使用干砖和含水率饱和的砖砌筑。

②工艺流程与操作工艺。

砖基放线→确定组砌方法→排砖撂底→砌筑→抹防潮层→养护。

a. 确定组砌方法。

(a) 砖砌体组砌方法应正确，一般采用满丁满条。上下错缝，内外搭接，砖柱不得采用空心砌法。

(b) 里外咬槎，上下层错缝，尺寸严密，采用"三一砌砖法"（即一块砖、一铲灰、一挤揉），严禁用水冲砂浆灌缝的方法。

b. 砌筑。

(a) 根据抄平设置好的皮数杆，最下面一层砖的底标高拉线检查基础垫层表面标高。如第一层砖的水平灰缝大于 20 mm 时，应先用细石混凝土找平。

(b) 砖基础砌筑前，基础垫层表面应清扫干净，无泥无尘，洒水湿润，根据抄平位置固定设置皮数杆，先盘墙角，每次盘角高度不应超过五层砖，随盘随靠平，吊线板吊直。

（c）砌筑墙体应挂线施工，240 mm 墙反手挂线，370 mm 以上墙应双面挂线。

（d）砖砌体的转角处和交接处应同时砌筑，严禁无可靠措施的内外墙分砌施工。对不能同时砌筑而又必须留置的临时间断处应砌成斜槎，斜槎水平投影长度不应小于高度的 2/3。

（e）基础标高不一致或有局部加深部位，应从最低处向上砌筑，应经常拉线检查，保持砌体通顺平直，防止砌成"螺丝"墙。

（f）各种预留洞口（横向尺寸 300 mm 或大于 300 mm 以上），须加设钢筋混凝土过梁（现浇或预留钢筋混凝土过梁）过梁压墙尺寸不得小于 120 mm，如图要求有较大预留洞口时，钢筋经过梁压墙，需按图纸要求施工。预制钢筋混凝土过梁和现浇过梁强度等级，依照基础圈梁混凝土强度等级。

（g）安装管沟和洞口钢筋混凝土过梁其型号标高必须正确，底灰必须饱满。

4.3 地上主体工程施工方案

4.3.1 钢筋工程。

在本工程钢筋工程中，所需钢筋均在现场加工制作，钢材进厂后由专职人员负责对钢材的品种、规格、数量进行验收，由专职工长监督箍筋的外形尺寸，对角是否方正，弯钩的长度，吊筋的角度，弯起受力筋的尺寸角度等。合格后分类、分部位进行码放，按照施工部位的使用规格、数量进行领料。

（1）原材料的控制。

原材料进场必须有产品的合格证、出场检验报告，并验明钢筋的品种、规格、数量、出厂编号及出厂日期。对进场的钢材须经过严格的钢筋表面质量验收，表面应颜色均匀一致，不能有锈蚀现象，并且请施工现场的质量监理部门、施工单位共同监督取样，按进场的批次进行抽样复试，复试合格后方可用于工程施工。

（2）钢筋加工制作。

钢筋加工制作时，要将钢筋加工表与设计图复核，检查下料表是否有错误和遗漏，对每种钢筋要按下料表检查是否达到要求，经过这两道检查后，再按下料表放出实样，试制合格后方可成批制作，加工好的钢筋要挂牌堆放整齐有序。

施工中如需要钢筋代换时，必须充分了解设计意图和代换材料性能，严格遵守现行钢筋砼设计规范的各种规定。

①钢筋加工时的注意要点。

a. 钢筋的调直和清除污垢。

（a）钢筋的表面应洁净，使用前应将表面油渍、漆皮、鳞锈等清除干净。

（b）钢筋应平直，无局部弯折，成盘的钢筋和弯曲的钢筋均要调直。

b. 钢筋配料要求。

钢筋加工配料时，要准确计算钢筋长度，如有弯钩或弯起钢筋，其长度计算时要扣除钢筋弯曲成型的延伸长度，拼配钢筋实际需要长度；同时，对于不同钢号不同长度的各种钢筋编号（设计编号）应先按顺序填写配料表，再根据调直后的钢筋长度，统一配料，以便减少钢筋的断头废料和焊接量。

c. 箍筋末端的弯钩形式。

用Ⅰ级钢筋制作的箍筋，其末端应做弯钩，弯钩的弯曲直径应大于受力主筋直径，且不小于箍筋直径的 2.5 倍。弯钩平直部分长度一般结构不小于箍筋直径的 5 倍，有抗震要求的结构不应小于箍筋直径的 10 倍；弯钩形式因本工程有抗震要求，需作成 135°弯钩。

d. 弯曲钢筋要先做样板。

弯曲钢筋时，应先反复修正直至完全符合设计的尺寸和形状，作为样板使用，然后再进行正式加工生产。

e. 机械弯曲钢筋注意事项。

弯筋机弯曲钢筋时，在钢筋弯到要求角度后，先停机再逆转取下钢筋，不得在机器向前运转过程中逆向运转，防止损坏机器。

②钢筋加工质量自检验收措施。

a. 钢筋工程师应对每种加工成型后的钢筋进行验收，用钢尺或定型卡尺对钢筋长度、角度进行测量验收。

b. 对不符合规范要求的钢筋及尺寸有误差的钢筋要返工重新加工制作。

(3) 钢筋绑扎、安装。

①柱子钢筋绑扎：

a. 绑扎时，按设计要求的箍筋间距和数量，先将箍筋按弯钩错开要求套在下层伸出搭接筋上，再立起柱子钢筋，在搭接长度内与搭接筋绑好，绑扣不少于3个，绑扣向里，便于箍筋向上移动。如柱子主筋采用光圆钢筋搭接时，角部弯钩应与模板成45°，中间钢筋的弯钩应与模板成90°。

b. 柱主筋绑扎接头的搭接长度按设计及规范要求。

c. 绑扎接头的位置应相互错开，在受力钢筋直径30倍区段范围内（且不小于500 mm）。有绑扎接头的受力钢筋截面面积占受力钢筋总截面面积百分率，受拉区不得超过25%受压区不得超过50%。

d. 在立好的柱主钢筋上用粉笔标出箍筋间距，然后将套好的箍筋向上移置，由上往下宜用缠扣绑扎。

e. 箍筋应与主筋垂直，箍筋转角与主筋交点均要绑扎，主筋与箍筋非转角部分的相交点成梅花或交错绑扎，但箍筋的平直部分与纵向钢筋交叉点可成梅花式交错扎牢，以防骨架歪斜。箍筋的接头（即弯钩叠合处）应沿柱于竖向交错布置，并位于箍筋与柱角主筋的交接点上，但在有交叉式箍筋的大截面柱子，其接头可位于箍筋与任何一根中间主筋的交接点上。在有抗震要求的地区，柱箍筋端头应弯成135°，平直段长度不小于10 d（d—箍筋直径，下同）。如箍筋采用90°搭接，搭接处应焊接，焊缝长度单面焊缝不小于10 d。柱基、柱顶、梁柱交接处，箍筋间距按设计要求加密。

f. 下层柱的主筋露出楼面部分，宜用工具或柱箍将其收进一个柱筋直径，以利上层钢筋的搭接；当上下层柱截面有变化时，下层钢筋的伸出部分，必须在绑扎梁钢筋之前收缩准确，不宜在楼面混凝土浇筑后再扳动钢筋。

②梁钢筋绑扎。

a. 当采用模内绑扎时，先在主梁模板上按设计图纸划好箍筋的间距，然后按以下次序进行绑扎：将主筋穿好箍筋，按已划好的间距逐个分开→固定弯起筋和主筋→穿次梁弯起筋和并套好箍筋→放主筋架立筋、次梁架立筋→隔一定间距将梁底主筋与箍筋绑住→架力－绑架立筋→再绑主筋。主次梁同时配合进行。

b. 梁中箍筋应与主筋垂直，箍筋的接头应交错设置，箍筋转角与纵向钢筋的交叉点均应扎牢。箍筋弯钩的叠合处，在梁中应交错绑扎，有抗震要求的结构，箍筋弯钩应为135°。如果做成封闭箍时，单面焊缝长度应为6～10 d。

c. 弯起钢筋与负弯矩钢筋位置要正确；梁与柱交接处，梁钢筋锚入柱内长度应符合设计要求。

d. 梁的受拉钢筋直径等于或大于25 mm时，不应采用绑扎接头。小于25 mm时，可采绑扎接头。搭接长度如设计未作规定时，可按表采用。搭接长度的末端与钢筋弯曲处的距离，不得小于10 d。接头不宜设在梁最大弯矩处。受拉区域内Ⅰ级钢筋绑扎接头的末端应做弯钩（Ⅱ、Ⅲ级钢筋可不做弯钩）；搭接处应在中心和两端扎牢。接头位置应相互错开在受力钢筋30 d区段范围内（且不小于 500 mm），有绑扎接头的受力钢筋截面面积占受力钢筋总截面面积百分率，在受拉区不得超过 25％，受压区不得超过 50％。

e. 纵向受力钢筋为双排或三排时，两排钢筋之间应垫以直径 25 mm 的短钢筋；如纵向钢筋直径大于 25 mm 时，短钢筋直径规格宜与纵向钢筋规格相同，以保证设计要求。

f. 主梁的纵向受力钢筋在同一高度遇有垫梁、边梁（圈梁）时，必须支承在垫梁或边梁受力钢筋之上，主筋两端的搁置长度应保持均匀一致；次梁的纵向受力钢筋应支承在主梁的纵向受力钢筋之上。

g. 主梁与次梁的上部纵向钢筋相遇处，次梁钢筋应放在主梁钢筋之上。

h. 主梁钢筋如采取在模外绑扎时，一般先在楼板模板上绑扎，然后用人力（或吊车）抬（吊）入模内其方法次序是：将主梁需穿次梁的部位稍抬高→在次梁梁口搁两根横杆→将次梁的长钢筋铺在横杆上，按箍筋间距画线→套箍筋并按线摆开→抽换横杆，将下部纵向钢筋落入箍筋内→再按架立钢筋、弯起钢筋、受拉钢筋的顺序与箍筋绑扎→将骨架稍抬起抽出横杆→使梁骨架落入模内。

③板钢筋绑扎。

绑扎前应修整模板，将模板上垃圾杂物清扫干净，用粉笔在模板上划好主筋、分布筋的间距。

按划好的钢筋间距，先排放受力主筋，后放分布筋，预埋件、电线管、预留孔等同时配合安装并固定。

纵向受力钢筋为双排或三排时，两排钢筋之间应垫以直径 25 mm 的短钢筋；如纵向钢筋直径大于 25 mm 时，短钢筋直径规格宜与纵向钢筋规格相同，以保证设计要求。

板与次梁、主梁交叉处，板的钢筋应在上，次梁的钢筋居中，主梁的钢筋在下。

板绑扎一般用顺扣或八字扣，对外围两根钢筋的相交点应全部绑扎外，其余各点可隔点交错绑扎（双向配筋板相交点，则须全部绑扎）。如板配双层钢筋，两层钢筋之间须设钢筋支架，以保持上层钢筋的位置正确。

对板的负弯矩配筋，每个扣均要绑扎，并在主筋下垫砂浆垫块，以防止被踩下。特别对雨篷、挑檐、阳台等悬臂板，要严格控制负筋的位置，防止变形。

楼板钢筋的弯起点，应按设计规定，设计图纸未注明时，板的边跨支座可按跨度的 $L/10$ 为弯起点，板的中跨及连续多跨可按支座中线的 $L/6$ 为弯起点（L—板的中一中跨度）。

④墙筋绑扎。

a. 墙钢筋绑扎工艺流程：弹位置线→校正预埋插筋→绑 2～4 根竖筋→画横筋分档线→绑定位横筋→画竖筋分档标志→绑竖筋→绑横筋。

b. 在底板或楼板混凝土上弹出墙身及门窗洞口位置线，再次校正预埋插筋，如有位移时，按规定认真处理。墙模板采用"跳间支模"，以利于钢筋施工。

c. 绑扎钢筋时，先绑 2～4 根竖筋，并画好横筋分档标志，然后在下部及齐胸处绑两根横筋定位，并画好竖筋分档标志。一般情况下横筋在外，竖筋在里，所以先绑横筋后绑竖筋。横竖筋的间距及位置均应符合设计要求。

d. 墙筋为双向受力钢筋，所有钢筋交叉点应逐点绑扎，其搭接程度及位置要符合设计图纸及施工规范的要求。为保证墙体钢筋在混凝土浇筑时不产生移位，每层拟设置至少两道用钢筋焊制的墙筋定位架，用于墙体两层钢筋间相对位置的定位及单根钢筋的定位。一道定位架设在顶板之下，另一道设在顶板之上。

e. 为保证门窗洞口标高位置正确，在洞口竖筋上画出标高线。门窗洞口要按设计要求绑扎过梁钢筋，锚入墙内长度要符合设计要求。另外，配合其他工种安装预埋管件、预留洞口等，其位置、标高均应符合设计要求。

f. 墙筋垫块应优先采用塑料卡环，呈梅花形布置，纵横间距不超过 1 m。

（4）钢筋连接。

①电渣压力焊连接。

竖向钢筋电渣压力焊的工艺过程包括：引弧、电弧、电渣和顶压过程。其操作工艺如下：

a. 引弧过程：可采用直接引弧法或铁丝球引弧法。

直接引弧法是在通电后迅速将上钢筋提起，使两端头之间的距离为 2～4 mm 引弧。这种过程很短。当钢筋端头不导电物质或端头过于平滑造成引弧困难时可以多次把上钢筋移下与钢筋短接后再提起，达到引弧的目的，铁丝球引弧法是将铁丝球放在上下钢筋端头之间，电流通过铁丝球与上下钢筋端面的接触点形成短路引弧。铁丝球采用 0.5～1.0 mm 退火铁丝，球径不小于 10 mm，球的每一层缠绕方向应相互垂直交叉。当焊接电流较小，钢筋端面较平整或引弧距离不易控制时，宜采用此法。

b. 电弧过程也称造渣过程，靠电弧的高温作用，将钢筋端头的凸出部分断烧化；同时将接口周围的焊剂充分熔化，形成一定深度的渣池。

c. 电渣过程。

渣池形成一定深度后，将上钢筋缓缓插入渣池中，此时点弧熄灭，进入电渣过程。由于电流直接通过渣池，产生大量的电阻热，使渣池温度升到近 2 000 ℃，将钢筋端头迅速而均匀地熔化。

d. 挤压过程。

电渣压力焊的接头，是利用过渡层使钢筋端部的分子与原子产生巨大的结合力完成的。因此，在停止供电的瞬间，对钢筋施加挤压力，把焊口部分熔化的金属、熔化及氧化物等杂质全部挤出结合面。

②直螺纹连接。

a. 施工准备。

（a）操作工人必须持证上岗；

（b）做好施工技术交底；

（c）钢筋安装时，受力钢筋的品种、级别、规格和数量必须符合设计要求。

b. 工艺流程及操作工艺。

（a）工艺流程。

螺纹套筒验收 → 钢筋断料、切头 → 钢筋端头压圆 → 外径卡规检验直径 → 在压圆端头上滚丝 → 螺纹环规检验螺纹 → 套保护套 → 用扳手现场拧合安装 → 接头检查是否拧合到位。

（b）操作工艺。

ⓐ钢筋端头切平压圆。

检查被加工钢筋是否符合要求，然后将钢筋放在砂轮切割机上切头约 0.5～10 mm，达到端部平整，按规格选择与钢筋直径相适配的压摸，调整压合高度及长短定位尺寸。然后将钢筋端头放入模腔中，调整压圆操作。经压圆后，钢筋端头成圆柱体。

ⓑ钢筋滚压螺纹。

根据钢筋规格选取相应的滚丝轮，装在专用的滚丝机上，将已压圆端头的钢筋由尾座卡盘的通孔中插入至滚丝轮的引导部分并夹紧钢筋，然后开动电动机，在电动机旋转的驱动下，钢筋轴向自动进给，即可滚压出螺纹来。

ⓒ螺纹保护。

把钢筋端部加工好的螺纹套上塑料保护套，然后按规格分别堆放。

ⓓ现场安装方法。

Ⅰ. 钢筋旋转拧合的安装方法：取下保护套，按规格取相应的螺纹套筒，套在钢筋端头，用管钳顺时针旋转螺纹套筒到定位，然后取另一根带螺纹的钢筋对准螺纹套筒，用管钳顺时针旋动钢筋拧紧为止。

Ⅱ. 螺纹套筒旋转拧合的安装方法：适用于弯曲钢筋及其他施工工艺要求钢筋不能旋转的相互连接。把待连接的 2 根钢筋的端头分别制成右旋螺纹及左旋螺纹，同样将连接用螺套内部一半加工为右旋内螺纹，另一半加工成左旋内螺纹的双向螺套。安装时把有右旋螺纹的螺套一端对准有右旋螺纹的钢筋端头，并旋进 1～2 牙，把有左旋外螺纹的钢筋对准双向螺套的另一端。用管钳转动螺套到定位，两端钢筋就会自然拧紧。

c. 主要质量关键点控制。

（a）必须分开施工用和检验用的力矩扳手，不能混用，以保证力矩检验值准确。

（b）钢筋在套丝前，必须对钢筋规格及外观质量进行检查. 如发现钢筋端头弯曲，必须先进行调直处理. 钢筋边肋尺寸如超差，要先将端头边肋砸扁方可使用。

（c）钢筋套丝，操作前应先调整好定位尺的位置，并按照钢筋规格配以相对应的加工导向套. 对于大直径钢筋要分次车削到规定的尺寸，以保证丝扣精度，避免损坏梳刀。

（d）直螺纹接头施工应由具有资质证明的专门施工队伍承包施工。

③闪光对焊连接。

a. 连续闪光焊的工艺过程。

先闭合一次电路，使两钢筋端面轻微接触，此时端面的间隙中即射出火花般熔化的金属微粒——闪光，接着徐徐移动钢筋使两端面仍保持轻微接触，形成连续闪光，当闪光到预定长度，使钢筋头加热到将近到熔点时，就以一定的压力迅速进行顶锻（先带电进行顶锻，再无电顶锻，到一定长度）。焊接接头即告完成。

b. 预热闪光焊的工艺过程。

预热、闪光和顶锻过程，施焊时先闭合电源，然后使两钢筋端面交替的接触和分开，这时钢筋端面的间隙中即发出连续的闪光，而形成预热过程。当钢筋达到预热温度后进入闪光阶段，随后顶锻而成。焊接接头即告完成。

c. 闪光—预热—闪光焊的工艺过程。

一次闪光、预热、二次闪光及顶锻过程，施焊时先连续闪光，使钢筋端部闪平，后同预热闪光焊。钢筋直径较粗时，宜采用预热闪光焊和闪光——预热——闪光焊。

d. 操作要点。

（a）闪光对焊时，应选择调伸长度、烧化留量、顶锻留量以及变压器级数等焊接参数。连续闪光焊时的留量应包括烧化留量、有电顶锻留量和无电顶锻留量。

（b）闪光—预热闪光焊的留量应包括：一次烧化留量、预热留量、有电顶锻留量和无电顶锻留量。

（c）调伸长度的选择，应随着钢筋级别的提高和钢筋直径的加大而增加，当焊接Ⅲ、Ⅳ级钢筋时，调伸长度宜在 40～60 mm 内选用。

（d）烧化留量的选择，应根据焊接工艺方法确定。当连续闪光焊接烧化过程应较大，烧化留量应等于两根钢筋在断料时切断机刀口严重压伤部分（不包括端面的不平整度），再加 8 mm。

闪光—预热闪光焊时，应区分一次烧化留量和二次烧化留量。

一次烧化留量等于两根钢筋在断料时切断机刀口严重压伤部分，二次烧化留量不应小于 10 mm. 预热闪光焊时的烧化留量不应小于 10 mm。

（e）闪光速度由慢到快，开始时等于零，而后约 1 mm/s，终止时达 1.5～2 mm/s。

e. 施工注意事项。

（a）对焊前应清除钢筋端头约 150 mm 范围内的铁锈、污泥等，以免在夹具和钢筋间因接触不良而引起"打火"（对Ⅳ级钢筋尤为致命点）。此外，如钢筋端头有弯曲，应予以调直或切除。

（b）对调换焊工或更换焊接钢筋的规格和品种时，应先制作对焊试样进行冷弯试验。合格后，才能成批焊接。

（c）焊接参数应根据钢种特性、气温高低、实际电压、焊机性能等具体情况由操作人员自行修正。

（d）夹紧钢筋时，应使两钢筋端面的凸出部分相接触，以利均匀加热和保证焊缝与钢筋轴线相垂直。

（e）焊接完毕后，应待接头处由白色变为黑红色才能松开夹具，平稳的取出钢筋，以免引起接头弯曲。当焊接后张预应力钢筋时，应在焊后趁热将焊缝周围毛刺打掉，以便钢筋穿入预留孔道。

4.3.2　模板工程。

（1）模板配制。

本工程全部采用全新木模板。

（2）施工准备。

①模板安装前应向施工班组进行技术交底。有关施工及操作人员应熟悉施工图及模板工程的施工设计。

②施工现场应有可靠的能满足模板安装和检验需用的测量控制点。

③现场使用的模板及配件应按规格的数量逐项清点和检查，未经修复的不得使用。

④模板安装时，应做好下列准备工作：

a. 梁和楼板模板的支柱设在土壤地面时，应将地面事先整平夯实，根据土质情况考虑排水或防水措施，并准备柱底垫板。

b. 竖向模板的安装底面应平整坚实，清理干净，并采取可靠的定位措施。

c. 竖向模板应按施工设计要求预理支承锚固件。

⑤模板及其支架应根据工程结构形式、荷载大小、地基土类别、施工设备和材料供应等条件进行设计。模板及其支架应具有足够的承载能力、刚度和稳定性，能可靠地承受浇筑混凝土的重量、侧压力以及施工荷载。

（3）墙模板的支设。

直形墙支设时应根据预先弹出的墙控制线进行加固校正，墙体垂直度校正，用 1.5 kg 线坠进行校正。墙体按预弹的控制线拉通线进行找平、检查，以保证剪力墙体的垂直度、平整度。剪力墙加固采取与内部满堂红脚手架相连接，并用 φ20 穿墙螺栓相连接的方法进行加固。剪力墙每沿 300 mm 设置穿墙螺栓一道，采用梅花式布置螺栓分布。螺栓设置必须水平，保证受力均匀。

模板加固时，必须具有足够的刚度、强度、稳定性，能够承受混凝土侧压力。

（4）柱模支设。

柱模支设时，根据预先弹好的柱控制线进行校正。在模板使用前先排选模板，并且刷隔离剂。当柱模支好时，检查其加固情况，并用 1.5 kg 线坠校模，保证柱子垂直度及内径方正。重点检查柱脖处支设、加固。

（5）主次梁模板支设。

检查模板平整度并刷好隔离剂。主梁模板支设时，采用梁帮梁底用角模连接的方法。梁中部按规范起拱，起拱高度为长度的 0.2%～0.3%。在同一轴的梁要拉通线找平。梁的支设采取与满堂红脚手架相连接，斜向加撑进行加固。支设时注意梁的标高，截面尺寸，保证梁的浇筑时不出现胀模、缩颈现象。

（6）楼板模板的支设。

楼板采用木模板进行拼装。

①在使用竹模板时首先应对其进厂质量进行严格筛选，将发生翘曲、破角、脱皮、规格不准确

的竹模挑选出来。其次要满足其含水率≤12%。

②施工时应注意以下几点：

a. 每块模板按班组编码、编号。定位翻转至上层使用。

b. 模板支撑使用碗扣式钢管脚手架支撑，先在纵向铺设一层 100×100 mm 木方子，间距按开间均分，后在其上横向铺设一层 60×100 mm 的木方，间距≤400 mm。禁止使用弯曲的木方，确保提供足够支撑。

c. 模板安装好后，刷高效隔离剂二遍。并在板缝处刮腻子以防止砼漏浆。

d. 钢筋调运至工作面时，要轻放，用木方垫底，禁止直接放在模板上，禁止在模板上拖拉钢筋，绑完底筋后，及时垫垫块。

e. 平板底筋下垫块按规范布置，绑丝禁止甩向平板，防止刮腻子时有铁锈泛黄。

f. 控制拆模时间，保证砼强度达到规范要求后方可进行拆模，否则会破坏砼受弯承载力，楼屋面板容易产生裂缝。

g. 拆模时，禁止使用铁具撬动，同时注意保护模板边角拆下模后，由人工搬运，不得自由坠落，拆下后及时清理归堆，垫好木方后码垛，入笼起吊。严格遵循"拆一块清一块"的原则，减少因无序作业造成对模板的额外损耗。

h. 作好模板的保养，每次拆模后，将残余胶纸撕净，派专人将钉子起出，对已出现破角，起刺的模板，进行裁条，刷漆防水。禁止用水冲平板模板，因为沾水后，经日光曝晒，模板会发生严重翘曲

（7）楼梯模板的支设。

楼梯采用硬架支模，支模采取随层支设方法。楼梯梁、板、平台采用木模板拼装，楼梯蹬和平台梁局部处采用 5 mm 厚木板支设的方法。

（8）模板拆除施工工艺。

①模板拆除的一般要点。

a. 在混凝土强度能保证其表面及棱角不因拆除模板而受损后，方可拆除侧模。

b. 底模的拆除，必须执行《混凝土结构工程施工质量验收规范》（GB 50204—2002）的有关条款。作业班组必须进行拆模申请，经技术部门批准后方可拆除。

c. 已拆除模板及支架的结构，在混凝土达到设计强度等级后方允许承受全部使用荷载；当施工荷载所产生的效应比使用荷载的效应更不利时，必须经核算，加设临时支撑。

d. 拆装模板的顺序和方法，应按照模板设计的规定进行。若无设计规定时，应遵循先支后拆，后支先拆；先拆不承重的模板，后拆承重部分的模板；自上而下，支架先拆侧向支撑，后拆竖向支撑等原则。

e. 模板工程作业组织，应遵循支模与拆模统由一个作业班组执行作业。其好处是，支模就考虑拆模的方便与安全，拆模时，人员熟知情况，易找拆模关键点位，对拆模进度、安全、模板及配件的保护都有利。

②楼板、梁模板拆除工艺。

a. 工艺流程。

拆除支架部分水平拉杆和剪刀支撑→拆除梁连接杆件及侧模板→下调楼板模板支柱顶翼托螺旋2～3 cm，使模下降→分段分片拆除楼板模板、钢（木）楞及支柱→拆除梁底模板及支撑系统

b. 拆除工艺施工要点。

（a）拆除支架部分水平拉杆和剪刀撑，以便作业。而后拆除梁与楼板模板的连接角模及梁侧模板，以使两相邻模板断连。

（b）下调支柱顶翼托螺杆后，先拆钩头螺栓，然后拆下 U 形卡和 L 形插销，再用钢钎轻轻撬

动模板，或用木槌轻击，拆下第一块，然后逐块逐段拆除。切不可用钢棍或铁锤猛击乱撬。每块模板拆下时，或用人工托扶放于地上，或将支柱顶翼托螺杆再下调相等高度，在原有钢楞上适量搭设脚手板，以托住拆下的模板。严禁使拆下的模板自由坠落于地面。

（c）拆除梁底模板的方法大致与楼板模板相同。但拆除跨度较大的梁底模板时，应从跨中开始下调支柱顶翼托螺杆，然后向两端逐根下调，再按要求做后续作业。拆除梁底模支柱时，亦从跨中向两端作业。

③柱子模板拆除工艺。

a. 分散拆除工艺流程。

拆除拉杆或斜撑 → 自上而下拆除（穿墙螺栓）或柱箍 → 拆除竖楞，自上而下拆木模板 → 模板及配件运输维护

b. 分片拆模工艺流程。

拆除拉杆或斜撑→自上而下拆掉柱箍→拆掉柱连接角一侧U形卡，分二片或四片拆离→吊运片模板

c. 柱模拆除要点。

（a）分散拆除柱模时，应自上而下、分层拆除。拆除第一层时，用木槌或带橡皮垫的锤向外侧轻击模板上口，使之松动，脱离柱混凝土。依次拆下一层模板时，要轻击模边肋，切不可用撬棍从柱角橇离。拆掉的模板及配件用滑板滑到地面或用绳子绑扎吊下。

（b）分片拆除柱模板时，要从上口向外侧轻击和轻橇连接角模，使之松动。要适当加设临时支撑或在柱上口留一个松动穿墙螺栓，以防整片柱模倾倒伤人。

（9）模板工程技术质量控制措施。

①工程施工前期，精心设计，认真加工，严格按照本工程的要求和特殊性设计、制作和质量监控，全面保证工程质量。

②模板进场前，根据模板方案、项目部的进度安排及流水段划分情况，对模板进行设计编号和使用部位编号，有次序地安排模板分批进场，保证现场施工的需求又避免占用现场更多的地方放置模板。

③模板施工应完全按照现场文明施工方法，遵守现场安全施工守则，确保施工安全文明。

④模板零配件以及架体应安装牢固可靠，避免在施工过程中发生安全事故。

⑤支模时，严格按照模板的施工方案执行。

⑥施工中随时检查模板支撑的牢固性和稳定性。

⑦梁板模板施工时，要按规范及设计要求起拱。

⑧竖向构件吊垂线，梁及悬挑结构采用拉通线的方法，并坚持在打混凝土时不撤线，随时观察模板变形，及时调整模板。

⑨在楼板和梁端适当位置设置清扫口，浇筑混凝土前，配置空压机配合清理模板内杂物。

⑩控制拆模时间，留设同条件养护试块，按规范要求决定拆模与否。

⑪为保证脱模效果，使用水质脱模剂，涂刷时要均匀。

⑫模板工程的安装和验收严格执行《混凝土结构工程施工质量验收规范》（GB 50204—2002）。

4.3.3 混凝土工程。

本工程采用商品混凝土，选择具有一定生产规模、符合设计要求、质量稳定、信誉良好的厂家根据计划要求提供商品混凝土。混凝土采用搅拌车运输，现场用砼输送泵进行输送，用振捣器振捣密实。

（1）砼施工准备。

①在主体结构混凝土浇筑前必须做好以下几项工作：

a. 确定混凝土的配合比：根据设计要求，结合施工经验，并与混凝土供应商共同做配合比试验，提出合理的施工配合比，经监理工程师审核、业主批准后由供应商实施；

b. 编制混凝土的浇筑方案：根据场地条件、结构部位、浇筑量等，编制详细的混凝土浇筑方案，方案中应包括设备、路线、工艺、养护方法以及防止开裂的各项措施，并经监理工程师审核、业主批准后实施；

②模板、钢筋、预埋件完成后，首先经过施工单位质保体系的三级检查并备书面记录，最后由监理工程师按隐蔽工程验收。经验收合格后才能进行混凝土浇筑；

③施工后的混凝土结构应符合下列要求：

a. 结构断面厚度符合设计要求；

b. 钢筋保护层厚度附和设计要求；

（2）作业条件。

①浇筑混凝土层段的模板、钢筋、预埋件及管线等全部安装完毕，经检查合格符合设计要求，并有隐蔽工程记录，办完预检手续。

②基础轴线尺寸，基底标高和地质情况均经过检查，并应办完隐检手续。工程桩施工已完成，且完成桩基施工验收。

③修整桩顶混凝土：桩顶疏松混凝土应全部剔除，当桩顶标高低于设计标高时，须用同级混凝土接至设计标高，混凝土强度达到50％以上时，再将埋入承台内的桩顶部分剔毛、冲净。伸入桩承台中的钢筋长度应符合设计要求。钢筋长度不能满足时，应采取接筋措施。桩身混凝土嵌入承台的高度应满足设计要求，另外在桩钢筋中部包裹 BW 止水胶条。

④编制混凝土浇筑方案，确定流水分段划分、浇筑程序、原材料运输、混凝土配料、搅拌、输送、浇筑、捣固方法以及设备移动、施工平面布置等。

⑤根据现场实际使用材料，由试验室经试验提出设计、施工要求的混凝土配合

⑥基础内外模板已支设好，并支撑牢固；板缝已堵严、并涂刷隔离剂；在模板上弹好混凝土浇筑标高线。

（3）操作要点。

①清理：浇筑前应将模板内的垃圾、泥土等杂物及钢筋上的油污清除干净，并检查钢筋上的水泥砂浆垫块是否垫好，如使用木模板应浇水使模板湿润，柱子模板的清扫口应在清除杂物及积水后封闭。

②混凝土运输：混凝土自搅拌机中卸出后，应及时运送到浇筑地点，在运输过程中要防止混凝土离析、水泥浆流失、坍落度变化及产生初凝等现象，如混凝土运到浇筑现场，有离析现象时，必须在浇筑前进行二次拌和，二次搅拌时不得加水。混凝土从搅拌机中卸出到浇筑完毕的延续时间不宜超过 1.5 h。混凝土的运送频率，应能保证混凝土施工的连续性。

③泵送混凝土时，必须保证混凝土泵连续工作，如发生故障，或停歇时间超过 45 min，以及混凝土出现离析现象，应立即用压力水冲洗管内残留混凝土。

④混凝土施工工艺流程：钢筋模板验收→混凝土进场检验与验收→泵送→入模→振捣→表面抹平→养护。

⑤混凝土浇筑和振捣。

a. 一般要求。

（a）当混凝土自由倾落高度超过 3 m 时，需采取必要措施。

（b）浇筑混凝土时，应分段分层连续进行，每层浇筑高度应根据结构特点，钢筋疏密决定，一般分层高度为振捣器作用部分长度的 1.25 倍，最大不超过 50 cm。

（c）使用插入式振捣器应快插慢拔，插点要求均匀排列，逐步移动，顺序进行，不得遗漏，做

到均匀振实。移动间距不大于振捣棒作用半径的1.5倍（一般为30～40 cm）振捣上一层时，应插入下层5 cm，以消除两层间的接缝。表面震动平板的移动间距应能保证平板震动器的平板覆盖已振实部分边缘。

（d）浇筑混凝土应连续进行，如必须间歇，并应在前层混凝土凝结之前将次层混凝土浇筑完毕。间歇的最长时间应按所用水泥品种及混凝土凝结条件确定，如超过12 h应按施工缝处理。

（e）浇筑混凝土时应经常观察模板，钢筋、预留孔洞、预埋件和插筋等有无移动，变形或堵塞现象，发现问题应立即停止浇灌，并应在已浇筑的混凝土凝结前修整完好。

b. 柱的混凝土浇筑。

（a）柱浇筑前底部应先填以5～10 cm厚与混凝土配合比相同的水泥砂浆，柱混凝土应分层浇筑振捣，使用插入式振捣器时每层厚度不大于50 cm，振捣棒不得触动钢筋和预埋件，除上面振捣外下面要有人随时敲打模板振捣。

（b）柱高在3 m之内可在柱顶直接下灰浇筑，柱高超过3 m时应采取措施可用串筒分段浇筑。

（c）柱混凝土应一次浇筑完成，如需留施工缝，应留在主梁下面，无梁板应留在柱帽下面，在与楼板整体浇筑时应在柱浇筑完毕后停歇1～1.5 h，使其获得初步沉实再继续浇筑。

c. 梁、板混凝土浇筑。

（a）肋形楼板的梁板应同时浇筑，浇筑方法应由一端开始用赶浆法，即先将梁根据梁高度浇筑成阶梯形，当达到板底位置时再与板的混凝土一起浇筑，随着阶梯形不断延长，梁板混凝土浇筑连续向前进行。

（b）和板连成整体的大断面梁允许单独浇筑，其施工缝应留在板底以下2～3 cm处，浇捣时必须紧密配合，第一层下料慢些，梁底充分振实后再浇第二层料，用赶浆法保持水泥浆沿梁底包裹石子向前推进，每层均应振实后再下料，梁底及梁侧部位要注意振实，振捣时不允许触动钢筋及预埋件。

（c）梁柱节点钢筋较密处浇筑混凝土时宜用细石同等级混凝土，用小直径振捣棒振捣。

（d）浇筑板混凝土时虚铺厚度应超出板厚，用平板振捣器垂直于浇筑方向来回振捣，厚板可用插入式振捣器顺浇筑方向振捣，并随时检查板的上皮标高及混凝土厚度，振捣完毕后用木杠和木抹子刮抹平整，施工缝处或有预埋件及插筋处要仔细用木抹子找平。

（e）施工缝位置：宜沿着次梁方向浇筑楼板，施工缝应留置在次梁跨度的中间三分之一范围内。施工缝的表面与梁轴线或板面垂直留置，不得留斜槎。施工缝宜用方木，木板或密眼钢丝网挡牢。

（f）施工缝处须待已浇筑混凝土的抗压强度不小于1.2 MPa时才允许继续浇筑，在继续浇筑前，施工缝混凝土表面应凿毛，剔除浮动石子，并用水冲洗干净后浇一层水泥浆，然后继续浇筑混凝土，并仔细振实，使新旧混凝土紧密结合。

d. 楼梯混凝土浇筑。

（a）楼梯混凝土自下而上浇筑，先振实底板混凝土，达到踏步位置时再与踏步一起浇筑，不断继续向上推进，并用木抹子将踏步上表面抹平整。

（b）施工缝：楼梯混凝土宜连续浇筑完成，多层楼梯的施工缝应留置在楼梯段三分之一的部位。

⑥混凝土的养护。

混凝土养护：为保证已浇好的混凝土在规定的龄期内达到设计要求的强度，并防止产生不应有收缩裂缝，必须认真做好混凝土养护工作。柱子和墙体是竖向构件水分难以长时间保留在构件中，构件涂刷养护液，使其形成薄膜封闭混凝土构件，使其利用浇筑混凝土时的多余水分进行养护，一般混凝土浇筑后1～2天即可拆除模板（视气温而定）进行涂刷，否则混凝土中的多余水分会因蒸发掉而达不到养护的目的。正常气温板面根据气候每天浇水，采用硅酸盐水泥、普通硅酸盐水泥或矿渣硅酸盐水泥拌制的混凝土养护不得少于 7 天，对掺用缓凝型外加剂或有抗渗要求的混凝土养护不得少于 14 天。当采用其他品种水泥时，养护时间根据其所采用水泥的技术性能确定。

4.3.4　砌筑工程。

(1) 作业条件。

①预拌砂浆采用与砌块相匹配的粉料进场，使用前，应分批对其强度进行复验。不同品种的粉料，不得混合使用。袋装干拌砂浆的包装、储存、标志和运输应符合 GB/T 191 要求。

②干拌砂浆用的包装袋（或散装罐相应的卡片）上应有清晰标志显示产品的标识。

③进场砌块型号、规格、数量、和堆放位置、次序等已进行检查、验收，能满足施工要求。砌块应按不同规格和强度等级整齐堆放，堆放高度不宜超过 2 m，并防止雨淋。堆垛上应设标志。堆放场应平整，并做好排水。

④所需机具设备已准备就绪，并已安装就位。

⑤根据施工图要求制定施工方案，选定砌块吊装路线、吊装次序和组砌方法，砌块表面的污物、泥土均清除干净。

(2) 施工操作工艺。

①砌筑前，接墙段实量尺寸和砌块规格尺寸进行排列摆块，不足整块的可锯截成需要尺寸，但不得小于砌块长度的 1/3。采取满铺满挤法砌筑，上下皮错缝砌筑，转角处相互咬砌搭接，每隔二皮砌块钉扒钉一个，梅花型设置，砌块墙的丁字交接处，应使横墙砌块隔皮露头。

②墙上预留孔洞、管道、沟槽和预埋件应经设计同意后，在砌筑时预留或预埋，不得在砌好的墙体上凿洞。在墙上留置临时施工洞口应经设计同意，其侧边离交接处墙面不应小于 500 mm，洞口净宽度不应超过 1 m。宽度超过 300 mm 的洞口上部，应设置过梁。

③如需移动已砌好的砌块或砌块被撞动时，应清除原有砂浆，重铺新砂浆砌筑。

④砌体灰缝砂浆应严实。水平和垂直灰缝砂浆饱满度不得低于 80%；不得用水冲浆灌缝。

⑤砌筑到接近上层梁、板底部时，应用普通黏土砖斜砌挤紧，砖的倾斜度约为 60 度，砂浆应饱满密实。

⑥填充墙留置的拉结钢筋或网片的位置应与砌体皮数相符合。拉结钢筋或网片应置于灰缝中，埋置长度应符合设计规定。

⑦砌块与门口的联结：当采用后塞口时，将预制好埋有木砖或铁件的混凝土块，按洞口高度 2 m 以内每边砌筑三块，洞口高度大于 2 m 时，每边砌筑四块，安装门框时用手电钻在边框预先钻出钉孔，然后用钉子将木框与混凝土内预埋木砖钉牢；当采用先立口时，在砌块和门框外侧均涂抹黏结砂浆 5 mm 厚挤压密实。同时校正墙面的垂直度和位置。然后再在每侧均匀钉三个长钉与砌体固定。

4.3.5　脚手架施工。

(1) 外檐脚手架搭设。

①脚手架搭设。

脚手架搭设规格与使用材料应严格按照《建筑安装工程安全技术规程》及公司对脚手架搭设的有关规定执行，保证架子有足够的坚固性和稳定性，不摇晃，不倾斜变形。

脚手架必须设置纵、横向扫地杆。纵向扫地杆应采用直角扣件固定在距底座上皮不大于 200 mm 处的立杆上。横向扫地杆亦应采用直角扣件固定在紧靠纵向扫地杆下方的立杆上。当立杆基础不在同一高度上时，必须将高处的纵向扫地杆向低处延长两跨与立杆固定，高低差不应大于 1 m。靠边坡上方的立杆轴线到边坡的距离不应小于 500 mm。

立杆：相邻立杆的接头位置应借开布置在不同的步距内，与相近的大横杆的距离不宜大于步距的三分之一，立杆与大横杆必须用直角扣件扣紧，不得隔步设置或遗漏。双立杆必须都用扣件与同一根大横杆扣紧，不得只扣紧 1 根。单双立杆连接处单立杆与双立杆之中的一根对接。

大横杆：上下横杆的接长位置应错开布置在不同的立杆纵距中，与相近立杆的距离不大于纵距的三分之一，同一排大横杆的水平偏差不大于该片脚手架总长度的 1/300，且不大于 5 cm。相邻步架的大横杆应错开布置在立杆的里侧和外侧，以减少立杆偏心受载情况。

小横杆：贴近立杆布置，搭于大横杆之上并用直角扣件扣紧。在相邻立杆之间根据需要加设 1 根或 2 根。在任何情况下，均不得拆除贴近立杆的小横杆。

剪刀撑：每道剪刀撑宽度不应小于 4 跨，且不应小于 6 m，斜杆与地面的倾角宜在 45°～60° 之间；高度在 24 m 以下的脚手架，均必须在外侧立面的两端各设置一道剪刀撑，并应由底至顶连续设置；中间各道剪刀撑之间的净距不应大于 15 m 高度在 24 m 以上的双排脚手架应在外侧立面整个长度和高度上连续设置剪刀撑；剪刀撑斜杆的接长宜采用搭接，搭接长度不小于 1 m，并用至少 2 个旋转扣件固定，端部扣件距杆端净距离不小于 10 cm。剪刀撑斜杆应用旋转扣件固定在与之相交的横向水平杆的伸出端或立杆上，旋转扣件中心线至主节点的距离不宜大于 150 mm。

连墙杆：每层均需设置连墙杆，垂直距离不大于 4 m，连墙杆一般应设置在框架梁或楼板附近等具有较好抗水平力修的结构部位，水平距离为 4.5～6 m。

②施工要点。

施工时同时作业不超过二层，严格控制使用荷载，均布荷载不得超过 150 kg/m²，不要在某个地方集中堆放过多的施工料具，要经常清除架子上的垃圾。

搭设过程中要及时设置十字撑、剪刀撑、连墙杆以及必要的缆绳和吊索，避免脚手架在搭设过程中发生偏斜和倾倒。

在恶劣的气候条件下，六级以上大风，大雷雨应停止工作。

搭设完毕后应进行检查验收，检查合格后才能使用。

脚手架不准随意改动，如有影响施工而需改动的地方，应向主管人员请示，以研究同意后再改动，在使用过程中应经常对架子进行全面检查和保养，对存在问题，隐患及时处理。

（2）内檐脚手架体系。

本工程内檐脚架体系采用碗扣式脚手架体系与活动井架相结合，视层高与作业内容分别选用。

①碗扣式钢管脚手架搭设的工艺流程为：

基础准备→安放垫板→安放底座→竖立管、安装横杆组成方框→纵向装横杆加立管至需要长度→铺脚手板→设连接节点。

②搭设工作至少两人配合操作。在平整、夯实的基础上铺设垫木，垫木宽度不宜小于200 mm，厚度不得小于 50 mm。

③拉线，安放底座。同一侧底座应在一条直线上，应保持底座在同一水平线上，少量高差用可调支座调整。

④立好横向内外侧两根立管，装好两根横向水平杆，其竖向间距至少 1.2 m，形成一个方框。

⑤一人扶直此方框架，另一个人将纵向水平杆一端插入已立好的立管最下面一个碗扣内，另一端插入第三根立管下碗扣内，装上横向水平杆，形成稳定的方格。

⑥继续向纵向搭设直至需要的长度，搭设时注意保证立管成行，水平成线。第一步纵向水平杆应拉线或用水准仪找平。

⑦底部立管应选用长度规格不同的立管间隔搭设，使接头错开。

⑧水平杆叶片插入立管下碗扣时，应检查叶片是否紧贴立管，而后将上碗扣套入所有的叶片，用手锤将上碗扣顺时针方向打击，使上碗扣螺栓台阶在定位销下固定。

⑨脚手架与建筑物连接，一般在立管与纵向水平杆交叉点设置顶墙杆，并在相同位置用两股 10

号镀锌铁丝与建筑物锚固。

（3）脚手架的拆除。

①脚手架拆除按搭设时相反顺序进行，所有杆件严禁抛掷，应用绳索吊下，轻卸、平放，分类堆齐。

②部件应每两年刷一次防锈漆，涂刷前杆件应清理干净。水平叶片如有变形可进行翻新。

③应全面检查脚手架的扣件连接、连墙件、支撑体系等是否符合构造要求。

④应根据检查结果补充完善施工组织设计中的拆除顺序和措施，经主管部门批准后方可实施。

⑤应由单位工程负责人进行拆除安全技术交底。

⑥应清除脚手架上杂物及地面障碍物。

⑦拆除作业必须由上而下逐层进行，严禁上下同时作业。

⑧连墙件必须随脚手架逐层拆除，严禁先将连墙件整层或数层拆除后再拆脚手架；分段拆除高差不应大于 2 步，如高差大于 2 步，应增设连墙件加固。

⑨当脚手架拆至下部最后一根长立杆的高度时，应先在适当位置搭设临时抛撑加固后，再拆除连墙件。

⑩拆除的各构配件严禁抛掷至地面。

⑪拆除架子时，作业区周围及进出口处，必须派有专人瞭望，严禁作业人员进入危险区域。

4.4 保温工程施工方案

4.4.1 屋面保温。

①施工准备。

a. 材料准备。

b. 所用材料的表观密度、含水率、导热系数、技术性能，必须符合设计要求和验收规范的规定，应有质量证明文件。

②现场作业条件。

a. 铺设保温聚苯板材料的基层（结构层）施工完以后，将预制的吊钩等进行处理，处理点应抹入水泥砂浆，经检查验收合格后方可铺设保温材料。

b. 在铺设保温材料前，将屋面杂物清理干净，对出屋面的管道、烟道及通气孔、女儿墙、伸缩缝根部已按设计及规范要求进行处理完毕。

（2）工艺流程与操作工艺。

①工艺流程。

基层清理→弹线找坡、确定坡度方向→管根固定→铺设保护层→拍平、碾实→检查验收。

②操作工艺。

a. 基层清理：在砼结构层表面，将杂物、灰尘清理干净，并用细石砼封堵管根。

b. 弹线找坡：凡用保温层找坡的屋面，施工前首先应在基层上确定分水线、集水线及集水点的位置，然后根据设计坡度及流水方向，用水准仪确定标志点，以控制坡度、坡向，确定保温层的厚度范围。

c. 管根固定：穿结构的管根在保温层施工前，应用细石砼塞堵密实。

d. 保温层铺设：

（a）松散保温层铺设：多采用干做法施工，材料多使用炉渣或水渣，也可使用膨胀蛭石、膨胀珍珠岩做保温层。使用时必须过筛，控制含水率。铺设松散材料的表面应干燥、洁净，松散保温材料应分层铺设，适当压实，压实程度应达到设计要求的密度，每步铺设厚度不宜大于 150 mm。

（b）板块状保温层铺设：

①干铺板块状保温层：直接铺设在结构层上，分层铺设时上下两层板块缝错开，表面两块相邻

的板边厚度应一致。一般在块状保温层上用松散料作找坡。

ⓑ黏结铺设板块状保温层：板块状保温材料用黏结材料平粘在屋面基层上，一般用水泥石灰混合砂浆；聚苯板材料应用沥青胶结料粘贴。

（c）整体保温层铺设：

ⓐ水泥白灰炉渣保温层：施工前用石灰水将炉渣闷透，应不少于 3 d，闷之前应将炉渣过筛，粒径控制在 5～40 mm。最好用机械搅拌，铺设时分层滚压，控制虚铺厚度，滚压达到设计要求的密度，保证保温性能。

ⓑ保温层：水泥为胶凝材料，通常用普通硅酸盐水泥，最低强度等级为 32.5 级。加水拌和后，用手紧握成团不散，并稍有水泥浆滴下为好。机械搅拌会使蛭石颗粒破损，故宜采用人工拌和。虚铺厚度为设计厚度的 130%，用木拍板拍实、找平。

4.4.2　墙体保温板。

（1）施工准备。

①设置控制线。

在建筑物外墙阴、阳角、洞口、变形缝、装饰线等必要部位设置控制线。在门窗洞口处及第一步施敷保温板处，弹出水平墨线，控制保温板施敷时的水平度。在有两条纵向控制线的区间，设置水平控制线，用于控制保温板施敷时的平整度。

挤塑板的施敷顺序，先施敷突出建筑物外檐的窗口、空调板和檐子等热桥部位，然后再施敷外墙、填充墙外露部位。

②墙体外表面处理。

除实体墙外，墙体外表面（砌体墙）均应抹 1∶3 水泥砂浆找平层。外墙找平层干燥（基层含水率小于 10%）、洁净、平整度、强度、垂直度达到要求。

③紧前工序验收。

外保温工程施工前，外门窗洞口应通过总包自检验收合格，洞口尺寸、位置应符合设计要求和质量要求，门窗框或辅框应安装完毕。门窗框或辅框与墙体连接处应预留出保温层厚度。门窗框或辅框与墙体之间，以及用聚氨酯发泡填塞严密，做到无缝隙、无渗漏。

伸出外墙面的雨水管卡、预埋件、卡件、支架和设备穿墙管道应安装完毕，并按外保温系统厚度留出保温层和饰面层厚度。

④使用外保温专用界面剂：普通硅酸盐水泥∶中砂＝1∶1.2∶1～1.2 的重量配合比拌匀。辊涂或刷涂在基层上，不得漏涂，不宜过厚。

⑤保温板表面处理要求。

挤塑聚苯保温板上墙前刷专用界面剂，挤塑聚苯保温板表面经过刨毛处理。

⑥施工实验。

塑料锚栓拟采用塑料系列锚栓，空心砌块外墙体采用空腔墙体结构锚栓，钢筋混凝土剪力墙采用实心墙体结构锚栓，施工前做抗老化和拉拔实验。

保温板黏结强度实验，根据本工程所选用的外保温专用界面剂、粘贴材料和选用的保温板，分别在空心砌块外墙和钢筋混凝土剪力外墙面做样板，施工前做保温板黏结强度实验，黏结强度合格后方能大面积施工。

⑦施工前应按规程、标准做好样板墙，经施工单位、监理单位、建设单位项目负责人共同检查确认合格后再实施。

（2）施工方法。

①检验 50 线、抄平、弹线。

在施工前必须复验 50 线是否合格。抄平放线必须使用经纬仪、水平仪。弹、放线必须要准确无误，控制线清楚防止丢失。

②基层清理。

基层表面要光平、干燥，对于油漆及其他污染物、有害物必须清除干净。对于凹凸不平处要进行认真修补，用1∶3水泥砂浆修补。垂直、平整度在3 mm以内。在粘贴保温板前所有的水落管、消防梯、各种线管等预埋件必须按设计图纸和施工验收规范要求安装完毕。脚手架距墙应在300 mm以上。

③剪裁保温板。

用加热电阻丝切割，确保板材尺寸精确，裁口整齐。

④配制黏结剂。

严格控制配合比，必须计量过磅。控制下料程序及搅拌时间，避免过度搅拌出现离析现象。保证施工环境和易性的要求。黏结剂应随用随配，配好的黏结剂应在1小时之内用完，最长不超过2小时，遇炎热天气适当减少存放时间。

⑤粘贴保温板。

要严格控制保温板厚度、宽度，板中刮黏结剂要均匀。墙面贴板后必须用手或工具在整个板面上施加力，必须保证结合一致，黏结牢固。板缝相接紧密不允许留缝，挤入板侧的黏结剂用灰刀刮净。在黏结剂初凝前用不小于2 m的压板将其压平。相邻排板错缝不小于1/3板长，转角部位应咬茬搭接。

⑥板面打磨。

待板铺设24小时后方可打磨。顺板缝方向轻柔地做圆周运动，使板面平整无错台现象。打磨成细麻面。

⑦刮胶粘网。

下料必须按需要的长度留出搭接长度，或重叠部分长度不得小于100 mm，大墙转角处，网应连续由转角一侧包至另一侧的长度不小于200 mm。严格控制铺设网不得产生折皱，网应完全埋入抗裂砂浆中无裸露，表面平整如发现网裸露应用抗裂砂浆补涂。

⑧系统部位的要求。

a. 外保温施工的环境温度不低于5 ℃，5级以上大风天气和雨雪天气禁止施工。

b. 保温板表面不得长期裸露，保温板安装上墙后应及时做抹面层。

c. 抗裂砂浆中铺设的耐碱璃纤网格布，采用标准网格布时，搭接长度不小于100 mm。

d. 网格布铺贴应平整，无褶皱，砂浆饱满度100%，严禁干搭接。

e. 单个锚栓抗拉承载力标准值≥0.6 kN。

f. 粘贴保温板时，板缝应挤紧，相邻板应齐平，板间缝隙不得大于2 mm，板间高差不得大于1.5 mm。所有板缝用聚氨酯发泡填塞严密。

⑨涂塑耐碱网格布的铺设。

a. 保温板全部粘贴后间隔48 h进行搓磨找平，将散落在保温板上的聚苯和残留浆清理干净。

b. 网格布使用前先设计好铺设方式。计算尺寸剪裁下料，剪裁边缘直线误差应小于5 mm。网格布横接易错开墙面板材的横接缝。

c. 在保温板上用抹子将弹性防护浆按约1.6 mm厚度均匀涂抹在略大于铺设网格布的表面位置上。立即将裁好的网格布用抹子压入湿润的防护浆中，稍停顿1分钟后，将第二道防护浆涂抹在网格布上，直至将网格布全部覆盖，形成表面无网格布痕迹、平整光滑面。两道防护浆及一层网格布厚度控制在3～6 mm范围内。

d. 网格布铺设自上而下相互连接，耐碱网格布要横向铺贴，横纵向都要做搭接，左右搭接宽度不应小于100 mm，上下搭接宽度不应小于80 mm。网格布应按顺序铺设，当遇到门窗洞口时，应在洞口周围作好翻包,并在洞口四角沿 45°方向补贴一块 300 mm×200 mm "八字" 标准网格布进行加强,以防开裂。

e. 拐角部位网格布应是连续的,特别是墙角且每边双向绕角后,包墙的宽度阳角处不小于 200 mm,阴角处不小于 150 mm。网格布铺设时,弯曲面朝向墙面,并从中心向四周用抹子抹平。

f. 在檐口、勒脚、装饰缝、门窗四角和阴阳角等处外保温侧边外露处应做好网格布翻包处理及局部附加网格布处理,并应符合相关图集要求。

g. 首层墙体应铺设两层耐碱网格布,第一层为加强网格布,第二层为标准网格布。阴阳角处加强网格布接槎为对接;标准网格布接槎为搭接,搭接长度,阳角为 200 mm,阴角为 150 mm。

h. 二层及二层以上墙体应铺设一层耐碱标准网格布,网格布需要留置硬接槎时,其接槎处应做成坡槎,坡槎的长度应不小于 150 mm。

⑩板面锚固及表面处理。

a. 锚固:在粘贴保温板 24 h 后方可进行锚固件的安装。选用 φ8×120 mm 的锚固螺栓进行锚固,采用电锤在外墙钻孔,孔径为 10 mm;孔深为 120～140 mm(含保温板厚度),将塑料膨胀螺栓安装并紧固,使保温板与外墙面紧密结合。锚固点紧固后应低于保温板表面 1 ～2 mm。锚固点的布置方式:在保温板四角及水平缝中间均设置锚固点。

b. 锚栓件的安装纵向间距 600 mm,横向间距 600 mm,梅花形布置,基层墙体转角处加密至间距 300 mm,并满足设计及相关标准的要求。

c. 嵌固带的设置:本工程为高层建筑,主体 30 层,需按规范设置嵌固带。7 层以在山墙部位设置工字型金属嵌固带连同锚栓辅助固定,7 层至 18 层隔层设置,18 层以上每层设置。工字型金属嵌固的材料为铝合金材质,铝合金材料应进行氧化处理,并应先冲孔,后进行阳极氧化处理。

d. 表面处理:目的是使保温板表面平整和表面粗糙,以便于下道工序的展开。采用专用木抹对保温板表面进行磨搓,使板表面 2 m 范围内高差小于 3 mm;并将光滑的保温板表面打磨成粗糙面,利于与薄抹面层结合。保温板表面打磨施工时,施工现场将产生聚苯碎屑,应注意及时清扫,妥善处理。

⑪系统特殊部位的处理。

a. 凡在粘贴的保温板侧边外露处(如门窗洞口及突出的阳角部位、管道及其他设备穿墙洞口部位、勒角、阳台、雨篷、空调板,变形缝和顶檐下部的尽端部位)都应做网格布翻包处理。

b. 裁剪窄幅翻包用标准网格布时,其宽度为 200 mm＋板厚,长度按墙体部位而定。

c. 在基层墙体上洞口周边及系统终端相应部位涂抹黏结砂浆,宽度 100 mm,厚度 2 mm。

d. 将窄幅标准网布一端 100 mm 压入黏结聚合物砂浆内,另一端甩出备用,并保持清洁。

e. 保温板粘贴在相应部位,并将翻包部位板的正面和侧面涂抹抹面砂浆。再将预先甩出的网布沿板翻转并压入抹面砂浆。如需铺设加强网布应先铺设加强网布,再将翻包网布压在加强网布之上。

4.5 防水工程施工方案

4.5.1 屋面 SBS 防水。

(1)材料准备。

①高聚物改性沥青防水卷材。

高聚物改性沥青防水卷材 4 mm 厚,必须有出厂质量合格证,有相应资质等级检测部门出具的检测报告、产品性能和使用说明书,进场后进行外观检查,合格后按规定取样复试。

②配套材料。

a. 氯丁橡胶沥青胶粘剂:由氯丁橡胶加入沥青及溶剂等配制而成,为黑色液体。

b. 橡胶沥青嵌缝膏:即密封膏,用于细部嵌固边缝。

c. 保护层料：石片、各色保护涂料。

d. 70 号汽油、二甲苯，用于清洗受污染的部位。

（2）作业条件。

①现场技术准备。施工前审核图纸，编制防水工程施工方案，并进行技术交底；屋面防水必须由专业队施工，持证上岗。

②现场机具准备。

a. 电动搅拌器、高压吹风机、自动热风焊接机。

b. 喷灯或可燃气体焰炬、铁抹子、滚动刷、长把滚动刷、钢卷尺、剪刀、笤帚、小线等。

③现场作业条件。

a. 铺贴防水层的基层表面，应将尘土、杂物彻底清除干净。

b. 基层坡度应符合设计要求，表面应顺平，阴阳角处应做成圆弧形，基层表面必须干燥，含水率应不大于9％。

c. 卷材及配套材料必须验收合格，规格、技术性能必须符合设计要求及标准的规定。

（3）工艺流程。

清理基层→涂刷基层处理剂→铺贴卷材附层→铺贴卷材→热熔封边→蓄水试验→保护层

（4）操作工艺及施工要点。

①操作工艺。

a. 清理基层。施工前将验收合格的基层表面尘土、杂物清理干净。

b. 涂刷基层处理剂。高聚物改性沥青卷材施工，按产品说明书配套使用，基层处理剂是将氯丁橡胶沥青胶粘剂加入工业汽油稀释，搅拌均匀，用长把滚刷均匀涂刷于基层表面上，常温经过4 h后，开始铺贴卷材。

c. 附加层施工。一般用热熔法使用改性沥青卷材施工防水层，在女儿墙、水落口、管根、檐口、阴阳角等细部先做附加层，附加的范围应符合设计或规范要求。

d. 铺贴卷材。卷材的层数、厚度应符合设计要求。多层铺设时接缝应错开。将改性沥青防水卷材剪成相应尺寸，用原卷心卷好备用；铺贴时随放卷随用火焰喷枪加热基层和卷材的交界处，喷枪距加热面300 mm左右，经往返均匀加热，趁卷材的材面刚刚熔化时，将卷材向前滚铺、粘贴，搭接部位应满粘牢固，搭接宽度满粘法为80 mm。

e. 热熔封边。将卷材搭接处用喷枪加热，趁热使二者黏结牢固，以边缘挤出沥青为度；末端收头用密封膏嵌填严密。

f. 防水保护层施工。上人屋面按设计要求做各种刚性防水层屋面保护层。不上人屋面做保护层有两种形式：

（a）防水层表面涂刷氯丁橡胶沥青胶粘剂，随即撒石片，要求铺撒均匀，黏结牢固，形成石片保护层。

（b）防水层表面涂刷银色反光涂料。

②施工要点。

采用热熔法铺贴卷材应符合下列规定

a. 火焰加热器加热卷材应均匀，不得过分加热或烧穿卷材；厚度小于3 mm的高聚物改性沥青防水卷材严禁采用热熔法施工。

b. 卷材表面热熔后应立即卷铺卷材，卷材下面的空气应排尽，并辊压黏结牢固，不得空鼓。

c. 卷材接缝部位必须溢出热熔的改性沥青胶。

d. 铺贴的卷材应平整顺直，搭接尺寸准确，不得扭曲、皱折。

e. 泛水收头应为密封形式，当女儿墙为砖墙时，卷材的收头可直接铺压在女儿墙压顶下，压顶应做防水处理。也可在砖墙上留凹槽，卷材收头应压入凹槽内固定密封；凹槽距屋面找平层最低高度不应小于 250 mm，凹槽上部的墙体亦应做防水处理。

4.5.2 楼面涂膜防水。

（1）材料要求。

聚氨酯涂膜材料：由双组分化学材料配合而成。甲组分是以聚醚树脂和二异氨酸酯等原料，经过聚合反应制成的聚氨基甲酸酯预聚体，外观为浅黄色黏稠状，用桶装，每桶重 20 kg；乙组分是以交联剂（固化剂）。促进剂（催化剂、增韧剂、增粘剂、防霉剂、填充剂和稀释剂等）混合配制而成外观有红、黑、白、黄及咖啡色等膏状物，用桶装，每桶重 40 kg。

该材料主要技术性能为：拉伸强度：0.59～0.88 MPa；断裂伸长率：400％～500％；耐热度100 ℃左右；柔度：－20 ℃合格。

（2）主要机具设备。

①机械设备：电动搅拌器、水泵等

②主要工具：拌料桶、小型油漆桶、胶皮刮板、塑料刮板、长把滚刷、油漆刷、小抹子、铲刀、笤帚、磅秤等。

（3）作业条件。

①基层表面，应将尘土、杂物彻底清除干净。

②基层坡度应符合设计要求，表面应顺平，阴阳角处应做成圆弧形，基层表面必须干燥，含水率应不大于9％。

③聚氨酯主材及配套材料必须验收合格，规格、技术性能必须符合设计要求及标准的规定。

（4）施工操作工艺。

①工艺流程。

基层清理→底胶涂刷→刮第一遍涂膜层→刮第二遍涂膜层→闭水试验。

②基层清理。

a. 基层表面凸出部分应铲平，凹陷处用掺 107 胶水泥砂浆填平密实，将沾污尘土、砂粒砂浆、灰渣清除干净，油污应清洗掉，并用清洁湿布擦一遍。

b. 基层表面应平整不得有松动、起砂、空鼓、脱皮、开裂等缺陷，表面层含水率应小于9％。

c. 底胶涂刷。

（a）底胶的配制系将聚氨醋材料按：甲料：乙料：二甲苯＝1：1.5：2 的重量比配合搅拌均习即可。

（b）底胶涂刷应先立面、阴阳角、排水管、立管周围、混凝土接口、裂缝处以及增强涂抹部位。然后大面积涂刷。

（c）涂刷时用长把滚刷均匀底胶涂刷在基层表面，在常温环境一般经 4 h 手触不粘时，既可进行下一道工序操作。

d. 涂膜防水层施工。

（a）涂膜防水材料的配制

基本有两种配制方法，即按聚氨酯甲料：乙料＝1：1.5 的重量比配合，用人工或电动搅拌器强力搅拌均匀，必要时掺加甲料 0.3％的二月挂酸、二丁基锡促凝剂并搅拌均匀备用；或按聚氨酯甲料：乙料：莫卡（固化剂）＝1：1.5：0.2 的重量比配合，按同样方法搅拌均匀。此外，还有只用聚氨醋甲料、乙料，不再掺加任何外加剂的聚氨醋防水涂料。

（b）当采用外防外贴法时，先涂刷平面，后涂刷立面，平、立面应交叉搭接，搭接处涂膜固化后，及时砌筑保护墙。

（c）当采用外防内贴法时，先涂刷立面，后涂刷平面，刷立面应先刷转角处，后刷大面。在涂膜未固化前，在涂层表面稀撒上一些砂粒，待固化后，再摸水泥砂浆保护层。

③细部处理。

a. 突出地面、墙面的管子根部、地漏、排水口、阴阳角、变形缝等薄弱部位，应在大面积涂刷前先做一布二油防水附加层，底胶表干后，将纤维布裁成与管根、地漏等尺寸、形状相同并将周围加宽 200 mm 的布，套铺在管道根部等细部。

b. 在根部涂刷涂膜防水涂料，常温 4 h 左右表面干后，再刷第二遍涂膜防水涂料。经 24 h 干燥后，即可进行大面积徐膜防水层施工。

④刮涂膜防水层

a. 刮第一遍涂膜系在基层底胶基本干燥固化后进行。将配制好的聚氨酯涂膜用塑料或橡胶刮板均匀涂刮一层涂料，涂刮时用力要均匀一致，厚度为 1.3～1.5 mm，不得有漏刮和鼓泡情况。

b. 刮第二遍涂膜系在第一遍涂膜固化 24 h 后进行，涂刮万法同第一遍，方向与第一遍垂直，要求均匀涂刮在涂层上涂刷量略少于第一遍，厚度为 0.7～1.0 mm，不得有漏刷和鼓泡等现象。

⑤做保护层。

第二涂抹膜固化后，厕浴间应做好闭水试验，合格后，抹 20 mm 厚水泥砂浆保护层。

（5）施工注意事项。

①聚氨酯材料应妥善贮存和保管。甲、乙组份应储存在室内通风干燥处甲组分储期不应超过六个月；乙组份不应超过 12 个月。甲、乙组份严禁混存，贮器要密封，以避免变质失效。过期材料，应会同厂方商定后再使用。

②配制时，如发现乙料有沉淀现象，应搅拌均匀后再进行配制，否则会影响徐膜质量。

③聚氨酯材料涂刷时应注意掌握适当的稠度、黏度和固化时间，以保证涂刷质量。当涂料调度、黏度过大不易房刷时可加入少量二甲苯稀释，以降低黏度但其加入量不应大于乙料的 10%；当发现涂料固化太快影响施工时可加入少量磷酸或苯磺酪氨等级极刑，其加入量应不大于甲料的 0.5%；当发现涂料固化太慢，影响施工时可加入少量二月挂酸丁基锡作促凝剂层加入量不应大于甲料的 0.3%。

④固化剂与促凝剂的掺量，一定要严格按比例配制，掺量过多，会出现早凝，涂层难以刮平；如掺量过少，则会出现困化速度缓慢或不固化的现象。

⑤涂膜防水层施工时如发现涂刷 24 h 仍未团化，有发粘现象，使涂刷第二道有困难时，可光涂一层涂膜防水材料，可不粘脚，并不会影响涂膜质量。

⑥如发现涂层有破损或不合格之处，应用小刀将损坏或不合格之处割掉重新分层涂刮聚氨酯涂膜材料。

⑦防水层施工不得在雨天、大风天进行，严冬季节施工的环境温度应不低于 5 ℃。

⑧施工时如发现涂膜层空鼓，产生原因主要是基层潮湿，找平层未干含水率过大，使涂膜空鼓，形成鼓地；施工时要注意控制好基层含水率，接缝处应认真操作，使其黏结牢固。

4.6 装饰工程施工方案

4.6.1 水泥砂浆楼地面。

（1）工艺流程，如附图 5 所示。

工艺流程 → 找标高、弹线 → 洒水湿润 → 抹灰饼和标筋 → 搅拌砂浆 → 刷结合层 →

铺水泥砂浆面层 → 木抹子搓平 → 铁抹子压第一遍 → 第二遍压光 → 第三遍压光 → 养护

附图 5 水泥砂浆地面工艺流程图

（2）操作工艺。

①基层处理：先将基层上的灰尘扫掉，用钢丝刷和錾子刷净、剔掉灰浆皮和灰渣层，用 10% 的火碱水溶液刷掉基层上的油污，并用清水及时将碱液冲净。

②找标高弹线：根据墙上的＋50 cm 水平线，往下量测出面层标高，并弹在墙上。

③洒水湿润，用喷壶将地面基层均匀洒水一遍。

④抹灰饼和标筋（或称冲筋）：根据房间内四周墙上弹的面层标高水平线，确定面层抹灰厚度（不应小于 20 mm），然后拉水平线开始抹灰饼（5 cm×5 cm），横竖间距为 1.5～2.00 m，灰饼上平面即位地面面层标高。

如果房间较大，为保证整体面层平整度，还须抹标筋（或称冲筋），将水泥砂浆铺在灰饼之间，宽度与灰饼宽相同，用木抹子拍抹成与灰饼上表面相平一致。

铺抹灰饼和标筋的砂浆材料配合比均与抹地面的砂浆相同。

⑤搅拌砂浆：水泥砂浆的体积比宜为 1：2（水泥：砂）、其稠度不应大于 35 mm，强度等级不应小于 M15。为了控制加水量，应使用搅拌机搅拌均匀，颜色一致。

⑥刷水泥砂浆结合层：在铺设水泥砂浆之前，应图刷水泥浆一层，其水灰比为 0.4～0.5（图刷之前要将抹灰饼的余灰清扫干净，再洒水湿润），不要图刷面积过大，随随铺面层砂浆。

⑦铺水泥砂浆面层：涂刷水泥浆之后紧跟着铺水泥水泥砂浆，在灰饼之间（或标筋之间）将砂浆铺均匀，然后用木刮杠按灰饼（或标筋）高度刮平。铺砂浆时如果灰饼（或标筋）已硬化。木刮杠刮平后，同时将利用过的灰饼（或标筋）敲掉，并用砂浆填平。

⑧木抹子磋平：木刮杠刮平后，立即用木抹子磋平，从内向外退着操作，并随时用 2 m 靠尺检查其平整度。

⑨铁抹子压第一遍：木抹子抹平后，立即用铁抹子压第一遍，直到出浆为止，如果砂浆过稀表面有泌水现象是，可均匀洒一遍干水泥和砂（1：1）的拌和料（砂要过 3 mm 筛），再用木抹子用力抹压，使干拌料与砂浆紧密结合为一体，吸水后用铁抹子压平，如有分格要求的地面，在面层上弹分格线，用劈缝溜子开风缝，再用溜子将分缝内压至平、直、光。上述操作均在水泥砂浆初凝之前完成。

⑩第二遍压光：面层砂浆初凝后，人踩上去，有脚印但不下陷时，用铁抹子压第二遍，边抹边压把坑凹处填平，要求不漏压，表面压平、压光。有分格的地面压过后，应用溜子溜压，做到缝边光直、缝隙清晰、缝内光滑顺直。

⑪第三遍压光：在水泥砂浆终凝前进行第三遍压光（人踩上去稍有脚印），铁抹子抹上去不再有抹纹时，用铁抹子把第二遍抹压时留下的全部抹纹压平、压实、压光（必须在终凝前完成）。

⑫养护：地面压光完工后 14 h，铺锯末或其他材料覆盖洒水养护，保持湿润，养护时间不少于 7 d 当抗压强度达 5 MPa 才能上人。

4.6.2 陶瓷地砖楼地面。

(1) 作业条件。

①现场技术准备。

在已完成抹灰墙面上弹出＋50 cm 水平标高线。

②现场作业条件。

a. 墙面和顶棚抹灰、门窗安装及水、电、煤气、暖气管道均已施工完成。

b. 厕所、与楼地面有关的各种设备和预埋件均已安装完毕。设计要求做防水层时，已办完隐检手续，并完成蓄水试验，办好验收手续。

c. 基层已施工完，并已弹出或设置控制面层标高和排水坡度的水平基准线或标志。

d. 陶瓷地砖应先挑选，按规格、颜色和图案组合分类堆放备用，掉角和表面有缺陷的应剔出不用。对砖的规格尺寸、外观质量、色泽等进行预选，浸水湿润晾干待用。

（2）工艺流程与操作工艺。

工艺流程：

清理基层→做灰饼冲筋→做底灰→铺贴陶锦瓷砖→刷水、揭纸→拨缝、灌缝→养护。

①清理基层。

基层表面的泥土、浮浆、灰渣及其他垃圾杂物应清除干净。如有松散颗粒、浮皮，必须凿除或用钢丝刷刷至外露结实为止，凹注处应用砂浆抹平，油污应擦净，铺前 1 d，将基层浇水湿润。

②做灰饼冲筋。

a. 根据墙面水平线，在地面四周拉线，在四角基层上用 1∶3 水泥砂浆做灰饼，灰饼上平应低于面层标高一块陶瓷地砖厚度，在房间四周冲筋，房间中间每隔 1.5 m 左右补灰饼，并连通灰饼，做纵向或横向冲筋（标筋）。灰饼及冲筋用干硬性水泥砂浆分别抹成 50 mm 方块和 50 mm 宽的条状。

b. 有地漏者应由墙四周向其作放射状冲筋，坡度按设计或采用 0.5%～1.0% 的坡度，无地漏者其门洞口处一般应比最里边低约 5～10 mm，以免积水。

③做底灰。

a. 做完冲筋后在基层上均匀洒水湿润，刷一度水灰比 0.4～0.5 的素水泥浆，须薄且匀，一次面积不宜过大，必须随刷随铺底灰（找平层）。

b. 底灰用 1∶3（体积比，下同）干硬性水泥砂浆，稠度以手捏成团，落地开花为宜，厚度约为 20～25 mm。铺后先用铁抹子将水泥砂浆摊开拍实，再用 2 m 木刮杠按冲筋刮平，然后再用木抹子拍实搓平，顺手划毛。

c. 有地漏的房间，应按排水方向找出 0.5%～1.0% 坡度的泛水。

d. 底灰完成以后，用 2 m 靠尺和楔形塞尺检查，表面平整偏差应在 2 mm 以内。

④瓷砖地面的施工：

a. 将基层清理干净，用钢丝刷清刷一遍，然后将标高线引入房间在垫层上弹出相互垂直的控制十字线，并引至墙面底部，作为检查和控制地砖位置的准绳。

b. 铺设前对每一房间的地砖进行试拼。选材、套方、按尺寸分类，试拼符合要求后，按水平线定出面层找平层厚度，拉好十字线，即可铺 20 mm 厚 1∶4 水泥砂浆找平层，铺前洒水湿润垫层，扫水灰比为 0.4～0.5 的素水泥浆一道，然后随即由里往门口处摊铺砂浆，铺好后刮大杠、拍实，用抹子找平，其厚度适当高出按水平线定的找平层厚度 1～2 mm。

c. 地砖铺砌顺序按控制线先从门口向里纵铺和房中横铺数条作标准，然后分区按行列、线位铺砌，亦可从室内里侧开始，逐行逐块向门洞口倒退铺砌。

d. 地砖铺砌前在施工前一天先将基层洒水湿润，同时地砖和石材在铺设前一天浸水，阴干备用。铺时先铺好 20 mm 厚的干硬性水泥砂浆结合层，将地砖四角同时平放在结合层上，先试铺合适后，翻开地砖在地砖背面铺抹一层水灰比为 0.5 的素水泥浆，然后将地砖轻轻对准原位放下，用橡皮锤轻击使地砖平实，根据水平线用铁水平尺找平，使板四角平整，对缝、对花符合要求，铺完后，接着向两侧和后退方向顺序镶铺，直至铺完为止。

e. 在地砖铺砌完毕 1～2 h 后开始用与板块相同颜色的水泥浆进行灌缝和擦缝，随即将地面擦干净，并覆盖喷水养护不少于 7 d。

4.6.3 抹灰工程。

（1）作业条件。

①结构工程全部完成，并经有关部门验收，达到合格标准。

②抹灰前应检查门窗框的位置是否正确，与墙体连接是否牢固。连接处的缝隙应用 1∶3 水泥砂浆或 1∶1∶6 水泥混合砂浆分层嵌塞密实。若缝隙较大时，应在砂浆中掺人少量麻刀嵌塞，使其

塞缝严实。铝合金门窗缝隙处理按设计要求嵌填。

③砖墙、混凝土墙、加气混凝土墙基体表面的灰尘、污垢和油渍等，应清理干净，并洒水湿润。

④阳台栏杆、挂衣铁件、预埋铁件、管道等应提前安装好，结构施工时墙面上的预留孔洞应提前堵塞严实，将柱、过梁等凸出墙面的混凝土剔平，凹处提前刷净，用水洇透后，再用1∶3水泥砂浆或1∶1∶6水泥混合砂浆分层补衬平。

⑤预制混凝土外墙板接缝处应提前处理好，并检查空腔是否畅通，勾好缝，进行淋水试验，无渗漏方可进行下道工序。

⑥加气混凝土表面缺棱掉角需分层修补。做法是：先洇湿基体表面，刷掺水重10％的108胶水泥浆一道，紧跟抹1∶1∶6混合砂浆，每遍厚度应控制在7～9 mm。

⑦外墙抹水泥砂浆，大面积施工前应先做样板，经鉴定合格，并确定施工方法后，再予以实施。

（2）操作工艺。

①工艺流程。

门窗框四周堵缝（或外墙板横竖缝处理）→墙面清理→浇水湿润墙面→吊垂直、套方、抹灰饼→弹灰层控制线→基层处理→抹底层砂浆→弹线分格→粘分格条→抹罩面灰→起条、勾缝→养护。

②基层为混凝土外墙板。

a. 基层处理：若混凝土表面很光滑，应对其表面进行"毛化"处理，其方法有两种：一种是将其光滑的表面用尖钻剔毛，剔去光面，使其表面粗糙不平，用水湿润基层。另一种方法是将光滑的表面清扫干净，用10％火碱水除去混凝土表面的油污后，将碱液冲洗干净后晾干，采用机械喷涂或用笤帚甩上一层1∶1稀粥状水泥细砂浆（内掺20％108胶水拌制），使其凝固在光滑的基层表面，用手掰不动为好。

b. 吊垂直、套方找规矩：分别在门窗口、角、垛、墙面等处吊垂直，套方抹灰饼，并按灰饼充筋后，在墙面上弹出抹灰灰层控制线。

c. 抹底层砂浆：刷掺水重10％的108胶水泥浆一道，（水灰比为0.4～0.5）紧跟抹1∶3水泥砂浆，每遍厚度为5～7 mm，应分层与所充筋抹平，并用大杠刮平、找直，木抹子搓毛。

d. 抹面层砂浆：底层砂浆抹好后，第二天即可抹面层砂浆，首先将墙面洇湿，按图纸尺寸弹线分格，粘分格条、滴水槽，抹面层砂浆。面层砂浆配合比为1∶2.5水泥砂浆或1∶0.5∶3.5水泥混合砂浆，厚度为5～10 mm。先用水湿润，抹时先薄薄地刮一层素水泥膏，使其与底灰粘牢，紧跟着抹罩面灰与分格条抹平，并用杠横竖刮平，木抹子搓毛，铁抹子溜光、压实。待其表面无明水时，用软毛刷蘸水垂直于地面的同一方向，轻刷一遍，以保证面层灰的颜色一致，避免和减少收缩裂缝。随后，将分格条起出，待灰层干后，用素水泥膏将缝子勾好。对于难起的分格条，则不应硬起，防止棱角损坏，应待灰层干透后补起。

抹灰的施工程序：从上往下打底，底层砂浆抹完后，将架子升上去，再从上往下抹面层砂浆。应注意在抹面层灰以前，应先检查底层砂浆有无空、裂现象，如有空裂，应剔凿返修后再抹面层灰；另外应注意底层砂浆上的尘土、污垢等应先清净，浇水湿润后，方可进行面层抹灰。

（3）应注意的质量问题。

①空鼓、开裂和烂根：由于抹灰前基层底部清理不干净或不彻底，抹灰前不浇水，每层灰抹得太厚，跟得太紧；对于预制混凝土，光滑表面不剔毛，也不甩毛，甚至混凝土表面的酥皮也不剔除就抹灰；加气混凝土表面没清扫，不浇水就抹灰，抹灰后不养护等是造成空鼓、开裂和烂根的主要原因。为解决好空鼓、开裂的质量问题，应从三方面下手解决：第一施工前的基体清理和浇水；第二施工操作时分层分遍压实应认真，不马虎；第三施工后及时浇水养护，并注意操作地点的洁净，

抹灰层一次抹到底，克服烂根。

②滴水线（槽）不符合要求：不按规范规定留置滴水槽，窗台、碹脸下边应留滴水槽，在施工时应设分格条，起条后保持滴水槽有 10 mm×10 mm 的槽，严禁抹灰后用溜子划缝压条，或用钉子划沟。

③分格条、滴水槽处起条后不整齐不美观：起条后应用素水泥浆勾缝，并将损坏的棱角及时修补好。

4.6.4 涂料工程。

（1）作业条件。

①室内抹灰、木装修、水电工程等全部完工并通过验收。

②根据设计要求选购涂料，并依现行材料标准对材料进行检查验收。熟悉将要涂施的涂料的基本性能和施工注意事项。

③被涂施物面基层按要求处理好。

④施工环境（环境温度 5～35 ℃）必须符合涂料施工的环境要求。

⑤将门框、窗框、木制墙面等处加以保护，以免污染。

⑥做好样板间，并经检查站鉴定合格后，方可大面积喷（刷）浆。

（2）操作工艺。

①施工工艺流程，如附图 6 所示。

$$\boxed{\text{基层处理}} \longrightarrow \boxed{\text{刮腻子}} \longrightarrow \boxed{\text{砂纸打磨}} \longrightarrow \boxed{\text{涂料涂刷}} \longrightarrow \boxed{\text{成品保护}} \longrightarrow \boxed{\text{分项验收}}$$

附图 6　涂料工程施工工艺流程图

②基层清理与处理。

a. 用扫帚、毛刷清除基层表面浮砂、灰尘、疙瘩要清扫干净，黏附着的隔离剂用水碱水清刷墙，然后用清水冲刷干净。

b. 一般情况下直接将基层空鼓部分铲除，重做基层。当空鼓部分不宜剔凿时，可用电钻钻孔，然后注入低黏度的环氧树脂使其充满空鼓的缝隙，并固结。表面孔用合成树脂或水泥聚合物腻子嵌平待固化后打磨平整。

c. 微小裂缝用防水腻子嵌平，然后用砂纸将其打磨平整。混凝土板出现较深的小裂缝，应用低粘底的环氧树脂或水泥浆用压力灌浆办法进行修补。

d. 对于较大裂缝，将裂缝打磨或剔凿成"V"形口子，并用清水洗干净，沿缝隙涂刷一层底层涂料，然后将密封材料嵌填于缝隙内，并用工具将其压平。在密封材料的外表面用合成树脂或水泥砂浆聚合物腻子抹平，最后打磨平整。如果嵌缝用聚合物水泥砂浆，则应分层进行，至表面抹平。

e. 麻面部位处理，首先洗净需处理部位，然后用聚合物腻子或砂浆抹平。

f. 喷乳胶水：砼墙面在刮腻子前应先喷一道胶水，以增强腻子与基层表面的黏结性，应喷均匀一致，不得有遗漏处。乳胶水重量比为清水∶乳胶＝5∶1。

③刮腻子。

在清理完的墙、顶面刮 2～3 遍腻子，每道腻子之后用砂纸打磨，以保证墙面的平整度。

a. 第一遍应用胶皮刮板满刮，要求横向刮抹平整、均匀光滑，密实，线角及边棱整齐为度。尽量刮薄，不得漏刮，接头不得留槎，注意不要沾污门窗框及其他部位，否则应及时清理。待第一遍腻子干透后，用粗砂纸打磨平整。注意操作要平稳，保护棱角，磨后用棕扫帚清扫干净。

b. 第二遍满刮腻子方法同第一遍，但刮抹方向与前遍腻子相垂直。然后用细砂纸打磨平整、光滑为止。

④涂料涂刷。

涂料施工应在干燥、清洁、牢固的基层表面上进行。

a. 涂刷顺序为：先顶棚、后墙面，同遍顺序为从上到下，从左到右，先远后近，先边角棱角、小面后大面。同一饰面先竖向后横向。操作时用力要均匀，厚薄一致，防止涂料过多流坠。涂刷不到的阴角处，需用毛刷刷齐，不得漏涂。一面墙要一气呵成，避免接槎刷迹重叠现象，沾污到其他部位的涂料要及时用清水擦净。第一遍中层涂料施工后，一般需干燥 4 h 以上，才能进行下一到磨光工序。如遇天气潮湿，应适当沿长间隔时间。然后，用细砂纸进行打磨，打磨时用力要轻而匀，不要磨穿涂层。磨后将表面清理干净。

b. 第二遍中层涂料涂刷与第一遍相同，但不再磨光。

4.6.5　面砖墙面。

（1）现场作业条件。

①根据设计图纸要求，按照建筑物各部位的具体做法和工程量的多少，事先挑选出颜色一致、同规格的砖，分别堆放并保管好。

②预留孔洞及排水管等应处理完毕，门窗框、扇要固定好，并用 1∶3 水泥砂浆将缝隙堵塞严实。铝合金门窗框边缝所用嵌缝材料应符合设计要求，且塞堵密实，并事先粘贴好保护膜。

③墙面基层要清理干净，脚手眼堵好。

④大面积施工前应先做样板，样板完成后，必须经质检部门鉴定合格后，还要经过设计、甲方、施工单位共同认定。方可组织班组按样板要求施工。

（2）工艺流程与操作工艺。

基层清理→基层弹线→预排→做标志块→镶墙面砖→勾缝→清理→成品保护→单项验收。

①基层清理。

对抹灰墙面表面的灰尘等污物清理干净并保持表面干燥。

②弹线。

根据已弹出的建筑 50 cm 线，按照室内墙砖排版方向弹出水平及垂直控制线。

③预排。

根据弹线对墙砖预排，如发现误差要及时调整。墙面如发现少于半块砖的位置要与相邻的墙砖进行调整。

④做标志块。

墙面面砖排列为直缝。大面积铺贴前，先用废块材做标准厚度块，用靠尺和水平尺确定水平度，这些标准厚度块，将作为粘贴面砖厚度的依据，以便施工中随时检查表面的平整度。

⑤垫底尺。

根据计算好的最下一皮砖的上口标高，垫放好尺板作为第一皮砖上口的标准。底尺安放必须水平，摆实摆稳。

⑥贴砖。

抹 8 mm 厚 1∶0.1∶2.5 水泥石膏砂浆结合层，应自下而上进行，结合层要刮平，随抹随粘贴面砖，要求砂浆饱满，亏灰时，取下重贴，并随时用靠尺检查平整度，同时保证缝隙宽度一致。

⑦勾缝。

在墙砖贴好 24 h 后进行勾缝处理，擦镶密实即可。

⑧清理。

用棉纱对饰面进行清理，面砖表面及砖缝部位要擦净。

⑨拆除架子时注意不要碰撞墙面。

4.6.6　吊顶工程。

（1）施工准备。

①材料及构配件。

a. 轻钢骨架分 U 形骨架和 T 形骨架两种，并按荷载分上人和不上人两种。

b. 轻钢骨架主件有大、中、小龙骨；配件有吊挂件、连接件、挂插件。

c. 零配件有吊杆、花篮螺丝、射钉、自攻螺钉。

d. 缩面板按设计要求选用，材料的品种、规格、质量应符合设计要求。

②主要机具。

a. 电锯、无齿锯、射钉枪。

b. 手锯、手刨子、钳子、螺丝刀、扳子、方尺、钢尺、钢水平等。

③作业条件。

a. 结构施工时，应在现浇混凝土楼板或预制混凝土楼板缝中，按设计要求间距预埋 $\phi6\sim\phi10$ 钢筋吊杆，一般间距为 $900\sim1\,200$ mm。

b. 当吊顶房间的墙、柱为砖砌体时，应在砌筑时按顶棚标高预埋防腐木砖，木砖沿墙间距 $900\sim1\,200$ mm，木砖在柱中每边应埋设两块以上。

c. 安装完顶棚内的各种管线及设备，确定好灯位、通风口及各种露明空口位置。

d. 各种材料全部配套备齐。

e. 顶棚罩面板安装前，应做完墙、地湿作业工程项目。

f. 搭好顶棚施工操作平台架子。

g. 轻钢骨架顶棚在大面积施工前，应做样板间，对顶棚的起拱度、灯槽、通风口等处进行构造处理，通过做样板间决定分块及固定方法，经鉴定认可后再大面积施工。

（2）操作工艺。

①工艺流程，如附图 7 所示。

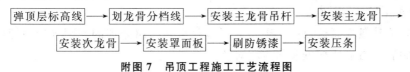

附图 7　吊顶工程施工工艺流程图

②操作工艺。

a. 弹顶棚标高水平线：根据楼层标高水平线，用尺竖向量至顶棚设计标高，沿墙、柱四周弹顶棚标高水平线。

b. 划龙骨分档线：按设计要求的主、次龙骨间距的布置，在已弹好的顶棚标高水平线上划龙骨分档线。

c. 安装主龙骨吊杆：弹好顶棚标高水平线及龙骨分档位置线后，确定吊杆下端的标高，按主龙骨位置及吊挂间距将吊杆无螺栓扣的一端与楼板预埋钢筋连接固定。未预埋钢筋时可用膨胀螺栓。

d. 安装主龙骨：

（a）配装吊杆螺母。

（b）在主龙骨上安装吊挂件。

（c）安装主龙骨：将组装好吊挂件的主龙骨，按分档线位置使吊挂件穿入相应的吊杆螺母。

（d）主龙骨相接处装好连接件，拉线调整标高、起拱和平直。

（e）安装洞口附加龙骨，按图集相应节点构造，设置连接卡固件。

e. 安装次龙骨：

（a）按已弹好的次龙骨分档线，卡放次龙骨吊挂件。

（b）吊挂次龙骨：按设计规定的次龙骨间距，将次龙骨通过吊挂件挂在大龙骨上，设计无要求时，一般间距为 $500\sim600$ mm。

（c）当次龙骨长度需多根延续接长时，用次龙骨连接件，在吊挂次龙骨的同时相接，调直固定。

（d）当采用 T 型龙骨组成轻钢骨架时，次龙骨的卡当龙骨应在安装罩面板时，先后各装一根卡当次龙骨。

f. 安装罩面板：在安装罩面板前必须对顶棚内的各种管线进行检查验收，并经打压试验合格后，才允许安装罩面板，顶棚罩面板的品种繁多，一般在设计文件中应明确选用的种类、规格和固定方式。罩面板与轻钢骨架固定方式分为罩面板自攻螺钉钉固法、罩面板胶黏固定法、罩面板托卡固定法三种。

（a）罩面板自攻螺钉钉固法：在已安装好并经验收的轻钢骨架下面，按罩面板的规格、拉缝间隙、进行分块弹线，从顶棚中间顺通长次龙骨方向先装一行罩面板，作为基准，然后向两侧伸延分行安装，固定罩面板的自攻螺钉间距是 150～170 mm。

（b）罩面板胶粘固定法：按设计要求和罩面板的品种、材质选用胶结材料，一般可用 401 胶黏结，罩面板应经选配修整，使厚度、尺寸、边楞一致、整齐。每块罩面板黏结时应预装，然后在预装部位龙骨框底面刷胶，同时在罩面板四周边框 10～15 mm 的范围刷胶，经 5 min 后，将罩面板压粘在预装部位：每间顶棚先由中间行开始，然后向两侧分行黏结。

（c）罩面板托卡固定法：当轻钢龙骨为 T 形时多为托卡固定法。

T 型轻钢骨架通长次龙骨安装完毕，经检查标高、间距、平直度和吊挂荷载符合设计要求，垂直于通长次龙骨弹分块及卡档龙骨线。罩面板安装由顶棚的中间行次龙骨的一端开始，先装一根边卡档次龙骨，再将罩面板槽托入 T 型次龙骨翼缘或将无槽的罩面装在 T 型翼缘上，然后安装另一侧卡档次龙骨。按上述程序分行安装，最后分行拉线调整 T 型明龙骨。

g. 安装压条：罩面板顶棚如设计要求有压条，待一间顶棚罩面板安装后，经调整位置，使拉缝均匀，对缝平整，按压条位置弹线，然后按线进行压条安装。其固定方法宜用自攻螺钉，螺钉间距为 300 mm；也可用胶结料粘贴。

h. 锈漆：轻钢骨架罩面板顶棚，碳钢或焊接处未做防腐处理的表面（如预埋件、吊挂件、连接件、钉固附件等），在各工序安装前应刷防锈漆。

4.7 门窗工程施工方案

4.7.1 特种门窗安装。

（1）施工准备。

①材料准备。

a. 门的品种、规格、开启方向、平整度等应符合国家现行有关标准规定，附件应齐全。

b. 具有产品的出厂合格证。进场前应进行验收，不合格的不准使用。

c. 其他材料：防腐剂、防锈漆、水泥、砂、焊条、密封胶、螺丝、合页、插销、铁纱、拉手、门锁等。

d. 建筑装饰装修工程所用材料应符合国家有关建筑装饰装修材料有害物质限量标准的规定。

e. 建筑装饰装修工程所使用的材料应按设计要求进行防火、防腐和防虫处理。

f. 民用建筑工程所选用的建筑材料和装修材料必须符合本规范的规定。

②作业条件。

a. 现场技术准备。

熟悉特种门的安装工艺流程和施工图纸的内容，检查预埋件的安装是否齐全、位置是否准确，依据施工技术交底和安全交底做好施工的各项准备。

b. 现场机具准备。

安装使用主要机具有：电钻、气砂轮机；手动工具有一字和十字螺丝刀、橡皮锤等；材料有玻璃、玻璃垫块、固定片、自攻螺钉、膨胀螺栓、木楔块、拼橙料、弹性填充料、嵌缝膏等；量具有水平尺、墨斗、卷尺、吊线锤、定位器等。

c. 现场作业条件。

（a）结构工程已完成并结构验收完毕，且符合质量标准要求。工种之间办好交接手续。室内＋50 cm平线已弹好。

（b）检查门窗的预埋铁脚洞眼是否正确、门窗洞口的高宽是否合适，未留的或留得不准的应校正后剔凿好，并将其清理干净。

4.7.2 钢质防火门的安装。

①安装钢质防火门前，应先核对门洞口的高、宽尺寸，如发现门洞口的尺寸偏小时，应进行适当开凿，使其符合钢门框安装的尺寸要求。

②当门洞口侧面埋有预埋件时，要核对与钢门框上连接铁件的位置是否相符，如发现不符合时，应进行必要的调整。如门洞口两侧无预埋件时，应根据钢门框上连接铁件的位置剔凿出门洞口处相应位置的钢筋，或安设胀锚螺栓。

③在钢门框槽口内浇灌 C20 的细石混凝土，可先浇灌一侧，待其达到一定强度后，翻转钢门框，浇灌另一侧槽口内的细石混凝土，最后浇灌上框槽口内的混凝土。

④按照设计要求，在门洞口内弹出钢门框的位置线和水平线。

⑤按门洞口上弹出的位置线和水平线，将钢门框按线放入门洞口内，并用木楔进行临时固定。然后按线调整钢门框的前后、左右、上下位置，经核实无误后，将木楔塞紧，把钢门框固定。

⑥用电焊方法将钢门框上的连接铁件与门洞口内的预埋铁件或凿出的钢筋牢固焊接，最后方可进行封边、收口等抹灰处理。

⑦安装防火门扇时，可先把合页临时固定在钢门扇的合页槽中，然后将钢门扇塞入钢门框内，将合页的另一页嵌入钢门框上的合页槽内，经调整无误后，将合页上的全部螺钉拧紧。

⑧钢防火门扇安装完后，要求开闭灵活，无反弹、翘曲、走扇、关闭不严等缺点，如发现问题，应进行必要的调整。

4.7.3 铝合金门窗安装。

（1）材料及主要机具。

①铝合金门窗：规格、型号应符合设计要求，且应有出厂合格证。

②铝合金门窗所用的五金配件应与门窗型号相匹配。所用的零附件及固定件最好采用不锈钢件，若用其他材质，必须进行防腐处理。

③防腐材料及保温材料均应符合图纸要求，且应有产品的出厂合格证。

④325 号以上水泥；中砂按要求备齐。

⑤与结构固定的连接铁脚、连接铁板，应按图纸要求的规格备好。并做好防腐处理。

⑥焊条的规格、型号应与所焊的焊件相符，且应有出厂合格证。

⑦嵌缝材料、密封膏的品种、型号应符合设计要求。

⑧防锈漆、铁纱（或铝纱）、压纱条等均应符合设计要求，有产品的出厂合格证。

⑨密封条的规格、型号应符合设计要求，胶粘剂应与密封条的材质相匹配，且具有产品的出厂合格证。

⑩主要机具：铝合金切割机、手电钻、圆锉刀、半圆锉刀、十字螺丝刀、划针、铁脚、圆规、钢尺、钢直尺、钢板尺、钻子、锤子、铁锹、抹子、水桶、水刷子、电焊机、焊把线、面罩、焊条等。

（2）作业条件。

①结构质量经验收后达到合格标准，工种之间办理了交接手续。

②按图示尺寸弹好窗中线，并弹好＋50 cm 水平线，校正门窗洞口位置尺寸及标高是否符合设计图纸要求，如有问题应提前剔凿处理。

③检查铝合金门窗两侧连接铁脚位置与墙体预留孔洞位置是否吻合，若有问题应提前处理，并将预留孔洞内的杂物清理干净。

④铝合金门窗的拆包检查，将窗框周围的包扎布拆去，按图纸要求核对型号，检查外观质量和表面的平整度，如发现有劈棱、窜角和翘曲不平、严重超标、严重损伤、外观色差大等缺陷时，应找有关人员，经修整鉴定合格后才可安装。

⑤认真检查铝合金门窗的保护膜是否完整，如有破损的，应补粘后再安装。

（3）操作工艺。

① 工艺流程，如附图 8 所示。

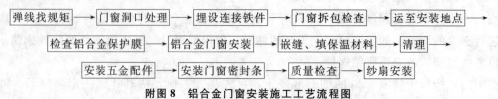

附图 8 铝合金门窗安装施工工艺流程图

②弹线找规矩。在最高层找出门窗口边线，用大线坠将门窗口边线下引，并在每层门窗口处画线标记，对个别不直的口边应剔凿处理。高层建筑可用经纬仪找垂直线。

门窗口的水平位置应以楼层 +50 cm 水平线为准，向上测量，量出窗下皮标高，弹线找直，每层窗下皮（若标高相同）则应在同一水平线上。

③墙厚方向的安装位置。根据外墙大样图及窗台板的宽度，确定铝合金门窗在墙厚方向的安装位置；如外墙厚度有偏差时，原则上应以同一房间窗台板外露尺寸一致为准，窗台板应伸入铝合金窗的窗下 5 mm 为宜。

④安装铝合金窗披水。按设计要求将披水条固定在铝合金窗上，应保证安装位置正确、牢固。

⑤防腐处理。

a. 门窗框两侧的防腐处理应按设计要求进行。如设计无要求时，可涂刷防腐材料，如橡胶型防腐涂料或聚丙烯树脂保护装饰膜，也可粘贴塑料薄膜进行保护，避免填缝水泥砂浆直接与铝合金门窗表面接触，产生电化学反应，腐蚀铝合金门窗。

b. 铝合金门窗安装时若采用连接铁件固定，铁件应进行防腐处理，连接件最好选用不锈钢件。

⑥就位和临时固定。根据已放好的安装位置线安装，并将其吊正找直，无问题后方可用木楔临时固定。

⑦与墙体固定。铝合金门窗与墙体固定有三种方法：

a. 沿窗框外墙用电锤打 φ6 孔（深 60 mm），并用 T 型 φ 钢筋（40 mm×60 mm）粘 107 胶水泥浆，打入孔中，待水泥浆终凝后，再将铁脚与预埋钢筋焊牢。

b. 连接铁件与预埋钢板或剔出的结构箍筋焊牢。

c. 混凝土墙体可用射钉枪将铁脚与墙体固定。

不论采用哪种方法固定，铁脚至窗角的距离不应大于 180 mm，铁脚间距应小于 600 mm。

⑧处理门窗框与墙体缝隙。铝合金门窗固定好后，应及时处理门窗框与墙体缝隙。如设计未规定填塞材料品种时，应采用矿棉或玻璃棉毡条分层填塞缝隙，外表面留 5～8 mm 深槽口填嵌嵌缝膏，严禁用水泥砂浆填塞。在门窗框两侧进行防腐处理后，可填嵌设计指定的保温材料和密封材料。待铝合金窗和窗台板安装后，将窗框四周的缝隙同时填嵌，填嵌时用力不应过大，防止窗框受力后变形。

⑨铝合金门框安装。

a. 将预留门洞按铝合金门框尺寸提前修理好。

b. 在门框的侧边固定好连接铁件（或木砖）。

c. 门框按位置立好，找好垂直度及几何尺寸后，用射钉或自攻螺丝将其门框与墙体预埋件固定。

d. 用保温材料填嵌门框与砖墙（或混凝土墙）的缝隙。

e. 用密封膏填嵌墙体与门窗框边的缝隙。

4.7.4 木门窗安装。

（1）材料及主要机具。

①木门窗。木门窗加工制作的型号、数量及加工质量必须符合设计要求，有出厂合格证，且应要求木门窗制作时的木材含水率不应大于12％。

②木制纱门窗：应与木门窗配套加工，型号、数量、尺寸符合设计要求，有出厂合格证，压纱条应与裁口相匹配，所用的小钉应配套供应。

③防腐剂：氟硅酸钠，其纯度不应小于95％，含水率不大于1％，细度要求应全部通过1 600孔/cm²的筛。或稀释的冷底子油，涂刷木材面与墙体接触部位。

④墙体中用于固定门窗框的预埋件、木砖和其他连接件符合设计要求。

⑤小五金及其配件的种类、规格、型号必须符合图纸要求，并与门窗框扇相匹配。且产品质量必须是合格产品。

⑥主要机具：粗刨、细刨、裁口刨、单线刨、锯、锤子、斧子、改锥、线勒子、扁铲、塞尺、线坠、红线包、墨斗、木钻、小电锯、担子板、笤帚等。

（2）作业条件。

①门窗框进入现场前必须检查验收。门窗框和扇安装前应先检查型号、尺寸是否符合要求，有无窜角、翘扭、弯曲、劈裂，如有以上情况应先进行修理。

②木门窗框靠墙、靠地的一面应刷防腐涂料，其他各面及扇活均应涂刷清油一道，刷油后应通风干燥。

③刷好油的门窗应分类码放在存物架上，架子上面应垫平，且距地20～30 cm，码放时框与框、扇与扇之间应垫木板条通风。如在露天堆放时，需用苫布盖好，不准日晒雨淋。

④安装外窗前应从上往下吊好垂直，找出窗框位置，上下木对者应先进行处理，窗安装的高度，应根据室内50 cm的平线，返出窗安装的标高尺寸，弹好平线进行控制。

⑤门框的安装应符合图纸要求的型号及尺寸，并注意门扇的开启方向，以确定门框安装的裁口方向，安装高度应按室内50 cm的平线控制。

⑥门窗框安装应在抹灰前进行，门扇和窗扇的安装宜在抹灰后进行。如必须先安装时，应注意对成品的保护，防止碰撞和污染。

（3）操作工艺。

①工艺流程，如附图9所示。

附图9 木门窗安装工艺流程图

②结构工程经过监督站验收达到合格后，即可进行门窗安装施工。首先，应从顶层用大线坠吊垂直，检查窗口位置的准确度，并在墙上弹出安装位置线，对不符合线的结构位置进行处理。

③根据室内50 cm平线检查窗框安装的标高尺寸，对不符合线的结构位置进行处理。

④室内外门框应根据图纸位置和标高安装，为保证安装的牢固，应提前检查预埋木砖数量是否满足，1.2 m高的门口，每边预埋两块木砖，高1.2～2 m的门口，每边预埋木砖3块，高2～3 m的门口，每边预埋木砖4块，每块木砖上应钉2根长10 cm的钉子，将钉帽砸扁，顺木纹钉入木门框内。

⑤木门框安装应在地面工程和墙面抹灰施工以前完成。

⑥采用预埋带木砖的混凝土块与门窗框进行连接的轻质隔断墙，其混凝土块预埋的数量，亦应根据门口高度设 2 块、3 块、4 块，用钉子使其与门框钉牢。采用其他连接方法的，应符合设计要求。

⑦做样板：把窗扇根据图纸要求安装到窗框上，此道工序称为掩扇。对掩扇的质量，按验评标准检查缝隙大小、五金安装位置、尺寸、型号，以及牢固性，符合标准要求后作为样板，并以此作为验收标准和依据。

⑧弹线安装门窗框扇：应考虑抹灰层厚度，并根据门窗尺寸、标高、位置及开启方向，在墙上画出安装位置线。有贴脸的门窗立框时，应与抹灰面齐平；有预制水磨石窗台板的窗，应注意窗台板的出墙尺寸，以确定立框位置；中立的外窗，如外墙为清水砖墙勾缝时，可稍移动，以盖上砖墙立缝为宜。窗框的安装标高，以墙上弹 50 cm 平线为准，用木楔将框临时固定于窗洞内，为保证相隔窗框的平直，应在窗框下边拉小线找直，并用铁水平将平线引入洞内作为立框时的标准，再用线坠校正吊直。黄花松窗框安装前，应先对准木砖位置钻眼，便于钉钉。

⑨木门扇的安装：

a. 先确定门的开启方向及小五金型号、安装位置，对开门扇扇口的裁口位置及开启方向（一般右扇为盖口扇）。

b. 检查门口尺寸是否正确；边角是否方正，有无窜角，检查门口高度应量门的两个立边，检查门口宽度应量门口的上、中、下三点，并在扇的相应部位定点画线。

c. 将门扇靠在柜上划出相应的尺寸线，如果扇大，则应根据框的尺寸将大出的部分刨去，若扇小应绑木条，且木条应绑在装合页的一面，用胶粘后并用钉子打牢，钉帽要砸扁，顺木纹送入框内 1～2 mm。

d. 第一次修刨后的门扇应以能塞入口内为宜，塞好后用木楔顶住临时固定，按门扇与口边缝宽尺寸合适，画第二次修刨线，标出合页槽的位置（距门扇的上下端各 1/10，且避开上、下冒头）。同时应注意口与扇安装的平整。

e. 门扇第二次修刨，缝隙尺寸合适后，即安装合页。应先用线勒子勒出合页的宽度，根据上、下早头 1/10 的要求，定出合页安装边线，分别从上、下边线往里量出合页长度，剔合页槽，以槽的深度来调整门扇安装后与框的平整，刨合页槽时应留线，不应剔得过大、过深。

f. 合页槽剔好后，即安装上、下合页，安装时应先拧一个螺丝，然后关上门检查缝隙是否合适，口与扇是否平整，无问题后方可将螺丝全部拧上拧紧。木螺丝应钉入全长 1/3，拧入 2/3，如木门为黄花松或其他硬木时，安装前应先打眼，眼的孔径为木螺丝直径的 0.9 倍，眼深为螺丝长的 2/3，打眼后再拧螺丝，以防安装劈裂或将螺丝拧断。

g. 安装对开扇时，应将门扇的宽度用尺量好，再确定中间对口缝的裁口深度。如采用企口榫时，对口缝的裁口深度及裁口方向应满足装锁的要求，然后将四周刨到准确尺寸。

h. 五金安装应符合设计图纸的要求，不得遗漏，一般门锁、碰珠、拉手等距地高度为 95～100 cm，插销应在拉手下面，对开门装暗插销时，安装工艺同自由门。

i. 安装玻璃门时，一般玻璃裁口在走廊内。厨房、厕所玻璃裁口在室内。

j. 门扇开启后易碰墙，为固定门扇位置，应安装门碰头，对有特殊要求的关闭门，应安装门扇开启器。

5. 工程质量标准及质量保证措施

5.1　工程质量控制标准

5.1.1　质量控制标准。

本工程质量目标为：全部达到国家建筑工程施工验收规范合格标准。

（1）"百年大计，质量第一"，根据本工程的工程规模、工期质量及承包方式，建立以优秀项目经理挂帅的项目管理班子，挑选技术业务精干的工程技术管理人员参加本工程的施工管理。实行项目经理、项目工程师技术质量负责制。

（2）强化项目质量管理保证体系，依据公司质量保证手册及程序文件，以及本工程优良目标的要求，严格按照《质量管理体系要求》（GB/T 19001—2008）、《职业健康安全管理体系规范》（GB/T 28001—2001）、《环境管理体系规范及使用指南》（GB/T 24001—2004）的要求，结合本工程实际，建立以项目经理与项目技术负责人为首，以顾客满意度为关注焦点的完善的质量保证体系。

（3）推行全面质量管理，成立消除质量通病等攻关小组，不断克服质量薄弱环节，攻克工程难题，提高工程质量。

（4）加强全员教育，提高质量意识。

①各级领导必须认识到质量是企业的生命，增强质量意识，牢固树立"质量第一"的思想。

②各级管理人员认真学习质量方针、政策和规定，增强质量管理意识，提高质量管理水平。

③各级管理人员和职工必须坚持"质量第一，用户至上"的原则，正确认识和处理好质量和进度的关系，进度必须服从质量，做到好中求快。

5.2　质量保证体系

5.2.1　本项目质量体系。

本项目建立的质量体系包含在公司的质量管理体系之中。通过制订质量计划、管理制度、作业文件三个层次的文件，建立标准化、文件化的质量体系。对项目经理部在工程施工管理中需要的组织结构、程序、过程和资源做出明确的规定，并加以实施和持续改进，是公司的质量管理体系在本工程的具体化。

5.2.2　质量管理体系，如附图10所示。

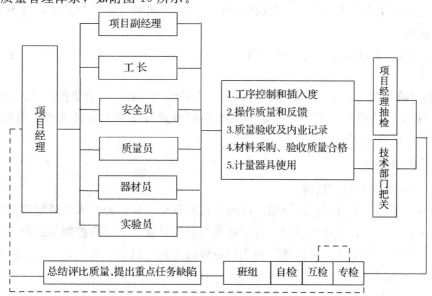

附图10　质量管理体系图

5.2.3 各岗位职责。

(1) 公司各职能科室负责质监督检查与质量有关的过程和活动。

(2) 项目经理作为本工程质量管理的第一责任人，全面负责项目质量工作。

(3) 项目副经理、项目技术负责人协助项目经理负责本项目具体的质量工作。

(4) 各专业施工队、项目各部门主管为各自质量管理的第一责任人。

5.2.4 质量保证体系的运行。

明确各自的职责和权限，制定严格的规章制度，并加强实施过程的控制和检查。质量保证体系对外接受质检部门的监督和指导，对内严格按本企业标准《质量手册》和《程序文件》的要求有序地运行。

按照《质量管理体系要求》(GB/T 19001—2008) 标准的要求，结合本工程实际，建立以顾客满意度为关注焦点的、完善的质量保证体系，落实各级人员的质量责任制，实行目标管理，签订多项责任状，进行责任目标逐级分解。

根据质量保证体系的要求，将其具体落实到工程项目中，施工项目的质量控制是从工序质量到分项工程、分部工程质量、单位工程质量的系统控制过程，也是一个由对投入原材料的质量控制开始，直到完成工程质量检验为止的系统过程。

5.3 质量管理制度

5.3.1 由公司优秀项目经理任组长，组员由项目工程、技术、质量部门负责人员组成，全面督促检查工程质量、进度。

5.3.2 工作小组将制订工程的方案预评审制度，督促、配合项目部针对本工程特点及创优的目标计划，编制创优工程实施方案。施工过程中，落实跟踪措施，检查方案的落实及质量情况，及时调整、落实最优、最佳的方案，并付诸实施。

5.3.3 创优工作责任制，层层分解落实，项目部开展全过程质量监控管理工作，实施全过程的动态质量管理，施工现场各生产施工班组建立、健全质量管理小组，根据本工程的工程特点和各专业工种在以往创优过程中出现的难点疑点，设置重要质量管理点，通过计划、实施、检查、总结的工作程序，以达到不断提高工作质量标准的目的。

5.3.4 质量工作小组建立工作例会制，配合现场施工进度开展工作，每星期至少召开一次现场例会，对当前的施工质量进行检查，验收后进行评议，提出整改的措施意见，以便工程质量向更高层次、标准迈进。

5.3.5 坚持技术交底制度，交底必须清晰、全面，使工人全面掌握各工序的施工要点、注意事项及质量标准。

5.3.6 制定质量奖罚措施，对质量达到优良标准的给予奖励，不合格的给予经济处罚。

5.3.7 坚持质量大检查制度，公司定期对工程质量进行检查，项目经理定期组织质量检查，并总结改进措施，提高工程质量。

5.4 确保质量组织措施

5.4.1 工程总体质量控制措施。

建立以项目经理为首的组织管理网络，以项目技术负责人为首的技术质量管理网络，以项目副经理为首的施工保证网络，并通过以施工技术措施为预控要素、以过程控制为组织要素、以质量跟踪检验为保证要素的管理模式，对可能影响工程质量的人员、机械、材料、方法、测量和环境六大因素多方位地进行控制。

(1) 对人员的控制。

①人力资源的配置。

根据工期网络计划的实际要求，科学、合理、及时地调配本工程所需要的各类人员，人员数量满足工程管理和施工的要求。

②人员资格。

对特种作业人员如焊工、起重工、架子工、机械操作工、测量员、土建试验员、质量检验人员等上岗前严格资格管理，所有特种作业人员都应经过专门的培训，取得相应的资格证书，持证上岗。

③教育和培训。

采取分层次、分期、分批的方式，对进入施工现场工作的所有人员进行针对性的技术、质量、管理知识的培训和再培训。

（2）工程物资的质量控制。

工程中使用的各种设备、性材料等将对工程质量产生直接的影响，着力做好进场物质的采购、仓储、发放、使用的控制，确保本工程使用合格的设备与材料。

①物资供应商的控制。

本工程的供应商，都必须对其企业资质、市场信誉、生产能力、产品质量情况以及售后服务等进行多方面的综合评价合格后，方能作为本工程的合格物资供应方。

②采购物资的质量控制：

a. 对进场物资进行进货质量验收，对检验不合格的产品采取隔离、标识、处置。严格按有关规范、标准以及技术检验制度的规定进行原材料的检验和试验。

b. 物资采购前要经过评审和确认，采购和使用的各种材料及构、配件到货后，通知监理工程师进行进货检验，验证其有关厂家的产品批号和产品合格证等，不合格的产品不得使用到工程中。

③采购物资的质量证明文件管理。

所有采购物资的质量证明文件、设备质量证明文件、技术标准、设备使用说明书等将被妥善保管，工程竣工后随竣工资料移交。

④对工程用的钢筋、混凝土及预应力钢筋、混凝土制品等，进行由监理工程师见证的抽样检验以确认质量合格方可使用。

⑤用于重要结构并在现场配制的材料，如防水材料、防火材料、防腐蚀材料、绝缘材料、保温材料等，应提供试验报告经审查确认后才能使用。

（3）检测和试验设备控制：

①由项目部计量员负责工地的检测和试验设备的保管、维护，对需添置的设备，由项目部填写检测设备采购申请表，由公司审批后购买。

②一切设备在使用前必须经有关部门进行检测合格后方可使用，按规定进行维护保养，按规定进行定期检定，不超期使用，在使用过程中，如发现计量、检测设备失准，应及时进行校正、检定，并对测定的结果进行重新鉴定。

③严格执行计量管理的各项规定，加强对检验、试验、测量仪器仪表的管理，标准计量器具受检合格率 100％，在用计量器具受检合格率 100％。未经检定和检定不合格的检验、试验和测量设备不得投入使用。

（4）工序、产品检验控制。

对每道工序，每个分项工程完成后由班组进行自检，互检和交接检，由质量员进行检查和评定，隐蔽工程需先自检，再经监理、建设单位等验收方可进行下道工序施工，一般工序质量需达到预定目标，不合格执行返工。

（5）资料记录控制。

工程资料由工程专职资料员进行收集、整理、编目、归档、评定检验资料等，建立技术资料台账，做到及时、正确、齐全。

5.4.2　施工准备阶段的质量管理措施。

（1）组织施工图纸会审工作，充分领会设计意图、熟悉安装内容，明确技术质量要求，拟定合理的施工程序与施工工艺，解决施工图纸中存在的差错和不合理部分。

（2）编制作业指导书及重大施工技术方案。

（3）编制质量检验项目划分表，设立质量控制点，对施工中的关键步骤，重要环节明确质量检验、评定的程序和要求。

（4）工、机具及计量器具的准备，对需要试验、检定（校准）或检查的工、机具和计量器具进行试验、检定（校准）或检查，并对其进行维护保养。

（5）大力开展技术培训和岗位练兵，按岗施教，提高各类岗位人员素质。

（6）对焊接、起重、机械操作、等特殊工种岗位人员，坚持持证上岗制度，严禁无证上岗或从事与所持资格证不相符的工作。

5.4.3　施工过程的控制。

（1）施工技术交底。

①施工技术交底是施工工序中首要环节，必须坚决执行。未经技术交底的项目不得开工，通过技术交底使施工人员了解工程特点，明确施工任务、操作方法、质量标准和安全措施，做到心中有数。

②施工人员按交底要求施工，不得擅自变更施工方法。技术交底人、技术人员、工程技术部发现施工人员不按交底要求施工，劝止无效时有权停止其施工。

（2）测量控制。

①测量人员应持证上岗，并参加过同类工程施工，且经验丰富。

②对给定的定位控制点进行复核，合格后建立适用于本工程施工的测量控制网，加强保护并定期复核。测量成果须报总包复核，签字确认。

（3）原材料质量保证。

①由项目部编制材料采购计划，确认符合设计要求和符合规范规定，送公司审批后，由材料科负责采购，按材料采购程序，实行对供货方调查评审，货比三家，择优选定厂家和品牌，在合格分供方内采购，对设计、业主指定厂家品牌，也要调查评审，做出记录。

②对用于工程使用的材料，进场时必须具备正式的出厂合格证的材质化验单。原材料进场后必须挂牌标识。工程中所有各种构件，必须具有厂家批号和出厂合格证。

③材料质量抽样和检验方法，应符合《建筑材料质量标准与管理规程》，要能反映该材料的质量性能。对于重要构件或非匀质的材料，还应酌情增加采样的数量。在现场配制的材料，如零星混凝土、砂浆等的配合比，应先提出试配要求，经试验检验合格后才能使用。

5.5　确保质量技术措施

5.5.1　土方开挖质量保证措施。

（1）制定周密的土方开挖方案，确定开挖机械、开挖顺序、支撑施工步骤等内容，并报监理工程师审批后方可执行。

（2）基坑开挖前，在与其相邻的已有建筑物和支护结构上设置标志点，提前观测出基坑开挖前数据并记录，各标志点做好保护。

（3）基坑开挖采用明挖，充分考虑使用的机械性能、走土速度，同时综合分析，按照相邻建筑、管线、地质情况、支护结构的监测信息，调整协调施工方法、速度和顺序，保证开挖顺利进行。

（4）机械化挖土应绘制详细的土方开挖图，规定开挖路线、顺序、范围、底部各层标高，边坡坡度，排水沟、集水井位置及流向，弃土堆放位置等，避免混乱而造成的超挖、乱挖，应尽可能地使机械多挖，减少人工挖方。

5.5.2　混凝土工程质量保证措施。

为保证工程质量，在施工中采用流程化管理，严格控制混凝土各项指标，浇筑后成品保护措施严密，每个过程都存有完整记录，责任划分细致。

（1）商品混凝土的质量控制。

①商品混凝土生产供应单位，应具有企业资质等级证书，并应符合其资质等级营业范围，着重考察搅拌站的供应能力，机械设备运转情况、运输能力，混凝土原材料质量、混凝土试验水平，混凝土质量应符合现行规范规定。

②出示混凝土出厂质量证明书，每车必须挂标识牌，注明混凝土强度等级、抗渗等级、浇筑部位、配合比、外加剂、坍落度、出机时间温度、运输车号等。

③混凝土到场后都必须做坍落度抽检，坍落度不合格必须退回。

（2）混凝土浇筑。

①浇筑混凝土前，应完成隐蔽工程验收。检查模板拼缝严密、平整度，清除模内杂物。检查预埋件、箱盒、孔洞位置、保护层厚度及其定位措施的可靠性。严防踩压钢筋骨架，板类钢筋骨架应设铁马凳，铺搭跳板。

②混凝土浇筑应分层下料、分层振捣，确保混凝土运输及下料过程不离析、振捣密实不胀模，且不出现施工冷缝。

③混凝土主要采用泵送，浇筑时按照长度方向转圈分层进行浇筑，使施工段内混凝土浇筑高度以 2 m/h 的速度均匀进行，并保证在下层混凝土初凝之前将上层混凝土浇筑下去，避免出现施工冷缝。

④混凝土浇筑前，先在底部均匀浇筑适量厚度与混凝土成分相同的水泥砂浆，以免底部出现蜂窝现象。

⑤分层浇筑高度为 400 mm，用标尺杆随时检查混凝土高度，振捣棒移动间距 400 mm 左右，梅花布点。浇筑混凝土时使用导管下灰，使混凝土自由倾落高度不大于 2 m，以免造成混凝土离析。门窗洞口混凝土浇筑必须从两侧均匀下料（高差≤400 mm），振捣棒应距洞边 30 cm 以上，以避免模板位移。混凝土浇筑间歇时间不得大于混凝土的初凝时间。

⑥浇筑混凝土的过程中应派专人看护模板，发现模板有变形、位移时立即停止浇筑，并在已浇筑的混凝土终凝前修整完好，再继续浇筑。

⑦墙体混凝土浇筑完后，将上口甩出的钢筋加以整理，用木抹子按标高线添减混凝土，将墙上表面混凝土找平。

⑧浇筑楼板混凝土时，采用 4 m 刮杠进行找平，两次以上抹压，用木抹子顺一个方向抹平即可。表面平整度必须控制在 3 mm 内。在混凝土终凝前，必须用铁抹子把非结构性表面裂缝修整压平，然后再覆盖养护。

（3）混凝土养护。

在混凝土浇筑完成，并按照要求进行表面处理完成后 12 h 开始浇水养护，浇水后用塑料布覆盖，保持混凝土表面湿润 7 天。

5.5.3　钢筋工程质量保证措施。

（1）钢筋工程的基本要求。

①钢筋绑扎的观感质量做到横平竖直、间距均匀一致。

②确保钢筋的混凝土保护层厚度，尤其是主筋保护层厚度。

③满足构造及抗震设防的要求。

（2）钢筋工程质量控制。

钢筋工程是结构工程质量的关键，我们要求进场材料必须由合格的供方提供，并经过具有相应资质的试验室试验合格后方可使用。

在施工过程中我们对钢筋的绑扎、定位、机械连接、清理等工序采用规矩化、工具化、系统化控制，杜绝了钢筋施工的各项隐患，以确保原材料的质量。

（3）钢筋工程技术保证。

①钢筋的加工和堆放。

钢筋半成品加工、分规格堆放，分区明确，并且有标识牌，标明钢筋直径、规格尺寸、使用部位及检验状态。

a. 钢筋加工棚，要悬挂钢筋加工质量标准、工艺技术交底、钢筋翻样图，要分别悬挂在各自岗位操作台前。

b. 要分规格独立堆放，不准混垛。

c. 加工后的产品，要用垫格架起，有防潮措施。

②箍筋控制。

a. 箍筋端头应弯成135°弯钩，弯钩平直段相互平行，不准出现长、短腿现象。

b. 平直段长度不应小于 10 d。

c. 对箍筋平直段长度检查，同一规格的箍筋，每 300 个箍筋为一个检验批。

③钢筋绑扎。

a. 钢筋绑扎质量控制。

在钢筋绑扎施工前，由技术人员进行详细的技术交底，包括钢筋型号、间距、搭接长度、锚固长度、保护层厚度和机械连接的位置等，并检查分段施工的钢筋大样图和配筋单。绑扎过程中，检查使用位置是否正确，间距是否准确，锚固长度是否满足要求，接头位置是否符合设计和规范规定。

检查保护层厚度是否符合要求，检查钢筋绑扎是否有松扣、漏扣现象；检查钢筋是否有油渍、漆污和片状铁锈；检查钢筋焊接或机械连接质量。

钢筋工程属隐蔽工程，在浇筑混凝土前应对钢筋及预埋件进行验收，并做好隐蔽工程检查记录，同时进行各专业联检，手续应齐全。

b. 具体控制措施。

（a）在混凝土浇筑后立即清理钢筋上的混凝土浆，避免其凝固后难以清除。

（b）为有效控制钢筋的绑扎间距，在绑板、墙筋时要求操作工人先画线后绑扎。

（c）通过垫块保证钢筋保护层厚度。

（d）钢筋绑扎后，需质量检查员确定合格，经监理检验合格后方可进行下道工序的施工。

（e）钢筋焊接及绑扎应按设计及规范的要求严格施工，焊接操作人员要执证上岗，焊件应按规定进行抽样检验。

（f）楼板钢筋绑扎必须先弹线后绑扎，上层钢筋弯钩朝下，下层钢筋弯钩朝上。

④钢筋定位。

a. 直形墙钢筋的定位：使用梯格筋进行定位。

（a）作用。

控制直形墙竖向主筋的位置。直形墙在绑扎钢筋前，要根据设计图纸对竖向钢筋间距位置的要求，设计、加工梯格筋。

（b）梯格筋安装。

水平梯格筋：固定在混凝土直形墙顶部，用于控制混凝土直形墙竖向主筋间距及位置，在浇筑混凝土前，必须检查水平梯格筋安装质量，避免虚设。

b. 柱主筋定位。

（a）通过设置内控或外控式箍筋定位框，解决柱钢筋定位，其目的是控制柱主筋位移，保证柱主筋位置。内控式定位箍筋框的作用是防止柱主筋向内位移，起到对撑作用。外控式定位箍筋框的作用是防止柱主筋向外位移，起到对拉作用。

（b）节点处柱筋与梁筋、预埋件钢筋的定位节点处钢筋较多，各种钢筋位置不容易控制，为此，施工中，我们将提前进行策划，采用预留位置、调整施工顺序的方式解决。在主筋的绑扎施工中，预先考虑梁筋、预埋件钢筋的位置，遇到交叉打架情况优先考虑梁筋，柱筋适当偏移。

c. 柱箍筋定位。

（a）按施工图纸独立柱箍筋间距，制作画图杆。

（b）画图杆可用木制，刷红、白相间的油漆，明显看出柱箍筋间距，便于操作。

（c）绑扎柱箍筋，首先把画图杆固定在主筋上，按画图杆绑扎箍筋，确保柱角部主筋到达箍筋角部，并确保箍筋的水平度。

⑤其他要求。

a. 柱钢筋绑丝扣要求：将绑丝扣尾丝压向柱、墙内侧，墙体、柱一律采用八字扣，独立柱角部钢筋采用十字兜扣。挂线坠检查独立柱竖向钢筋垂直度和钢筋保护层。

b. 柱筋顶层封顶收头做法：顶层封顶收头处钢筋除按图纸及规范规定进行绑扎外，本工程计划采用搭接双面焊的办法进行加固，以更好地满足抗震要求。

c. 钢筋接头绑扎：受力钢筋采用绑扎搭接时，必须在钢筋搭接长度范围内，三点绑扎固定，固定后，再与其他钢筋交叉绑扎，不得省去三点绑扎。钢筋搭接头三点绑扎在钢筋搭接长度范围内，必须绑扎三根水平钢筋。

5.5.4 模板工程质量保证措施。

（1）模板和支撑应根据工程结构形式、荷载大小、地基土类别、施工设备和材料供应等条件进行设计。经设计和检算后方可施工，安装前正确放样，检查无误后，立模安装。

（2）模板进场后，要严格挑选使用，模板光滑平整，不得扭曲变形，表面不得有节疤、缺口等。按规格和构件种类分别堆放，使用前刷隔离剂，防止粘模。

（3）模板在支设前，要按图纸尺寸对工程的支模部位做拼装小样方案，确定模板的拼装方法，配合相应的加固系统，保证刚度、强度及稳定性，并且保证梁柱节点位置，不漏浆、不产生错位，梁柱接槎处平整。施工中尽量使用大块模板，模板拼缝处内贴止水胶，防止漏浆。

（4）模板在支设时要样板引用，经检查合格后方可实施整体工程的展开，并确保整体工程的质量符合工艺标准的要求。

（5）支模质量要求。

本工程采用泵送商品混凝土浇筑施工，对模板工程的施工的质量尤其是防漏浆、防跑浆等提出了更高的要求，结合本工程的实际特点，模板工程施工质量将按如下要求执行：

①模板及其支架应根据工程结构形式、荷载大小，地基土类别、施工设备和材料供应等条件进行设计。模板及其支架应具有足够的承载能力、刚度和稳定性，能可靠地承受浇筑混凝土的重量、侧压力以及施工荷载。

②支模前应先根据设计图纸弹出模板边线及模板的控制线。

③模板的接缝和错位不大于 1 mm，模板实测允许偏差合格率控制在 95% 以上。

④对跨度不小于 4 m 的现浇钢筋混凝土梁、板，其模板应按设计要求起拱：当设计无具体要求时，起拱高度宜为跨度的 1/1 000～1/3 000。

⑤预留在模板中的埋件、套管、孔洞应对照设备专业施工图，不得遗漏，安装应牢固，位置应准确。

(6) 模板拆除。

以同条件试块强度为准, 现场回弹为辅, 保证拆模后墙体不掉角、不起皮。模板拆除时的混凝土强度要求, 见附表 4。水平构件考虑到施工荷载的作用, 上层混凝土水平构件强度达到附表 4 要求后, 方可进行拆模施工。

附表 4 模板拆除时的混凝土强度要求

构件	跨度/m	达到设计强度标准值的百分率/%	备注
板	≤2	≥50	
	>2、≤8	≥75	
	>8	≥100	
板	≤8	≥75	
	>8	≥100	
悬臂构件		≥100	

(7) 其他。

① 模板及其支架必须具有足够的强度、刚度和稳定性。

② 螺栓孔的排布应纵横对称, 受力均匀。

③ 模板面板的分割, 必须有一定的规律, 尽量使用整板制作模板, 模板接缝必须水平、垂直。

④ 模板裁切必须使用 80 齿以上的合金锯片, 使用带导轨的锯边机; 不规则的几何形状, 使用转速不低于 4 000 r/min 的高速手提电锯。

5.5.5 装修工程质量保证措施。

(1) 装修质量管理保证。

① 图纸会审及结构实物测定。

a. 拿到设计图后, 首先应结合实物进行现场实测, 核对分部分项工程的内容及尺寸, 对水平标高、平整度及墙柱垂直度进行校核, 对需拆除修理清理的部分在精装修前全部处理完毕。如遇偏差超过范围或与设计图不符的部分及时与土建协商处理。

b. 对设备安装部分的管线走向进行核实, 有疑问时必须及时与土建、安装单位联系, 以免造成有误返工。

c. 待上述工作调查、核实和处理并经有关方面验收后, 方能全面铺开施工。

② 水平、标高、开间轴线基准线测定。

a. 装修施工前基准线的测定非常重要, 首先把调整无误的水平线测出, 按一定的间距纵横两个方向做好固定标记, 并以平面图方式记入施工翻样图内, 以便施工时查找, 必要时要给监理一份进行备案。

b. 必须按装修图弹出开间平面设施的中线与边线, 以找准室内布置的基本控制尺寸线。

c. 对于平顶吊顶与灯具的出口、固定点事先要用样品件尺寸进行核对无误后才能确定其相关尺寸进行批量配料制作。

③ 装修材料的采购施工管理。

a. 工程所用的材料, 根据要求首先提供材料样板, 待审定后方能入场使用, 并且要符合技术标准规定, 未经审定和不符合标准的绝不使用。

b. 对于工程中的易燃物品及贵重易损材料, 应分区堆放管理, 做好相应的防火、防范措施, 设专人看管。

c. 各分项工程的等级均应达到国家验收标准, 避免返工现象。

d. 各工序间相互搭接配合, 制定施工流水线, 避免工种之间的相互污染损坏。

④原材料供应及材料质量合格证措施。

材料供应为后勤保障的重要工作，直接影响工程进度和施工质量，材料供应要坚持以下原则：

a. 材料签认原则：先签后订。

材料供应首先要坚持材料签认原则，工程的材料样板应在业主签认后封存，进货材料无论质量等级一定要以封样为准，未获签认不得订购。

b. 材料进场原则：资料齐全。

在材料进场时，与材料相关的有关部门的生产许可证、检验证明、产品合格证等资料必须齐全，资料不全不予验收。

c. 材料保管原则，安全第一。

材料保管工作是材料供应的主要环节，装修材料大部分为进口产品，价格昂贵，损耗量低，材料保管工作不仅是防盗、防火，一些轻微碰撞对高级材料说都是至关重要的，所以成功的材料保管工作既可降低工程风险又能保证施工质量。

d. 材料运输原则：方式合理。

在选择运输方式上要考虑材料本身性质、路线远近等，来选择合理的运输方式。

e. 资金保证是材料供应的先决条件。

没有足够的资金保证，材料供应一定会受到影响，并会给工程的工期和质量带来直接危害。

⑤材料质量的保证措施。

材料的质量保证非常重要，质量好坏将直接影响整个工程的施工质量和装修效果。主要措施如下：

a. 严把材料签认关：只有在材料签认封存后，方能按样板进材料，这样可以保证材料购进的整体质量。

b. 严把材料进场关：在材料进场时，要对材料进行全面测试验收，技术方面通过必要的机器、仪器，对材料的内在性质得以掌握。通过感官测试对材料的表象进行验收，将不合格材料堵在工地门外，质量低劣、资料（三证）不齐者拒收。

c. 严把材料采购关：帮助材料采购人员提高认识，在确保公司正常利益的情况下，尽量采纳质量较好的材料，严把采购关，避免以次充好，以免影响工程质量。

d. 减少材料周转环节：材料周转环节越多，损坏机会越多，加强材料保管工作，选择适当的运输方式，能够降低材料成本，提高装修质量。

⑥结构中间验收安排。

本工程结构分层次进行结构中间验收，为内粉刷及二次装饰施工提早插入创造条件。内粉刷完成一部分后，室内二次装饰同样分阶段插入。通过穿插和搭接，为整个工程的提早交付使用创造条件。

⑦质量管理。

无论是普通粉刷还是高级装饰，都要严格执行建筑装饰工程施工及验收规范及有关技术规程，按创优夺杯的预定目标精心组织施工。施工前向操作班组进行详细的技术交底，针对容易产生的质量通病设置质量管理点，施工中项目管理人员经常到工作面督促检查。

⑧分包协调。

合理组织施工，做好土建和专业分包单位的配合和协调。要重点抓好吊顶与照明、通风的交接；暖卫与墙面瓷砖的交接；防水与上、下水工程的交接。以平顶为例，平顶内设有通风空调系统、照明系统、消防喷淋系统、烟感报警系统等，给平顶施工带来了很大的麻烦。施工前要制定总的部署，安排各工种、专业的穿插作业计划，并在施工过程中定期召开协调会，及时发现和解决问题。平顶龙骨要根据吊顶内送、回风口及灯具的位置进行布置；平顶面板应在平顶内的各类管道装好、试水完成后进行，避免返工造成不必要的损失。

⑨产品保护。

采取有效措施，认真做好产品保护工作。加强对土建及各专业分包单位施工人员的教育。花岗石地面施工完毕后，应指定行人通道的位置，其他部位用围栏围起来，通道上铺设木板。花岗石、大理石墙面在易于被撞部位，采用软质材料加以保护。木地板的房间要注意外窗的关闭，防止雨淋受潮变形。装饰档次较高的楼梯踏步满铺木板，防止缺陵掉角。装饰后阶段要加强现场的保卫力量，安排保安人员昼夜值班。贵重的五金宜在交工前夕安装。

⑩装修材料质量的保证措施。

a. 装修材料的规格、质量、彩色等要求，必须符合设计要求和国家、南京市有关标准规定。

b. 计划采购的装修材料，必须提供样品和质量证明书，交业主、监理和设计单位（有必要时）进行认可。根据本工程的特殊性，装修材料将尽可能选用环保型优质材料。

c. 经业主、监理确认的装修材料样品必须在项目部封存，备核查。

⑪样板与样板单元的确定。

装饰工程应做到图纸、实物效果与感官统一，所以施工时必须做小样与示范单元，待业主、监理和设计认定后，再全面开展，不符合样板封顶的标准不能通过验收。

⑫隐蔽工程验收。

为防止装修后发生质量问题，装饰工程后道工序施工前必须对前道工序进行隐蔽工程验收，除质量监督规定举例的专项外，对饰面、油漆、防腐、电气接点，都必须进行工序性验收，决不能在今后使用过程中产生质量性缺陷隐患。

隐蔽工程在自检的基础上，提前一天以书面形式通知建设、监理单位进行验收，验收合格后方可进行下道工序施工。

5.6 工程成品保护措施

5.6.1 成品保护组织措施。

（1）本工程施工工期紧，各不同专业施工队之间的穿插作业多，做好成品保护，是对整个工程的工程优质、高速地进行施工的重要保证。成立成品保护管理小组，协调好各专业施工队伍施工，有条有序地进行穿插作业，保证用于施工的原材料、制成品、半成品、工序产品以及已完成的分部分项产品得到有效保护，确保整个工程的施工质量。

（2）组织专职人员跟班作业，定期检查，并根据具体的成品保护措施的落实情况，制定对于有关责任人的奖罚制度。

（3）各专业队的工作分别由各专业队设立专、兼职检查人员跟班检查。

5.6.2 成品保护的实施措施。

工程施工过程中，制成品、工序产品及已完分部分项工程作为后续工程的作业面，其质量的保护将影响整个工程的质量，忽视了其中任意工作均将对工程顺利开展带来不利影响。因此制定以下成品保护措施。

（1）制成品保护。

①场地堆放：木、铝制品，装饰用成品应堆放在室内场地。

②场地要求：地基平整、干净、牢固、干燥，排水通风良好，无污染；所有成品应按制定位置进行堆放，运输方便。

③成品堆放控制：分类、分规格，堆放整齐、平直；叠层堆放，上下垫木，水平位置上下应一致，防止变形损坏，侧向堆放除垫木外应加撑脚，防止倾覆；成品堆放的应做好防霉、防污染、防锈蚀措施；成品上不得堆放其他物件。

（2）砌体成品质量保护。

①需要预留预埋的管道铁件、门窗框应同砌体有机配合，做好预留预埋。

②砌体完成后按标准要求进行养护。

③不得随意开槽打洞及重物重锤击撞。

（3）楼地面成品保护。

①水泥砂浆及块料面层的楼面，应设置保护栏杆，到成品达到规定强度后方能拆除，成型后建筑垃圾及多余材料应及时清理干净。

②下道工序进场施工，应对施工范围楼地面进行覆盖保护，对油漆料、砂浆操作面下及楼面应铺设防污染塑料布，操作架的钢管应设垫板，钢管、扶手、挡板等硬物应轻放，不得撞击楼地面。

③注意清洁卫生，高层建筑宜在楼层内指定位置临时设置卫生桶，以确保楼内卫生。

（4）装饰成品质量保护。

由于工程施工面积较大，工期要求紧迫，多为交叉作业，为使工程的施工结果不被损坏，避免工程的反复修补，保证工程的整体质量，特做出工程成品保护措施。

①成立成品保护小组，在工程进入装修期间，设专人三班运转，每班二人；二次装修期间，每层应设专人三班运转，每班一人。各值班人员要对已装修的成品及已安装完毕的设备特别是易损坏的部位做好记录，经验收签字交接。

②地面在养护期内（水泥地面不少于 7 天）严禁在地面上推手推车、放重物或随意踩踏。在养护好的地面上推车时小车腿下端要用软布或橡胶垫包好以防损坏地面。在地面施工完成后的湿作业施工，每楼层均备 1.2 m 宽、2 m 长、6 mm 厚铁板，在其上人工搅拌少量砂浆，避免污染地面。

③地面施工时要保护好地漏、出水口等部位的临时堵头，以防进入污染物或浆液造成堵塞，并且不得碰撞已安装好的水暖管等设备管道，以防管道错位。

④抹灰、刷涂施工时，对墙、门窗框、各设备用品做好防护，以防污染，对污染的地面要及时清理干净。

⑤推车时不准碰撞门口、扶手栏杆及墙柱饰面。对木门框要在小车车轴标高位置包好薄铁皮；对墙、柱阳角处统一做高 1.5 m、宽 120 mm、厚 20 mm 的木板条护角，以防碰撞损坏。

⑥严禁操作人员踩踏窗或在门窗上安装脚手架，或悬挂重物。对有施工人员出入的窗户处，要用木板钉成 U 形木套，将门窗四周框保护好。

⑦喷刷涂料前，要清理好周围环境，涂料干燥前应防止尘土沾污，喷刷时不得沾污其他已完的工程。喷刷施工前用塑料布将需要保护的部位盖好，特别是各专业设备，要尽量铺盖仔细，对个别沾污的部位要及时擦净。

⑧墙柱面喷刷乳胶漆完成后要妥善保护，不得碰撞。

⑨防水层的保护：厕所等部位的防水层作业要掌握好施工顺序，禁止在已施工的涂层上走动，不得在防水层上堆放材料，在涂料固化后及时做保护层，做保护层前不得在防水层上进行任何施工。

（5）交工前成品保护措施。

①确保工程质量，达到用户满意，项目施工管理班子应在装饰分区或分层完成后，专门组织专职人员负责成品质量保护，值班巡查，进行成品保护工作。

②成品保护值班人员，按项目领导指定的保护区或楼层范围内进行值班保护工作。

③成品保护专职值班人员，按项目质量保证计划中规定的成品保护指责、制度方法，做好保护范围内的所有成品检查保护工作。

④加强班组后，应检查施工作业的质量，并层层督促落实。

⑤鼓励合理化建议，对提出保证工程质量的施工措施者给予奖励。

⑥经常与甲方、监理部门联系，取得监理部门的支持和指导，确保工程达到优良。

⑦在后期装修过程中如果使用正式电梯，需采用大芯板对轿箱内部及门口进行严密封闭，保证措施到位，避免出现磕碰、划痕。

6. 施工进度计划及资源配置计划

6.1 施工进度计划

6.1.1 进度计划总体思路。

（1）施工进度计划是指导施工活动的关键文件之一。其编制的先进性、合理性将直接影响到整个施工的全过程。

（2）根据工程规模、结构特点和建设单位工期要求情况，我们对施工进度安排总的指导思想是：充分利用该工程场地条件，充分发挥我单位各专业实力强、机械化施工水平高的优势，在施工中，履行总承包综合管理的职能，集中优势兵力，将庞杂的工程化整体为段落，组织全方位分段流水统筹法施工，大幅度提高后工序的提前插入度，消灭间歇时间，使空间占满，在确保按期竣工的同时，达到文明工地标准，保证工程质量优良。

（3）本工程进度控制的最关键环节是地下结构施工，工程基础阶段施工处于雨季施工期，对基础施工非常不利，故基础阶段将充分利用施工作业面突击施工，尽快回填，以消除雨季影响，全面开展施工。

（4）地上部分与地下部分组成流水作业面，交叉施工，装饰与安装工程相互配合，根据工序穿插流水施工。

6.1.2 施工进度计划。

工程计划工期：开工日期为 2008 年 3 月 8 日，竣工日期为 2008 年 12 月 8 日，总工期为 276 日历天。

6.1.3 施工进度计划表。

（1）地基基础工程施工进度计划横道图，如附图 11 所示。

（2）地基基础工程施工进度计划网络图，如附图 12 所示。

（3）主体工程施工进度计划横道图，如附图 13 所示。

（4）主体工程施工进度计划网络图，如附图 14 所示。

（5）装饰工程施工进度计划横道图，如附图 15 所示。

（6）装饰工程施工进度计划网络图，如附图 16 所示。

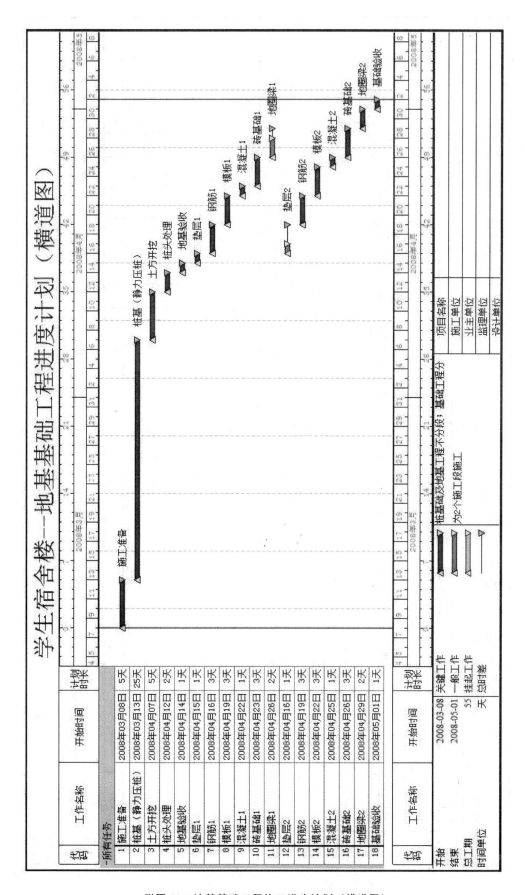

附图 11　地基基础工程施工进度计划（横道图）

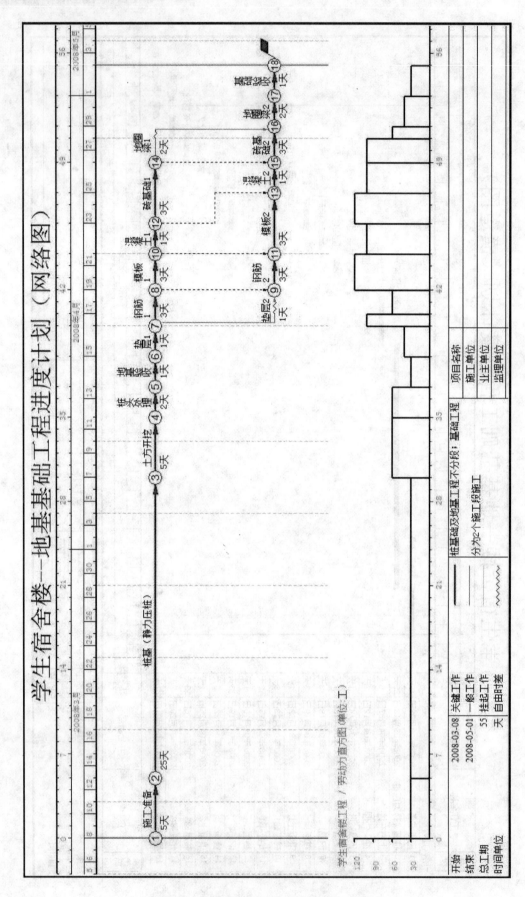

附图12 地基基础工程施工进度计划（网络图）

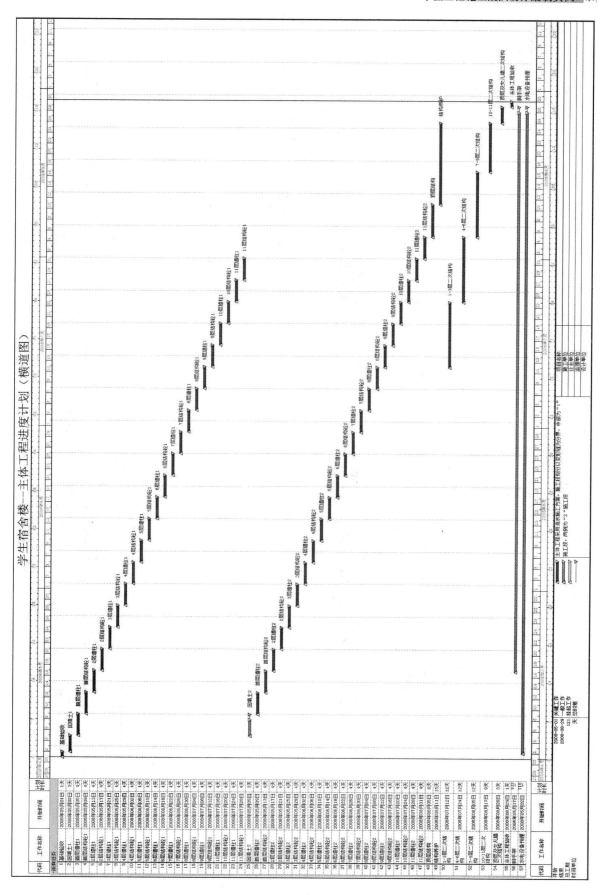

附图13 主体工程施工进度计划（横道图）

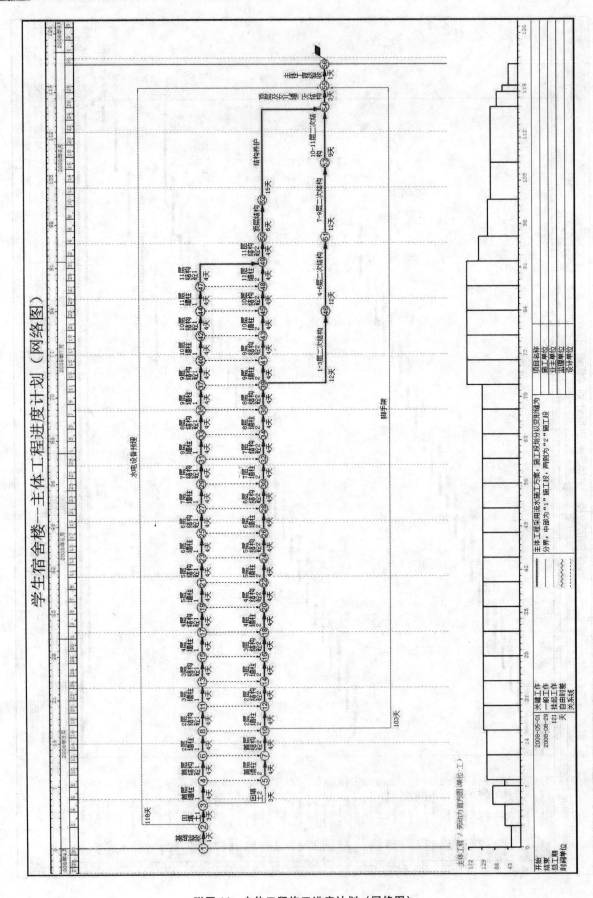

附图14 主体工程施工进度计划（网络图）

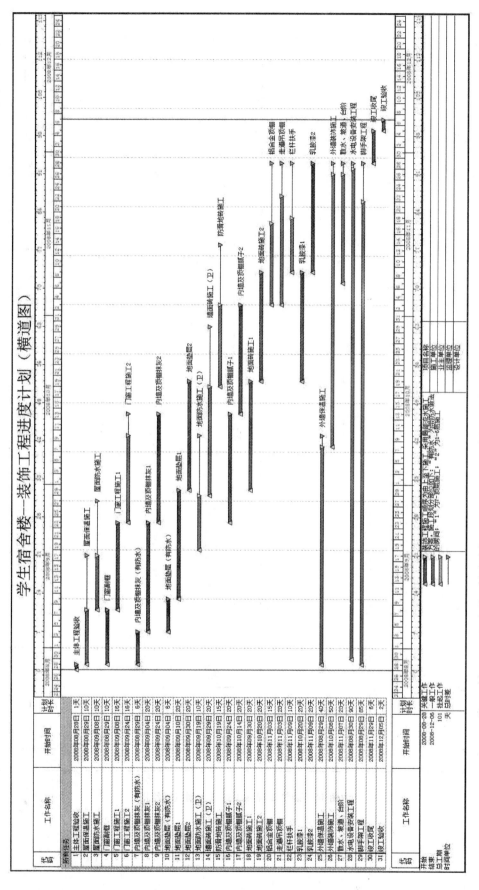

附图.15 装饰工程施工进度计划（横道图）

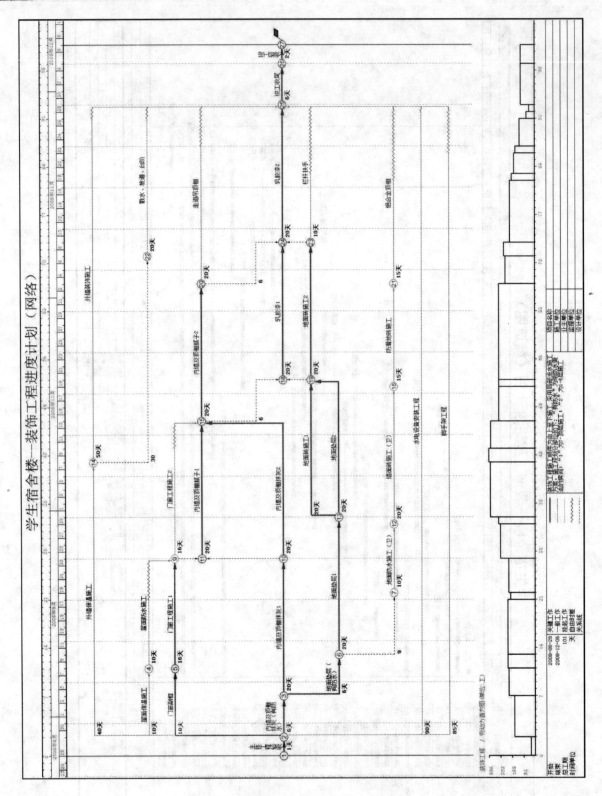

附图 16　装饰工程施工进度计划（网络图）

6.2 材料、设备进场计划（附表 5）

附表 5　材料、设备进场计划

序号	进场材料	数量	进场时间
1	混凝土	6 300 m³	2008.3.8—2008.9.20
2	钢筋	996.59 t	2008.3.8—2008.9.20
3	预拌砂浆	300 m³	2008.3.8—2008.9.20
4	砌块	4 500 m³	2008.3.8—2008.10.20
5	临电电缆	600 m	2008.3.8—2008.12.8
6	配电箱	16 个	2008.3.8—2008.12.8
7	外檐石材	11 000 m²	2008.3.8—2008.12.8

6.3 机械设备投入计划

6.3.1　基础施工阶段。

为加快施工进度，保证工程质量，工程采用流水作业，穿插配合本阶段基础混凝土工程、回填土工程等工作。工作量较大，是本工程的关键环节。为此，必须引起足够的重视，优先搞好机械设备的调配、组织等工作，确保工程进度。

从工程施工内容和工种上看，本阶段机械设备主要有钢筋、木工、混凝土机械等设备。

（1）混凝土机械。

在基础施工阶段，混凝土工程不仅工程量大，而且质量标准高。

依照这两个原则，我们进行了混凝土施工机械的安排。

在本阶段施工中，我们配备 2 台 48 M 混凝土汽车泵，2 台固定式混凝土泵，同时配备混凝土运输车 40 部，以满足混凝土施工需要。

（2）木工机械设备。

基础施工阶段，模板工程施工中主要采用木模板。

具体的木工加工机械主要为：精装修用木工电锯、木工电动刨床、压刨机等。

（3）垂直运输机械的布置。

施工过程中，水平与垂直运输组织是整个工程能否顺利进行的关键环节。为保证模板、脚手架等工具、周转用材料以及钢筋等主要材料的垂直和水平运输，该阶段计划采用两台塔吊，组织垂直运输。

6.3.2　主体施工阶段。

该阶段主要由钢筋、模板、混凝土、工程所组成，是形成工程实体的最重要的组成部分，在整个工程进度的构成中占有举足轻重的地位，必然引起我们高度的重视。

为加快施工进度，保证工程质量，适度降低工程造价，我们决定将其划分为若干施工段，流水作业，穿插配合，最大限度地发挥经济性和机动性的优势。

（1）垂直运输机械的布置。

该阶段项目共计配备 2 台塔吊，配合施工电梯，以满足主体阶段钢构件吊装、物料垂直运输需求。

（2）混凝土机械。

在本阶段施工中，我们配备了 2 台 48 M 混凝土汽车泵配合固定输送泵，同时配备混凝土运输车 30 部，以满足混凝土垂直和水平运输的需要。

6.3.3 装饰装修阶段。

该阶段的主要工作包括墙体的砌筑，内、外墙抹灰，门窗安装，楼地面镶贴，吊顶等装饰装修工作。该阶段主要施工机械设备包括垂直运输设备（龙门架）、预拌砂浆搅拌以及装饰装修所用小型机械设备等。

6.3.4 竣工验收阶段。

本阶段主要进行竣工收尾、工程交验工作。所用机械设备不多，故不再赘述。

6.3.5 本工程所用的机械、设备，见附表6。

附表6 主要施工机械设备表

序号	机械或设备名称	规格型号	数量	国别产地	额定功率/kW	生产能力	备注
1	塔吊	QTZ63	2	山东	35	10	
2	挖土机	PC300	10	日本	120	1 m³	
3	自卸汽车	东风	30	陕西	88	15 t	
4	汽车起重机	25 t	1	徐州		25 t	
5	施工电梯		1	天津			
6	推土机	TY220	1	徐州		1 m³	
7	混凝土固定泵		1	北京			
8	混凝土汽车泵	48 m	4	徐州		60	
9	混凝土输送车		30	北京		9 m³	
10	钢筋调直机	GT4—14	2	山东	4.2	14	
11	钢筋剪断机	GT5—40	2	山东	7.0	40	
12	大煨	WT40—1	2	杭州	5.0	40	
13	小煨	WT40—2	2	杭州	4.0	40	
14	钢筋套丝机		2	山东			
15	高速锯		4	北京	2.8	8	
16	无齿锯	MJ106	2	天津	2.8	40	
17	电锯	MJ114	4	天津	6	1.8	
18	平板振捣器	PZ—50	10	河北	2.8	10	
19	振捣棒	ZB3	20	河北		20	
20	蛙夯	HW—201	12	天津	3	6	
21	交流电焊机	BX—300	河北	中国	17	6	
22	泥浆泵	4IN	20	山东	3	24	
23	潜水泵	12 m³/min	40	天津	5.6	24	
24	气焊工具		4	天津			

6.4 劳动力配置计划

6.4.1 劳动力配备计划说明。

（1）根据工程规模、工期要求及我公司劳动力资源状况，现场配备包括施工管理人员、工程技术人员及施工作业人员，专业齐全的施工队伍。

项目经理为国家注册一级建造师，且具备多年的现场施工管理经验，能够高效有序地管理工程施工。项目安全经理具有二级建造师注册证书，技术负责人专业知识性强，能设计，懂施工，且有多年工程经验。

（2）施工人员经验丰富，施工工长均有多年的工程施工经历，人员可以随时调配，而且，作业的工长、班组长均经过技术培训并具有多年的施工经验。

（3）本工程主要安排土建、防水工程、水电预埋等工程的施工人员。我公司将选择专业配套、素质过硬、技术高超的队伍担任工程的施工任务。

（4）根据该工程特点和计划工期，初步估计各分部分项的主要工种用工人数，来满足正常施工的需要。

（5）施工队主要由木工、钢筋工、混凝土工、瓦工、抹灰工、电焊工、机械工等工种组成，基本满足基础、主体混凝土结构、装饰装修以及水电、设备安装等工程作业。

6.4.2　劳动力投入计划表，见附表7。

附表7　劳动力投入计划表

工种	按工程施工阶段投入劳动力情况		
	基础	主体	装修
木　工	100	160	100
钢筋工	100	160	0
灰土工	80	100	0
瓦　工	20	140	40
抹灰工	20	20	200
架子工	20	20	20
防水	20	0	20
水　暖	20	60	80
电工	20	60	80
焊　工	30	20	10
机械工	20	20	10
测量工	10	10	10
合　计	460	770	570

7. 工程进度及资源保证措施

7.1　工程进度保证措施

为确保本工程按业主要求的工期竣工，我公司针对组织实施的各个环节，各方面给予高度重视，分别从前期准备、施工过程以及资金、技术、人员、组织管理、材料供应、机械设备等方面着手制订详细的资源供应保障计划与措施，并按工程项目排定工期，实行严格的计划控制，做到项目安排合理，穿插有序，以确保整个施工计划的顺利完成。

7.1.1　施工工期保证措施。

（1）施工进度的分解。

①按施工阶段分解，突出控制节点。

以关键线路和次关键线路为线索，以计划中心起止里程碑为控制点，在不同施工阶段确定重点控制对象，制定施工细则，保证控制节点的实现。

②按施工单位分解，明确分部目标。

以总进度为依据，明确各个单位的分包目标，通过合同责任书落实分包责任，以分头实现各自的分部目标来确保总目标的实现。

③按专业工种分解，确定交接时间。

在不同专业和不同工种的任务之间，要进行综合平衡，并强调相互间的衔接配合，确定相互交接的日期，强化工期的严肃性，保证工程进度不在本工序造成延误。通过对各道工序完成的质量与时间的控制达到保证各分部工程进度的实现。

（2）施工进度的管理。

①工程开工前，必须严格根据施工招标书的工期要求，提出工程总进度计划，并对其是否科学、合理，能否满足合同规定工期要求等问题，进行认真细致的论证。

②在工程施工总进度计划的控制下，施工过程，坚持编制出具体的工程施工计划和工作安排，并对其科学性、可行性进行认真的推敲。

③工程计划执行过程，如发现未能按期完成工程计划，必须及时检查分析原因，立即调整计划和采取补救措施，以保证工程施工总进度计划的实现。

（3）施工进度的控制。

施工进度计划的控制是一个循序渐进的动态控制过程，施工现场的条件和情况千变万化，项目经理部要及时了解和掌握与施工进度有关的各种信息，不断将实际进度与计划进度进行比较，一旦发现进度拖后，要分析原因，并系统分析对后续工作会产生的影响。调整有施工管理经验的人员担任管理工作，并针对技术、质量、安全、文明施工、后勤保障工作配置两位项目副经理主抓分项工作。

①建立严格的工序施工日记制度，逐日详细记录工程进度，质量、设计修改、工地洽商和现场拆迁等问题，以及工程施工过程必须记录的有关问题。

②坚持每周定期召开一次，由工程施工总负责人主持，各专业工程施工负责人参加的工程施工协调会议，听取关于工程施工进度问题的汇报，协调工程施工外部关系，解决工程施工内部矛盾，对其中有关施工进度的问题，提出明确的计划调整意见。

③各级领导必须"干一观二计划三"，提前为下道工序的施工，做好人力、物力和机械设备的准备，确保工程一环扣一环地紧凑施工。对于影响工程施工总进度的关键项目、关键工序，主要领导和有关管理人员必须跟班作业，必要时组织有效力量，加班加点突破难点，以确保工程总进度计划的实现。

④建立完善的计划保证体系。

建立完善的计划保证体系是掌握施工主动权、保证工程进度的关键一环。

本项目的计划控制体系将以日、周、月和总进度控制计划构成工期计划为主线，并由此产生出供货商招标和进场计划、材料供应计划、质量检验和控制计划及后勤保障等一系列计划，并根据实际情况，随时进行调整、纠偏。

a. 在施工中以总工期为目标，以阶段控制计划为保证，采取工期动态管理，使施工组织科学化、合理化，确保阶段计划按期或提前完成。

b. 实行全面计划管理，认真编制切实可行的工程总进度计划，相应的日、周、月、阶段施工作业计划，并对每个作业班组下达生产计划任务书，坚持日平衡，周调度，确保月计划的实施，从而保证该工程总工期的实现。

c. 设立施工工期进度奖与工期保证金制度。工期保证金层层分解到每个施工进度控制点，然后再分解到各个作业班组，以每周生产计划书为依据，对每月生产进度计划进行考核，完成生产计划班组给予奖励，完不成计划承担工期保证金，并且安排其他班组施工，确保每月生产施工进度按计划完成。

d. 加强施工进度计划执行和落实的调查。为了进行进度控制，在工程项目施工过程中必须定期或不定期地跟踪检查施工实际进度情况，及时收集施工进度信息，整理统计检查数据，用"前锋线"法比较实际进度和计划进度，对检查的结果做出及时处理。

e. 为保证总目标计划的实现，在计划实施过程中必须坚持计划工作的日保周、周保月、月保年，实施过程管理。

f. 做好施工项目计划实施调度工作。施工中的调度是组织施工中各阶段、环节的相互配合，是施工进度计划顺利实施的重要手段，其主要任务是掌握计划实施情况，协调各方面关系，采取措施排除各种矛盾，加强薄弱环节管理，实现动态管理，保证完成作业计划和实现总进度目标。

（4）保证资源配置。

① 劳动力配置。在保证劳动力的条件下，优化工人的技术等级和思想、身体素质的配备与管理。以均衡流水为主，对关键工序、关键环节和必要工作面根据施工条件及时组织抢工期及实行双班作业。

② 材料配置。按照施工进度计划要求及时进货，做到既满足施工要求，又要使现场无太多的积压，以便有更多的场地安排施工。公司建立有效的材料市场调查和采购、供应部门。

③ 机械配置。为保证本工程的按期完成，我们将配备足够的中小型施工机械，不仅满足正常使用，还要保证有效备用。为确保在市电网停电的情况下也能正常施工，我们计划在工地配备一台 250 kV·A 的柴油发电机备用。另外，要做好施工机械的定期检查和日常维修，保证施工机械处于良好的状态。

④ 资金配备。根据施工实际情况编制月进度报表，根据合同条款申请工程款，并将预付款、工程款合理分配于人工费、材料费等各个方面，使施工能顺利进行。

⑤ 后勤保障。后勤服务人员要做好生活服务工作，重点抓好吃、住两大难题，工地食堂的饭菜要保证品种多、味道好，同时开饭时间要随时根据施工进度进行调整。

7.2 材料、设备保证措施

7.2.1 物资采购。

根据合同要求，工程部在进行施工计划编制的同时，进行材料使用计划的编制，由材料部按《质量手册》的要求，进行采购信息收集，供应商评审，报项目经理和上级材料主管部门批准，订立合同。

各类原材料、成品、半成品进入现场后，由材料部入库保管，入库前，材料部对相关材料的名称、数量及外观质量、几何尺寸进行验证，并做好标识工作和有关的台账，有关材料的质量证明文件复印一份，原件交工地试验室保管，工地试验室按有关规定进行抽样试验，以验证其质量是否符合有关标准的要求。

针对工程实际情况，对有关专业性较强的单项工程需要分包施工的，由工程部提出具体意见，报项目经理审核，根据《工程分包控制程序》，进行分包商评审，合约部和工程部负责有关商务和施工能力方面的评审，技术质量部负责有关工程质量方面的业绩考评，然后，由项目经理决策，报上级批准。在本工程中，不进行分包。

7.2.2 标识和追溯性。

产品标识按不同对象和时段进行。原材料、成品和半成品的标识，由材料部和工地试验室负责，进行名称、规格、产地、数量和批次的挂牌标识；工序标识由技术质量部负责，采用记录的方式进行；经初步加工的半成品，如成型的钢筋、模板等，由工程部负责进行挂牌标识；工程机械设备由工程部进行挂牌标识。

7.2.3 产品的保护。

本工程涉及的产品保护主要是已完结构物的保护，由工程部负责实施，对道路边的结构，进行包裹防护。

对于产品运输中的防护，由工程部提出防护措施，采取包裹、衬垫等手段，实施产品的防护。

7.2.4 监视和测量装置的控制。

工程监视和测量装置的控制，由工程部负责进行，要求建立台账和各项管理制度，实行有效的监控，工地试验室和项目测量控制中心具体实施。

7.2.5 产品检验。

进货检验由材料部负责，工地试验室按有关标准进行抽样检验。

工序检验由技术质量部负责，工地试验室按有关规范、标准进行验证检验。

最终检验在工程项目施工按合同要求实施完毕，各类检查检验数据齐全，技术质量资料满足规定的要求，由项目经理向业主提出竣工验收申请。

7.2.6 不合格品控制。

不合格品控制由技术质量部负责。当出现不合格品：由施工员负责，操作班组长组织有关操作人员进行处理；一般不合格：由项目部质量员向施工员下达整改通知，明确整改内容和方法，复验结果、完成时间；当出现严重不合格：质量员报告总工程师，并报请上级有关质量管理部门、监理、业主等参加处理；原材料、成品、半成品不合格：由材料部组织，会同技术质量部、工地试验室进行处理。

7.2.7 供货方管理。

在与公司长期合作的供货商中，经过招标选定信誉、质量、供货能力过硬的供货方与我公司合作，以保证材料的及时、充足、质优进场。

与供货方签订严密的供货合同，要求其根据材料须用计划组织材料进场。

在供货合同中规定，如发生材料质量不合格、进厂不及时、进场数量不足等情况，则对供货方处以适当的经济处罚。

7.3 施工机械保证措施

机械设备是施工项目资源中重要的组成部分，是"人、机、料、法、环"中重要的一个环节。若我们能够中标，我们必将按照机械化、流程化、精密化的原则，根据总体施工部署和各工序的施工要求，调配足够的优质适用的机械设备进场，确保工程需要。

7.3.1 编制原则。

(1) 选用优质、高效、适合本工程特点的机械设备，进行动态管理，进行合理、充足的投入，是保证现场施工进度等各方面顺利实现的重要因素。

(2) 施工过程中，机械设备的具体投入要依据工程特点、工期和各工序的作业特点与要求。不同的施工阶段应根据主导施工工序的进度情况投入充足、完好的机械设备资源，确保关键工序的正常进行。

(3) 机械设备投入计划要充分考虑优化配置、动态控制和成本的要求。

(4) 施工中，要特别注意机械设备使用情况的跟踪，动态平衡，及时进行机械设备投入计划的调整和修订，进行必要的补充和调整，保证工程的顺利进行。

7.3.2 关键点分析。

(1) 机械设备需求量大。

本工程工程量较大，需用的机械设备较多；各种机械设备的进出场频次很高。为此我们将选择实力强、市场信誉好、长期合作的优秀分包商进场，特别是科技含量高的、能够保证较高完好率的、能够保证施工进度的、能够保证工程质量的优质机械设备，是我们优先的选择。同时，我们将预先与分包商签订预定合同，做好机械设备的储备，以保证施工的需要。

(2) 工程质量标准要求高。

本工程的质量目标高，要实现这一目标，首要的环节就是使用先进的施工机械与设备，用高效的机械加工代替手工操作，克服手工作业带来的工序不确定性与质量的不稳定性。

为此，我们将选择实力强、市场信誉好、长期合作的优秀分包商进场，再从中选择性能优良、机械化水平高、能保证施工质量、显著提高施工进度、保证施工安全的机械与设备进场，从而确保工程各个阶段质量与进度目标的实现。

7.4 劳动力保证措施

7.4.1 劳动力保证措施。

(1) 公司生产部门将组织大批与我公司长期合作的合同班组进场，这些技术工人参与我公司多项大型高标准工程的施工作业，组织纪律强、综合素质高。

(2) 区分不同的区域，使用不同技术等级的工人，更好地处理成本、质量、工期之间的关系。

(3) 按照"质量管理措施"的要求，在施工班组间开展竞赛活动，奖优罚劣，对不合格的班组予以清退出场。

(4) 对现场施工队伍严格审查，班组必须配备一定数量，进行协调、质量、安全管理的人员。

(5) 加强现场教育培训工作，定期组织劳务单位技术骨干，进行质量、安全、工艺技术培训，不合格的操作工人不允许上岗。

7.4.2 劳动力组织管理保证措施。

(1) 充分发挥我公司在以往工程的施工管理经验优势，以总协调形式，组织多支成建制的施工队伍，按工序、分区域、按流水段施工，并对施工全过程进行连续监控，确保施工质量和工期目标的实现。

(2) 项目部人员进场应对总体工程量进行复核，再按照进度计划要求和现场情况做详细的劳动力进场计划报送公司生产部门。

(3) 生产部门依托公司的劳动力资源优势，抽调考核合格的施工班组，按时段要求分批进现场。

(4) 对已进场的队伍实施动态管理，不允许其擅自扩充和随意抽调，以确保施工队伍的素质和人员相对稳定。

(5) 现场管理人员应对现场作业情况有充分的预计，及时调整计划。

(6) 根据现场情况做好各施工区内的劳动力数量、工种调配工作，以便集中力量对重要单位和主控工序进行施工，满足进度需求。

(7) 必要时安排加班作业，同时做好安全及后勤保障工作。

8. 施工现场平面布置

8.1 施工平面布置原则

8.1.1 平面布置原则。

(1) 既要满足施工，方便施工管理，又要能确保施工质量、安全、进度和环保的要求，不能顾此失彼。

(2) 在允许的施工用地范围内布置，合理安排施工程序，分期进行施工场地规划，将施工道口交通及周围环境影响程度降至最小，将现有场地的作用发挥到最大化。

(3) 在平面布置中，应充分考虑好施工机械设备、办公、道路、现场出入口、临时堆放场地的优化合理布置，施工现场设置便于大型运输车辆通行的现场道路，并保证其畅通和路基的可靠性。

场地布置还应遵循"三防"原则，消除不安定因素，防火、防水、防盗设施齐全且布置合理。

(4) 施工现场平面布置应结合创建文明施工工地进行综合考虑，并为其打好基础，严格执行上级有关文明施工的各类文件规定，做到现场四周围挡稳固美观，施工道路硬化平坦，物资材料堆放整齐，标牌醒目禁令明显，办公设施整洁干净，管理规范、安全达标。

（5）施工布置整洁、有序，同时做好施工废水净化、排放措施、防尘、防噪措施，创建文明施工工地。

（6）电源、电线敷设要避开人员流量大的道路及现场出入口，以及容易被坠落物体打击的范围，电线尽量采用暗敷方式。

（7）本工程要重点加强环境保护和文明施工管理力度，使工程现场始终保持整洁、卫生、有序、合理的状态，使工程在环保、节能等方面成为一个名副其实的绿色建筑。

（8）执行《环境管理体系规范及使用指南》（GB/T 24001—2004），布置控制粉尘设施、排污、废弃物处理及噪声设施。

8.1.2 布置依据。
（1）建设单位的有关要求。
（2）现场红线、临界线、水源、电源位置，以及现场勘察成果。
（3）总平面图、建筑平面、立面图。
（4）总进度计划及资源需用量计划。
（5）总体部署和主要施工方案。
（6）安全文明施工和环境保护要求。

8.2 施工平面布置说明

8.2.1 布置综述。

施工现场四周搭设封闭的定型挡板围挡，高度不小于2.5 m，并喷涂企业标志、悬挂广告宣传画等，围挡外侧与道路衔接处采用绿化或者硬化铺装措施，围挡外观、颜色等复合建设方及工程所在地统一标准。

为树立良好的施工形象，创建天津市文明施工工地，场区外设置醒目的施工标语和交通流向指示标识，明确指示车流方向。

现场内堆放的散体物料应设置不低于0.5 m的围挡，并将散料用密目网进行苫盖。

8.2.2 生产设施布置。

（1）钢筋加工存放。

①钢筋加工区采用装配式定型加工棚，加工区地面高于路面30 cm，并于四周设置排水沟；加工区地面采用混凝土硬化地面，加工区内机械摆放合理，保证消防通道畅通，并设置足够的消防设施。

②钢筋存放场地采搭设同一尺寸的钢筋存放架，钢筋按照原材料、成品钢筋分开码放，各型号、尺寸、部位钢筋分类码放整齐，设置标识牌和检验状态，钢筋存放场地设专人管理，根据领料单分放钢筋，以保证分放准确，杜绝丢失、错领、浪费现象发生。

（2）木材存放。

①木料加工区采用装配式定型加工棚，加工区地面高于路面30 cm，并于四周设置排水沟；加工区地面采用混凝土硬化地面，加工区内机械摆放合理，保证消防通道畅通，并设置足够的消防设施；电锯操作台设置防护罩，以确保作业人员人身安全。

②施工用模板、木方子按照原料及成品分开码放，各部位、尺寸模板分类码放，木材码放在同一搭设的存料架上，架空码放场地内有牢靠的防风、防水设施。木料存放区设专人统一管理材料。

（3）砂浆搅拌。

本工程全部采用预拌砂浆、商品混凝土，现场不存放砂、石料及水泥，厂区内设置专门的预拌砂浆搅拌机，进行预拌砂浆搅拌。进场的袋装预拌砂浆原料统一存放在库房内，库房采用装配式板房并封挡严密，防雨防风。

8.2.3 生活办公布置。

本工程现场仅搭设办公用房，施工人员生活住房不在现场内考虑。

（1）现场办公区搭设岩棉装配式活动板房，供现场管理及指挥人员办公使用，主要有工程技术办公室、质量安全办公室、物资供应办公室、项目经理办公室、会议室、资料室、监理办公室、甲方办公室、接待室、会议室等。

（2）在办公区内设立卫生间、淋浴间、食堂，食堂均采用液化气，并对其集中管理，改善施工人员卫生条件，避免疾病的传播。办公区合理布置上、下水设施，做到及时排除场地表面水。

（3）在各主要施工场地设置垃圾池、废水沉淀池，确保工地卫生和废水排放满足环保卫生要求。所有临时营地设施按国家和有关消防安全法规配齐消防装置。

（4）办公区道路采用混凝土硬化路面，其他地区统一绿化，停车场地面采用草皮砖并种植草皮加以绿化。

（5）办公区明显位置设立"七板一图"，悬挂标语，以展示企业文化，突出管理方针。

8.2.4 消防设施布置。

（1）消防设施的配置和布置是否合理，直接关系到每个施工阶段的消防问题。项目根据工程范围和消防规定配置合理的消防器材，位置设在通行便捷、显眼易见处。

（2）钢筋、木工棚内分别配置 2 个 1121 干粉灭火器，厨房配置 2 个 1121 干粉灭火器，宿舍每 5 间配置一个泡沫灭火器，库房配置 2 个 1121 干粉灭火器，其他办公区、作业面等根据实际情况配置足够的灭火装置。

消防设施配置合理、均匀，并且在不易碰撞、使用方便的位置。

8.2.5 施工临时排水布置。

（1）为有利于现场文明施工，现场排水沟在靠近市政下水道处做三级沉淀池，经过滤后排入指定市政排水管道，防止污水堵塞下水道。

（2）现场道路旁设置排水沟，以保证降雨后道路水及时排出。

8.2.6 施工临时用水布置。

（1）考虑施工平面布置图和现场实际情况，自来水源接至办公区、模板加工场地、现场材料仓库以及建筑物等附近。

（2）在管段中间沿场地四周安设消火栓，冲洗地面及洗车用水设置在重型车辆出入口及场地出入口处。

8.2.7 施工临时用电布置。

建设单位提供电源，施工时沿作业面周边设置供电配电箱，引至用电部位。采用橡胶电缆连接，由电源处引出，分别布置到生活办公区、材料加工区及作业面。

8.2.8 场区道路。

（1）现场施工道路采用混凝土硬化路面，路面宽度、厚度满足各种车辆通行，每天由专人清扫、洒水，保持路面清洁。

（2）现场裸露的非作业区域全部种植草皮或铺撒石屑，避免土壤裸露。

8.2.9 现场出入口。

大门应采用封闭门扇，设置应当符合消防要求，其宽度不小于 6 m。施工现场大门处设置警卫室，设置自动打卡机或门禁系统，加强对出入现场的人员管理。

现场出入口明确标识项目名称，施工单位名称，建设、监理等单位名称，我单位主要文明施工管理要求等，出入口处设置冲洗车台，出场区车辆一律冲洗上路。

8.2.10 施工标志牌。

施工现场应设置"七牌一图",即工程概况牌、绿色施工管理牌、组织网络牌、安全管理牌、防火须知牌、环保措施牌、工会组织宣传牌和施工总平面图。

施工标志牌应标明项目名称,建设单位、设计单位、施工单位、监理单位名称,项目经理姓名、联系电话,工会组织负责人、建筑工人维权投诉电话,开工和计划竣工日期及施工许可证批准文号等。

8.3 施工现场临时用地

施工现场临时用地见附表8。

8.4 施工现场平面布置

施工现场平面布置如附图17所示。

附表8 临时用地表

用途	面积/m²	位置	需要时间
办公室	400	现场内	2008.3.8—2008.12.8
门卫	20	现场内	2008.3.8—2008.12.8
卫生间	100	现场内	2008.3.8—2008.12.8
生活用房	600	现场内	2008.3.8—2008.12.8
卫浴室	80	现场内	2008.3.8—2008.12.8
食堂	80	现场内	2008.3.8—2008.12.8
材料存放区	200	现场内	2008.3.8—2008.12.8
土方存放	400	现场内	2008.3.8—2008.12.8
钢筋棚	100	现场内	2008.3.8—2008.12.8
钢筋存放区	200	现场内	2008.3.8—2008.12.8
木工棚	100	现场内	2008.3.8—2008.12.8
木料存放区	200	现场内	2008.3.8—2008.12.8
合计	2 480		

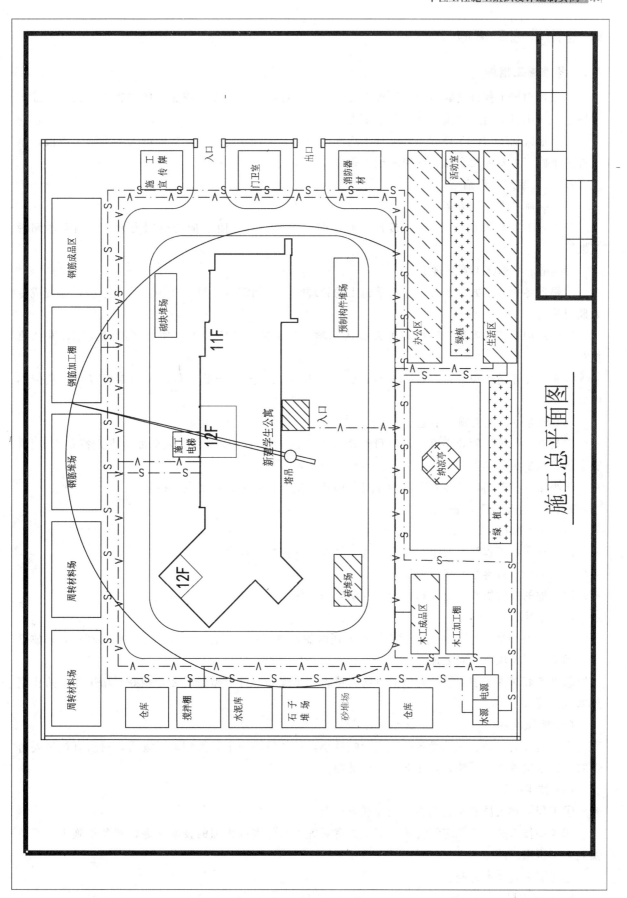

施工总平面图

附图17 施工平面布置图

9. 冬雨季施工措施

9.1 冬季施工措施

本工程根据工程进度的需要，工程中部分分项工程必须安排在冬季施工阶段施工。为了保证工程质量，采用以下施工措施，开展冬季施工。

天津地区从 11 月 15 日或当室外日平均气温连续 5 天稳定低于＋5 ℃即进入冬季施工阶段，本工程冬季施工主要涉及主体钢筋混凝土工程。

9.1.1 组织管理措施。

（1）编制冬季施工方案。

冬季施工方案的编制原则是：确保工程质量；经济合理，使增加的费用为最少；确实能缩短工期。

（2）制定冬季施工管理规定。

①根据冬季施工方案及公司对冬季施工的管理规定，制定本项目冬季施工管理办法，并责成专人监督施行。

②组织项目管理人员、项目施工人员认真学习冬季施工方案以及冬季施工管理规定，并认真执行。

③施工作业前组织安全、技术交底，使全体作业人员熟悉作业流程、注意事项以及重点控制内容。

（3）成立冬季施工领导小组。

①成立冬季施工领导小组，由项目经理挂帅，施工安全、技术负责人全面负责，各专业工长、安全员、质量员具体负责。

②小组责任明确，具体到人，确保对冬季施工安全、质量、进度全面控制。

9.1.2 冬季施工准备。

（1）现场准备。

①根据实物工程量提前组织有关机具、外加剂和保温材料进场。

②计算变压器容量，接通电源。

③工地的临时供水管道等材料做好保温防冻工作。

（2）材料准备。

① 现场冬季施工期间进场的材料二次搬运时做好覆盖保护工作，并及时运到施工现场，码放整齐，远离潮湿及风寒侵袭之地。

②准备好对施工现场进行封堵的材料；检查施工现场，对于需封闭之处做好封堵工作，防止室外寒气侵袭。

（3）机械准备。

室内装饰的机械、工具受冬季施工影响较小，室外使用的工具做到不淋雨雪，对所有机械妥善保管，定期检查临电设施，防止电线硬化破损。

（4）技术准备。

①工程管理人员应认真熟悉图纸和规范要求。

②现场技术员及工长应结合冬季施工方案对施工队伍进行详细的技术交底，使冬季施工方案落实到施工班组。

③主要施工技术措施。

a. 土方工程。

基础开槽后应及时验槽，及时浇筑混凝土垫层，防止地基土冻胀破坏。如基坑开挖后暂时不能浇筑混凝土垫层，用防火草帘苫盖。

b. 钢筋工程。

在冬季施工期间要加强对钢筋的检验，钢筋在运输和加工过程中应防止撞击和刻痕。钢筋的进场必须有相应的材质报告，注明炉号、产地、级别和数量。每捆钢筋必须有钢筋标牌，对来源不明的钢材，现场坚决拒收。钢筋对焊期间加强对大气温度测试，当环境温度低于－20℃时停止钢筋对焊。

雪天或施焊现场风速超过 5.4 m/s（三级风）焊接时，采用彩板遮蔽措施，大雪天气施焊后，将对焊的钢筋存放在钢筋棚内，冷却中的接头避免碰到冰雪。

c. 混凝土工程。

冬季施工采用综合蓄热法。

本工程冬季施工期间采用的商品混凝土和砂浆根据天气温度决定配比。要求厂家供货时在混凝土罐车外表要加裹保温，以保证混凝土出罐温度不低于 10℃，入模温度不低于 5℃。混凝土从出机到入模时间不得超过 90 min，泵送混凝土时压车时间不超过 10 min，提前做好水温的加热工作，保证每条生产线储水池均能满足生产要求。混凝土罐车在进场的同时将各种原材料的合格证、配比单及外加剂、产品证书等资料交有关人员检验存档。

为加强对混凝土构件的质量控制，现场设专人对混凝土坍落度，出机及入模温度等进行测试。现场试验员除按不同部位留试块以外，增加 3 组同条件养护试块，以分别检验冬季施工期间各龄期混凝土强度及混凝土临界强度，并且要严格按照规范要求，在混凝土强度达到临界强度前，不得在其上踩踏或安装模板及支架。

现浇楼板按照冬季施工保温层计算厚度采用塑料布加阻燃型草帘保温养护，柱、墙在浇注前后均封挂阻燃型草帘。混凝土柱、墙模板验收后包裹阻燃型草帘，在北侧（迎风面）及东西两侧用三防布防护；混凝土梁板浇筑后上面覆盖一层塑料布、两层阻燃型草帘进行保温养护。

混凝土的测温：为做好信息化施工，保证混凝土质量，安排专职人员进行冬季施工测温工作。

d. 砌筑工程。

普通砖、混凝土小型空心砌块、加气混凝土砌块和石材在砌筑前均应清除表面污物、冰雪等，不得使用遭水浸和受冻后的砖或砌块。

砂浆采用普通硅酸盐水泥拌制，拌制砂浆所用的砂不得含有直径大于 1 cm 的冻结块；拌制砂浆时，水的温度不得超过 80℃，砂的温度不得超过 40℃，砂浆稠度宜较常温适当加大；拌制砂浆时，掺入 4% 的防冻剂，改善低温条件下的砂浆性能。

施工中，砂浆温度不宜低于 5℃，应严格按照"三一"砌砖法进行施工，每日砌筑后，应及时对砌筑表面进行清理，砌筑表面不得留有砂浆（遇恶劣天气时还应对砌筑表面进行保护性苫盖）。

9.1.3 质量保证措施。

（1）严格按照施工图纸及技术规范的要求进行施工。

（2）使用的特殊材料，要先进行试验工作，确定出施工工艺参数，并在施工中严格按照工艺参数进行施工。

（3）各分项工程施工前，施工员应对作业班组进行技术交底，质量交底，明确分项工程质量要求以及操作时应注重的事项。

（4）在分项工程施工过程中，质检员根据施工与验收规范要求随时检查质量。

9.1.4 安全管理措施。

（1）施工人员进入施工现场必须配戴安全帽。

（2）施工现场严禁吸烟。

（3）电源开关、控制箱等设施要统一布置，加锁保护，严禁私拉乱接电线，拆接电线必须找电工，临时接线不得使用裸线。

（4）涂料使用后应及时封闭存放，废料应及时清出室内，施工时室内保持良好通风，但不宜有过堂风。

（5）高处作业应检查马凳是否牢固。

（6）外架施工人员必须穿防滑鞋，并系好安全带。

9.2 雨季施工措施

9.2.1 雨季施工准备。

（1）成立雨季施工领导小组。

①所属各单位要及时组织建立雨季施工管理领导小组，根据在建工程特点制定相应措施，责任到人，对突然出现的天气变化采取应急措施，处理好雨季施工中出现的问题，确保工程施工顺利进行。

②建立防汛小组，制定防汛计划和紧急预案措施。

③项目经理部夜间设值班人员，同时设置天气预报员，负责收听和发布天气情况。

（2）制订雨季施工管理计划。

①雨季施工前认真组织有关人员分析雨季施工生产计划，根据雨季施工项目编制雨季施工措施，所需材料要在雨季施工前准备好。

②根据预计施工生产计划，组织项目技术人员编制雨季施工方案，施工过程中严格按照方案制订的技术措施指导施工。

③制定雨季施工质量目标，设专人负责检查、指导，确保雨季施工过程中不出现质量问题。

（3）施工人员培训：

①做好施工人员的雨季施工培训工作，确保作业人员熟悉雨季施工中各项施工内容的操作规程。

②施工前对作业人员进行技术交底，明确施工内容、操作规程、质量目标要求、质量验收方法等。

（4）防雨材料准备。

雨季施工前，根据工程情况准备足够数量的防雨、排水材料和机具（如塑料布、苫布、砂袋、抽水泵等），以备使用。

（5）临建设施维护。

①现场临时设施，如职工宿舍、办公室、食堂、仓库等应进行检查检修，做好防漏和排水措施，以防遭雨淋和浸泡。

②根据整个施工现场作业面情况，规划设计排水管网，现场道路两侧设有排水沟，并与市政网联为一体。即使遭遇罕见的降雨，雨水也可以很快汇集到排水管网，流入市政管网排走，保证施工现场无积水。

③施工道路采用混凝土硬化路面，路基碾压坚实，使车道不积水，对施工道路实行专人维护，保证施工道路不滑、不陷、不积水、通行顺畅；非硬化路面均铺撒石屑。

（6）材料储存堆放。

①进入现场的材料，避免放在低洼处，将其垫高，露天存放加苫布盖好，以防雨淋日晒，材料堆放周围有畅通的排水沟，以防积水。

②钢筋堆放场尽量采用混凝土地面或在其下加垫枕木，上用防雨篷布盖严，严禁遭雨水浸泡。

③对木门、窗、扇、罩面板、轻钢龙骨等怕雨淋和需防潮的半成品材料，应搭设大棚或存入室内，库房应完全封闭不漏雨；屋面保温材料（如珍珠岩蛭石块）必须入库垫高存放，并通风良好。

（7）机具设备防护。

①现场所有机电设备应提前搭设好防雨棚（罩），雨季期间设专人经常检查机电设备的接零接地保护装置，每次雨后必须检查，以保证机电设备的正常运转。

②对塔吊的垂直度等进行全面的安全使用监测。

③脚手架立杆底脚设置垫板，并加设扫地杆，同时保证排水良好。

9.2.2 雨季施工技术措施。

（1）砌筑工程。

①基础砌筑应分段施工，工作面不宜过大，以便防护。

②过湿的砖、砌块不要上墙，砂浆稠度应减小。

③每天砌筑高度不宜过大，以保证墙体稳定；大雨天应停工。

④收工时，墙上应码一皮干砖或用编织布覆盖。

（2）脚手架工程。

①雨期前对所有脚手架进行全面检查，脚手架立杆底座必须牢固，并加扫地杆，外用脚手架要与主体拉接牢固。

②外架基础应随时观察，如有下陷或变形，应立即处理。

③脚手架工程必须有良好的防电、避雷装置，并有可靠接地，高于四周建筑物的脚手架和垂直运输架应设避雷装置。

④落地式外脚手架地基应具有足够的承载力，架子地基应平整夯实，排水好，无积水，以避免脚手架整体或局部沉降；脚手架应设置足够牢固的连墙点，依靠建筑物结构的整体刚度来加强和确保脚手架的稳定性。

⑤作业人员体检合格后方可施工，遇大风及雨水天气停止作业，雨后作业须有可靠的防滑措施。

10. 施工临时用电、安全生产专项方案及措施

10.1 施工用电专项方案

10.1.1 施工用电布置。

根据建设单位提供的电源，施工时沿作业面周边设置供电配电箱，引至用电部位。采用橡胶电缆连接，由电源处引出，分别布置到生活办公区、材料加工区及施工作业面。

10.1.2 工程配电原则。

在整个施工场地内配置足够数量的配电箱，以确保所有其他专业队伍需要，并在整个施工期间负责现场施工用电的维护管理，确保整个施工场地的电力畅通可用。

10.1.3 配电布置要求。

（1）电气设备防护。

电气设备现场周围不得存放易燃易爆物、污源和腐蚀介质，否则应予以清除或做防护处置，其防护等级必须与环境条件相适应。

电气设备设置场所应能避免物体打击和机械损伤，否则应做防护处置。

（2）接地。

在施工现场专用变压器供电的 TN—S 接零保护系统中，电气设备的金属外壳必须与保护零线连接。保护零线应由工作接地线、配电室（总配电箱）电源侧零线或总漏电保护器电源侧零线处引出。

接地装置的设置应考虑土壤干燥的季节变化的影响，并应符合相关规定，防雷装置的冲击接地电阻值须考虑在雷雨季节中土壤干燥状态的影响。

（3）防雷。

在土壤电阻率低于 200 Ω 区域的电杆可不另设防雷接地装置，但在配电室的架空进线或出线处应将绝缘子铁脚与配电室的接地装置相连接。

机械设备或设施的防雷引下线可利用该设备或设施的金属结构体，但应保证电气连接。

机械设备上的避雷针长度应为 1～2 m。

安装避雷针的机械设备，所有固定的动力、控制、照明、信号及通信线路，宜采用钢管敷设。钢管与该机械设备的金属结构体应做电气连接。

施工现场内所有防雷装置的冲击接地电阻值不得大于 30 Ω。

（4）电缆线路。

电缆中必须包含全部工作芯线和用作保护零线或保护线的芯线。截面的选择应符合规范规定。

电缆线路应采用埋地或架空敷设，严禁沿地面明设，并应避免机械损伤和介质腐蚀。埋地电缆路径应设方位标志。

埋地敷设宜选用铠装电缆；当选用无铠装电缆时，应能防水、防腐。架空敷设宜选用无铠装电缆。埋地敷设的深度不应小于 700 mm，并应在电缆紧邻上、下、左、右侧均敷设不小于 50 mm 厚的细砂，然后覆盖砖或混凝土板等硬质保护层。

埋地电缆在穿越建筑物、道路时必须加设防护套管，防护套管内径不应小于电缆外径的1.5 倍。

埋地电缆的接头应设在地面上的接线盒内，接线盒应能防水、防尘、防机械损伤，并应远离易燃、易爆、易腐蚀场所。

电缆线路必须有短路保护和过载保护。

（5）配电箱及开关箱。

配电系统应设置配电柜或总配电箱、分配电箱、开关箱，实行三级配电。总配电箱以下可设若干分配电箱；分配电箱以下可设若干开关箱。

总配电箱应设在靠近电源的区域，分配箱设在用电设备或负荷相对集中的区域。

动力配电箱与照明配电箱宜分别设置。当合并设置为同一配电箱时，动力和照明应分路配电；动力开关箱与照明开关箱必须分设。

配电箱、开关箱应装设在干燥、通风及常温场所。周围应有足够 2 人同时工作的空间和通道，不得堆放任何妨碍操作、维修的物品。

配电箱布置及导线截面的选择：

用于施工现场临时供电的低压电路电缆及配电箱，应充分考虑其容量和安全性。低压电路的走向可选择受施工影响小和相对安全的地段采用直埋方式敷设。在穿过道路、门口或上部有重载的地段时，可加套管予以保护。在有条件的地方，低压电路可采用双路敷设，确保施工用电。施工现场低压配电箱安装的位置、数量要与施工分区、大型施工设备的分布相结合，并尽可能安装电表，以便分区计量、分区管理，节约用电。

10.1.4　施工照明。

（1）施工区照明。

设置大功率照明灯，并在整个施工期间负责照明设施的维护管理，保持施工区的照明，以保证施工安全、便捷。

照明器的选择必须按下列环境条件确定：

一般场所，选用开启式照明器；存在较强振动的场所，选用防振型照明器。

现场照明应采用高光效、长寿命的照明光源，一般对大面积的照明场所，应采用高压汞灯、高压钠灯、混光用的碘钨灯等。

（2）一般照明供电。

一般场所宜选用额定电压为 220 V 的照明器。

特殊场所、潮湿场所、宿舍及工作面照明应使用安全特低电压照明器。

照明系统宜使三相负荷平衡。

工作零线截面应按有关规定选择。

（3）照明装置。

照明灯具的金属外壳必须与 PE 线相连接，照明开关箱内必须装设隔离开关、短路与过载保护电器和漏电保护器，并应符合相关规定。

室外 220 V 灯具距地面不得低于 3 m，室内 220 V 灯具距地面不得低于 2.5 m。普通灯具与易燃物距离不宜小于 300 mm；聚光灯等高热灯具与易燃物距离不宜小于 500 mm，且不得直接照射易燃物并采取隔热措施。

10.1.5　临时用电管理规定。

（1）供电系统验收。

项目经理部负责与建设单位联系，将电源接至施工现场，具备供电条件后，由水电项目部进行验收，合格后方可投入使用。并填写施工用电线路系统验收表和电气设备安装验收表。

由项目经理部提供书面的施工现场临时设备总容量（kW）。合理配备总配电箱，经验收需要增容的，填写增容申请表。

（2）临时用电的安装及验收。

由项目经理部向水电项目部进行书面临电安装安全技术交底。

水电项目部在临电安装前，应编制《临时用电施工组织设计》。

临时用电设备的设置安装，按照《施工现场临时用电安全技术规范》（JGJ 46—2005）和《施工现场临时用电施工组织设计》执行。

施工现场电源采用"三项五线制"的供电方式和"三级控制、两级保护"。按照"一机、一闸、一漏保"的原则进行配置。闸具分配合理，由持证电工负责管理，并编号、挂牌、上锁。

施工现场临时用电设施安装完毕后，项目经理部资料员应保存完整的供电系统图、布置图和竣工资料。

（3）临时用电使用及验收。

水电项目部的电工对现场范围内的供电系统设施进行每日巡视检查，并填写电工日巡维修记录表。

项目经理部电工每月对现场所有配电箱内漏电保护进行测试，测试结果填写漏电保护器测试记录。

项目经理部的电工雨季前，对现场电气设备的接地系统、防雷接地进行接地电阻测试，并填写接地电阻测试记录表，测试资料由项目经理部资料员保存归档。

在检查中发现的不符合项，严格按《不符合纠正与预防措施控制程序》执行，并填写隐患整改通知单，责任单位应按要求进行整改。

10.1.6　临时用电安全措施。

（1）建立对现场临时用电线路、用电设施的定期检查制度，并将检查、检验记录存档备查。用电由具备相应专业资质的持证专业人员管理。

（2）临时用电按有关规定编好施工现场临时用电方案，并建立对现场线路、设施定期检查制度。

（3）配电线路必须架设整齐，架空线路应采用绝缘导线，不得采用塑胶软线，不得成束架空敷设或沿地面敷设。

（4）临时配电线路按规范要求敷设整齐，临时电缆埋入砖砌，上面加钢板盖板，电缆沟宽度400 mm，深度800 mm。

（5）配电系统必须采取分级配电，各类配电箱、开关箱的安装和内部设置必须符合有关规定，开关电器应标明用途。各类配电箱、开关箱外观应完整、牢固、防雨、防尘，箱体应外涂安全色标，统一编号。停止使用的配电箱应切断电源，箱门上锁。

（6）独立的配电系统应按照有关标准规定采用三相五线制的接零保护系统。

（7）开关箱必须实行一机一闸制。开关箱必须装置漏电保护器。开关箱与动力设备、用电设备水平距离不能超过3 m，以免发生机械故障时迅速切断电源。现场照明灯具的金属外壳要做保护接零，单向回路照明开关箱内必须装漏电保护器，电源电气线路应采取绝缘措施。

（8）手持电动工具应符合有关规定，电源线、插头、插座应完好，电源线不得任意接长和调换，工具的外绝缘完好无损，维护和保管由专人负责。

（9）电焊机应单独设开关，电焊机外壳做接地保护，一次电源线宜取用橡套缆线，其长度不大于2 m，两侧接线应压接牢固，并安装可靠的防护罩，焊接线到位，不得借用管道、金属脚手架等做回电线路。

（10）临时配电箱采用定型防护，并有专业人员定期维护。

10.2 施工安全生产专项方案

10.2.1 安全生产管理目标、方针。

安全管理目标："三无一杜"和"一创建"。"三无"即无工伤死亡事故，负伤率1‰以下；无交通死亡事故；无火灾事故。"一杜绝"即杜绝重伤事故。"一创建"即创建安全文明工地。

施工管理上我们始终如一地坚持《职业健康安全管理体系规范》（GB/T 28001—2001）的管理方针，以安全促生产，以安全保目标。

10.2.2 安全生产组织机构。

（1）组织机构。

现场组建由项目经理、工长、专职安全员组成的安全管理机构小组，负责监督检查施工现场安全设施，并负责对进入本现场施工人员进行安全教育，做好安全交底记录。

以行政或施工部门为单位，各部门和班组设立兼职安全员1~2人，对安全生产进行监督检查。

安全生产组织机构，如附图18所示。

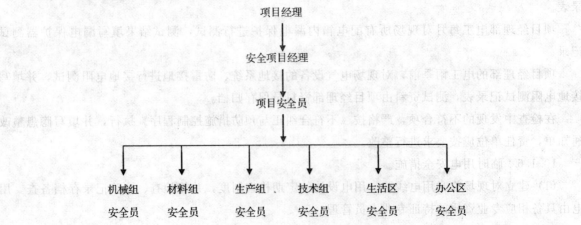

附图18　安全生产组织机构框图

（2）安全管理制度。

①安全技术交底制。

根据安全措施和现场实际情况，施工现场管理人员亲自进行书面交底。

②班前检查制。

项目安全负责人和专业安全员必须督促、检查劳务分包队伍对安全防护措施是否进行了检查。

③大中型设备安全验收制。

大中型设备实行安全验收制度，不经验收的设备不得投入使用。需政府部门验收的，在自检合格后，由总包报验。

④周一安全活动制。

项目部定期组织作业人员进行安全教育，对安全方面存在的问题进行总结，对即将开展工作的安全重点和注意事项做必要的交底，使作业人员心中有数，时刻谨记安全意识。

⑤定期检查与隐患整改制。

公司、项目部每周组织一次安全生产检查，对查出的安全隐患必须定时间、专人负责整改，并做好安全隐患、整改消项记录。

⑥大型工具验收制。

对现场使用的大型工具，如脚手架等实行验收制，凡不经验收的，一律不得投入使用。

⑦实行安全生产奖罚制与事故报告制。

a. 危急情况停工制。

一旦出现危及职工生命财产安全的险情，要立即停工，同时，立即报告有关部门，及时采取措施排除险情。

b. 事故报告制。

发生安全事故必须立即报告，及时抢救伤员并采取措施保护现场，按"四不放过"原则对事故进行处理。

c. 安全生产奖罚制。

对每次检查中位于前两名的单位给予 1 000～3 000 元奖励，对最后两名给予 1 000～2 000 元罚款或停工整顿。

⑧持证上岗制。

特殊工种必须持有上岗操作证，严禁无证操作。

⑨安全生产责任制。

a. 项目经理。

全面负责施工现场的安全措施、安全生产等，保证施工现场的安全。

b. 项目副经理。

直接对安全生产负责，督促、安排各项安全工作，并按规定组织检查、做好记录。

c. 项目安全经理。

制定项目安全技术措施和分部工程安全方案，督促安全措施落实，解决施工过程中不安全的技术问题。

d. 项目安全员。

督促施工全过程的安全生产，纠正违章，配合有关部门排除施工不安全因素，安排项目部安全活动及安全教育的开展，监督劳保用品的发放和使用。

e. 机电负责人。

保证所使用的各类机械的安全使用，监督机械操作人员保证遵章操作，并对用电机械进行安全检查。

f. 专业工长。

负责上级安排的安全工作的实施，制定分项工程的安全方案，进行施工前的安全交底工作，监督并参与班组的安全学习。

g. 其他部门。

生产部门保证进场施工人员的安全技术素质，控制加班加点，保证劳逸结合；财务部门保证用于安全生产上的经费；后勤、行政部门保证工人的基本生活条件，保证工人健康；材料部门应采购合格的用于安全生产及劳防的产品和材料。

10.2.3 外分包管理制度。

(1) 施工现场安全生产的有效实施，同各分包方的参与与密切配合是分不开的。

各分包方必须严格执行先签合同，后组织进行施工的原则。合同中明确总包与分包的权利、义务。对违反分包合同要求的制约措施不能与总合同的规定相矛盾。

(2) 在签订分包合同时，应同时签订有关的附件，如安全生产、治安消防。分包合同中要包含安全奖罚细则，如果有异议可由双方平等协商制定。

(3) 分包方进场正式开始施工前，要由项目经理或项目副经理组织有关人员向分包方负责人及有关人员进行安全技术交底，交底内容以总包合同为依据，包括施工技术文件、安全管理体系的有关内容、安全生产规章制度等。在合同履约过程中，项目经理部设专人对分包方施工全过程中的安全生产情况进行指导检查，监督管理，做好必要的记录。

10.2.4 安全教育制度。

安全教育既是施工企业安全管理工作的重要组成部分，也是施工现场安全生产的一个重要方面的工作。

安全教育的特点：

(1) 安全教育的全员性：安全教育是企业人员上岗前的先决条件，任何人不得例外。

(2) 安全教育的长期性：安全教育贯穿于每项工作的全过程，贯穿于每个工程施工的全过程，贯穿于施工企业生产的全过程。因此，安全教育的任务"任重而道远"，不应该也不可能是一劳永逸的。

(3) 安全教育的专业性：安全生产的管理性与技术性结合，使得安全教育具有专业性要求。

10.2.5 安全检查制度。

安全检查是发现不安全行为和不安全状态的重要途径，是清除事故隐患，防止事故伤害、改善劳动条件的重要方法，所以，必须加强安全检查工作。

(1) 安全检查由项目负责人和安全负责人参加，安全员具体实施，有针对性地采取随机和定时的方式进行。

(2) 针对电气线路、机械动力等关键性作业进行检查，以防止机械伤人、触电等人身事故。

(3) 根据施工特点，重点进行检查，如吊车运行操作安全、现场的施工安全等。

(4) 现场安全检查的形式：

①定期检查：每周进行一次全面的安全检查，并有记录。

②每日巡查：每天早、晚交接班时进行的例行检查。

③针对性检查：对主要用电部位、机械部位及吊车进行重点检查。

10.2.6 安全消防措施。

(1) 现场消防组织机构。

①管理组织。

现场成立以项目经理为组长，项目安全员为副组长，各施工员、施工队长及现场保安或经警为组员的管理小组。

②职责与任务。

经常检查消防器材，以保证消防的可靠性。

定期对职工进行消防教育，提高思想认识，一旦发生灾害事故，做到招之即来、团结奋斗。

现场组建义务消防队，由项目经理安全员现场施工操作人员组成。

项目经理部针对本工程实际情况，制订应急响应计划，并组织演练，以验证计划的可行性，并适当进行调整，以确保计划的可行。

（2）防火教育。

①施工现场要有明显的防火宣传标志，每月对职工进行一次防火教育，定期组织防火检查。

②电工、焊工从事电气设备安装和电、气焊切割作业，要有操作证和动火证。动火前，要清除附近易燃物、配备看火人员和灭火器材。动火证当日有效，动火地点变换，要重新办理动火证手续。

③施工材料的存放、保管，要符合防火安全要求，易燃易爆物品要设专库储存，且保证通风。

④化学危险品要设专库单独隔离存放，且库房门口要有明显的标识。

（3）消防安全措施。

①机电设备。

a. 机械和动力机的机座要稳固。转动的危险部位要加设防护装置。

b. 电气设备和线路必须绝缘良好，电线不得与金属物绑在一起，各种电动机必须按规定接零接地，并设置单一开关，现场如遇临时停电或停工休息时，必须拉闸加锁。

c. 施工机械和电器设备不得带病运转和超负荷作业，出现情况要立即停机检查，不得在运转中修理。

②焊接工程。

电焊机外壳必须接地良好，其电源的装拆要由电工进行。电焊机要设单独开关，并放置在防雨闸箱内。多台电焊机一起集中施焊时，焊接平台或焊件必须接地，并有隔光板。工作结束后要切断电源，并检查操作地点，确认无火灾隐患后，方可离开。

③易燃易爆物品存放管理。

施工材料的存放、保管，要符合防火安全要求，库房采用阻燃材料搭设，易燃易爆物品设专库存放保管，库房保持通风，用电符合防火规定，指定防火负责人，配备消防器材，严格防火措施，确保施工安全。

④现场明火作业管理。

a. 现场严禁动用明火，确需明火作业时，必须事先向主管部门办理审批手续，并采取严密的消防措施，切实保证施工安全。

b. 现场生产、生活用火均要由上级主管部门领导批准，不准擅自动用明火。

c. 现场设吸烟室，场内禁止吸烟。

d. 结构阶段施工时，钢筋焊接量比较大，要增加看火人员。特别是高层施工时，电焊火花一落数层，如果场内易燃物品多，更要多设看火人员。钢筋焊接时，在焊点垂直下方，要将易燃物清理干净，特别是冬季结构施工多用草袋等易燃材料进行保温，电焊时更要对电焊火花的落点进行监控和清理，消灭火种。

10.2.7 治安保卫措施。

(1) 保卫管理组织。

针对本项目成立保卫工作领导小组，以项目经理为组长，项目安全负责人为副组长，各施工段工长、作业队队长、安全员、现场保安为组员。

(2) 治安保卫措施。

①为了加强施工现场的保卫工作，确保建设工程的顺利进行，根据天津市建设工程施工现场保卫工作基本标准的要求，结合本工程的实际情况，为预防各类盗窃、破坏案件的发生，特制定本工程的保卫工作方案。

②本工程设立保卫领导小组，由本工程项目经理任组长，全面负责领导工作，项目副经理任副组长，其他成员由施工工长、各施工队队长、安全员组成。

③工地设门卫值班室，由保安员昼夜轮流值班，对外来人员和进出车辆及所有物资进行登记，夜间值班巡逻护场。重点是仓库、木工棚、办公室及成品、半成品保卫。

④加强对劳务分包人员的管理，掌握人员底数，掌握每个人的思想动态，及时进行教育，把事故消灭在萌芽状态。非施工人员不得住在现场，特殊情况必须经项目保卫负责人批准。

⑤每月对职工进行一次治安教育，每季度召开一次治保会，定期组织保卫检查，并将会议检查整改记录存入企业资料内备查。

⑥对易燃、易爆、有毒品设立专库、专管，非经项目负责人批准，任何人不得动用。不按此执行，造成后果追究当事人刑事责任。

⑦施工现场必须按照"谁主管，谁负责"的原则，由党政主要领导干部负责保卫工作。

⑧施工现场设立门卫和巡逻护场制度，护场守卫人员要佩戴值勤标志。

⑨财会室及职工宿舍等易发案部位要指定专人管理，重点巡查，防止发生盗窃案件。严禁赌博、酿酒、传播淫秽物品和打架斗殴。

⑩变电室、大型机械设备及工程的关键部位和关键工序，是现场的要害部位，加强保卫，确保安全。

⑪加强成品保卫工作，严格执行成品保卫措施，严防被盗、破坏和治安灾害事故的发生。

⑫施工现场发生各类案件和灾害事故，立即报告有关部门并保护好现场，配合公安机关侦破。

(3) 治安保卫教育。

①每月对职工进行治安教育，每季度召开一次治保会，定期组织保卫检查。现场所有人员必须服从和支持值班人员按规定进行管理。

②每次对职工进行保卫教育的记录存档，以备核查。

(4) 现场保卫定期检查。

为了维护社会治安，加强对施工现场保卫工作的管理，保护国家财产和职工人身安全，确保施工现场保卫工作的正常有序，促进建设工程顺利进行，按时交工，根据本项目实际每周对现场保卫工作进行一次检查，对现场保卫定期检查提出的问题限期整改，并按期进行复查。检查内容如下：

①加强对全体施工人员的管理，掌握各施工队伍人员底数，检查各队的职工"三证"是否齐全，无证人员、非施工人员立即退场，并对施工队负责人进行处罚。

②加强对职工的思想政治教育，在施工场内严禁赌博酗酒、传播淫秽物品和打架斗殴。

③施工现场保卫值班人员必须佩戴袖标上岗，门卫及值班人员记录完整明确。

④施工现场易燃、易爆物品设有专库、专人负责保管，进出料记录明确，做好成品保护工作，并制定具体措施严防盗窃、破坏和治安事故的发生。

（5）门卫值班记录。

①外来人员联系业务或找人，门卫必须先验明证件，进行登记后方可进入工地。

②门卫值班每天记录完整清楚，值班人员上班时不得睡觉、喝酒，不得随意离开岗位，发现问题及时向主管领导报告。

③进入工地的材料，门卫值班人员必须进行登记，注明材料规格、品种、数量，车的种类和车号。

10.2.8　施工人员管理措施。

（1）工人进场前必须进行安全交底、教育，并做好记录。施工单位进场，必须持有"三证"。

（2）现场配备 3 名以上安全管理人员，每个分包人都要配备专职安全员。

（3）各特殊工种要随身携带相应的上岗证及培训证书。

（4）不准带家属及儿童进场。不准雇用童工、精神病患者、刑事在逃人员。

（5）施工现场和生活区严禁酗酒闹事、赌博等违法行为。

（6）现场管理人员及作业者必须佩戴胸卡。要求承包人统一着装，佩戴胸卡统一编号。夜间施工人员穿戴具有荧光的警示服。

（7）现场施工人员管理实行实名制，统一编制花名册，建立照片和身份证对应的电子文档，并进行动态管理。

（8）不允许拖欠施工人员工资，必须按时发放农民工工资。

11．施工现场文明施工措施

坚持"文明施工、绿色施工"的管理理念，严格按照文明施工的有关规定执行，加大投入，下大力气抓文明施工，创建文明施工工地。以良好的形象面向广大市民群众，建造开发商信得过的工程。

11.1　文明施工管理目标

本工程的文明施工管理目标是"创市级文明工地"。

11.2　文明施工管理机构及运行程序

11.2.1　建立工地文明施工领导小组。

组长：项目经理；副组长：安全项目经理；组员：工程部组、技术组、各分包队伍负责人。

11.2.2　安全文明施工管理机构及运行程序图，如附图 19 所示。

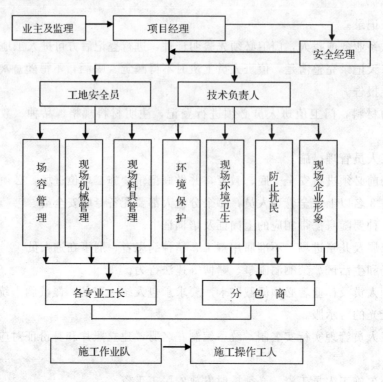

附图 19 安全文明施工管理机构及运行程序图

11.3 文明施工各项制度

11.3.1 文明施工责任区制度。

建立现场文明施工责任区制度，根据文明施工管理员、材料负责人、各施工工长具体的工作将整个施工现场划分为若干个责任区，实行挂牌制，使各自分管的责任区达到文明施工的各项要求，项目定期进行检查，发现问题，立即整改，使施工现场保持整洁。

11.3.2 工完场清制度。

（1）认真执行工完场清制度，每一道工序完成以后，必须按要求对施工中造成的污染进行认真的清理，前后工序必须办理文明施工交接手续。

（2）由项目经理、文明施工管理员、保卫干事定期对员工进行文明施工教育、法律和法规知识教育及遵章守纪教育，提高职工的文明施工意识和法制观念。要求现场做到"五有、四整齐、三无"以及"四清、四净、四不见"，每月对文明施工进行检查，对各责任人进行评比、奖罚，并张榜公布。

11.3.3 文明生活区管理制度。

建立管理体系和管理制度，丰富职工的业余生活，及时制止不正当活动，消除非正常伤亡隐患，形成运转灵活的工作体系。经常开展检查评比，使生活区的各项制度能够得到落实。

11.3.4 文明施工检查制度。

项目文明施工管理组每周对施工现场做一次全面的文明施工检查，每月对项目进行一次大检查，检查内容为施工现场的文明施工执行情况，检查依据《建设部建筑施工安全检查评分标准》《建设工程施工安全条例》及"文明施工管理细则"等。检查采用评分的方法，实行百分制记分。每次检查均认真做好记录，指出其不足之处，并限期整改。对每次检查中做得好的进行奖励，做得差的进行处罚，并敦促其改进。

11.4 场区平面管理

本工程按总平面布置图进行施工管理，现场内所有临时设施均按平面布置，使施工现场处于有序状态。场地围栏设标示牌，标明建设工程名称、规模、甲方、监理及施工单位名称和负责人以及工程开工、竣工日期、施工许可证等，同时在适当的位置设"七板一图"。

11.4.1 场容场貌管理。

(1) 施工现场的场容管理，实施划区域分块包干，责任区域挂牌示意，生活区管理规定挂牌昭示全体人员。

(2) 制定施工现场生活卫生管理、检查、评比考核制度。

(3) 安全生产作业工作上墙，做到"七板一图"齐全。

(4) 现场必须布置安全生产标语和警示牌，做到无违章。

(5) 施工区、办公区、活动区挂标志牌，危险区设置安全警示标志。

(6) 在主要施工道路口设置交通指示牌。

(7) 大门、旗杆按要求设计，并按要求施行封闭式管理。

(8) 确保周围环境清洁卫生，做到无污水外溢，围墙外无渣土。无材料、无垃圾堆放。

(9) 环境整洁，水沟通畅，生活垃圾每天用编织袋袋装外运，生活区域定期喷洒药水，灭菌除害。

11.4.2 临时道路的管理。

(1) 进出车辆门前派专人负责指挥。

(2) 现场施工道路畅通。

(3) 做好排水设施，场地及道路不积水。

(4) 开工前做好临时便道，临时施工便道路面应高于自然地面，道路外侧设置排水沟。

11.4.3 材料堆放管理。

(1) 各种设备、材料尽量远离操作区域，并不许堆放过高，防止倒塌下落伤人。

(2) 进场材料严格按现场布置图指定的位置进行规范堆放。

(3) 现场材料员认真做好材料进场的验收工作（包括数量、质量、质保书），并且做好记录（包括车号、车次、运输单位等）。

(4) 水泥仓库有管理规定和制度，水泥堆放十包一垛，过目成数，挂牌管理。水泥发放凭限额领料单，限额发放。仓库管理人员认真做好水泥收、发流水明细账。

(5) 材料堆放按现场布置图严格堆放，杜绝乱堆、乱放、混放，特别是杜绝把材料堆靠在围墙、广告牌后，以防受力造成倒塌等意外事故。

(6) 钢筋堆放。

①钢筋卸放整齐，原料与成品分规格、尺寸、使用部位码放在统一材料架上，由专人统一管理、分放。

②临时设备、电闸箱安放符合规范要求，有防潮防雨设施。

③现场工作完毕，做到活完料净场地清，没有剩余焊条及其他物品。

④现场或加工区有条件的设工具及零材库房，将电焊线及电焊条等存放进去，要有人管理，防止丢失。

11.4.4 场地原有公共设施。

(1) 采取严密措施，确保施工场地周围各种公共设施的安全。

(2) 工程完工后，按要求及时拆除所有工地围墙、安全防护设施和其他临时设施，并将工地及周围环境清理整洁，做到完工料清、场地净。

（3）项目部专门设置专职的安全交通领导小组负责与交通部门协调有关交通问题，并加强司机的安全教育，遵守交通法规，严格对有关车辆执行"三检"制度。

11.5 施工人员管理

11.5.1 组织机构、项目部设文明施工领导小组，由项目副经理担任文明施工领导小组负责人，领导小组由项目部安全、办公室、器材科、现场即清包队等方面的人员组成，负责本项目文明施工的组织与管理工作。

11.5.2 以项目为单位，成立文明施工规范化管理执行小组，具体负责施工队伍施工现场、生活区文明施工和分公司规范化管理多项措施的贯彻落实。

11.5.3 工作责任。

（1）项目部文明施工负责人（领导小组）：负责本项目文明施工的组织、推动、领导和检查工作。

（2）项目办公室负责人：做好文明施工的宣传布置，组织文明施工的检查与评比，具体落实奖罚措施。

（3）施工队文明施工负责人（执行小组）：全面负责本队文明施工管理，落实安全生产的各项措施，指导各工种落实文明施工措施，负责落实检查整改工作，具体领导现场文明施工监督和宿舍、食堂规范化管理的日常工作。

（4）各工种负责人：具体负责本工种各部位的文明施工和安全生产，负责各项检查整改要求的贯彻与落实。

11.5.4 施工人员文明施工标准。

（1）个人形象标准。

①遵守天津市市民公德，讲文明、讲礼貌，保持个人清洁，搞好环境卫生。

②上工要统一着装，佩戴胸卡。

③工作要精神集中，不许大声喧哗，做到施工便民不扰民。

④施工中杜绝乱丢、乱抛，养成勤俭节约、爱护公物的好习惯。

⑤不违章指挥，不违章操作，增强安全意识和自我保护意识。

⑥积极参与健康的业余文化活动，杜绝打架斗殴现象的发生。

（2）集体宿舍标准。

①床位整齐，统一床单和凉席，被子叠好，蚊帐一致，床下工整，生产工具及闲杂物不准带入室内。

②通道干净无杂物，36 V照明不乱接，电器插座规范安全，表面无污物和脏衣物。

③门窗无损坏，厕所干净，走道整洁，热水器具由专人管理。

④集体宿舍内一律不许住家属，不许在宿舍内起火烧饭。

⑤宿舍内人员名单上墙，各种制度、表格上墙。

（3）集体食堂标准。

①食堂卫生清洁，上下水道畅通，节约用水，并有防蝇设施。

②垃圾定点倒放，剩饭不乱泼乱倒，并有专人打扫卫生。

③入口食物要保持卫生，防止中毒事件发生。

11.6 现场治安管理

11.6.1 施工现场在大门处设立门卫房，由1名保卫干事和5名保安员组成的治安保卫小组，负责现场的治安保卫工作。

11.6.2 建立门卫制度，项目人员出入要佩戴统一发放的胸卡，凭证出入。严格执行外来人员登记制度和车辆出入检查制度。建立夜间巡查制度，对施工现场进行巡视管理。外地人员必须有身份证、暂住证和务工证。保卫组建立施工队伍人员档案，加强对作业队伍人员的管理，保证工程的顺利进行。

11.6.3 在工程交工前，对施工内容提供保卫，避免由于他人有计划的偷盗或破坏或无意所引起的损失。

11.6.4 为避免工作中不必要的误会，所有进入施工区域或成品保卫区域的人员必须佩戴指定的胸卡或事先双方约定的标志，否则，成品保护人员将视工作需要对进入上述区域的人员进行强制检查或拒绝其进入。

11.6.5 在保卫工作中，根据需要对施工现场的施工工艺的危险性进行警告说明，如：设备试运转。在上述区域的保卫工作将以函告的方式通知各专业承包商，并采取相应的保卫措施，对于拒绝警告而恶意违反的人员，将采取严厉措施。

11.7 生活区管理

本工程生活区不设在现场内，良好的生活环境有利于作业人员的休息、学习，有利于从人员环节上确保工程的安全、质量和工期目标的实现，故生活区管理仍然是本工程文明施工管理的重点。

11.7.1 场内、场外生活区环境的塑造。

(1) 生活区总体布局合理，道路畅通，各类设施搭建符合要求，安全可靠。

(2) 生活区内整洁、卫生，秩序良好，根据生活区实际进行绿化、美化。

(3) 生活区内消防措施完备、安全保卫工作落实。

(4) 生活区内居住人员举止文明，讲究卫生，人际关系和谐。

(5) 生活区内具有良好的工作、生活、学习风气，形成讲科学、树正气、遵纪守法、爱岗敬业的良好氛围。

11.7.2 物业化管理。

我公司将依托集团产业化优势，聘请集团内专业物业管理公司，对生活区统一物业式管理，有专业人员管理生活区内安保、清洁、饮食等环节。

11.7.3 保洁工作。

保洁工作是文明施工的一个重要组成部分，生活区内由物业公司统一清洁管理。现场设立专门的垃圾存放处，生活垃圾分类存放，统一处理。生活垃圾由环卫公司天天清运，给施工现场创造一个良好、文明、清洁的环境。对非施工区域进行消毒和投放鼠药，对厕所、垃圾池等容易滋生蚊蝇的地方，由保洁员重点处理，现场范围内的积水及时清除干净。

11.7.4 食堂管理。

(1) 食堂必须取得卫生许可证，食堂炊事人员必须持有健康证且保持良好的个人卫生。

(2) 食堂内干净、整洁，地面、墙壁、门窗等无污垢，具有良好的通风、排烟设施，使用清洁燃料；食堂必须设置纱门纱窗，当班炊事员每天对食堂进行打扫、冲洗，食堂内设大型冰箱一台，生熟食料分开存放，并设有专门的防鼠、防蝇设施。

(3) 食品采购、制作、储藏、食用等环节必须遵守食品卫生管理规定，食品加工操作严格按《食品卫生法》进行，防止食物中毒及传染病流行。

(4) 餐具、炊具干净、摆放有序，能够定期消毒，灶具设施性能完好。

(5) 用电设备安全，专人操作食品加工机械，防火措施完备。

11.7.5 宿舍管理。

(1) 员工宿舍采用军事化管理，公寓化服务，公司为员工配置统一床单被褥，统一定制鞋帽架、储物柜。定期由物业人员对员工床单、被褥进行清洗。

(2) 项目文明施工管理员每天对宿舍卫生进行检查，床铺被褥整洁、地面干净、物品堆放整齐，杜绝赌博、酗酒事件的发生。

(3) 人员来源清楚、手续齐全，住宿人员均办理暂住证。

(4) 用电、取暖设施符合规范要求，安全可靠。

11.7.6 厕所和浴室。

(1) 厕所设置纱门纱窗，地面铺缸砖，墙面、顶篷用涂料刷白，厕所内蹲位用砖墙分开，瓷砖贴面，设置自动冲水设备；浴室内安装莲蓬头和水龙头，室内地面铺地砖。

(2) 所有污水必须经化粪池三级沉淀才能排放进污水管道，每天设有专人定时打扫及消毒，确保厕所、浴室卫生达标。

11.7.7 文化设施。

(1) 场外生活区设立阅览室、活动室，具备收看电视或影像节目的条件。

(2) 明确专人负责对上述设施的管理，开展文明的文化活动，提倡学习科学、文化知识。

(3) 生活区内设立职工夜校，定期对作业人员进行技能、法制等再培训，不断提高作业人员自身素质与职业技能。

11.8 企业 CI 形象布置

CI 形象是本公司标准化、制度化、高质量管理和确保高质量、文明施工的标志。它充分体现了本公司的综合实力，和政府主管部门对施工企业，施工现场管理的高度要求。在施工期间，本公司全体施工人员应维护本公司企业形象的完美，严格遵守本公司 CI 规范对施工现场的具体规定。

企业形象活动的具体措施：

11.8.1 施工现场成立以项目工程师领导的企业形象小组。

11.8.2 公司管理人员工作期间统一穿着工作服，佩戴胸卡，佩戴的安全帽统一印刷本公司标识。

11.8.3 施工现场的各类标识牌、宣传图采用企业形象手册统一规定的标准格式。

11.8.4 现场办公用品、公共用品、运输工具等均按企业形象规范执行。

11.8.5 与业主、监理、设计及其他相关方的书面文件，均采用标准格式文本。

11.8.6 管理人员与建设、监理等各方进行沟通时需举止文明，言语礼貌。

11.9 现场禁止搅拌砂浆、混凝土

本工程响应天津市《关于在本市城区、滨海新区施工现场禁止搅拌砂浆的通知》，现场禁止进行砂浆、混凝土的搅拌工作，全面代之以商品混凝土、预拌砂浆。

11.9.1 方案制订过程中，混凝土工程按照商品混凝土考虑，砌筑、抹灰砂浆全部按照使用预拌砂浆考虑。

11.9.2 采用商品混凝土、砂浆能够减少现场砂、石、水泥等材料的存放，降低粉尘污染，提高现场文明施工水平。

11.9.3 使用商品混凝土、砂浆能够提高工作效率，加快工程进度，从材料方面确保工程进度的实现。

11.9.4 商品混凝土、砂浆的使用，能够确保材料的质量，提高工程质量水平。

11.9.5 科学合理地使用商品混凝土、砂浆，能够帮助降低施工成本。

11.9.6 我公司将根据施工图纸要求、施工质量要求，选择长期与我公司合作的大型商品混凝土、预拌砂浆供应商进行招投标，选择信誉好、质量优、供应能力强的供货商进行合作。

11.9.7 科学计算混凝土工程量，合理安排混凝土工程施工进度，制订商品混凝土进场计划，杜绝出现零星混凝土施工，防止现场零星搅拌。

11.9.8 提高施工人员素质，对其进行文明施工教育，使其自觉遵守公司制度，从根源上防止现场搅拌发生。

11.9.9 对作业人员进行预拌砂浆材料性能、操作技巧等培训，保证作业人员操作时的施工质量。

11.9.10 在专业分包合同中明确规定现场禁止搅拌砂浆、混凝土，并由项目部负责监督，对施工队伍制定奖惩措施，对于违反规定使用现场搅拌的队伍进行相应处罚。

11.9.11 现场设置足够数量预拌砂浆搅拌罐，不设混凝土、普通砂浆搅拌棚，现场由专人监督，对于擅自进行现场搅拌的施工队依据合同规定对其进行相应惩罚。

12. 施工现场环保措施

建设项目环境保护措施费包括：密闭存放覆盖和现场围挡、围栏及安全通道防尘、噪、光、油费用，设备密闭围挡、清理费用，垃圾分类、地面硬化、绿化、裸土固化及覆盖、排水排污和清洁等费用。我公司将严格按照上述内容，合理投入施工现场环保费用。

保护和改善施工环境是保证人们身体健康和社会文明的需要，是消除对外部干扰保证施工顺利进行的需要，是现代化大生产的客观需要，也是节约能源、保护人类生存环境、保证社会和企业可持续发展的需要。本公司拟采取以下措施。

12.1 环境管理目标

建筑与绿色共生，发展和生态谐调。创建花园式的施工环境，营造绿色建筑。做好工程周围公益、环保事业。指标如下：

12.1.1 噪声排放达标：结构施工，昼间<70 dB，夜间<55 dB，装修施工，昼间<65 dB，夜间<55 dB。

12.1.2 防大气污染达标：施工现场扬尘、生活用锅炉烟尘的排放符合要求（扬尘达到国家二级排放规定，烟尘排放浓度<400 mg/m³）。

12.1.3 生活及生产污水达标：污水排放符合国家、省、市的有关规定。

12.1.4 施工垃圾分类处理，尽量回收利用。

12.1.5 节约水、电、纸张等资源消耗，保护环境。

12.2 环境管理体系

我公司依据 ISO 14001 环境管理标准，建立环境管理体系，制定环境方针、环境目标和环境指标，配备相应的资源，遵守法规，预防污染，节能减废，力争达到施工与环境的和谐。

根据公司的环境管理体系，项目经理部建立环境保护组织机构，明确各岗位的职责和权限，对所有参与体系工作的人员进行相应的培训。

12.3 施工现场防大气污染措施

施工现场垃圾渣土及时清理出现场；采用硬地施工，现场道路指定专人定期洒水清扫，形成制度，减少道路扬尘；建筑垃圾采用容器吊运，严禁随意凌空抛撒造成扬尘；对于细颗粒散体材料（如水泥、粉煤灰、白灰等）的运输、储存要注意遮盖、密封、防止和减少飞扬；食堂采用电、气两用炉灶，减少大气污染；各种车辆要符合装载标准，做到不带泥沙，基本做到不洒土、不扬尘，减少对周围环境的污染；禁止在工地现场焚烧油毡、橡胶、塑料、皮革、树叶、枯草、各种包装物等废弃物品以及其他会产生有毒、有害烟尘和恶臭气体的物质；采用商品混凝土，工地搅拌站封闭严密，并在进料仓上方安装除尘装置，采用可靠措施控制工地粉尘污染。

12.4 施工现场防止水污染措施

排放的污水经二次沉淀后，方可排放。施工现场临时食堂，要设置隔油池，产生的污水经下水道排放要经过隔油池。平时加强管理，定期掏油，防止污染。禁止将有毒、有害废弃物作土方回填。现场存放油料，必须对库房地面进行防渗处理，如采用防渗混凝土地面、铺油毡等措施。使用时，要采取防止油料跑、冒、滴、漏的措施，以免污染水体。化学用品、外加剂等妥善保管，库内存放，防止污染环境。工地临时厕所，化粪池采取防渗漏措施，并有防蝇、灭蛆措施，防止污染水体和环境。

12.5 施工现场防噪声污染措施

12.5.1 人为噪声的控制措施。施工现场提倡文明施工，建立健全控制人为噪声的管理制度，尽量减少人为大声喧哗，增强全体施工人员防噪声扰民的自觉意识。

12.5.2 强噪声作业时间的控制。

12.5.3 产生强噪声的成品加工、制作作业，应尽量放在工厂、车间完成，减少因施工现场的加工制作产生的噪声。如确需施工现场加工，则安排在地下室或室内，并封闭以减少强噪声扩散。

12.5.4 选用低噪声或备有消声降噪设备的施工机械。施工现场的强噪声机械（如搅拌机、电锯、电刨、砂轮机等）设置封闭的机械棚，以减少强噪声扩散。

12.5.5 加强施工现场的噪声监测。加强施工现场环境噪声的长期监测，采取专人监测、专人管理的原则，在关键时期，监测施工现场的噪声，并及时对施工现场噪声超标的有关因素进行调整，达到施工噪声不扰民的目的。

12.5.6 对混凝土结构施工阶段的噪声控制。楼层上的噪声如果影响居民休息，则在脚手架上挂设隔音挡板的方法进行降噪。

12.6 施工现场厕所卫生管理

施工现场厕所应远离食堂 30 m 以外，做到墙壁屋顶严密，门窗齐全并有纱窗、纱门，做到天天打扫，每周撒白达或打药一两次，消灭蚊蝇，便坑加盖，并有冲水措施。

12.7 固体废弃物控制措施

固体废弃物可分为建筑垃圾和生活垃圾。

12.7.1 建筑垃圾的控制。

建筑垃圾可分为可利用建筑垃圾和不可利用建筑垃圾。

对于施工过程中产生的渣土、弃土、弃料、余泥、泥浆等垃圾，应按"可利用""不可利用""有毒害"等字样分开堆放，并进行标识。

不可用建筑垃圾应设置垃圾池存放，稀料类垃圾应采用桶类容器存放；可利用的建筑垃圾分类，并按平面布置图中的规定存放。

12.7.2 生活垃圾的控制。

(1) 生活垃圾存放在桶类容器内，不随意抛弃垃圾；有毒害垃圾单独存放在容器内。

(2) 生活垃圾的清运将委托合法单位承运并签订清运协议，自运时将取得外运手续，如生活弃物处置证，按指定路线、地点倾倒。出现场前必须覆盖严实，不出现遗洒。

(3) 厕所设自动冲水装置，实行化粪池存贮、管道排放，并有专人管理，化粪池的清掏与当地的环卫部门签订相应协议。

13. 施工现场维护措施

13.1 施工现场维护目标

13.1.1 开工准备阶段。

(1) 制定严谨的施工组织设计及文明施工方案，做好平面布置及施工道路，组织机具进场、临建搭设。

(2) 建立网络，责任到人。

(3) 立足定点定位，积极组织各种硬件入场，并做到配套。

(4) 及时与环卫、消防部门联系，进行环卫、消防申请。

13.1.2 基础施工阶段。

(1) 严格按基础施工方案要求的开槽方法开挖，确保安全施工。

(2) 保证夜间基坑照明，确保安全施工。

(3) 对进出车辆使用封盖运输，严禁洒漏或带泥上路，对现场存土采用绿色防尘网苫盖。

13.1.3 主体施工阶段。

(1) 严格控制三个污染，即噪声、垃圾和粉尘污染。

(2) 抓好高空作业、临边及"四口"防护、架体搭设、施工用电安全等各项安全管理。各层主管人员严格按脚手架及临边防护方案要求进行施工及维护检查。

(3) 严抓现场机械、料具管理。

(4) 防止高空坠物。

13.1.4 装修阶段。

(1) 各楼层供水、供电系统的安全维护及控制。

(2) 加强防火、防盗系统的管理。

(3) 进行成品保护，保证水系统设施安全。

(4) 进行各工种专业队伍交叉作业时的协调工作。

13.2 组织落实

在业主、监理公司的共同参与下，建立工程建设现场标准化管理领导小组，业主、监理公司负责人或现场项目部负责人作为领导小组成员。各单位把标准化管理的负责人和具体实施人员网络及全体员工的花名册报领导小组，如员工增减及时调整。施工人员进入必须佩戴胸卡，头戴安全帽。

13.3 施工现场隔离措施

施工现场全部搭设彩钢板围护，高度不小于 2.5 m，进入施工现场的出入口安装大门。场内材料堆放区用彩板围护，并准备苫布覆盖易飞扬的材料，以防污染环境。

工地实行生产区、生活区、办公区分区围设封闭施工。工地四周临设围墙及大门，在征得业主同意后，统一布置宣传标志及宣传语等。

13.4 施工现场绿化措施

预留出足够面积的绿化带，同时也形成相对宽敞的施工空间，既美化建筑的外部环境，又提高文明施工程度。施工现场的布置预先通过计算和综合考虑后模拟排列，尽量科学合理，不浪费每一块场地。

13.5 施工现场卫生管理措施

施工现场经常保持清洁。按现场平面图划分出物料堆放区、现场加工区、机械停放区、现场办公区，工程废料及时运走，人行通道和消防通道保持路面平整畅通。

施工现场的污水有组织排放，经沉淀后排入邻近城市下水管道，不得使用漏水皮管。

13.6 施工现场机械管理措施

施工现场内部的施工机械类型、数量较多，如果没有统一调度与协调，势必造成施工现场的混乱，机械利用率的降低，严重影响施工进度。因此，项目部根据施工情况具体安排机械，做到交叉作业，互不影响，合理组织，井然有序。

为此，项目部制订机械使用计划，安排专职人员具体负责实施。暂时没有利用的机械，放到指定位置上，尽量不影响施工现场的作业面。

13.7 施工现场人员管理措施

施工现场作业为区别各自职能，要求各工种人员带有不同的标志，便于区分识别，做到各就各位。工作期间严格遵守施工劳动纪律，如没有工作，应立即撤离施工现场，严禁在施工现场逗留。

13.8 施工现场保卫措施

13.8.1 现场建立门卫、巡逻护场制度，设立保卫领导小组，由项目经理任组长，全面负责领导工作，安全负责人任副组长，其他成员由施工员、施工队队长、安全员组成。

13.8.2 工地设门卫值班室，由经警昼夜轮流值班，白天对外来人员和进出车辆及物资进行登记，夜间值班巡逻护场。

13.8.3 在职工宿舍、办公区等易发生盗窃的部位，制定专人管理，重点巡查，防止发生盗窃案件，施工现场严禁赌博、酗酒及传播淫秽物品和打架斗殴。

13.8.4 现场大型机械设备、料具堆放处以及工程关键部位是现场的要害部位，项目部应加强保卫工作，确保安全。

13.8.5 加强库房管理，严防被盗、破坏和治安灾害事故的发生。

13.9 施工现场消防设施管理

按工程的要求在生活区、办公区、施工现场合理划分消防区域，并配置足够的消防设备，建立消防管理人员网络和预警系统，设专人值班，严格控制施工现场的消防安全，定时组织检查，严格控制现场焊接的环境和条件，避免火灾事故的发生。

13.10 施工现场标志牌管理

13.10.1 在现场大门口处设置体现本工程特点的标志牌，包括工程概况、现场平面布置图、安全生产、消防保卫、环境保护等内容，在主体结构施工期间，施工外脚手架搭设完毕后，在临街一侧张挂我公司承建该工程的横幅，以及安全生产宣传横幅。在现场醒目部位及易出现安全隐患的部位张挂安全警示牌。日常项目设专人进行维护保养，确保标志牌和警示牌完好无损。

13.10.2 "七牌一图"，标牌的制作、挂置必须符合标准，工地上设置专职卫生负责人，明确职责。

13.11 施工现场道路管理

13.11.1 施工道路保证畅通，装卸货物要卸在道路的两侧，不得随意占用施工道路，进出车辆不得随意停在施工道路上，以免影响施工运输。

13.11.2 现场设专人对施工道路进行清扫维护。

13.12 施工场地的管理

13.12.1 施工现场配置有序，物料码放规范合理，并有明显的标志与界线。散体材料场地做混凝土地面，并围挡存放规范有序。

13.12.2 施工工作面必须及时清理，做到活尽料尽，工作面清。

13.12.3 场地排水设施要按标准做到位，平时加强管理，做到排水畅通无积水。

13.12.4 必须建立场地的保洁措施及相应制度，如洒水、防尘、专人清扫等。

13.12.5 承包人及各分包人负责区内不允许容留外来小商小贩进场经商，以免造成人身意外伤害及不必要的纠纷。

13.12.6 积极配合配套工程的施工，合理安排临时设施的位置。

13.12.7 施工现场各区域有明显的隔离措施。

14. 工程交验后服务措施

14.1 工程交付

为保证工程顺利完工并尽早投入使用，我单位把工程交付这项工作作为我们的重点来实施，竣工验收后十日内完成撤场，及时恢复占用业主场地，除留下必要的维修人员和材料外其余一律退场。

14.2 工程回访

14.2.1 回访程序。

在工程保修期内至少要回访一次，一般在交工后半年内，每三个月回访一次，以后每隔半年回访一次。

工程回访回修时，由生产主管部门建立本工程的回访工作计划，根据情况安排计划，确定回访日期。

14.2.2 回访组织。

本工程将由我单位总经理及其授权人带队，单位总工、技术部门人员、工程部经理参加。

在回访中，对业主提出的质量隐患和意见，我方将虚心听取，认真对待，同时做好回访纪录，对属于施工方的质量问题，要耐心听取，热心解释，并为业主提出解决办法。

在回访过程中，对业主提出的施工质量问题，应责成有关单位、部门认真处理解决，同时应认真分析原因，从中找出教训，制定纠正措施及对策，以免类似质量问题的出现。

14.2.3 工程服务及保修。

我单位不仅重视施工过程中的质量控制，同样重视对工程的保修服务。从工程交付之日起，我方的工程保修工作随即展开，在工程保修期间，我方将依据《建设工程质量管理条例》《建设工程项目管理规范》以及与业主签订的保修合同，以有效的制度和措施做保证，以优质迅速的维修服务来维护业主的利益。

14.2.4 保修期限与承诺。

（1）保修范围及保修期限。

我单位作为工程的总承包方，对整个工程的保修负全部责任，部分分包商所施工的项目将由我方责成其进行保修。我单位负责的主要保修项目如下：

屋面渗漏，地下室渗漏；烟道、排气孔道、风道不通；室内地坪空鼓、开裂、起沙，地砖松动，有防水要求的地面渗水；外墙及顶棚抹灰、面砖、墙砖、油漆等饰面脱落，墙面浆活起碱脱皮；门窗开关不灵或缝隙超过规范规定；厕所、厨房、盥洗室地面泛水倒坡、积水、渗漏；外墙板渗漏，阳台积水；水池、有防水要求的地下管漏水；室内上下水、供热系统管道漏水、漏气，暖气不热，电线漏电；室外上下水管道漏水、堵塞；钢筋混凝土、砌体结构及其他承重结构变形，裂缝超过国家规范和设计要求；因施工单位造成的其他质量问题。

保修年限见附表9。

附表9　保修年限表

序号	保修部位	规定保修年限/年	承诺保修年限/年
1	基础设施工程、房屋建筑的地基基础工程和主体结构工程	为设计文件规定的该工程的合理使用年限	为设计文件规定的该工程的合理使用年限
2	屋面防水工程、有防水要求的卫生间、房间和外墙面的防渗漏	5	5
3	供热供冷系统	为两个采暖期、供冷期	为两个采暖期、供冷期
4	电器管线、给排水管道,设备安装和装修工程	2	2
5	其他部位	双方协商	

（2）维修程序。

①维修任务的确定。

当接到用户的投诉和工程回访中发现缺陷后,应自通知之日后两天内对发现的缺陷做进一步确认,与业主商议翻修内容,可现场调查,也可电话询问。将了解的情况填入维修记录表,分析存在的问题,找出主要原因制定措施,经部门主管审核后,提交单位主管领导审批。

工程维修记录交工程部门发给维修单位,尽快进行维修,并备份保存。

维修人员一般由原项目经理或就近工程的项目经理担任。当原项目经理已调离且附近没有施工项目时,应专门派人前往维修,工程部门主管应对维修负责人员机及维修人员进行技术交底,强调企业服务原则,要求维修人员主动配合业主单位,对于业主的合理要求尽可能满足,坚决防止与业主方面发生争吵。

维修负责人按维修任务书中的内容尽心维修,当维修任务完成后,通知单位质量部门对工程维修部分进行检验,合格后提请业主用户验收并签署意见,维修负责人要将工程管理部门发放的供维修记录部分返回工程部门。

②保修记录。

对于回访及维修,我单位均要建立相应的档案,并由工程部门保存维修记录。

参考文献

[1] 贾宝平，刘良林，卢青. 建筑工程施工组织与管理 [M]. 西安：西安交通大学出版社，2011.

[2] 王洪健. 施工组织设计 [M]. 北京：高等教育出版社，2007.

[3] 李红立. 建筑工程施工组织编制与实施 [M]. 天津：天津大学出版社，2010.

[4] 吴继锋，于会斌. 建筑施工组织设计 [M]. 北京：北京理工大学出版社，2009.

[5] 侯洪涛，南振江. 建筑施工组织 [M]. 北京：人民交通出版社，2007.

[6] 程玉兰. 建筑施工组织 [M]. 哈尔滨：哈尔滨工业大学出版社，2012.

[7] 王春梅. 建筑施工组织与管理 [M]. 北京：清华大学出版社，2014.